솔리드웍스

with
2016
ver.

이정호 · 한원신 · 김병남 · 이광선

예문사

이 책의
머리말

산업의 급속한 성장과 함께 CAD 프로그램 또한 괄목할 만한 발전을 이루었고, 이러한 3D 프로그램은 다양한 산업분야에서 사용되며 설계에서 기본이 되고 있습니다.

이 책에서 다루는 SolidWorks는 여러 3차원 CAD 프로그램 가운데 많은 기업체에서 사용하는 프로그램 중 하나로 전반적인 설계업무에 적용할 수 있습니다.

또한 제조산업 분야의 제품설계 및 제작에 필수적인 소프트웨어로서 강력하고 다양한 기능을 가졌으며, 설계자가 쉽게 접할 수 있는 프로그램입니다.

다른 3차원 CAD 프로그램에 비해 직관적인 인터페이스를 가지고 있어 처음 접하는 설계자도 쉽게 모델링을 할 수 있으며 도면과 파트, 조립품의 연계성을 유지해 설계자의 의도대로 쉽게 편집과 수정이 가능하다는 장점도 있습니다.

이런 이유로 기업체뿐만 아니라 설계, 가공분야 국가기술자격증 실기 시험에 대비하여 많이 공부하는 프로그램이기도 합니다.

본서는 SolidWorks를 현장 실무와 국가기술자격증 실기에 활용하기 위한 가장 기본이 되는 기능부터 꼭 필요한 실무 적응 예제를 중심으로 구성하였습니다.

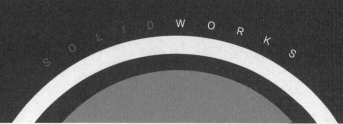

예제를 직접 실습하면서 자연스럽게 기능을 익히고 기본부터 차곡차곡 실력을 쌓을 수 있도록 구성하였기 때문에 누구든지 편하게 책을 따라하면서 프로그램을 다룰 수 있을 것입니다.

하나의 Project가 끝나면 응용할 수 있는 도면을 제시함으로써 내용 이해에 대한 평가를 할 수 있게끔 하였습니다.

끝으로 이 책이 설계업무와 국가기술자격증 모델링 실기에 기본 틀을 잡고 응용할 수 있는 학습교재로 사용되길 바라며, 출간을 위해 많은 도움을 주신 이건춘, 이현경, 조성미 님과 예문사 장충상 전무님, 그리고 편집부 직원들께 감사의 인사를 전합니다.

저 자

이 책의 차례

예제중심의_____
쉽게따라할수있는
_____3D모델링

S O L I D W O R K S

PART
02

S o l i d W o r k s
따 라 하 기

이책의 차례

예제중심의_____
쉽게따라할수있는
_____3D 모델링

S O L I D W O R K S

예제중심의 쉽게 따라 할 수 있는 3D 모델링

SOLIDWORKS

SolidWorks

시작하기

01 SolidWorks란

SolidWorks 기계 설계 자동화 소프트웨어는 기능을 쉽게 익힐 수 있는 Windows^{TM}그래픽 환경(GUI)을 채택한 피처 기반, 파라매트릭 솔리드 모델링 설계도구입니다. 사용자는 설계의도를 살리기 위해 자동 또는 사용자 지정 구속조건을 통해 구속조건을 적용하거나 적용하지 않은 상태로 완전 연관된 3D 솔리드 모델을 작성할 수 있습니다.

02 파라매트릭

피처 작성 시 사용된 치수와 구속 관계가 모델에 포함 및 저장됩니다. 이 모델링 기법을 통해 설계 의도를 표현하고 모델을 간편하게 변경할 수 있습니다.

03 피처

SolidWorks에는 스케치 피처와 적용 피처의 두 유형이 있습니다.

1 스케치 피처

돌출, 회전, 스윕, 로프트와 같은 피처로 도형 스케치에 적용하여 만드는 피처를 말합니다.

2 적용 피처

모따기, 필렛, 쉘과 같은 피처로 스케치 없이 모델에 직접 적용하는 피처를 말합니다.

파트의 첫 번째 피처를 베이스(기초 피처)라고 합니다. 이 피처는 다른 피처를 작성하는 기초가 됩니다. 베이스 피처는 돌출, 회전, 스윕, 로프트, 곡면 두껍게, 판금 플랜지 등이 될 수 있습니다. 그러나 이 중 돌출이 대부분의 베이스 피처로 사용됩니다. SolidWorks 파트를 만들 때 사용할 수 있는 일부 피처들은 아래와 같습니다.

- **돌출** : 돌출은 2D 스케치를 3D 모델로 돌출시켜 피처를 만드는 기능을 가지며, 베이스(재질 붙이기), 보스(흔히 돌출의 다른 방향에 재질 추가) 또는 컷(재질 제거)이 있습니다.
- **회전** : 하나 이상의 프로파일을 중심선을 기준으로 회전하여 재질을 추가하거나 제거하는 피처를 만듭니다. 피처는 솔리드, 얇은 벽 또는 곡면이 될 수 있습니다.
- **로프트** : 프로파일 사이를 연결하여 피처를 만듭니다. 로프트는 베이스, 보스, 컷, 곡면일 수 있습니다.
- **스윕** : 스윕은 경로를 따라 프로파일(단면)을 이동하여 만드는 베이스, 보스 또는 컷입니다.

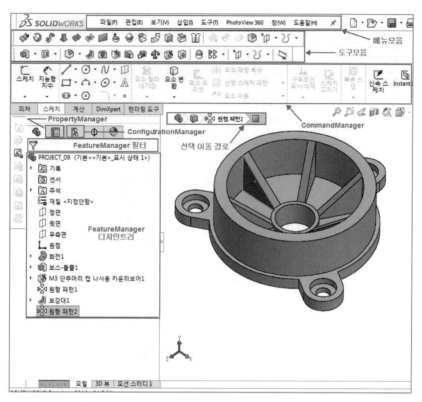

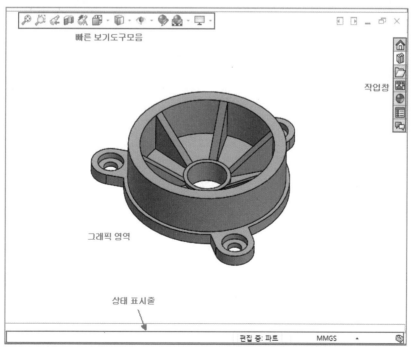

(1) 도구모음

1 도구모음 꺼내기

SolidWorks 창틀 빈 공간에서 마우스 오른쪽 버튼을 클릭합니다. 팝업창이 뜨면 이미 꺼내 놓은 도구모음이 체크되어 있고, 다른 도구모음을 꺼내고자 할 경우에는 추가로 체크합니다.

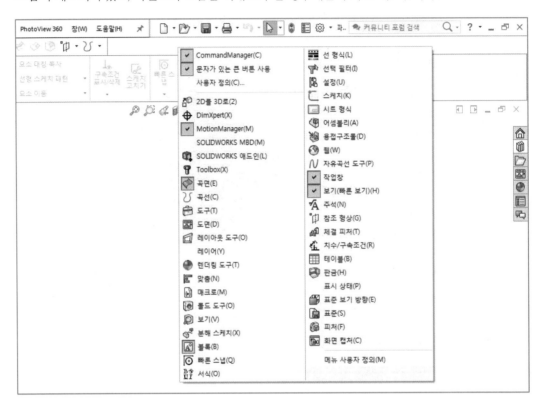

2 꺼낸 도구모음 배치하기

마우스 왼쪽 버튼을 누른 상태에서 도구모음의 왼쪽 세로 줄을 놓고 싶은 곳으로 드래그하여 위치를 잡습니다.

③ 해당 도구모음에 필요한 아이콘 추가하기

예를 들어 스케치에 관련된 명령버튼이 필요하여 추가하려면 SolidWorks 창틀 빈 공간에서 마우스 오른쪽 버튼을 클릭하고 사용자 정의를 클릭합니다. 사용자 정의창이 뜨면 명령탭을 클릭하고 카테고리에서 스케치 도구모음을 선택한 다음 필요로 하는 버튼을 도구모음으로 드래그하여 놓습니다.

 잘 사용하지 않는 명령버튼 제거하기

사용자 정의창의 명령탭을 클릭하고 도구모음에서 잘 사용하지 않는 버튼을 드래그하여 버튼창에 가져다 놓습니다. 명령버튼을 추가할 때는 사용자 정의 → 명령 → 카테고리에서 추가하고자 하는 명령버튼이 있는 카테고리를 선택해야 되지만 제거할 때는 카테고리 선택과 상관 없이 버튼창에 가져다 놓으면 제거됩니다.

◢ 명령어 바로가기 지정하기

사용자 정의창에서 키보드 탭을 클릭하고 바로가기를 지정하고 싶은 명령어를 선택한 후 바로가기란에 문자를 입력하여 바로가기를 지정합니다. 예를 들어 스케치 도구모음의 선 명령어의 바로가기를 □로 지정할 경우 □을 누르면 선 명령이 실행됩니다. 또한 Ctrl과 Shift의 조합으로 바로가기를 지정할 수 있습니다. Ctrl을 누른 채 R을 누르면, Ctrl + R이 지정되고, Ctrl을 누른 채 Shift와 R을 누르면, Ctrl + Shift + R이 지정됩니다.

❶ 현재 변경사항을 취소하려면, 취소를 클릭합니다.

❷ 지정된 바로가기를 제거하려면, 명령어를 선택하고 바로가기 제거(R)를 클릭합니다.

❸ 모든 바로가기를 시스템 기본값으로 재설정하려면, 기본값으로 재설정(D)을 클릭합니다.

(2) FeatureManager 디자인 트리

설계자의 작업 내용을 확인하고 순차적으로 저장되며, 작업사항을 수정할 수 있습니다.

1 작업 내용에 관련된 항목의 이름 변경

작업 내용에 관련된 항목의 이름을 변경하고자 할 때에
는 변경하려는 항목에 마우스를 대고 왼쪽 버튼을 시간
차를 두고 두 번 클릭하여 해당 항목에 커서가 깜빡거리
면 원하는 이름을 입력하여 변경합니다. 또는 변경하려
는 항목을 선택하고 F2를 누른 후 변경합니다.

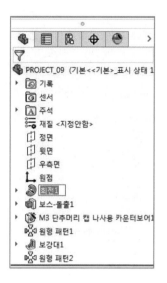

2 작업순서 변경하기

설계의도 또는 잘못된 작업순서를 변경하고자 할 경우
변경하고자 하는 항목을 선택한 후 드래그하여 순서를
재조정합니다.

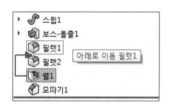

❸ 작업 수정

스케치나 피처 등의 작업에 관한 수정을 원할 경우, 해당 항목을 선택한 후 마우스 오른쪽 버튼을 누르고 스케치편집이나 피처편집을 선택합니다. 그런 후에 해당 작업을 수정하거나 해당 항목을 클릭하여 치수를 보이도록 해서 수정하고자 하는 치수를 더블클릭하여 수정합니다. 여기서 변경된 치수를 형상에 적용하려면 재생성(⎕Ctrl+⎕B)을 클릭합니다.

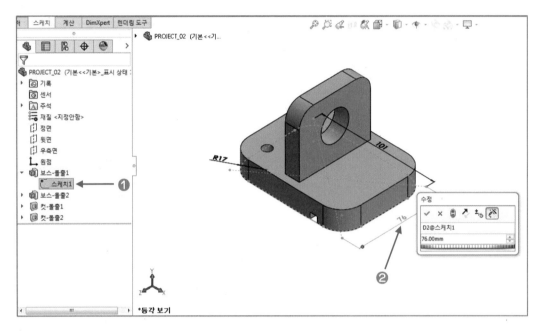

❶ 변경하고자 하는 스케치나 피처 항목을 선택하고 더블클릭합니다.
❷ 변경하고자 하는 스케치 치수나 피처 치수를 더블클릭하고 치수 수정창에서 치수를 수정한 다음 재생성 버튼을 클릭합니다.

❹ 작업 추가

작업 항목 사이에 새로운 작업의 추가가 필요하다면 뒤돌아가기 바를 드래그하여 작업 전의 형상으로 놓고 새로운 작업을 실행하여 실행된 작업을 사이에 삽입합니다.

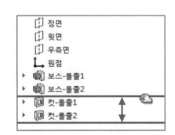

05 마우스 사용하기

3버튼 마우스를 사용할 경우 다음 보기 명령을 동적으로 사용할 수 있습니다.

1 모든 문서 유형 화면 이동 : Ctrl을 누른 채 가운데 마우스 버튼을 누르고 드래그합니다.

2 파트나 어셈블리 회전 : 마우스 가운데 버튼을 누르고 마우스를 상하좌우로 이동하여 그래픽 형상을 회전시킵니다.

3 모든 문서 유형 확대 / 축소 : Shift를 누른 채 마우스 휠 버튼을 누르고 상하로 움직여 확대 · 축소합니다.

   마우스 가운데 버튼은 동적보기명령[보기도구모음의 확대 / 축소 🔍 (Shift + 휠), 화면 이동 ✛ (Ctrl + 휠) 또는 뷰 회전 🔄]이 활성된 경우 마우스 왼쪽 버튼과 같은 기능을 합니다.

4 마우스 왼쪽 버튼은 아이콘, 그래픽 요소 등을 선택하는 버튼이고, 마우스 오른쪽 버튼은 선택된 개체에 해당하는 바로가기 메뉴를 표시하는 버튼입니다.

5 형상의 모서리를 마우스 왼쪽 버튼으로 선택하고 휠 버튼으로 선택할 모서리를 다시 클릭하면 커서의 형상이 바뀝니다. 이때 휠 버튼을 누르고 돌리면 선택한 모서리를 축으로 하여 형상을 회전시킬 수 있습니다.

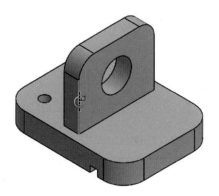

06 키보드 사용하기

1 Ctrl을 누른 채 키보드의 방향키를 누르면 화면이 이동하고, Alt를 누른 채 키보드의 좌우 방향키를 누르면 15°씩 회전합니다. 만약 방향키만 누르면 15°씩 회전하면서 3D 형상을 보여줍니다. Shift를 누른 채 상하좌우 방향키를 누르면 90°씩 회전합니다.

2 선택 시 Ctrl을 누른 채 마우스 왼쪽 버튼을 누르면 여러 요소를 선택할 수 있습니다.

- 그래픽 영역에서 빠른 보기도구모음의 뷰 방향 🖼️ ▾을 클릭하고, 보고자 하는 뷰 방향을 선택합니다.

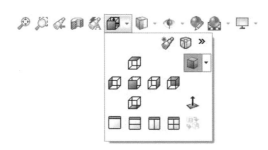

- 🔲정면(Ctrl + 1)　　• 🔲후면(Ctrl + 2)　　• 🔲좌측면(Ctrl + 3)　　• 🔲우측면(Ctrl + 4)
- 🔲윗면(Ctrl + 5)　　• 🔲아랫면(Ctrl + 6)　　• 🔷등각보기(Ctrl + 7)
- 🔷트리메트릭, 🔷디메트릭, ⬆️면에 수직으로 보기(Ctrl + 8)

- ⬆️면에 수직으로 보기 : 모델에서, 평면이나 평면인 면, 원통면이나 원추면, 단일 스케치로 작성된 피처 등 하나의 면을 선택하면 선택한 면과 바라보는 시점이 수직으로 돌아갑니다. 면에 수직으로 보기는 원하는 스케치 평면을 비틀림 없이 보고자 할 때 사용하는데 ⬆️면에 수직으로 보기를 한 번 더 누르면 면이 180° 회전합니다.

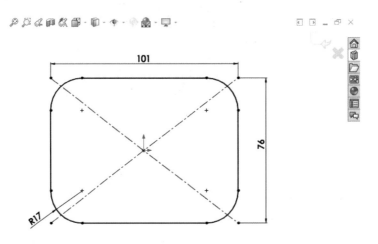

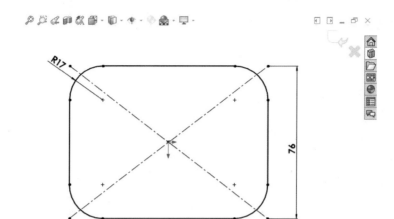

┃ ⬆️면에 수직으로 보기([Ctrl]+[*8])를 한 번 더 클릭한 상태 ┃

08 SolidWorks 스케치

(1) 대부분의 SolidWorks 스케치는 2D 스케치로 시작

새 파트 문서를 열고, 우선 스케치를 작성합니다. 이 스케치는 3D 모델 작성을 위한 기초가 됩니다. 스케치는 기준면(정면, 윗면, 우측면) 또는 작성한 평면에 할 수 있습니다.

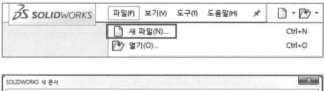

(2) 스케치 요소 도구 또는 스케치 도구로 스케치 시작하기

1 스케치 도구모음에서 스케치 요소 도구(선, 원 등)를 클릭합니다.

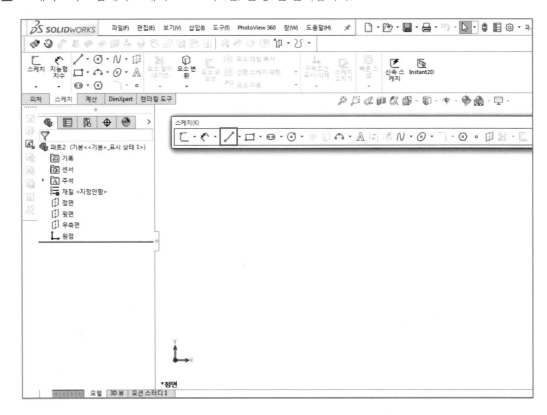

표시된 세 개의 기준면(정면, 윗면, 우측면) 중 하나의 면을 선택합니다.

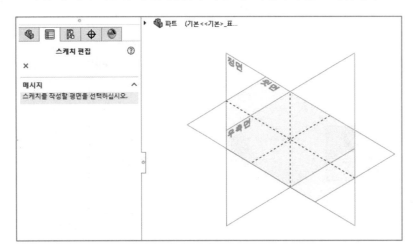

2 스케치 도구모음에서 스케치 를 클릭하거나 풀다운 메뉴 → 삽입 → 스케치를 클릭합니다. 표시된 세 개의 기준면(정면, 윗면, 우측면) 중 하나의 면을 선택합니다.

3 평면에 스케치 시작하기

FeatureManager 디자인 트리에서 하나의 면을 선택하고, 스케치 도구모음에서 스케치 를 클릭합니다.

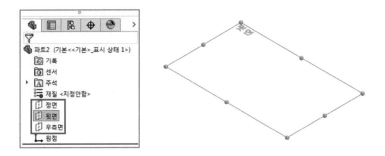

선택한 면이 회전하면서 면에 수직으로 보기 상태로 됩니다. 이는 파트의 첫 번째 스케치 작업 시에만 나타납니다.

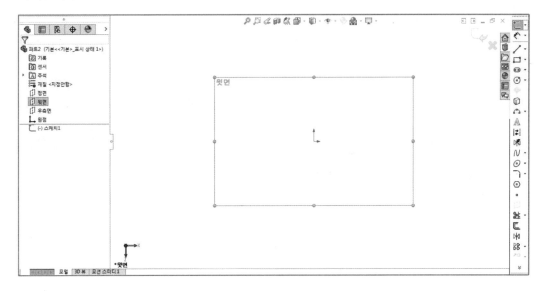

선택한 윗면이 회전하여 면에 수직으로 보기 상태로 됩니다.

(3) 스케치 표시기호

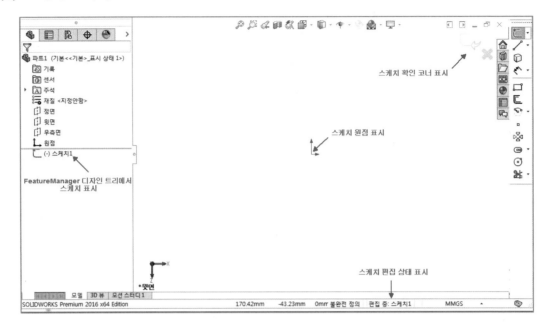

스케치 확인 코너

- 스케치가 작업 중이거나 열려 있을 때 확인 코너에 두 개의 기호가 표시됩니다.
- 스케치 종료 ↳ 를 클릭하면 스케치가 종료되고 변경 사항이 모두 저장됩니다.
- 취소 ✖ 를 클릭하면 스케치가 종료되고 변경 사항은 저장되지 않고 취소됩니다.

(4) 스케치 도구모음의 선을 이용하여 2D 스케치하기

1 FeatureManager

디자인 트리에서 정면을 선택하고, 스케치 도구모음에서 선 ✏ 을 클릭합니다.

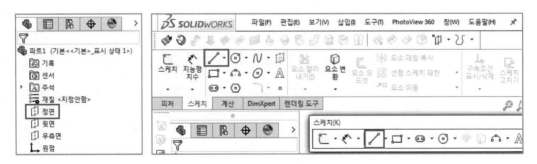

선 명령상태에서 선을 스케치하기 위해 한 점을 스케치 원점⌊에 일치되도록 클릭하고 다른 한 점은 선이 수평이 되도록 그립니다.

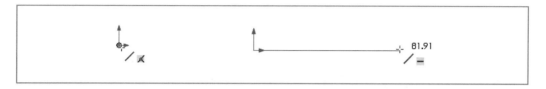

커서에 ━기호가 나타나 선에 자동으로 수평 구속조건이 부가됨을 알려주며, 숫자는 선의 길이를 나타냅니다.

명령을 끝내려면 스케치 도구모음의 선✎을 다시 클릭하여 비활성화되게 만들거나, Esc 버튼을 누르거나 마우스 오른쪽 버튼을 클릭한 다음 선택을 클릭합니다.

② 선 그리기 방법

❶ 첫 번째 점을 마우스 왼쪽 버튼으로 클릭하고 선분의 다른 한 점을 클릭하여 연속적으로 이어진 선분을 그릴 수 있습니다.(클릭－클릭 모드)

❷ 첫 번째 점을 마우스 왼쪽 버튼으로 클릭한 상태에서 원하는 다음 점까지 드래그하여 단일 선을 계속해서 그릴 수 있습니다.(클릭－드래그 모드)

③ 스케치 자동구속조건

자동구속조건은 지오메트리를 스케치할 때 부가됩니다. 스케치할 때 포인터 모양이 바뀌어 어떤 구속조건이 생성될지를 보여줍니다.

TIP

커서 화살표에 특정 기호가 붙은 형식으로 표시되어 현재 구속조건 항목을 나타냅니다.

스케치 요소를 추가할 때 구속조건을 자동으로 부가할지 여부를 지정합니다.
스케치 요소와 포인터 위치에 따라 여러 개의 구속조건을 동시에 표시할 수 있습니다.
Ctrl을 누른 상태에서 스케치를 하면 자동구속조건이 부여되지 않습니다.

4 자동구속 사용 선택 전환하기

❶ 도구 → 스케치 세팅 → 구속자동을 클릭합니다.

❷ 도구 → 옵션 → 시스템 옵션 → 스케치 → 구속조건 / 스냅을 클릭하고 구속자동을 선택합니다.

❸ 스케치할 때 포인터 모양이 바뀌어 어떤 구속조건이 생성될지를 보여줍니다.

❹ 구속자동을 선택하면, 구속조건이 부가됩니다.

구속조건 유형	포인터 모양	구속조건 유형	포인터 모양
수평		수직	
일치		중간점	
직각		탄젠트	
평행		교점	

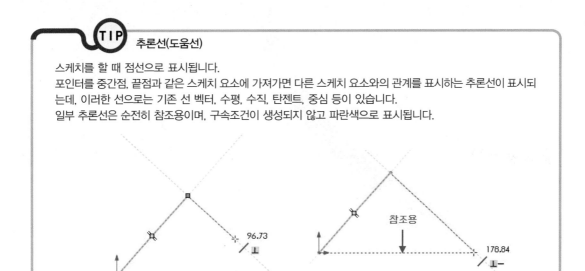

TIP 추론선(도움선)

스케치를 할 때 점선으로 표시됩니다.
포인터를 중간점, 끝점과 같은 스케치 요소에 가져가면 다른 스케치 요소와의 관계를 표시하는 추론선이 표시되는데, 이러한 선으로는 기존 선 벡터, 수평, 수직, 탄젠트, 중심 등이 있습니다.
일부 추론선은 순전히 참조용이며, 구속조건이 생성되지 않고 파란색으로 표시됩니다.

이상에서 살펴본 솔리드웍스의 기본 개념을 토대로 프로젝트를 하나하나 수행하면서 여러 가지 개념과 도구의 사용방법을 익히도록 하겠습니다.

SolidWorks

따라하기

PROJECT 01

돌출예제

○ 스/케/치/도/구/모/음 **선, 지능형 치수, 스케치 구속조건**

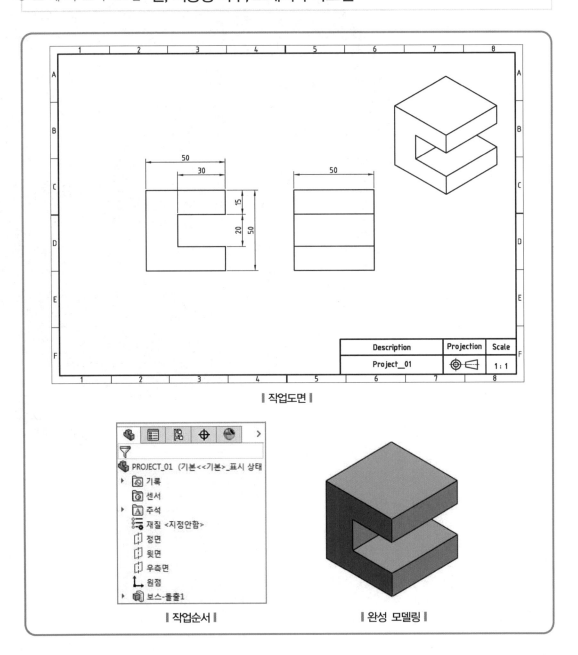

‖ 작업도면 ‖

‖ 작업순서 ‖　　　　　‖ 완성 모델링 ‖

01 2D 평면 선택하여 스케치하기

1 FeatureManager 디자인 트리에 있는 세 개의 기준면(정면, 윗면, 우측면) 중 정면을 선택하고, 스케치 도구모음에서 스케치 ⌐ 를 클릭합니다.

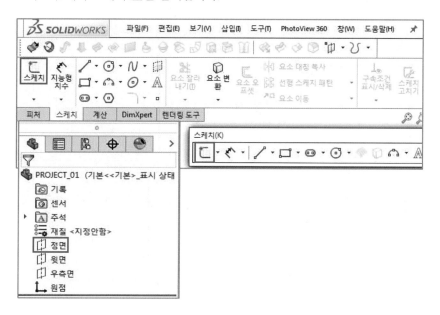

2 스케치 도구모음의 선 ╱ 명령어를 클릭합니다.

3 한 점을 원점에서 일치하도록 시작하고 스케치 자동구속과 추론선을 이용하여 수직, 수평이 되게 다음과 같이 2D 스케치 형상을 만듭니다.

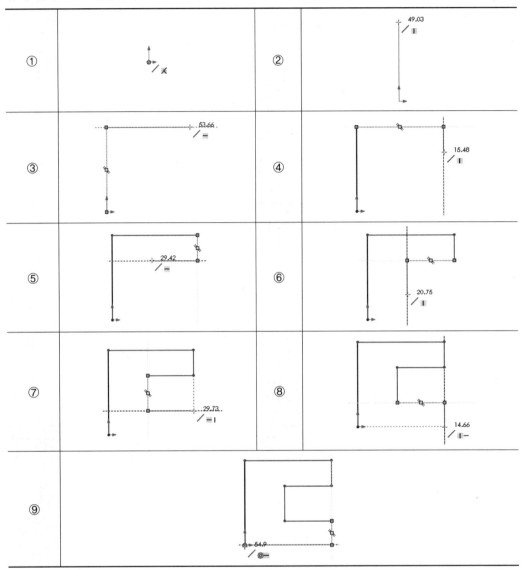

SolidWorks 소프트웨어는 치수제어방식이므로 치수로 지오메트리 크기가 조절됩니다. 따라서 스케치를 할 때 정확한 선의 길이에 맞추지 않아도 됩니다. 우선 대략적인 크기와 모양으로 스케치한 후 정확한 치수를 부가하면 됩니다.

이처럼 스케치에 치수를 부가하지 않고도 피처를 작성할 수 있으나 되도록 스케치에 치수를 부가하는 습관을 들이는 것이 좋습니다.

치수는 모델의 설계의도와 상응합니다. 예를 들어, 여러 개의 구멍을 설계할 때 모서리 끝에서부터 일정한 거리를 지정하거나 또는 두 구멍 간의 일정한 거리를 지정하여 설계하는 등 설계자가 원하는 대로 할 수 있습니다.

4 2D 스케치 형상에 치수 부여하기

❶ 스케치 도구모음에서 지능형 치수 ![icon]를 클릭하거나 도구 → 치수 → 지능형을 클릭합니다. 디폴트 치수 유형은 평행입니다.

또는 마우스 오른쪽 버튼을 클릭하고 바로가기 메뉴에서 지능형 치수를 선택합니다.

❷ 치수 넣기

선이나 모서리 선의 길이 : 선을 클릭하거나 선분의 끝점을 클릭하여 치수를 부여합니다.

작업 내용	작업도면
선분의 끝점과 끝점을 클릭하여 선분의 치수를 부여합니다.	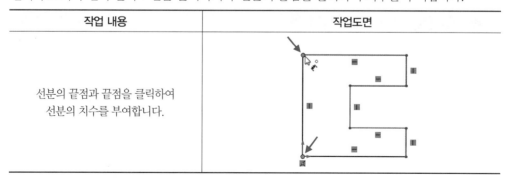

작업 내용	작업도면
선분을 클릭하여 선분에 대한 치수를 부여합니다.	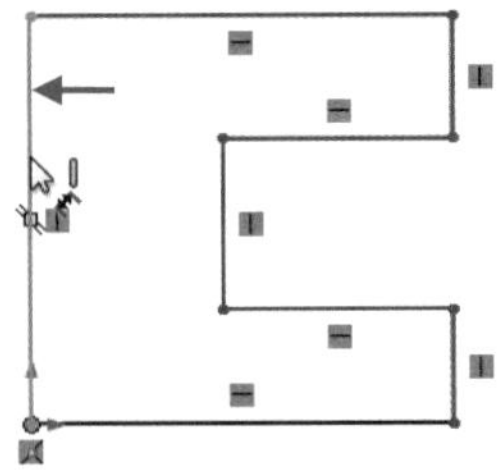
마우스 커서를 이동하고 클릭하여 치수의 위치를 지정합니다.	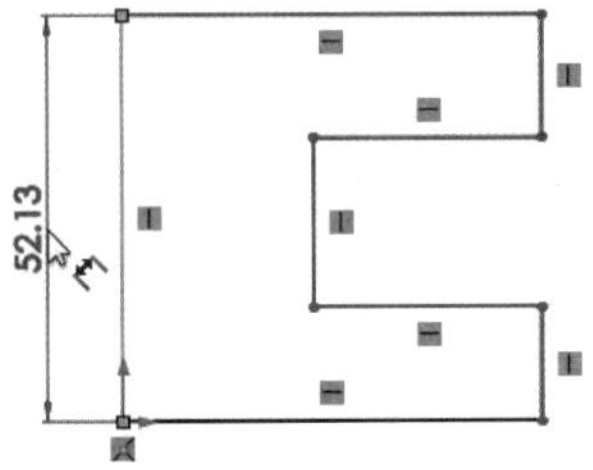
치수 수정창이 뜨면 치수 50을 입력합니다. 수정된 치수에 따라 선분의 크기가 변합니다.	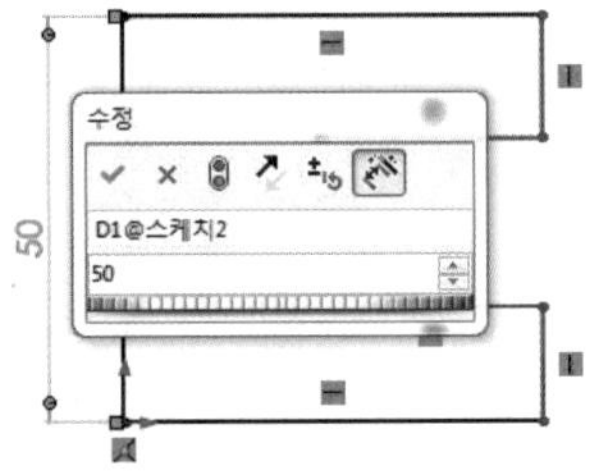
오른쪽 그림에서 표현된 나머지 치수를 부여합니다.	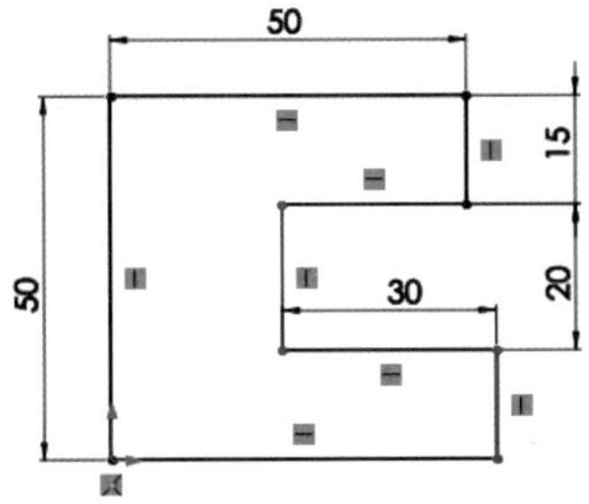

❸ 치수 수정

작업 내용	작업도면
생성된 치수문자를 더블클릭하면 치수 수정창이 뜨는데 이때 원하는 치수 값을 기입하면 됩니다.	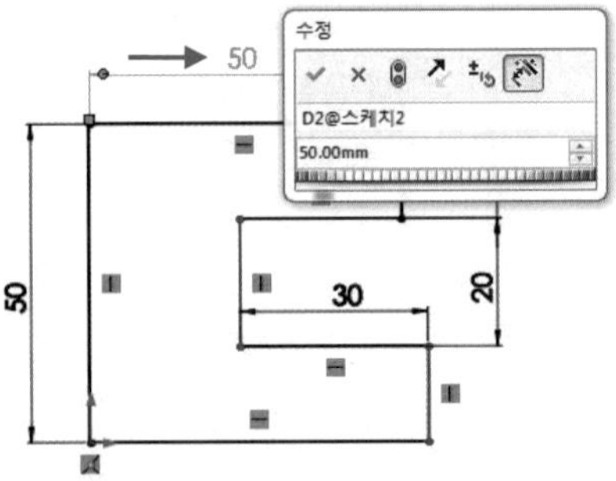

각도 치수

두 개의 선 또는 선과 형상모서리선 사이에 각도 치수를 배치합니다. 두 선을 선택한 다음, 마우스를 이동하면 각도 치수가 미리 보여집니다. 측정되는 각도는 마우스의 위치에 따라 달라집니다.

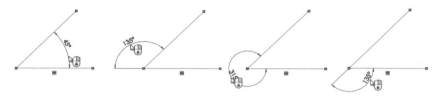

 3점 각도(호의 사이각)

3점을 선택하여 각도 치수를 배치할 수 있습니다.

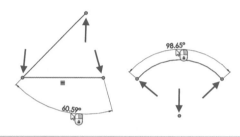

 호의 길이, 원의 지름과 반지름

호의 길이 치수는 호의 양 끝점과 호를 선택하여 표시합니다.

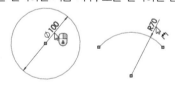

원을 선택하면 지름 치수, 호를 선택하면 반지름 치수가 자동으로 생성됩니다.

지름 치수에 마우스를 가져다 놓고 마우스 오른쪽 버튼을 클릭, 바로가기 메뉴에서 표시 옵션의 반경으로 표시를 선택하여 지름 치수를 반지름 치수로 변경할 수 있습니다.

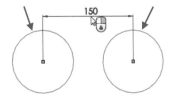 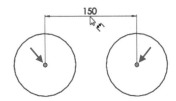
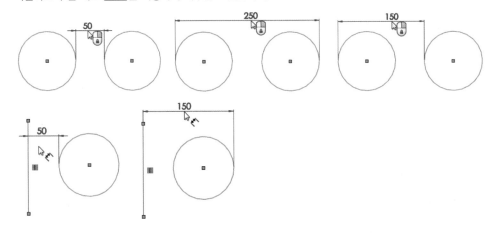
5 **스케치 상태**

스케치는 세 가지 정의 상태 중 하나가 될 수 있습니다. 스케치 상태는 지오메트리와 이를 정의하는 치수 간의 기하구속조건에 따라 달라집니다.

스케치 요소의 점과 선분의 색깔로 스케치 요소 상태를 나타냅니다.

❶ **검은색** : 스케치에 완전한 정보가 포함된 상태입니다(완전정의). 스케치의 모든 선과 곡선, 그리고 그 위치가 치수나 구속조건 또는 이 둘 모두로 정의되어 있습니다.

❷ **파란색** : 스케치의 완전한 정보를 가지고 있지는 않지만 이 스케치를 피처 적성에 이용할 수 있습니다. 대부분 설계 시작단계에서는 스케치를 완전히 정의할 정보가 부족하므로 차후에 정보를 확보하면 나머지 정의를 추가할 수 있습니다(불완전정의). 즉, 스케치의 일부 치수 또는 구속조건이 정의되지 않았거나 변경의 여지가 있습니다.

❸ 초과 정의 : 스케치에 중복치수나 충돌되는 구속조건이 있고 이 문제를 해결하기 전까지는 사용할 수 없습니다. 따라서, 중복되는 치수나 구속조건을 모두 삭제해야 합니다.

❹ 초록색 : 스케치 요소를 선택하였을 때의 색상입니다.

충돌되는 구속조건을 보고 삭제하려면 PropertyManager(속성창)에서 초과 정의된 구속조건을 삭제합니다.

 Example

한 선분은 수평한 동시에 수직할 수 없으므로 초과 정의된 상태입니다.

초과 정의된 구속조건을 삭제하려면 초과 정의된 선분을 클릭하여 선의 PropertyManager(속성창)에서 초과 정의된 구속을 삭제합니다.

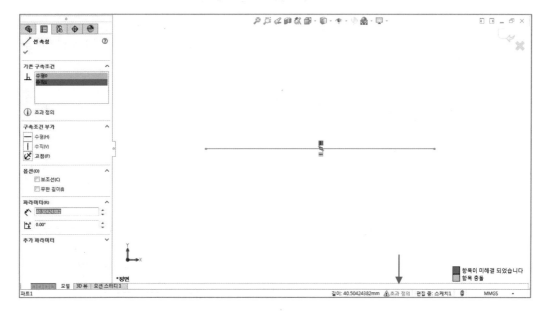

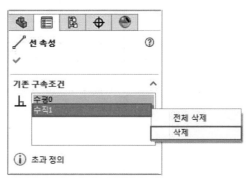

6 스케치 구속조건 부여

스케치 구속조건을 사용하여 스케치 요소의 동작을 구속함으로써 설계의도를 반영합니다. 일부 구속조건은 자동으로 부여되며 그 외 구속조건은 필요에 따라 부여할 수 있습니다.

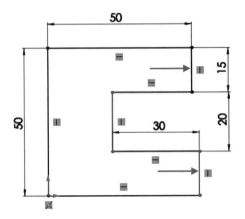

한 선을 클릭하고 Ctrl 을 누른 채 다른 선을 선택하여 총 두 개의 선을 선택한 후 PropertyManager(속성창)에서 구속조건 중 동일선상 조건을 선택해서 스케치를 완전정의합니다.

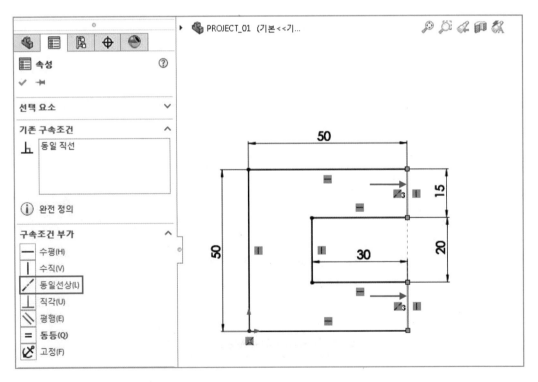

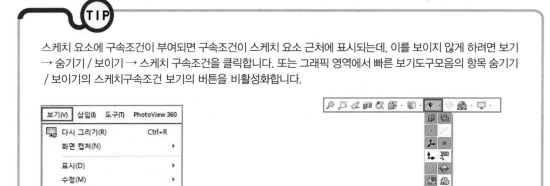

스케치 요소에 구속조건이 부여되면 구속조건이 스케치 요소 근처에 표시되는데, 이를 보이지 않게 하려면 보기
→ 숨기기 / 보이기 → 스케치 구속조건을 클릭합니다. 또는 그래픽 영역에서 빠른 보기도구모음의 항목 숨기기
/ 보이기의 스케치구속조건 보기의 버튼을 비활성화합니다.

▼ 구속조건을 선택할 수 있는 요소와 구속조건의 특성

구속조건	선택할 수 있는 요소	구속조건의 특성
수평 또는 수직	한 개 또는 여러 개의 선, 두 개 이상의 점	선이 수평 또는 수직이 됩니다(현재 스케치 공간에서 지정한 대로). 점은 수평 또는 수직으로 배열됩니다.
동일 선상	두 개 이상의 선	항목이 같은 무한 선상에 있게 됩니다.
동일 원	두 개 이상의 원이나 호	항목이 같은 중심선과 반경을 공유하게 됩니다.
직각	두 선	두 항목이 서로 직각을 이룹니다.
평행	두 개 이상의 선, 3D 스케치에서 선과 평면 (또는 평평한 면)	두 항목이 서로 평행하게 됩니다. 3D 스케치에서는 선이 선택한 평면에 평행하게 됩니다.
YZ 평행	3D 스케치에서 선과 평면 (또는 평평한 면)	선은 YZ 평면에 평행합니다.
ZX 평행	3D 스케치에서 선과 평면 (또는 평평한 면)	선은 ZX 평면에 평행합니다.
XY 평행	3D 스케치에서 선과 평면 (또는 평평한 면)	선은 XY 평면에 평행합니다.
탄젠트	원호, 타원, 자유곡선과 선 또는 원호	두 항목이 접한 상태가 됩니다.
동심	두 개 이상의 원호, 점, 호	원호가 같은 중심점을 공유합니다.
중간점	두 선 또는 점과 선	점이 선의 중간점에 있게 됩니다.
교차	두 선과 한 점	점이 선의 교섬에 있게 됩니다.
일치	점과 선, 호, 타원	점이 선, 원호 또는 타원에 있게 됩니다.
동등	두 개 이상의 선, 두 개 이상의 호	선 길이 또는 반경이 같아집니다.

구속조건	선택할 수 있는 요소	구속조건의 특성
대칭	중심선, 두 점, 선, 호, 타원	항목이 중심선에 직각인 선에서 중심선으로부터 같은 거리를 유지하게 됩니다.
고정	모든 요소	스케치 요소의 크기와 위치가 고정됩니다. 그러나 고정된 선의 끝점은 그 아래 무한선을 따라 자유롭게 이동됩니다. 또한 원호 또는 타원형 선분의 끝점은 그 아래 원형 또는 타원형을 따라 자유롭게 이동됩니다.
관통	스케치 점과 축, 모서리선, 선 또는 자유곡선	스케치 점이 축, 모서리선 또는 곡선이 스케치 평면을 관통하는 위치와 일치하게 됩니다. 관통 관계는 안내곡선으로 스윕에서 사용됩니다.
점병합	두 개의 스케치 점 또는 끝점	두 개의 점이 하나의 점으로 합쳐집니다.

① 베이스피처 스케치는 원점으로부터 위치를 구속하는 것이 완전정의를 내리기에 편합니다.

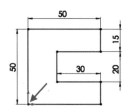

┃ 스케치 원점과 스케치 요소에 구속조건을 부여하여 스케치의 위치가 적용된 상태 ┃

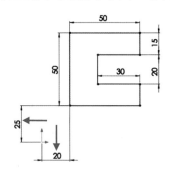

┃ 스케치 원점으로부터 스케치 요소에 치수를 기입하여 스케치의 위치가 적용된 상태 ┃

스케치 원점 은 활성스케치에서 빨간색으로 표시되며, 스케치의 원점은 스케치의 좌표를 이해하는 데 도움을 줍니다. 파트의 모든 스케치에는 그 원점이 있으며 원점 표시를 숨길 수 없습니다.

스케치 평면의 원점 에서 짧은 쪽이 수평, 긴 쪽이 수직을 나타냅니다.

② 스케치 완전정의 요령

스케치 평면에 그려진 스케치 요소에는 위치 · 크기 · 자세(방향)의 세 가지 정보값이 모두 포함되어 있어야 완전정의된 스케치를 구현할 수 있습니다. 위치 · 크기 · 자세는 치수나 구속조건으로 표현할 수 있습니다. 또한 구속조건으로 위치 · 크기 · 자세를 정의하면 치수보다 연관성 있는 스케치를 구현하는 데 용이합니다.

7 스케치 종료

스케치가 완전정의되었으면 스케치 확인 코너에서 스케치 종료 ⌐◟를 클릭합니다.

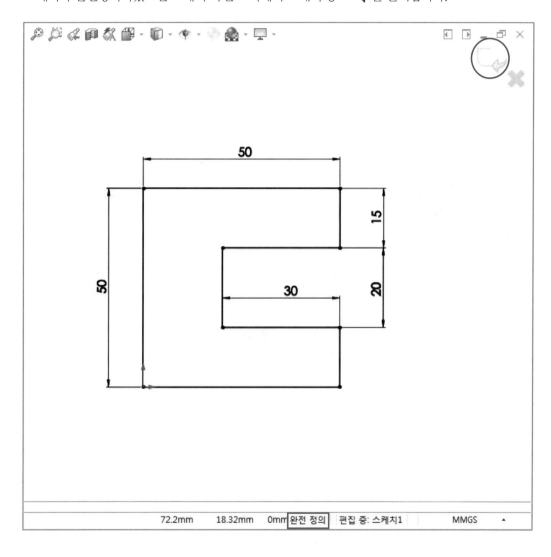

> **TIP** 피처
>
> 작성하는 모든 컷, 즉 보스, 평면, 및 스케치가 피처로 간주됩니다.
> 스케치 피처는 스케치를 이용한 피처이며(보스 및 컷) 적용피처는 모서리 또는 면을 이용합니다.(Fillet, Chamfer 등)
> 스케치를 완성하고 나면 첫 번째 피처를 작성하기 위해 스케치를 돌출할 수 있습니다.
> 돌출은 스케치에 수직방향으로 이루어집니다.

(1) 돌출

2D 스케치를 기반으로 돌출시켜 피처를 만드는 기능을 가집니다.

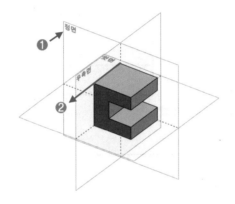

❶ 이 예제에서 돌출 피처에 사용된 2D 스케치 평면입니다.

❷ 돌출방향은 기본적으로 스케치한 평면에 수직한 방향이며 지정한 거리값만큼 돌출하여 피처를 만
듭니다.

1 풀다운 메뉴에서 삽입 → 보스 / 베이스 → 돌출을 차례대로 클릭하거나 피처 도구모음에서 돌출 보스
/ 베이스 🗔 를 클릭합니다.

2 돌출 PropertyManager(속성창)에서 마침조건은 블라인드 형태를 선택하고, 깊이 🗔 는 50을 입력합
니다.

• 블라인드 형태 : 피처를 스케치 평면에서 지정한 거리까지 연장합니다.

• 깊이 🗔 : 50mm

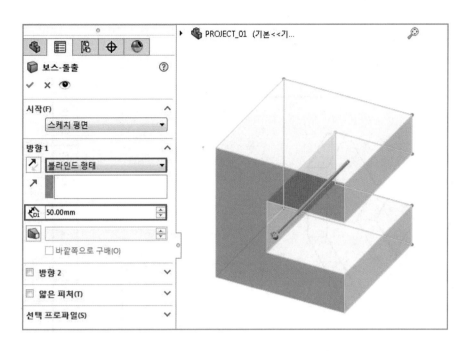

3 확인 ✔을 클릭합니다.

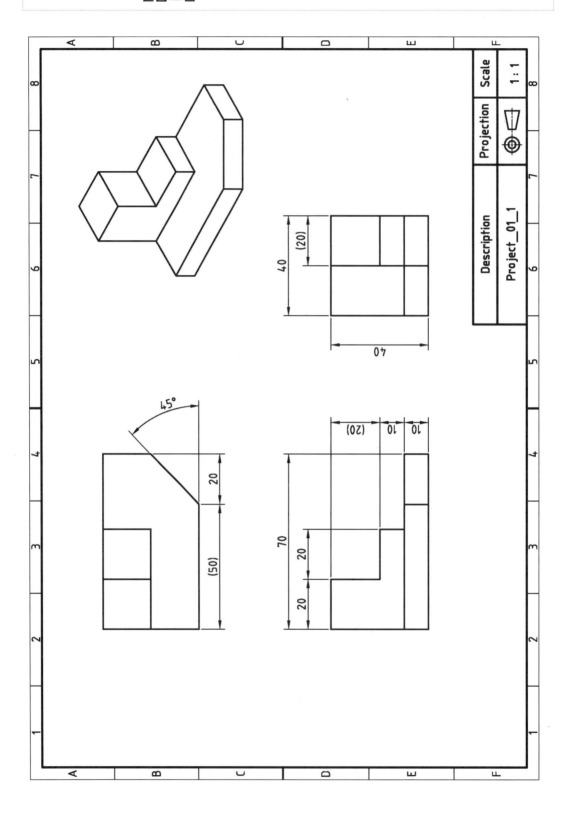

돌출, 돌출컷 사용예제

● 스/케/치/도/구/모/음 **사각형, 중심선, 필렛, 원, 요소대칭복사**

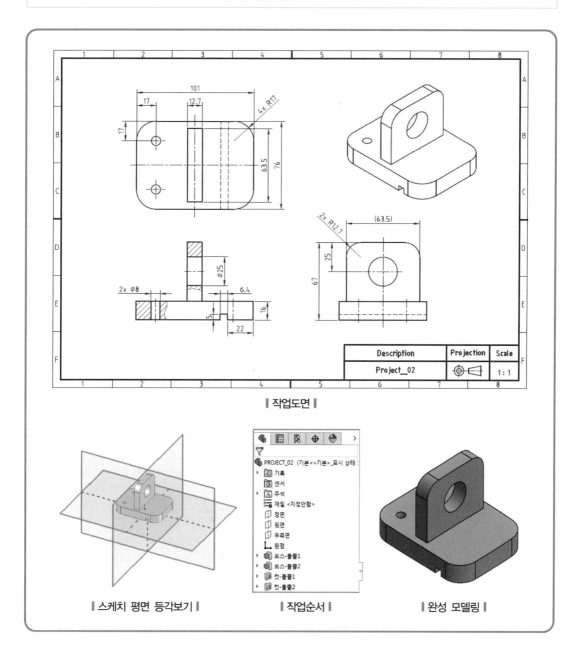

‖ 작업도면 ‖

‖ 스케치 평면 등각보기 ‖　　‖ 작업순서 ‖　　‖ 완성 모델링 ‖

01 새 파트 만들기

풀다운 메뉴 → 새 파일 → 파트 → 확인 또는 Ctrl + N → 파트 → 확인을 차례대로 클릭하여 새 파트를
만듭니다.

02 2D 평면 선택하고 스케치하기 1

1 FeatureManager 디자인 트리에 있는 세 개의 기준면(정면, 윗면, 우측면) 중 윗면을 선택하고, 스케치
도구모음에서 스케치█를 클릭합니다. 또는 윗면 선택 후 마우스 오른쪽 버튼을 클릭하여 바로가기
메뉴에서 스케치를 선택합니다.

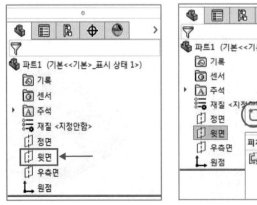
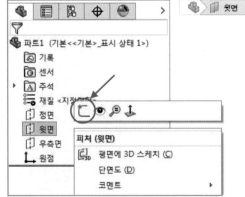

선택한 윗면이 회전하여 화면과 평행하게 되어 스케치가 활성화됩니다.

2 스케치 도구모음의 중심사각형  아이콘을 클릭하거나 도구 → 스케치 요소 → 사각형을 클릭합니다.

사각형 PropertyManager의 직사각형 유형에서 중심 사각형을 선택합니다.

사각형의 중심을 원점에 일치시켜 클릭하고 드래그하여 원하는 크기가 되면 마우스 버튼을 놓습니다. 드래그하는 대신 포인터를 이동하여 원하는 사각형의 크기가 되면 다시 한 번 클릭하여 사각형을 스케치할 수도 있습니다.(클릭 – 클릭모드)

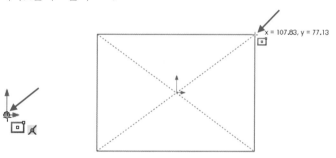

3 지능형 치수 를 클릭하여 사각형의 가로와 세로의 치수를 부여합니다.

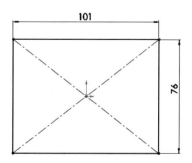

03 스케치 필렛

스케치 필렛 도구는 두 스케치 요소가 교차하는 코너를 탄젠트 호를 그리며 잘라줍니다. 이 도구는 2D 스케치와 3D 스케치 모두에서 사용할 수 있습니다.

1 스케치 도구모음에서 스케치 필렛 ⌐을 클릭하거나, 도구 → 스케치 도구 → 필렛을 클릭합니다. 스케치 필렛 PropertyManager에서 속성을 설정합니다.

❶ 필렛 요소 : 필렛할 스케치 꼭지점이나 요소를 선택합니다.

- 스케치 요소 선택방법 : 두 개의 스케치 요소를 클릭하거나 코너를 선택합니다.

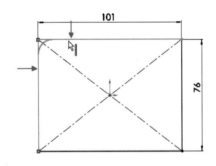 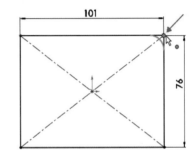

❷ 반경 : 필렛하고자 하는 반경값을 부여합니다.

❸ 구속 코너 유지 : 필렛을 부여할 꼭지점에 치수나 구속조건이 있으면 필렛 후에도 가상 교차점까지의 치수나 구속조건을 유지합니다.

 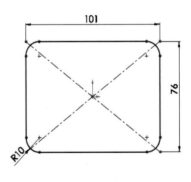

구속 코너 유지 확인란을 선택하지 않은 상태에서는 모서리나 꼭지점에 부여된 치수나 구속조건을 삭제한 후 필렛을 생성합니다.

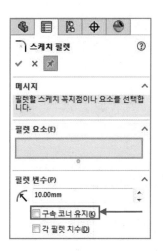
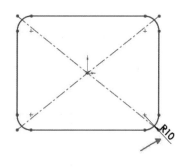

❹ 각 필렛 치수 : 선택하지 않을 경우 반경이 같은 연속 필렛(한 번의 필렛 명령어에서 여러 곳에 필렛을 부여한 경우)은 개별적으로 치수가 지정되지 않고 이들 필렛은 첫 번째 필렛과 자동 동등 관계를 가지게 됩니다.

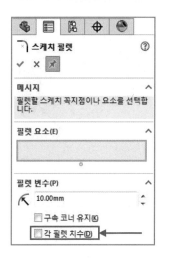
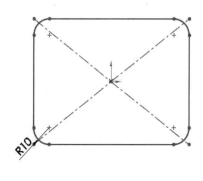

선택했을 경우 연속 필렛에 개별적인 치수가 지정됩니다.

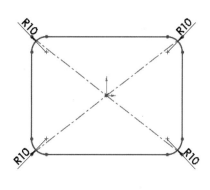

PROJECT

02

⑤ 필렛 반경값에 17mm를 입력합니다.

⑥ 구속 코너 유지를 선택하고 각 필렛 치수는 선택 취소합니다.

⑦ 필렛할 요소를 선택합니다.

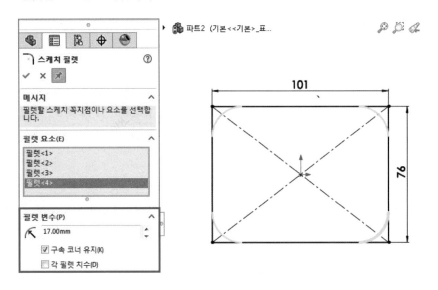

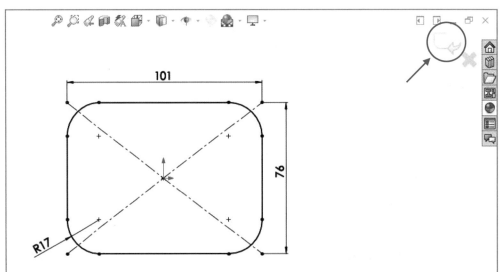

2 스케치가 완전정의되었으면 스케치 확인 코너에서 스케치 종료 ⌐↵를 클릭합니다.

04 돌출 보스 / 베이스 1

1 피처 도구모음에서 돌출 보스 / 베이스 를 클릭합니다.

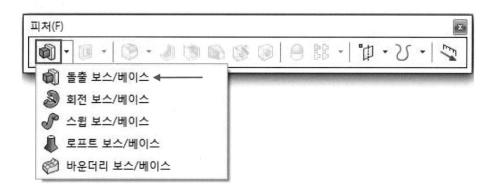

❶ 마침조건 : 블라인드 형태

❷ 깊이 : 16mm

2 확인 을 클릭합니다.

3 돌출방향은 반대방향 을 이용하여 변경할 수 있습니다. 스케치 평면 위쪽을 향하도록 합니다.

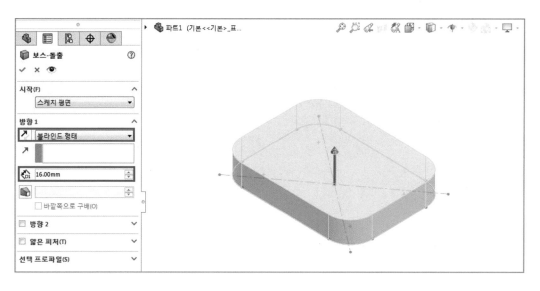

2D 평면 선택하고 스케치하기 2

1 FeatureManager 디자인 트리에 있는 세 개의 기준면(정면, 윗면, 우측면) 중 우측면을 선택하고, 스케치 도구모음에서 스케치 $\sqsubset$ 를 클릭합니다.

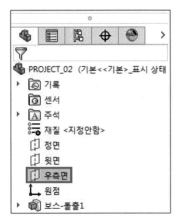

2 스케치 도구모음의 사각형 $\square$ 아이콘을 클릭하거나 도구 → 스케치 요소 → 사각형을 클릭합니다.

사각형 PropertyManager의 직사각형 유형에서 코너 사각형을 선택합니다.

아랫면 모서리 선분과 사각형의 한 코너 점을 일치시키도
록 하고 사각형 모양이 되도록 다른 코너 점을 클릭합니다.

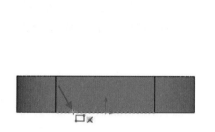

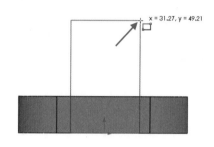

③ 다음과 같이 스케치 선분에 마우스를 가져다 놓고 오른쪽 버튼을 클릭한 다음 바로가기 메뉴창에서 중
간점을 선택하고 Ctrl을 누른 상태에서 스케치 원점을 선택합니다.

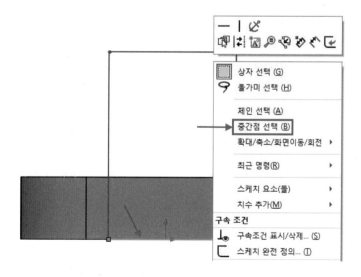

PropertyManager에서 두 점 사이의 구속조건으로 일치를 부여합니다.

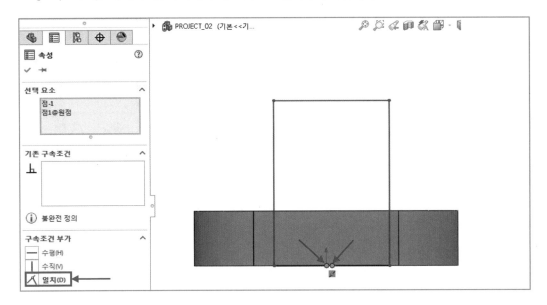

또는 선분과 스케치 원점을 선택하고 구속조건 중간점을 부여하거나 선분의 중간 위치에 마우스를 가져다 놓고 스케치 스냅 중간점 ∕을 선택한 후 스케치 원점을 선택하고 구속조건으로 일치를 부여하여도 됩니다.

4 지능형 치수 ◆ 를 클릭하여 치수를 부여하고 스케치 필렛 ⌐을 이용하여 아래와 같이 모서리를 필렛합니다.

❶ 필렛 반경 : 12.7mm
❷ 구속 코너 유지를 선택하고 각 필렛 치수는 선택을 취소합니다.
❸ 필렛할 요소를 선택합니다.

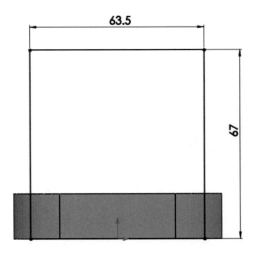

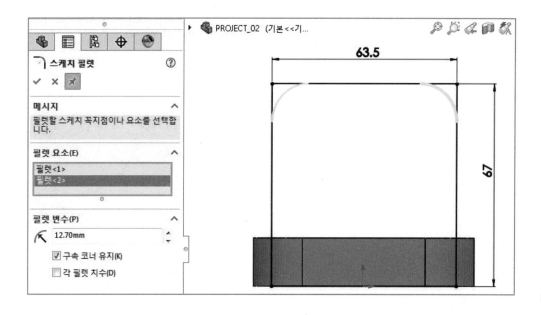

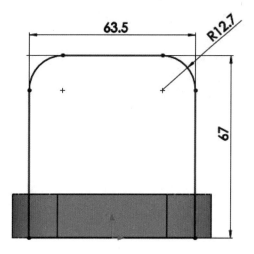

5 원 그리기

스케치 도구모음에서 원도구 (도구 → 스케치 요소 → 원을 클릭)를 사용하여 원을 스케치합니다.

① 포인터 모양이 ⁺⊙로 바뀝니다.

② 원 PropertyManager의 원 유형에서 원을 선택하면 중심점과 반경을 클릭하여 원을 스케치할 수 있으며, 원주원을 선택하면 원주원 위의 점을 클릭하여 원을 스케치할 수 있습니다.

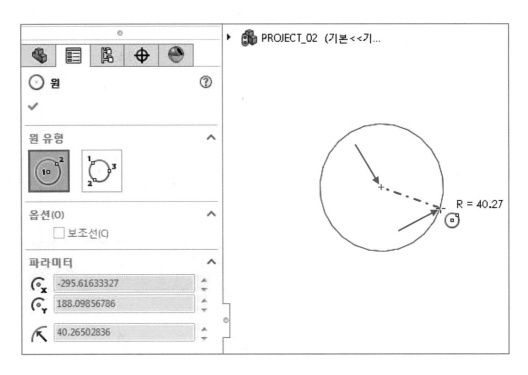

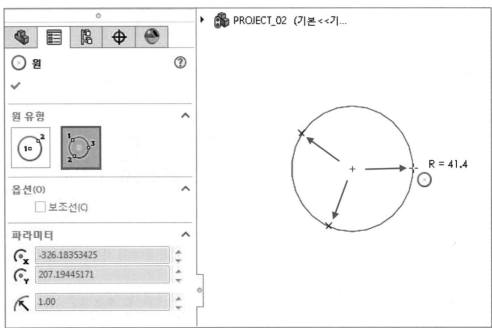

※ 그려진 원의 중심점을 드래그하면 원의 위치를 이동시킬 수 있고 원주를 드래그하면 원의 크기
를 조절할 수 있습니다.

❸ 다음과 같이 원 PropertyManager의 원 유형에서 첫 번째 원을 선택하고 원을 스케치합니다.

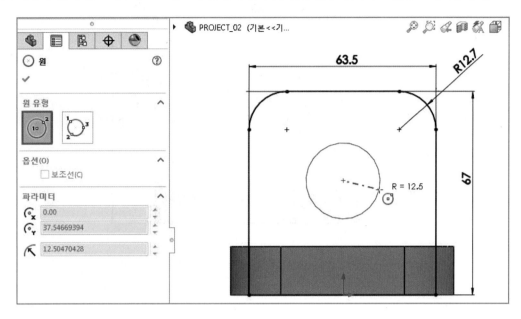

❹ 원을 스케치하고 원의 중심점과 원점을 Ctrl을 눌러 선택한 후 아래 그림과 같이 속성창(Property Manager)에서 구속조건으로 수직을 부여하고 원의 위치 치수와 원의 크기(지름) 치수를 부여합니다.

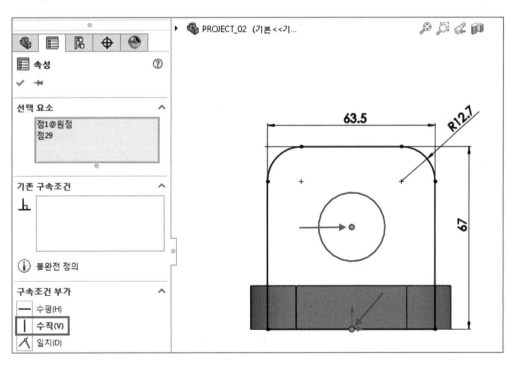

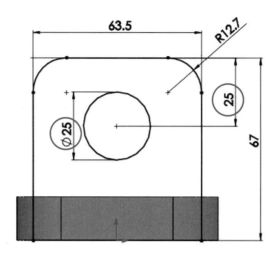

⑤ 스케치가 되었으면 스케치 확인 코너에서 스케치 종료 ↳를 클릭합니다.

06 돌출 2

1 피처 도구모음에서 돌출 보스 / 베이스 를 클릭합니다.

① 마침조건 : 중간평면(중간평면 : 피처를 스케치 평면에서 양쪽 방향으로 똑같은 거리로 연장합니다.)

② 깊이 : 12.7mm

2 확인 ✔을 클릭합니다.

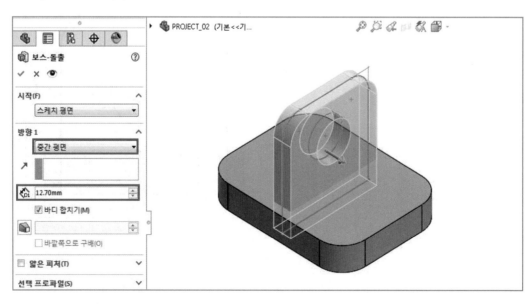

1 FeatureManager 디자인 트리에 있는 디폴트 평면(정
면, 윗면, 우측면) 중 윗면을 선택하고, 스케치 도구모음
에서 스케치⌐를 클릭합니다.

Ctrl + *8(면에 수직으로 보기)을 누르면 선택한 윗면
이 회전하여 화면과 평행하게 되어 스케치가 활성화됩
니다.

또는 그래픽 영역에서 빠른 보기도구모음의 뷰 방향을
클릭하고 면에 수직으로 보기를 선택하여도 됩니다.

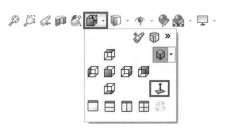

2 스케치 도구모음의 중심선 ✏️ 아이콘을 클릭하거나 도구 → 스케치 요소 → 중심선을 클릭합니다.

다음과 같이 원점을 지나는 수평한 중심선을 그립니다.

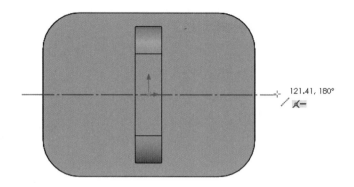

121.41, 180°

TIP 중심선

• 중심선은 상하 대칭 스케치 요소를 작성하거나 회전피처를 작성할 때 보조선으로 사용합니다.

• 중심선은 위치결정이나 치수의 보조적 역할을 할 때 많이 사용되며, 피처에 영향을 미치지 않습니다.

3 스케치 도구모음에서 원 도구를 이용하여 중심선 위에 원 하나를 그립니다.

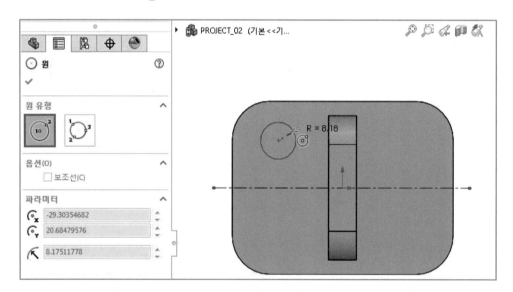

TIP 요소 대칭복사 기능

대칭복사할 요소를 기준선을 기준으로 대칭되게 이동시키거나 대칭복사할 요소를 대칭 기준선을 기준으로 대칭
되게 복사할 수 있습니다.
기준선은 보조선(중심선) 이외에도 모든 유형의 선을 대칭복사 기준선으로 사용할 수 있습니다.
대칭복사 요소를 만들면 대칭 구속조건이 자동으로 부여되기 때문에 대칭복사된 요소를 변경하면 그 원본요소
도 기준선을 기준으로 위치와 크기가 변경됩니다.

❶ 대칭복사할 요소를 대칭기준선을 기준으로 대칭되게 이동시키려면 대칭 PropertyManager 옵션의 복사에 체크하지 않습니다.

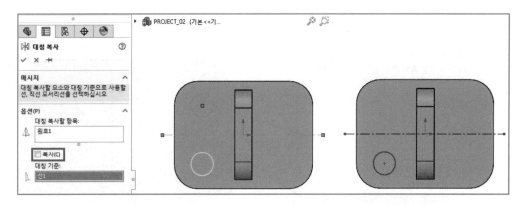

❷ 대칭복사할 요소를 대칭 기준선을 기준으로 대칭되게 복사하려면 복사에 체크합니다.

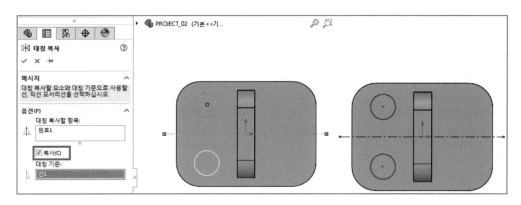

4 스케치 도구모음에서 요소 대칭복사 ⋈를 클릭하거나 도구 → 스케치 도구 → 대칭을 클릭합니다.

❶ 요소 대칭복사 속성창(PropertyManager)의 대칭복사할 항목 ⚠에서 스케치 요소인 원을 선택합니다.

대칭기준 ⚠으로 사용할 수평한 중심선을 선택하고 복사에 체크합니다.

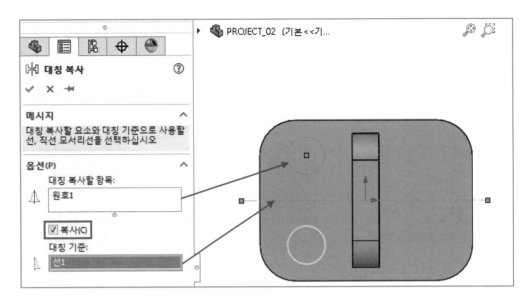

속성창의 확인 ✔을 클릭합니다.

TIP

대칭복사할 항목과 대칭기준선을 Ctrl을 이용하여 선택한 다음 요소 대칭복사 ▶◀를 클릭하면 대칭복사할 항목이
기준선을 기준으로 상하 또는 좌우로 항목선택 없이 바로 대칭복사됩니다.

5 스케치 도구모음에서 지능형 치수 ↖를 클릭하여 다음과 같이 치수를 부여합니다.

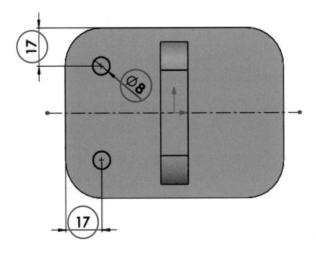

스케치가 완전정의되었으면 스케치 확인 코너에서 스케치 종료 ↳↲를 클릭합니다.

08 돌출컷 🔲 1

1 피처 도구모음에서 돌출컷 🔲을 클릭하거나 삽입 → 컷 → 돌출을 클릭합니다.

  ❶ 마침조건 : 관통(스케치의 수직방향으로 형상의 최종 꼭지점까지 돌출컷합니다.)

  ❷ 반대방향 ✎ 을 클릭하여 돌출컷 방향을 결정합니다.

2 확인 ✔을 클릭합니다.

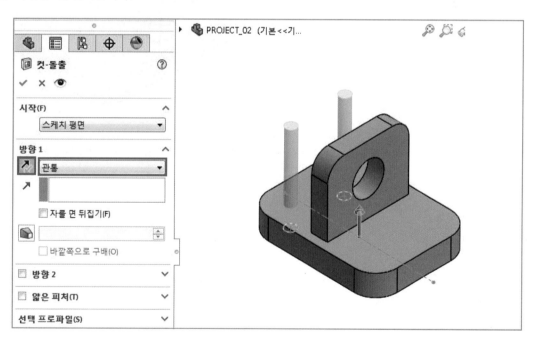

※ 위와 같이 자르기 도구의 돌출컷, 회전컷, 스윕컷, 로프트컷 등을 사용하여 솔리드 모델을 자를 수 있습니다.

1 FeatureManager 디자인 트리에 있는 디폴트평면(정면, 윗면, 우측면) 중 정면을 선택하고, 스케치 도구모음에서 스케치 ⌐를 클릭합니다.

Ctrl + 8 (면에 수직으로 보기)을 눌러 선택한 정면을 화면과 평행하게 만듭니다.

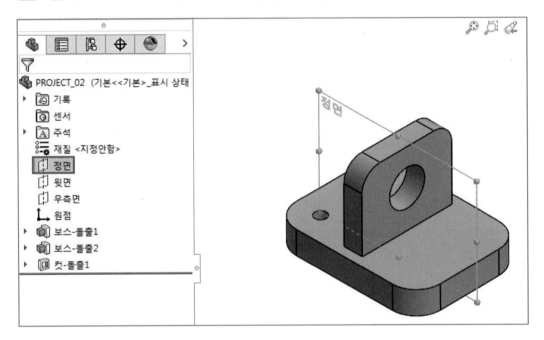

2 스케치 도구모음의 사각형 ☐ 아이콘을 클릭하거나 도구 → 스케치 요소 → 사각형을 클릭합니다.

직사각형 PropertyManager의 직사각형 유형에서 코너 사각형을 선택합니다.

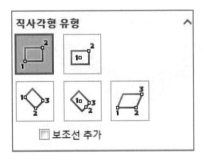

밑면의 모서리선과 사각형의 한 점을 일치시키고 다른 한 점을 클릭하여 아래 그림과 같이 스케치를 하고 치수를 부가합니다.

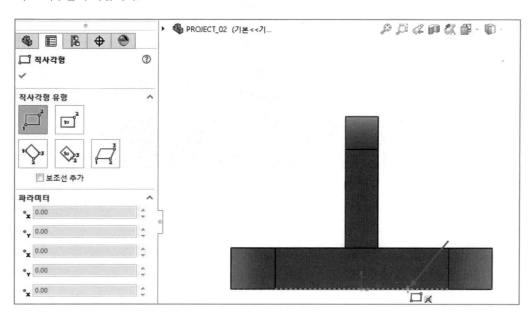

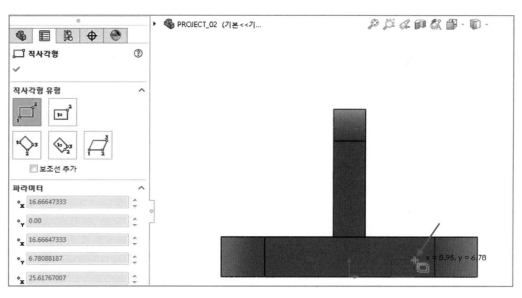

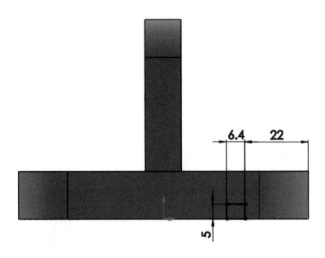

3 스케치 확인 코너에서 스케치 종료 ⌐↲를 클릭합니다.

10 돌출컷 2

1 피처 도구모음에서 돌출컷 을 클릭하거나 삽입 → 컷 → 돌출을 클릭합니다.

돌출컷 PropertyManager에서 방향 2를 선택합니다. 방향 2를 선택하면 방향 1과 반대방향으로도 돌출컷을 실행할 수 있습니다.

❶ 방향 1 마침조건 : 관통

❷ 방향 2 마침조건 : 관통

2 확인 ✔을 클릭합니다.

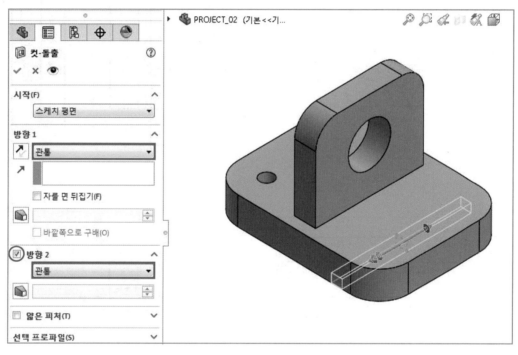

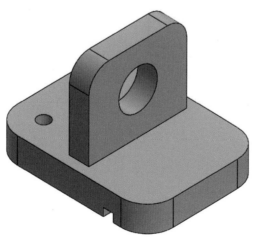

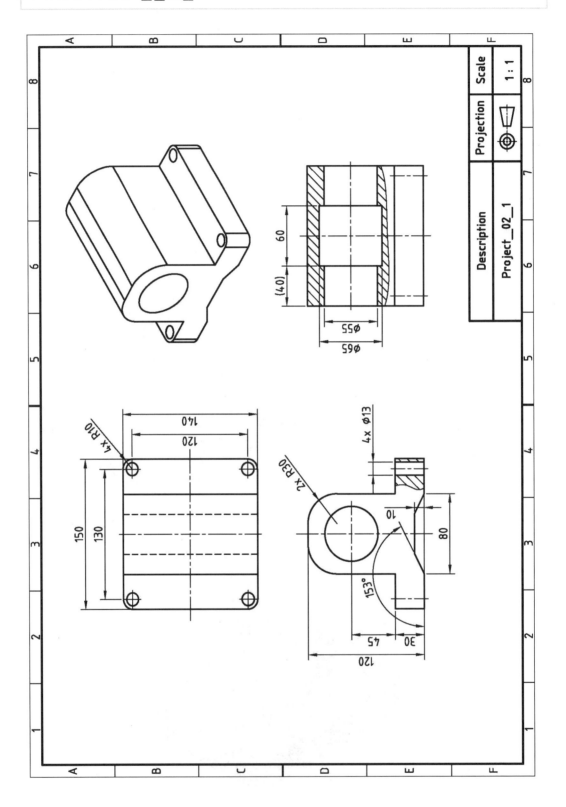

돌출, 돌출컷, 필렛 사용예제

○ 스/케/치/도/구/모/음 동적 대칭복사

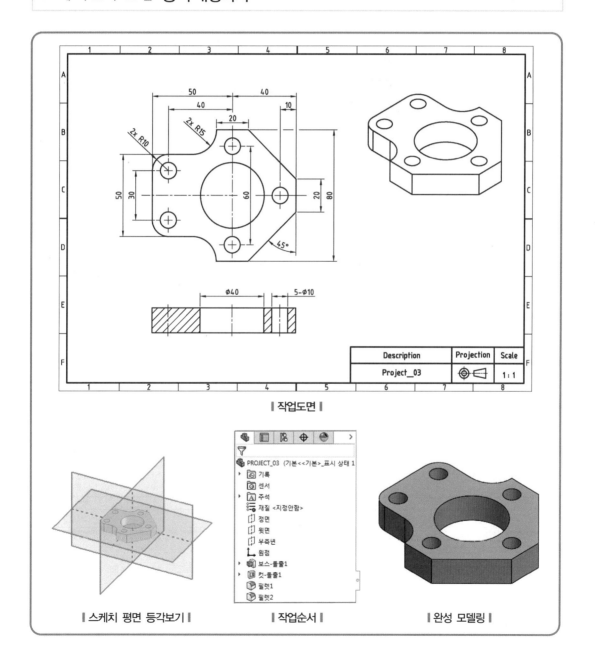

┃작업도면┃

┃스케치 평면 등각보기┃   ┃작업순서┃   ┃완성 모델링┃

01 새 파트 만들기

풀다운 메뉴 → 새 파일 → 파트 → 확인 또는 Ctrl + N → 파트 → 확인을 차례대로 클릭하여 새 파트를
만듭니다.

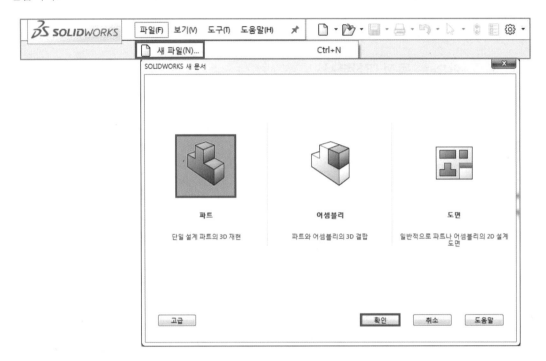

02 2D 평면 선택 후 스케치하기 1

1 FeatureManager 디자인 트리에서 윗면을 선택하고, 스케치 도구모음에서 스케치를 클릭합니다.

2 다음과 같이 스케치 도구모음에서 중심선 을 이용하여 스케치 원점에 수평한 중심선과 수직한
중심선을 그립니다.

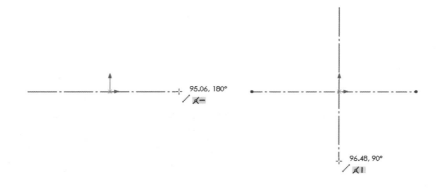

3 스케치한 수평한 중심선을 선택하고 스케치 도구모음에서 동적 대칭복사 를 클릭합니다.

TIP **동적 대칭복사**

- 대칭 기준요소를 먼저 선택하고 선택한 기준요소의 양 끝에 대칭기호가 표시되면 대칭복사할 요소를 스케치합니다.
- 이미 있는 스케치 요소는 동적 대칭복사를 할 수 없고 새로 스케치한 요소만 동적 대칭복사가 됩니다. 이미 있는 스케치 요소를 대칭복사하려면 요소대칭복사 ⊩ 도구를 사용합니다.
- 대칭복사기준으로 사용할 수 있는 요소로는 중심선, 선, 모델의 직선 모서리선, 도면의 직선이 있습니다.
- 대칭 기능을 해제하려면, 동적 대칭복사 ⊩ 를 다시 클릭합니다.

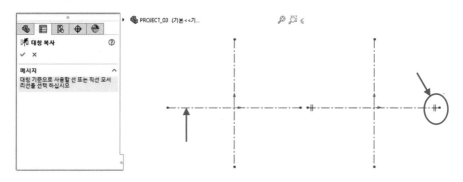

대칭기준요소 상단에 다음과 같이 스케치하면 기준요소를 기준으로 스케치하는 대로 하단에 대칭되며 그려집니다.

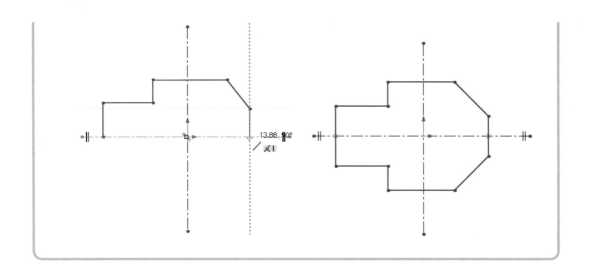

4 스케치가 끝났으면 동적 대칭기능을 해제하기 위해 다시 동적 대칭복사 를 클릭합니다.

다음과 같이 한 선의 중간점과 수직한 중심선에 일치 구속조건을 부가합니다.

❶ 수평한 선분에 마우스를 가져가거나 마우스 왼쪽 버튼으로 선택하고 마우스 오른쪽 버튼을 눌러 중간점을 선택합니다.

❷ Ctrl 을 누른 채 스케치 원점을 선택한 후 중간점과 스케치 원점 사이에 구속조건 중 수직 조건을 부여합니다.

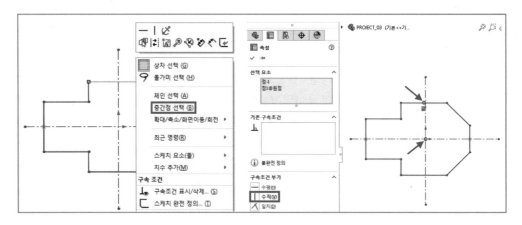

5 스케치 도구모음에서 지능형 치수 ![]를 클릭하여 다음과 같이 치수를 부가합니다.

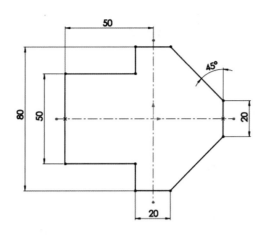

완전정의되었으면 스케치 확인 코너에서 스케치 종료 ⌐◡를 클릭합니다.

03 돌출 1

1 피처 도구모음에서 돌출 보스 / 베이스 를 클릭합니다.

   1 마침조건 : 블라인드 형태

   2 깊이 : 15mm

2 확인 ✔을 클릭합니다.

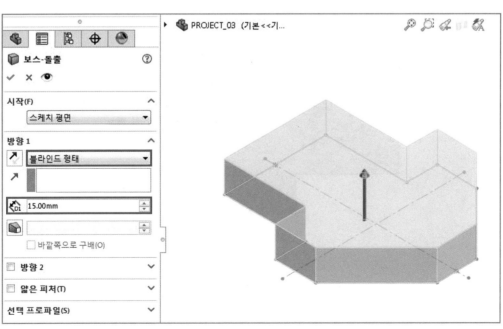

2D 평면 선택 후 스케치하기 2

1 솔리드 형상의 윗면을 선택하고, 스케치 도구모음의 스케치 ⊏를 클릭합니다.

FeatureManager 디자인 트리의 디폴트 평면을 선택하지 않고 다음과 같이 솔리드 형상의 면을 클릭하여 스케치 평면을 만들 수 있습니다.

또한 형상의 면을 선택하거나 선택 후 마우스 오른쪽 버튼을 누릅니다. 바로가기 메뉴가 나타나면 스케치를 눌러 스케치를 실행할 수도 있습니다.

2 다음과 같이 스케치 도구모음의 중심선 ✎ 을 클릭하여 원점을 지나는 수평한 중심선을 스케치합니다.

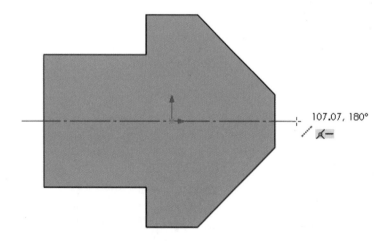

3 스케치 도구모음에서 원 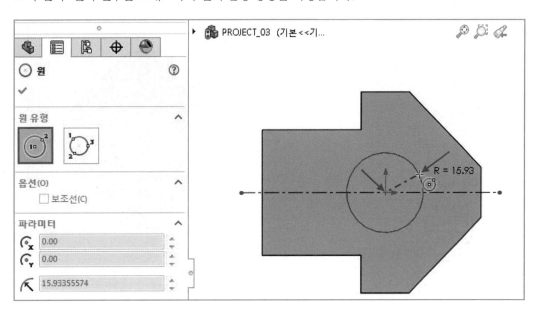을 클릭하고 원 유형에서 원을 선택한 다음 원의 중심점이 원점에 일치하도록 한 후 원의 원주를 드래그하여 원의 반경 형상을 지정합니다.

4 다음과 같이 원을 중심선 위, 아래에 그린 후 원과 중심선 원을 [Ctrl]을 이용하여 선택하고 구속조건 중 대칭 조건을 부여합니다.

TIP

요소 선택 후 속성창(PropertyManager)에서 구속조건 중 대칭조건을 부여할 수 있으나 속성창(PropertyManager)에서 대칭 조건을 부여할 경우 기준으로 사용할 수 있는 요소는 보조선(중심선)이어야 합니다.

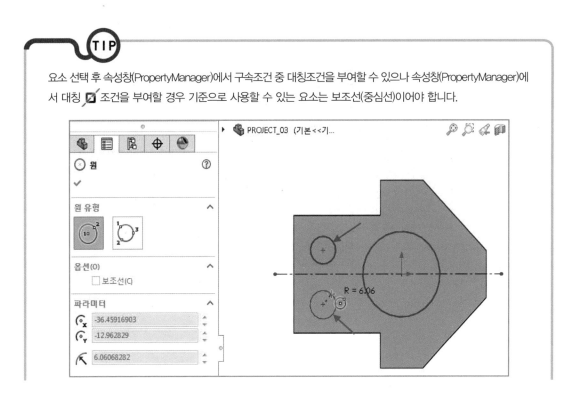

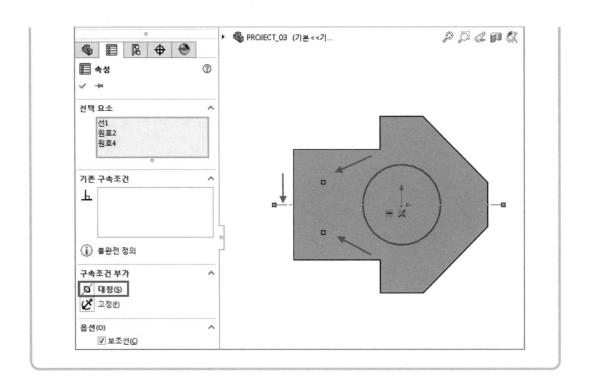

5 다음과 같이 원 🔘 을 사용하여 스케치한 후 위와 같이 속성창(PropertyManager)에서 대칭 조건을 부여합니다. 또는 두 원과 중심선을 선택한 후 바로가기 메뉴의 구속조건으로 대칭을 선택하거나 마우스 오른쪽 버튼을 클릭하고 바로가기 메뉴에서 구속조건 대칭을 선택해도 됩니다.

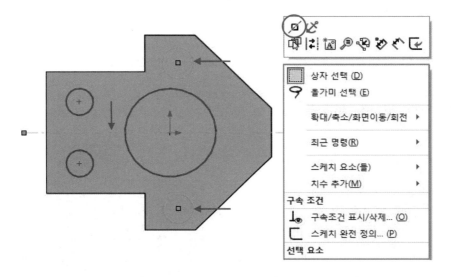

6 다음과 같이 수평한 중심선에 원의 중심점이 일치되도록 그립니다.

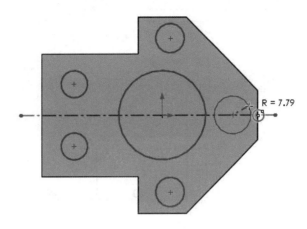

7 세 개의 작은 원을 Ctrl 을 누른 채 선택한 다음 속성창(PropertyManager)에서 구속조건 부가의 동등 ▬을 선택하여 세 개의 원의 반경이 같아지도록 구속조건을 부여합니다.

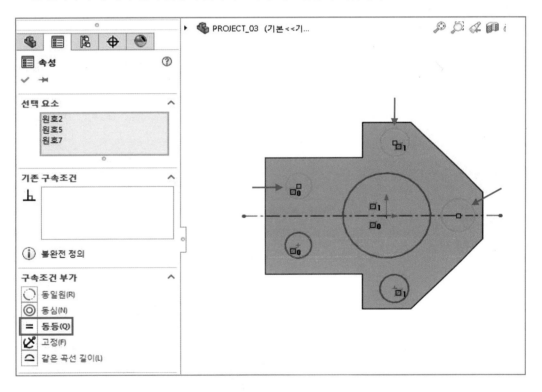

8 위와 같이 스케치가 끝났으면 스케치 도구모음에서 지능형 치수 ✒를 클릭하여 다음과 같이 치수를 부가한 다음 완전정의되었으면 스케치 확인 코너에서 스케치 종료 ᠿ를 클릭합니다.

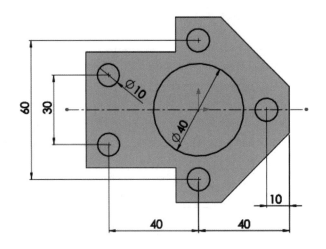

05 돌출컷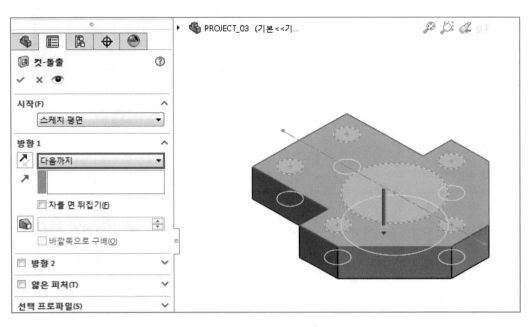

1 피처 도구모음에서 돌출컷을 클릭하거나 삽입 → 컷 → 돌출 메뉴를 차례대로 클릭합니다.

* 마침조건 : 다음까지

(스케치 평면에서 스케치한 전체 스케치 프로파일이 솔리드 형상을 자르는데, 이때 전체 스케치 프로파일을 투영할 수 있는 솔리드 형상의 면까지 잘라냅니다.)

2 확인을 클릭합니다.

필렛 PropertyManager

피처 도구모음에서 필렛 을 클릭하거나, 삽입 → 피처 → 필렛 메뉴를 차례대로 클릭합니다.

> **TIP**
>
> 필렛은 파트에 안쪽 또는 바깥쪽 곡면을 만듭니다. 모든 면 모서리, 선택한 면 세트, 선택한 모서리, 모서리 루프에 필렛할 수 있습니다.

■ 필렛 권장 사항

❶ 작은 필렛보다 큰 필렛을 먼저 합니다. 꼭지점에 여러 필렛을 만들 때도 큰 필렛을 먼저 만듭니다.

❷ 필렛보다 구배를 먼저 추가합니다. 여러 개의 필렛된 모서리와 구배된 곡면으로 몰딩 또는 캐스트 파트를 만들 경우 대부분 필렛보다 구배피처를 먼저 추가합니다.

❸ 파트 재생성 시간을 단축하려면 일정 반경 필렛이 필요한 여러 모서리를 처리할 때 단일 필렛 작업을 사용합니다.(단, 이렇게 필렛의 반경을 변경하면 같은 작업으로 생성된 모든 필렛이 변경됩니다.)

❷ 새 필렛 피처를 작성하거나 기존 필렛 피처를 편집할 때, 필렛 PropertyManager가 열립니다. Property Manager가 작성하는 필렛의 유형에 따라 다르게 적절한 옵션을 표시합니다.

❸ 피처 편집을 사용하여 필렛을 편집할 때, 필렛 PropertyManager가 전환 버튼 없이 표시됩니다.

4 필렛 유형

❶ 부동크기 필렛 : 전체 필렛 길이에 일정한 반경을 가진 필렛을 작성합니다.

❷ 유동크기 필렛 : 필렛이 작성될 모서리에 포인터 점을 이용하여 여러 가지 다른 반경을 가진 필렛을 작성합니다.

❸ 면필렛 : 인접하지 않은 면, 비연속면을 혼합합니다.

❹ 둥근 필렛 : 인접한 세 개의 면 쌍에 접하는 필렛을 작성합니다.

5 필렛할 항목

❶ 모서리선, 면, 피처, 루프 : 그래픽 영역에서 필렛할 요소들을 선택합니다.

❷ 탄젠트 파급 : 선택한 면과 접하는 모든 면에 필렛을 연장하여 적용합니다.

❸ 전체미리보기 : 모든 모서리의 필렛 미리보기를 표시합니다.

❹ 부분미리보기 : 첫 번째 모서리의 필렛 미리보기만 표시합니다. 키보드의 Ⓐ을 누르면 필렛 미리보기를 하나씩 순서대로 볼 수 있습니다.

❺ 미리보기 안 함 : 복잡한 모델의 재생성 속도가 빨라집니다.

6 필렛 변수

❶ 대칭 : 반경값에 의한 대칭 필렛을 만듭니다.

• 반경 ⏞ : 필렛 반경을 지정합니다.

• 다중 반경 필렛 : 선택한 모서리마다 반경이 다른 필렛을 작성합니다.
  (단, 공통 모서리선을 가진 면이나 루프에는 다중반경을 지정할 수 없습니다.)

❷ 비대칭 : 두 반경값에 의한 비대칭 필렛을 만듭니다.

• 거리 1 ⏞ : 필렛의 한 방향에 대한 반지름을 설정합니다.

• 거리 2 ⏞ : 필렛의 다른 방향에 대한 반지름을 설정합니다.

TIP 피처 이동 / 복사하기

이동하고자 하는 피처의 면을 선택하고 핸들의 포인터를 드래그하거나 Shift 를 누른 채 이동하고자 하는 솔리드 형상의 면이나 모서리로 드래그합니다. 이로써 피처와 동일한 조건과 관계를 가지며 이동됩니다. 복사하고자 할 때는 Ctrl 을 누르고 이동과 같은 방법을 사용합니다.

07 필렛 🗊 1

1 다음과 같이 필렛 PropertyManager에서 필렛 유형 중 부동크기필렛을 선택하고 필렛할 항목에서 아래와 같이 형상의 모서리를 선택합니다.

필렛변수의 필렛방법은 대칭을 선택하고 반경 🗲값은 15mm를 입력하여 필렛을 완성합니다.

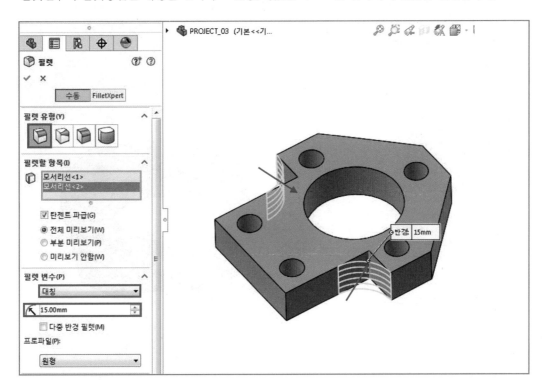

2 확인 ✔️을 클릭합니다.

08 필렛📦 2

1 필렛 PropertyManager에서 필렛 유형 중 부동크기필렛을 선택하고 반경 🏹10mm를 입력한 후 형상의 두 모서리를 선택합니다. 필렛 변수의 필렛 방법은 대칭을 선택하고 반경 🏹값은 10을 입력하여 필렛을 완성합니다.

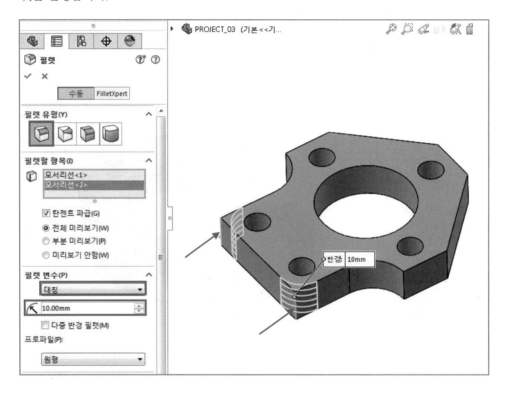

2 확인 ✔을 클릭합니다.

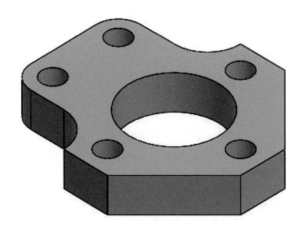

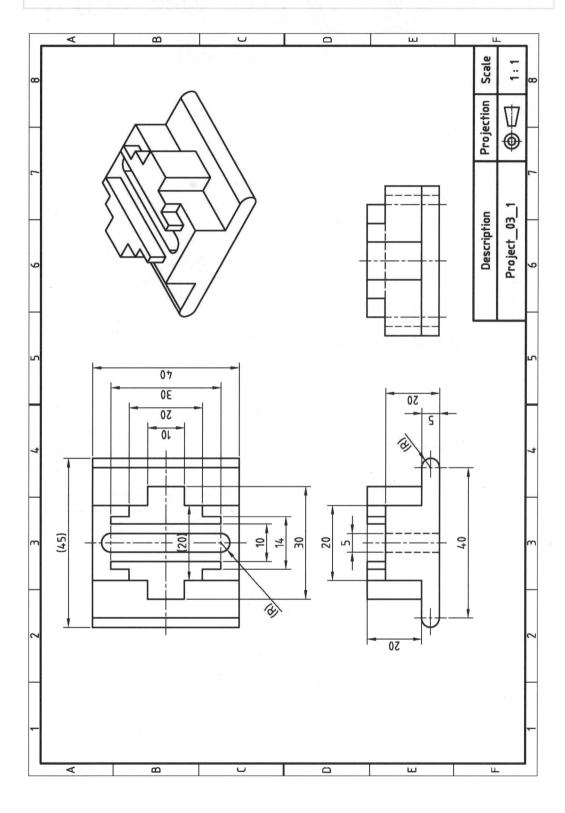

돌출, 필렛, 모따기 사용예제

○ 스/케/치/도/구/모/음 요소 잘라내기

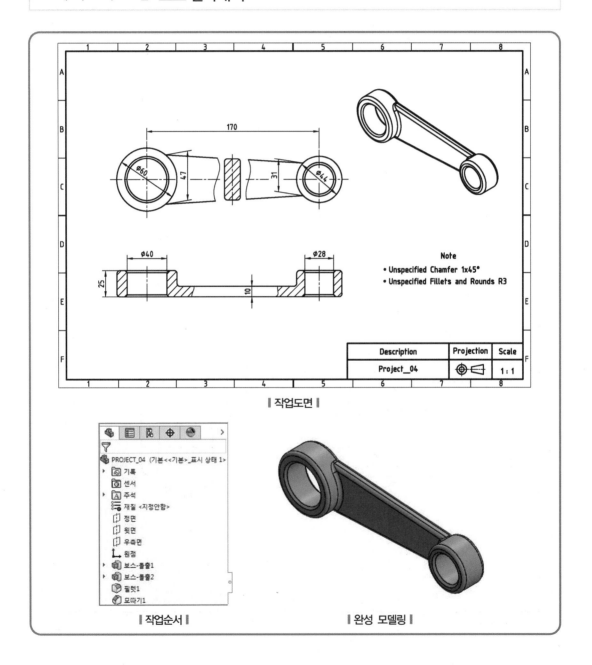

‖ 작업도면 ‖

Note
- Unspecified Chamfer 1x45°
- Unspecified Fillets and Rounds R3

Description	Projection	Scale
Project_04	⊕⊲	1 : 1

‖ 작업순서 ‖   ‖ 완성 모델링 ‖

01 2D 평면 선택하고 스케치하기 1

1 FeatureManager 디자인 트리에서 정면을 선택하고 스케치 도구모음에서 스케치 를 클릭합니다.

2 스케치 도구모음의 중심선 을 클릭하여 원점에 일치하는 수평한 중심선을 스케치한 다음 원 과 선 을 이용하여 다음과 같이 스케치합니다.

① 원점을 지나는 수평한 중심선을 스케치합니다.

95.06, 180°

② 원 유형에서 원을 선택하고 원의 중심점이 스케치 원점에 일치되도록 하며, 원의 반경을 클릭하여 원을 스케치합니다.

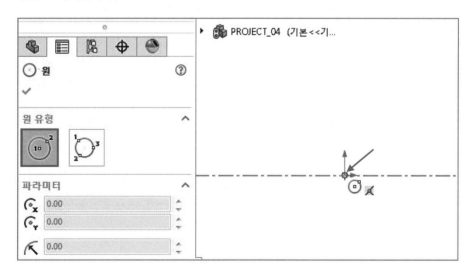

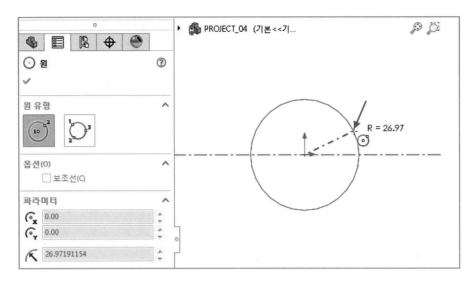

❸ 원 유형에서 원을 선택하고 원의 중심점을 수평한 중심선에 일치되도록 하며 원의 반경을 클릭하여 원을 스케치합니다.

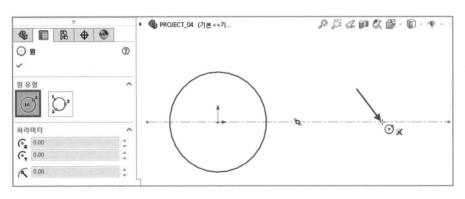

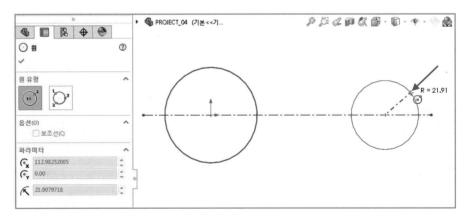

④ 선을 선택하고 중심선 위, 아래에 두 개의 사선을 스케치합니다.

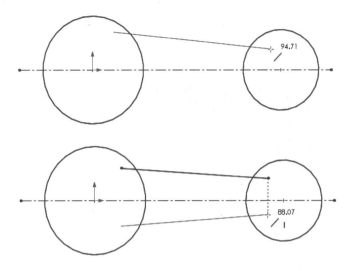

⑤ 두 개의 사선과 수평한 중심선을 [Ctrl]을 누른 채 선택한 후 속성창(PropertyManager)에서 구속조건으로 대칭조건을 부여합니다. 두 선의 중심선을 기준으로 대칭조건이 이루어집니다.

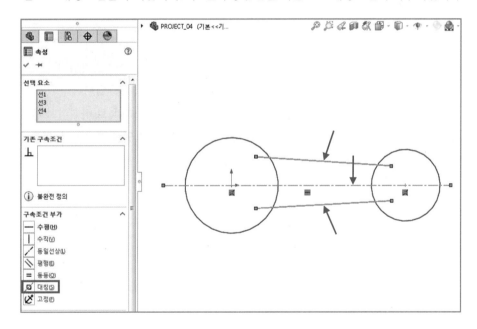

③ 필요 없는 요소는 스케치 도구모음의 요소 잘라내기 ✂ 도구를 사용하여 잘라냅니다.

4 요소 잘라내기 ✄ 의 속성창(PropertyManager) 옵션

① 지능형 ⌇

• 자르기 : 포인터를 스케치 요소로 끌어 여러 개의 인접 스케치 요소를 잘라냅니다.

마우스 왼쪽 버튼을 누르고 잘라낼 스케치 요소까지 마우스로 드래그합니다.

드래그한 경로를 따라 흔적이 생기며 자를 요소를 지나면 마우스가 ✄로 바뀌며 스케치 요소가

잘립니다. 포인터를 누른 채로 원하는 요소를 끌어 잘라내기 작업을 계속할 수 있습니다.

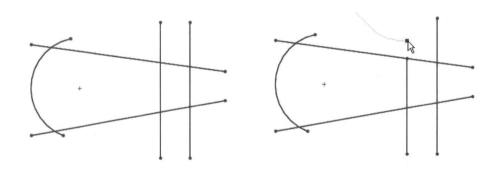

- 복원하기 : 마우스가 지나간 흔적과 잘라진 요소가 교차되는 부위에 포인터가 생기는데 이 포인터에 커서를 가져다 놓으면 잘라지기 이전 형상으로 되돌아 갑니다.

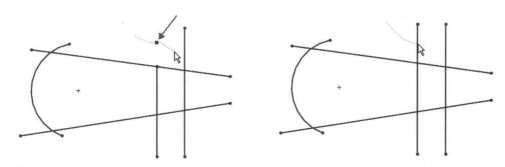

- 연장하기 : 연장할 스케치 요소를 선택 후 드래그합니다.

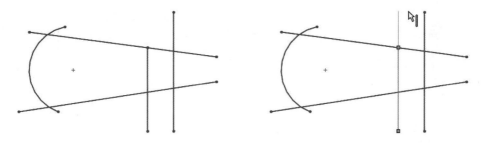

또는 자를 요소를 선택하고 기준이 될 요소를 선택하여 교차 부분까지 정확히 자를 수 있습니다.

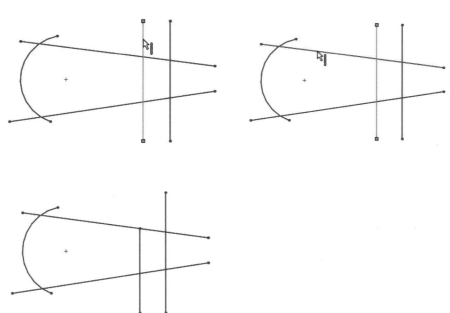

❷ 코너 ⊢ : 두 스케치 요소가 가상 교차점에 이를 때까지 요소를 연장하거나 잘라냅니다.

• 코너 자르기

 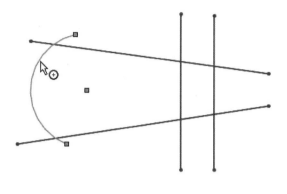

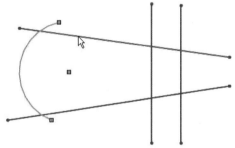 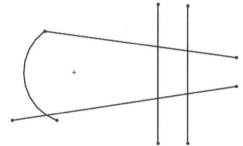

• 코너 연장하기

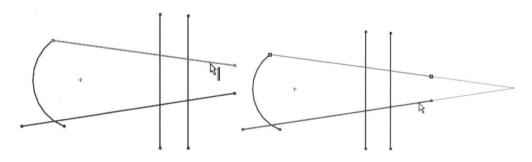

❸ 안쪽 잘라내기 ╬ : 두 개의 경계요소 안에 있는 스케치 요소를 잘라냅니다. 두 개의 경계요소를 선택한 후 잘라낼 스케치 요소를 선택합니다.

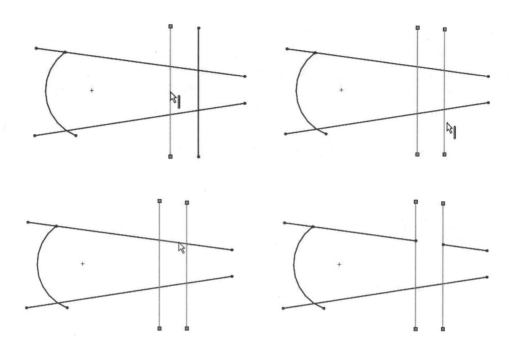

❹ 바깥쪽 잘라내기 ╣ : 두 개의 경계 요소 바깥쪽에 있는 스케치 요소를 잘라냅니다.

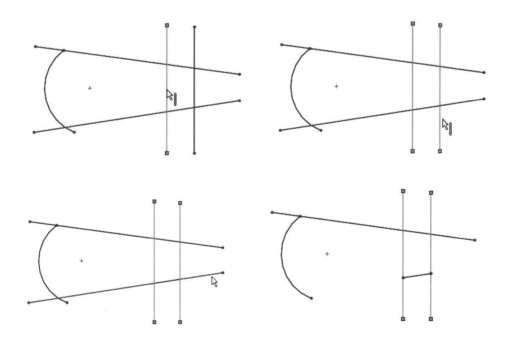

⑤ 근접 잘라내기 ┼ : 원하는 요소를 클릭하여 잘라냅니다.

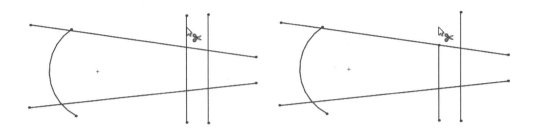

5 요소 잘라내기 ✂ 옵션 중 근접 잘라내기 ┼를 이용하여 다음과 같이 필요 없는 요소를 잘라냅
니다.

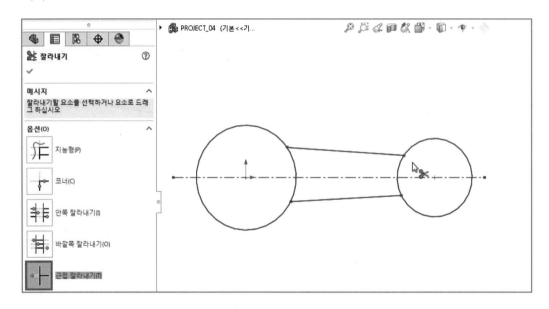

6 스케치 도구모음의 원 ⊙을 선택하고 원 유형에서 원을 선택하여 스케치한 후 지능형 치수 ⬧를 클릭
하여 치수를 다음 그림과 같이 부여합니다.

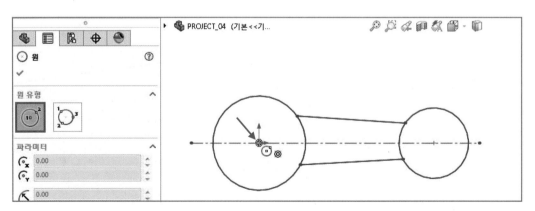

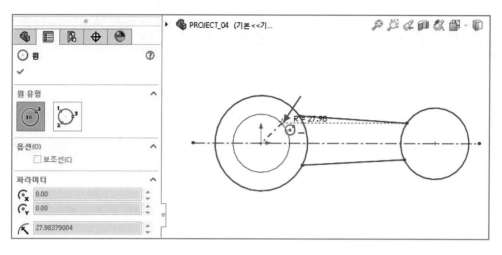

스케치하는 원의 중심점을 자동구속조건 동심을 확인하면서 스케치합니다. 이렇게 스케치하면 두 원의 중심점 위치가 같아집니다.

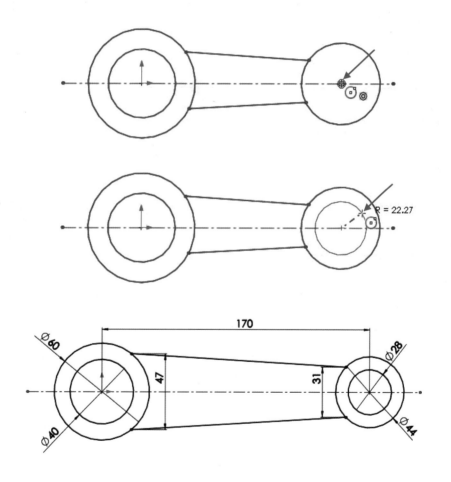

7 완전정의된 스케치가 완성되었으면 스케치 확인 코너에서 스케치 종료 ⌐↵를 클릭합니다.

02 다중 폐곡선 스케치를 이용한 돌출 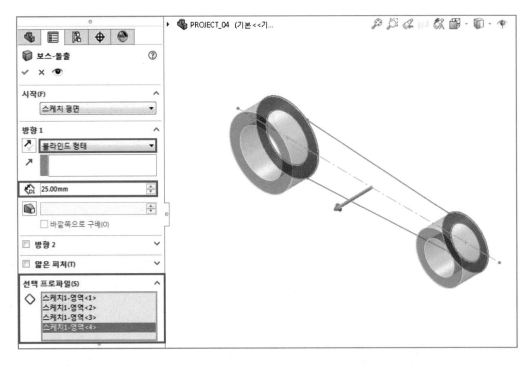 1

1 피처 도구모음에서 돌출 보스 / 베이스 를 클릭합니다.

❶ 마침조건 : 블라인드 형태

❷ 깊이 : 25mm

2 확인 을 클릭합니다.

- **선택프로파일** : 위와 같이 다중 폐곡선으로 이루어진 스케치의 경우 원하는 영역 또는 프로파일을 선택하여 피처를 생성할 수 있습니다.

다음과 같이 피처를 생성할 영역을 선택합니다.

하나의 폐곡선으로 이루어져 있는 스케치를 프로파일이라 하는데 위와 같이 스케치에 여러 개의 폐곡선이 있다면 각각의 폐곡선을 영역 프로파일이라 하며, FeatureManager 디자인 트리에서 지금 실행한 돌출의 스케치 아이콘이 으로 바뀝니다.

스케치 공유를 이용한 피처 생성

1 FeatureManager 디자인 트리에서 위에 생성한 피처의 스케치를 이용하여 다음 피처를 생성합니다.
즉, 스케치를 공유하여 피처를 생성할 수 있습니다.

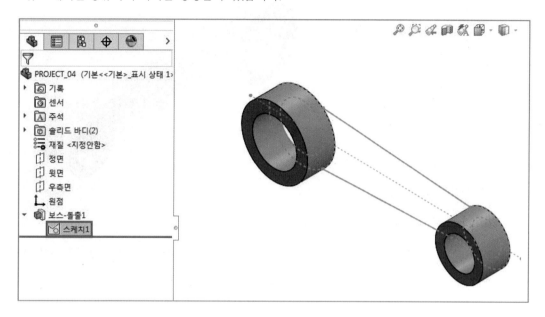

2 피처 도구모음에서 돌출 보스 / 베이스 🔲를 클릭합니다.

    ❶ 마침조건 : 블라인드 형태

    ❷ 깊이 🔷 : 10mm

3 확인 ✔을 클릭합니다.

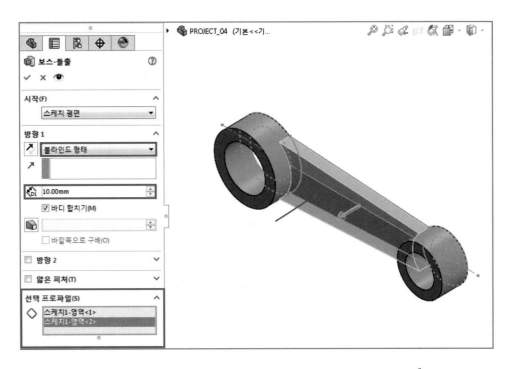

FeatureManager 디자인 트리에서 돌출 피처의 스케치에서 스케치 공유 표시 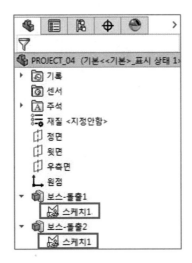 를 확인할 수 있습니다. 이는 다른 피처와 스케치를 같이 쓰고 있음을 나타냅니다.

피처 도구모음에서 필렛🗹을 클릭하거나 삽입 → 피처 → 필렛을 클릭합니다.

필렛 PropertyManager에서 부동크기필렛 🗹을 선택하고 반경 🔑에 3mm를 입력한 후 형상 모서리를 클릭하여 다음과 같이 필렛을 줍니다.

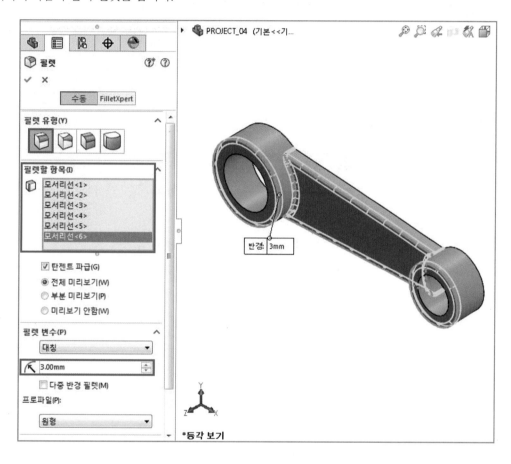

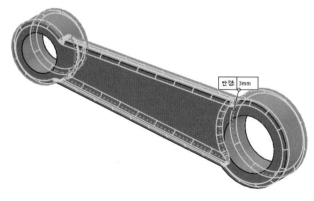

피처 도구모음에서 모따기 를 클릭하거나 삽입 → 피처 → 모따기를 차례대로 클릭합니다.

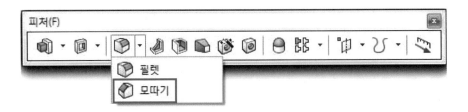

1 모따기 PropertyManager

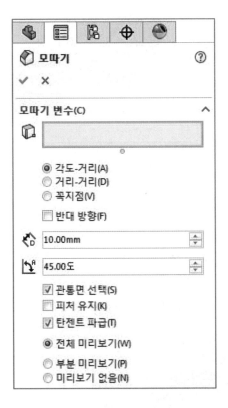

❶ 모따기 변수에서 모서리선과 면 또는 꼭지점 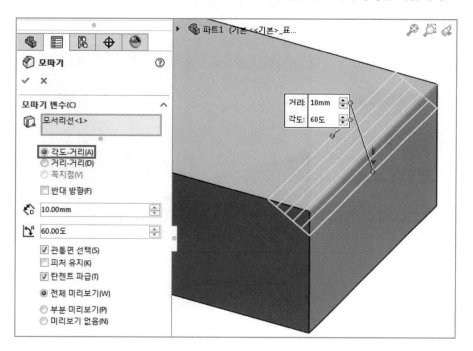 난을 선택합니다.

❷ 각도 – 거리 : 거리 와 각도 를 지정합니다. 거리가 측정되는 방향을 가리키는 화살표가 나타나면, 화살표를 선택하여 방향을 바꾸거나 반대방향을 선택하여 방향을 바꿉니다.

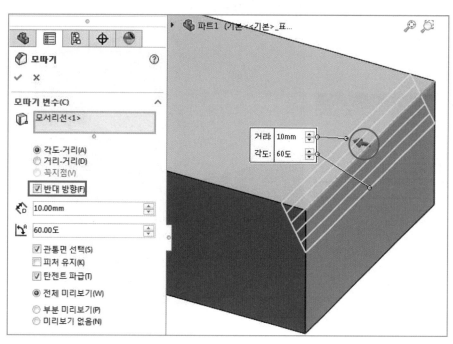

❸ 거리 – 거리 : 모따기를 위해 선택한 모서리선의 양쪽 거리값이 다를 경우 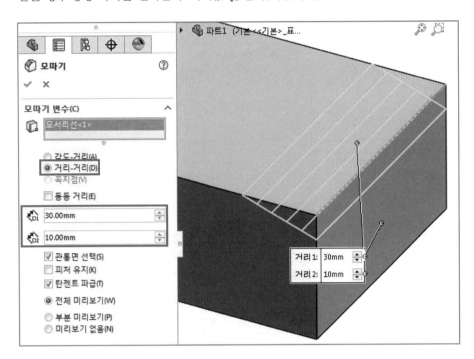 , 값을 입력하고,

같을 경우 동등 거리를 선택한 후 거리값 을 입력합니다.

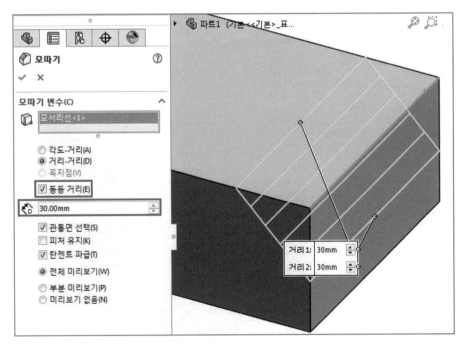

❹ 꼭지점 : 선택한 꼭지점에서 이어진 세 모서리선의 거리에 대한 값을 입력하거나 동등 거리를 클릭하고 하나의 값을 지정합니다.

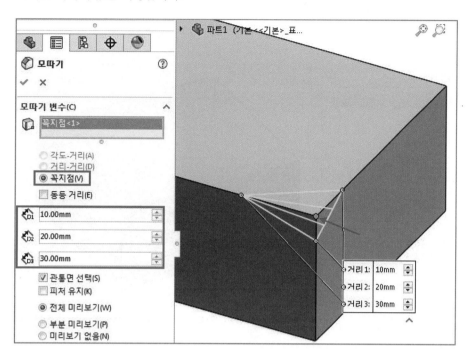

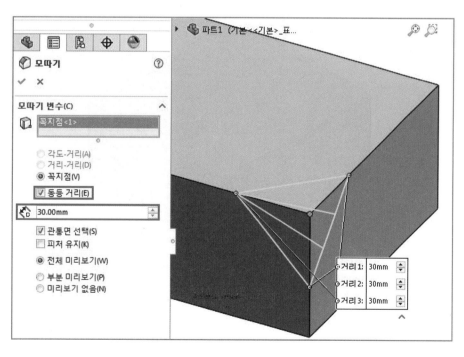

❺ 관통면 선택 : 그래픽에서 현재 보이지 않는 모서리를 선택할 수 있도록 합니다.

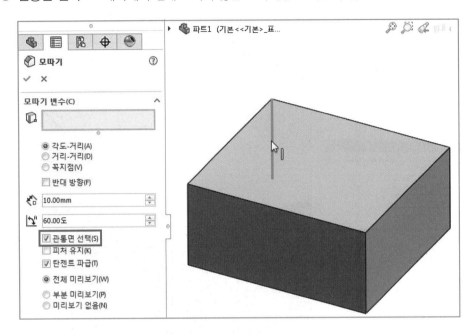

❻ 피처 유지 : 선택하여 모따기를 적용할 때 적용한 모따기의 값에 의하여 제거될 수 있는 피처를 보존합니다.

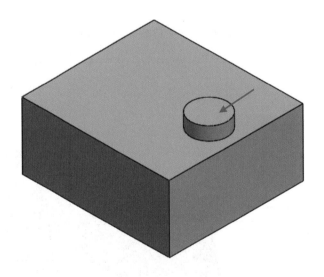

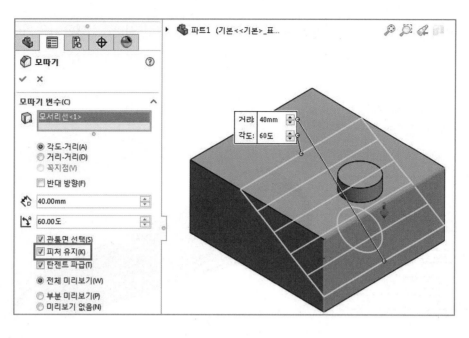

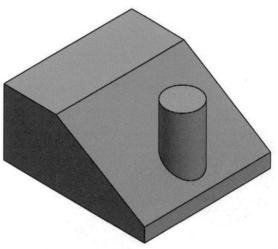

※ 피처 유지를 선택하면 피처가 모따기 값에 의해 제거되지 않고 그대로 유지됩니다.

2 모따기 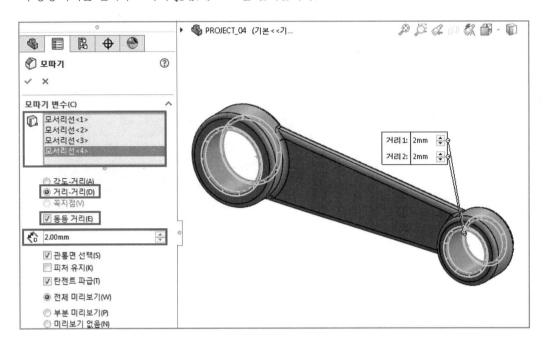 PropertyManager의 ⬜난에서 다음과 같이 모따기할 모서리를 선택한 다음 거리 – 거리
와 동등거리를 선택하고 거리 값에 2mm를 입력합니다.

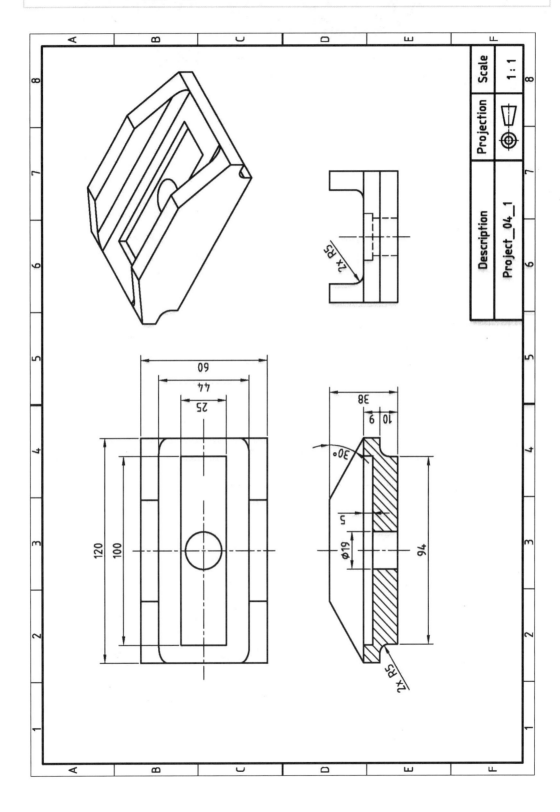

PROJECT 05 돌출, 필렛옵션 사용예제

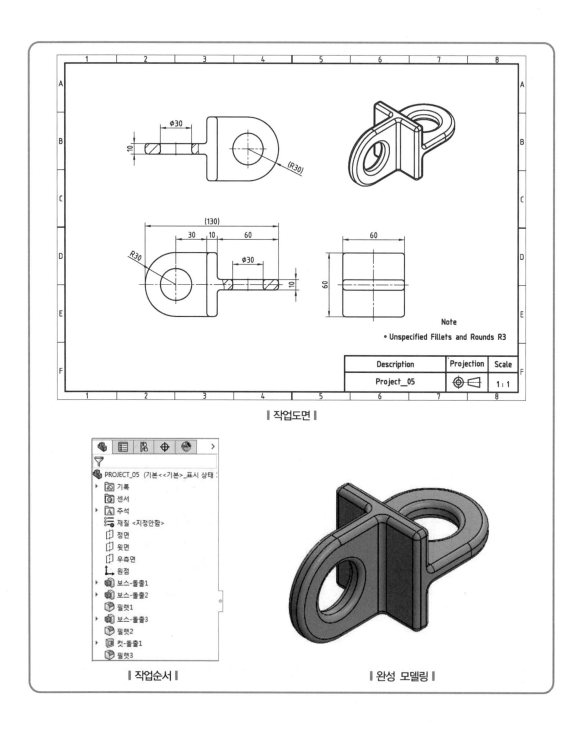

‖ 작업도면 ‖

Note
• Unspecified Fillets and Rounds R3

Description	Projection	Scale
Project_05		1 : 1

‖ 작업순서 ‖

‖ 완성 모델링 ‖

1 FeatureManager 디자인 트리에서 정면을 선택하고 스케치 도구모음에서 스케치 ⌒를 클릭합니다.

2 스케치 도구모음의 중심 사각형 ▣을 이용하여 다음과 같이 스케치합니다.

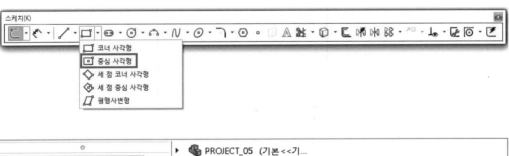

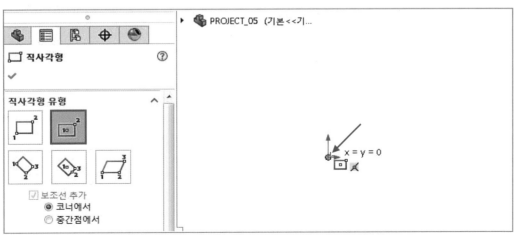

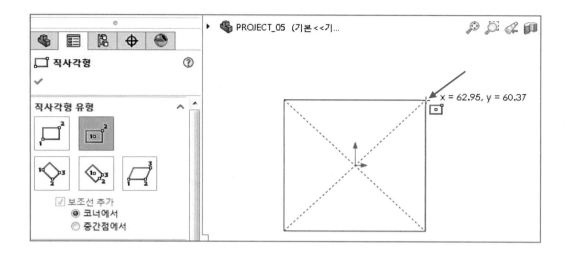

3 지능형 치수 를 클릭하여 치수를 부여합니다.

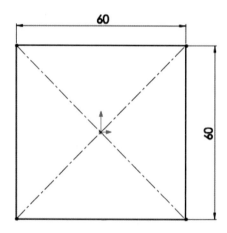

4 스케치 확인 코너에서 스케치 종료 ⌐↩를 클릭합니다.

02 돌출 🗔 1

1 피처 도구모음에서 돌출 보스 / 베이스 🗔를 클릭합니다.

   ❶ 마침조건 : 블라인드 형태

   ❷ 깊이 🔧 : 10mm

2 확인 ✔을 클릭합니다.

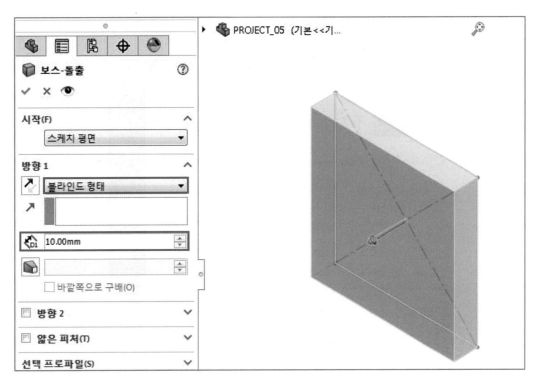

03 2D 평면 선택하고 스케치하기 2

1 FeatureManager 디자인 트리에서 우측면을 선택하고 스케치 도구모음에서 스케치 를 클릭합니다.

2 스케치 도구모음의 코너사각형 을 클릭하여 다음과 같이 스케치합니다.

❶ 직사각형 유형에서 코너사각형이 선택되었다면 코너의 한 점을 형상의 모서리점과 일치조건이 되도록 위치를 지정합니다.

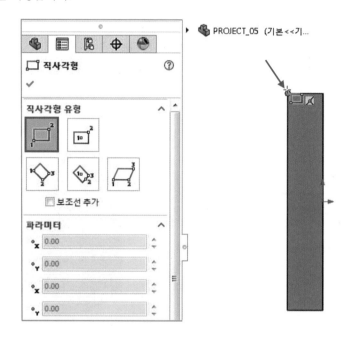

❷ 사각형의 다음 코너 점은 다음과 같이 왼쪽 아래 임의의 위치에서 지정합니다.

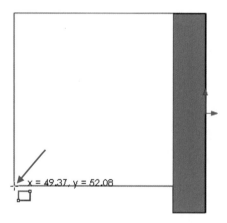

3 위와 같이 스케치되었으면 스케치 도구모음의 지능형 치수 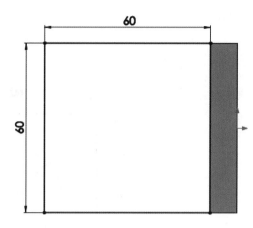를 선택하고 다음과 같이 치수를 부여합니다.

4 스케치 도구모음의 원 ⓞ을 이용하여 스케치하고 지능형 치수 ∿를 클릭하여 다음과 같이 치수를 부여합니다.

① 원 유형에서 원을 선택하고 중심점과 반경을 클릭하여 원을 스케치합니다.

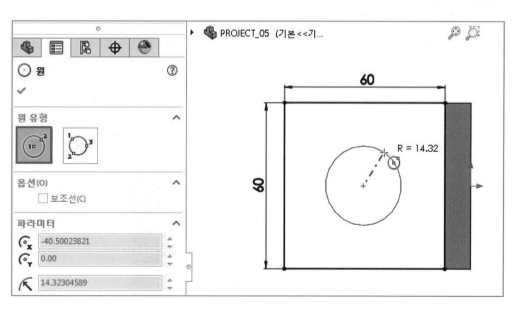

❷ 원의 중심점과 스케치 원점을 선택한 후 구속조건 부가에서 수평조건을 선택합니다.

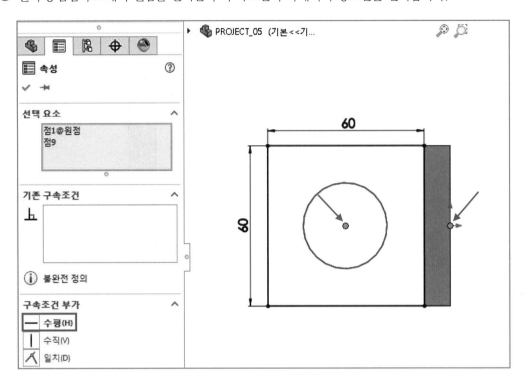

 TIP

스케치 평면의 원점에서 화살표가 짧은 쪽이 X축 수평 방향, 긴 쪽이 Y축 수직 방향을 나타내므로 원의 중심점이 원점으로부터 수평 방향에 위치하도록 수평조건을 부여합니다.

❸ 지능형 치수 ✦를 클릭하여 다음과 같이 치수를 부여합니다.

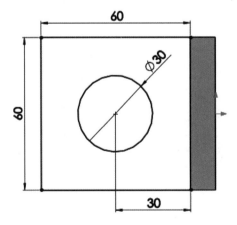

5️⃣ 스케치 확인 코너에서 스케치 종료 └┙를 클릭합니다.

04 돌출 2

1 피처 도구모음에서 돌출 보스 / 베이스 를 클릭합니다.

❶ 마침조건 : 중간 평면

❷ 깊이 : 10mm

2 확인 을 클릭합니다.

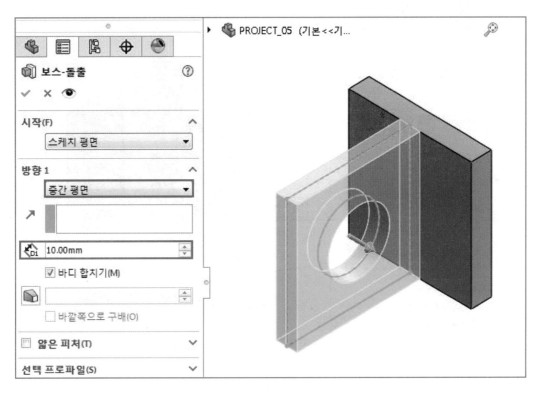

05 필렛🗔 1 / 둥근 필렛

1 피처 도구모음에서 🗔필렛을 클릭합니다.

2 필렛 PropertyManager에서 필렛 유형 중 둥근 필렛🗔을 선택하고 다음과 같이 필렛할 항목에서 두 개의 측면 쌍과 둥근 필렛이 적용될 중간면을 선택하여 인접한 세 개의 면쌍에 접하는 필렛을 작성합니다.

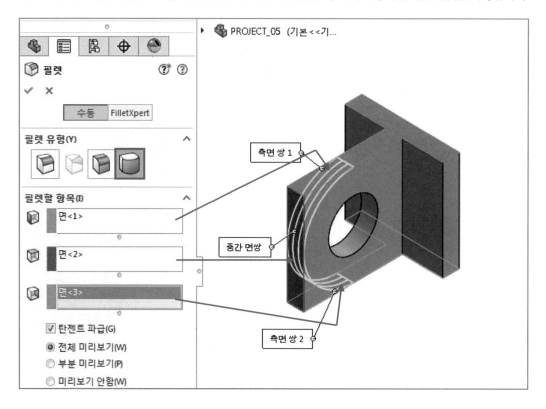

3 확인 ✔을 클릭합니다.

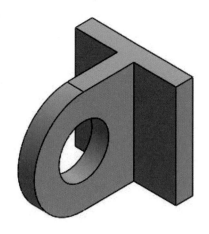

06 2D 평면 선택하고 스케치하기 3

1 FeatureManager 디자인 트리에서 윗면을 선택하고 스케치 도구모음에서 스케치 를 클릭합니다.

2 스케치 도구모음의 코너사각형 을 클릭하여 다음과 같이 스케치합니다.

❶ 직사각형 유형에서 코너사각형
이 선택되었다면 코너의 한 점을
형상의 모서리점과 일치조건이
되도록 위치를 지정합니다.

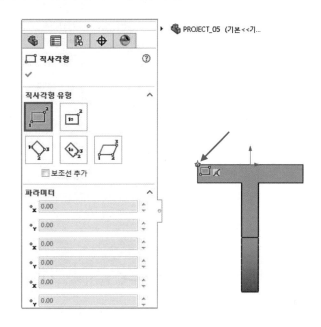

❷ 사각형의 다음 코너 점은 오른쪽
그림과 같이 위쪽 상단 임의의
위치에서 지정합니다.

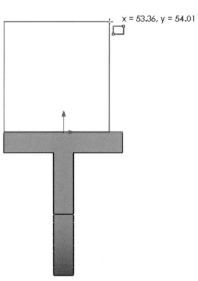

❸ 오른쪽 그림과 같이 사각형의 선분과 형상의 모서리를 Ctrl을 누른 채 선택한 다음 구속조건 부가에서 동일선상 을 선택합니다.

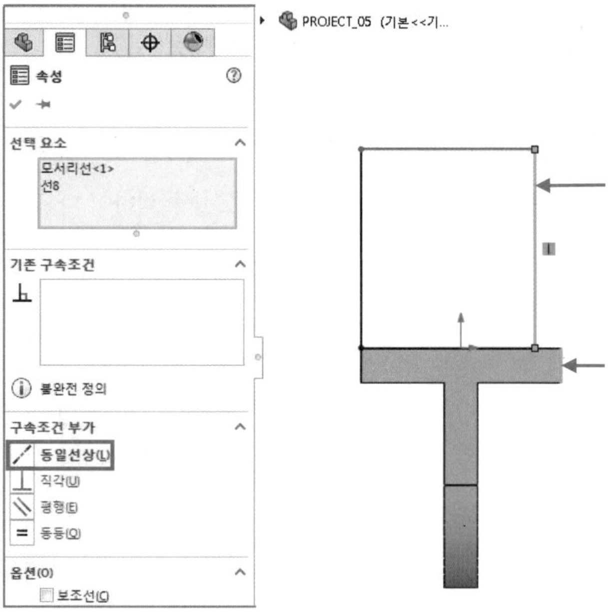

3 스케치 도구모음의 지능형 치수 를 선택하고 다음과 같이 치수를 부여합니다.

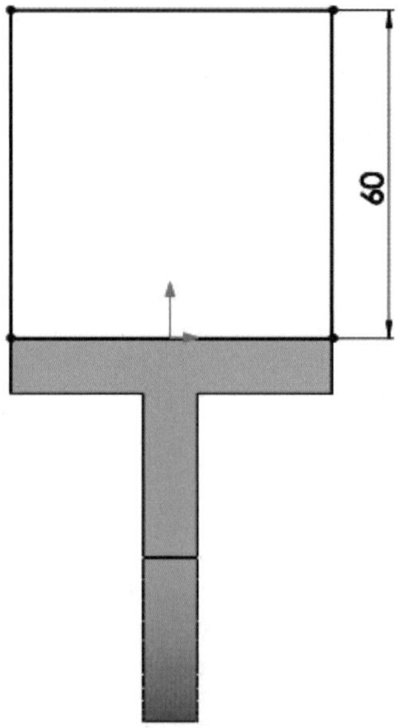

4 스케치 확인 코너에서 스케치 종료 를 클릭합니다.

07 돌출 3

1 피처 도구모음에서 돌출 보스 / 베이스 를 클릭합니다.

   1 마침조건 : 중간 평면

   2 깊이 : 10mm

2 확인 을 클릭합니다.

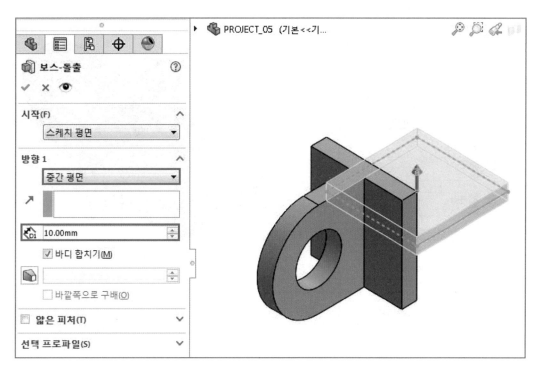

1 피처 도구모음에서 필렛을 클릭합니다.

2 필렛 PropertyManager에서 필렛 유형 중 둥근 필렛을 선택하고 다음과 같이 인접한 세 개의 면쌍에 접하는 필렛을 작성합니다.

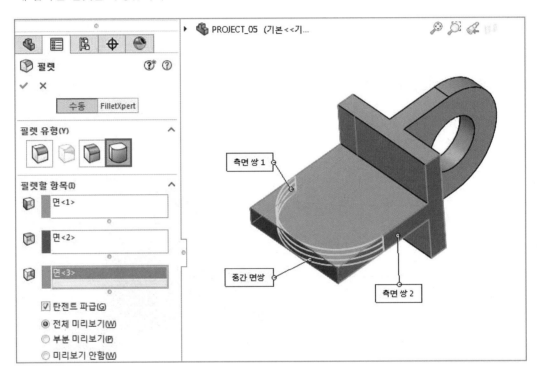

1 다음과 같이 형상의 면을 선택하고 스케치 도구모음에서 스케치 ⊏를 클릭합니다.

스케치를 클릭한 후 면에 수직으로 보기 상태(Ctrl + 8)에서 스케치를 하는 것이 편리합니다.

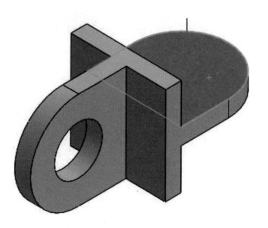

2 스케치 도구모음의 원 ⊙을 이용하여 스케치하고 지능형 치수 ✦를 클릭하여 다음과 같이 치수를 부여합니다.

1 원 유형에서 원을 선택하고 중심점과 반경을 클릭하여 원을 스케치합니다.

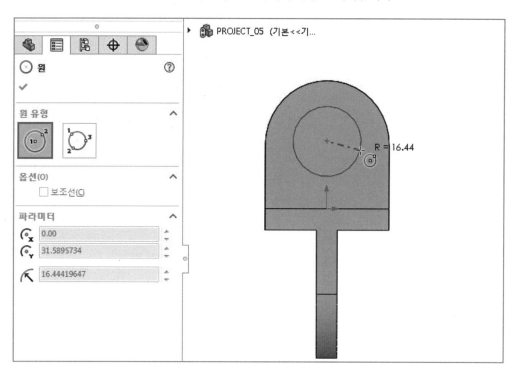

PROJECT

05

❷ 원과 형상의 원주 모서리를 선택한 후 구속조건 부가에서 동심◎조건을 선택합니다.

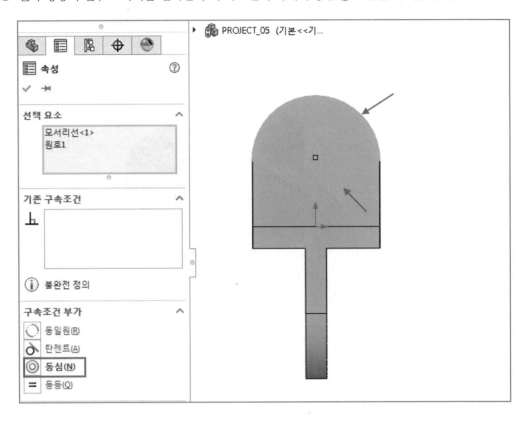

❸ 지능형 치수 🖋를 클릭하여 다음과 같이 치수를 부여합니다.

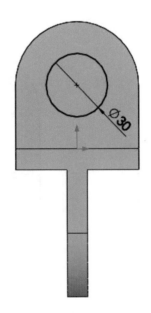

③ 스케치 확인 코너에서 스케치 종료 ⮐를 클릭합니다.

10 돌출컷 📷 1

1 피처 도구모음에서 돌출컷 📷 을 클릭하거나 삽입 → 컷 → 돌출을 차례대로 클릭합니다.
- 마침조건 : 다음까지

2 확인 ✔️ 을 클릭합니다.

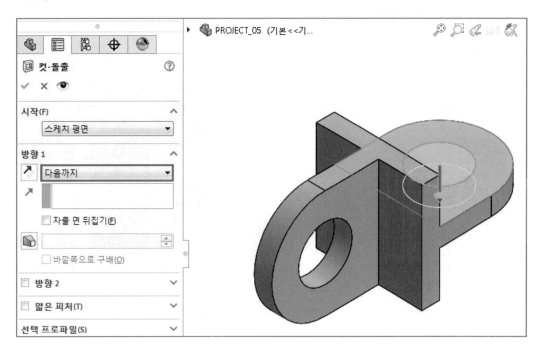

TIP

FeatureManager 디자인 트리에서 치수를 변경하여 스케치 구속조건에 따른 형상의 변화를 확인합니다.

3 등각보기([Ctrl]+[7]) 상태로 물체형상을 놓고 FeatureManager 디자인 트리에서 베이스 돌출 피처를 더블클릭합니다.

1 기본적으로 검은색의 치수는 스케치에서 적용된 치수이고 파란색 치수는 피처에서 적용된 치수입니다. 스케치 치수를 클릭하여 치수 수정창이 나타나면 치수를 다음과 같이 변경해 봅니다. 치수를 변경한 후 재생성 버튼 🔁 을 클릭합니다.

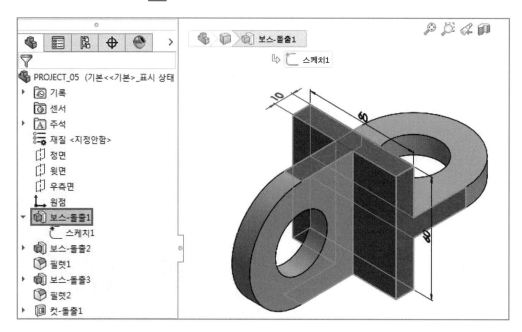

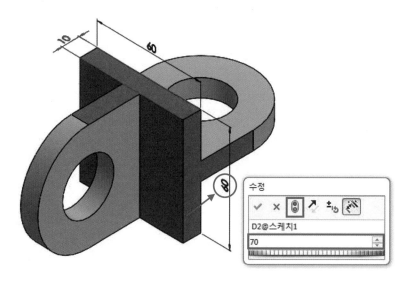

❷ 치수를 변경하면 다음과 같이 오류 메시지가 나타납니다. 이유는 세 면에 인접한 필렛을 구현하지 못하기 때문입니다.

우선 계속하기(오류 무시)를 누릅니다.

세 면에 인접한 필렛을 못하는 이유는 다음과 같이 스케치 형상의 크기 값을 치수로 구속하였기 때문입니다.

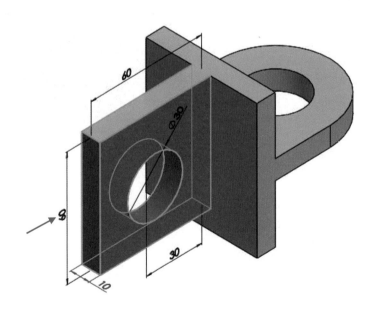

❸ FeatureManager 디자인 트리에서 돌출 피처를 더블클릭하고 스케치 치수 60을 70으로 변경시켜
봅니다.

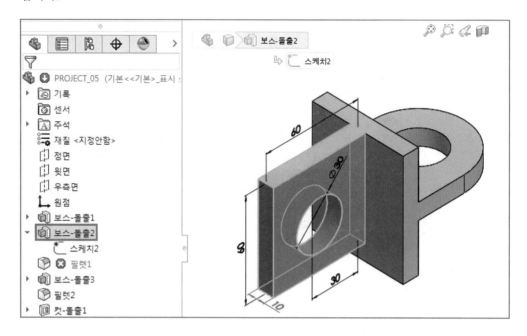

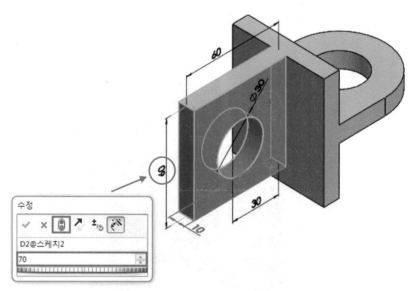

❹ 치수를 수정하면 필렛 오류가 없어지면서 세 면에 인접한 필렛이 나타납니다.

❺ FeatureManager 디자인 트리에서 베이스 돌출 피처를 더블클릭하고 이번에는 수평치수 60을 70
으로 변경하여 봅니다.

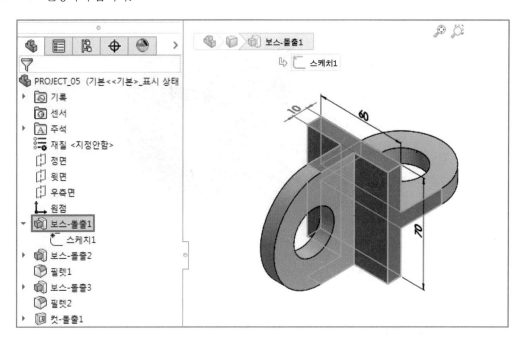

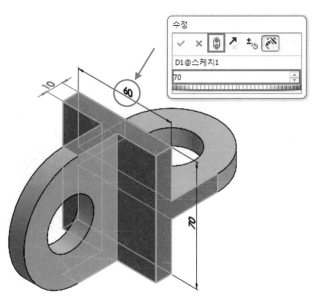

❻ 치수가 바뀌어도 돌출 스케치가 베이스 피처의 크기를 맞추면서 변화되어 세 면에 인접한 필렛을 유지합니다.

그 이유는 돌출 스케치의 크기를 치수로 구속한 것이 아니라 형상과의 구속조건을 하였기 때문입니다.

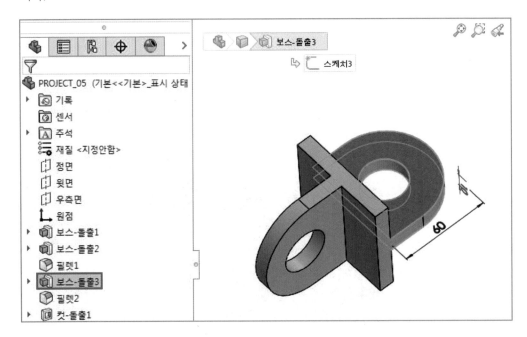

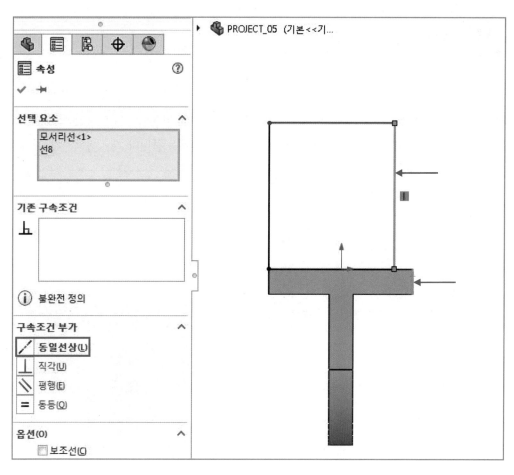

이와 같이 치수로 형상의 크기를 구속하는 것과 형상과의 구속조건으로 형상의 크기를 구속하는 것은 피처 수정에 의해서 관련되는 피처에 영향을 미칠 수 있습니다. 또한 적절한 구속조건은 피처와 피처, 피처와 스케치 간에 연관성이 부여되어 피처의 수정과 형상유지가 원활히 되도록 합니다.

❼ 위에서 바꾸었던 치수를 원 상태로 다시 수정합니다.

11 필렛 🗔 3

1 필렛 PropertyManager에서 필렛 유형은 부동크기필렛을 선택하고 반경 🦴에 3mm를 입력합니다.

2 필렛할 항목 아래 모서리선, 면, 피처, 루프 🗔 선택 란에 FeatureManager 디자인 트리 플라이아웃에서 다음과 같이 피처를 선택하여 형상의 모든 모서리에 필렛을 줍니다.

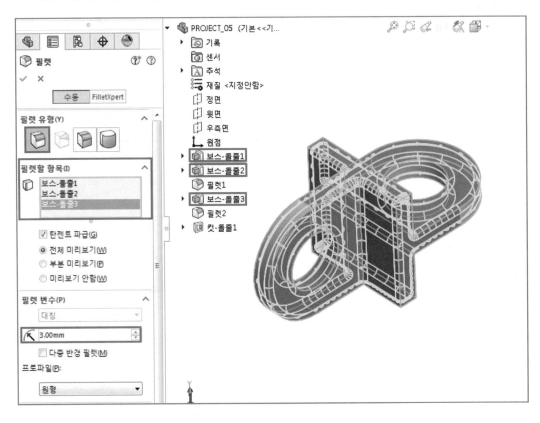

3 확인 ✔️을 클릭합니다.

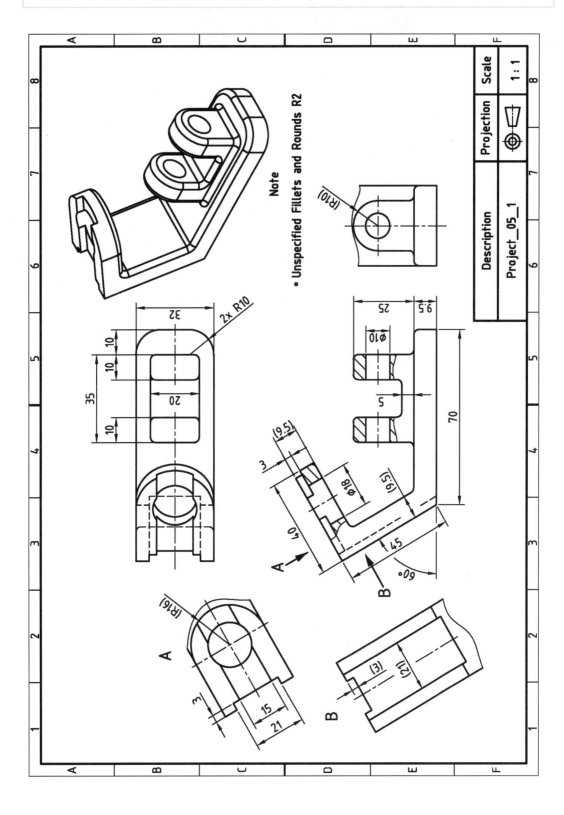

Note
• Unspecified Fillets and Rounds R2

Description	Projection	Scale
Project_05_1		1 : 1

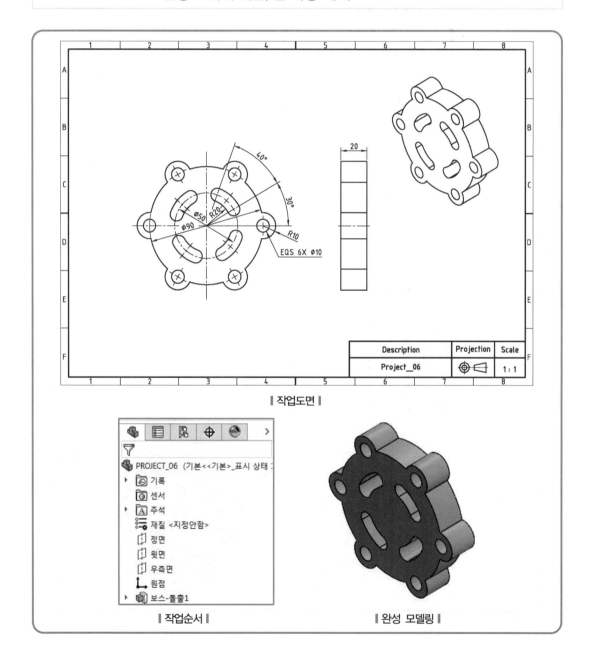

스/케/치/도/구/모/음 원형 스케치 패턴, 홈 사용 예제

Description	Projection	Scale
Project_06		1 : 1

▌작업도면▐

PROJECT_06 (기본<<기본>_표시 상태 :
▶ 📷 기록
　　📷 센서
▶ 🅰 주석
　　🗄 재질 <지정안함>
　　📐 정면
　　📐 윗면
　　📐 우측면
　　📐 원점
▶ 📦 보스-돌출1

▌작업순서▐　　　　▌완성 모델링▐

01 2D 평면 선택하고 스케치하기 1

1 FeatureManager 디자인 트리에서 정면을 선택하고, 스케치 도구모음에서 스케치 ⌐를 클릭합니다.

2 다음과 같이 스케치 도구모음의 중심선 ⌁을 클릭하여 원점을 지나는 수평한 중심선과 수직한 중심선을 그립니다.

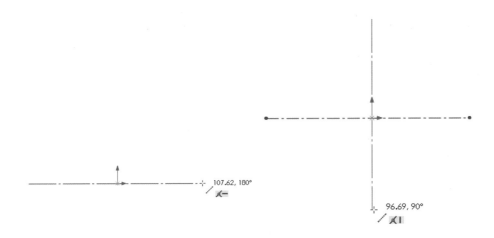

3 스케치 도구모음에서 원 ⊙을 클릭하고 원 유형의 원을 선택한 다음 스케치 원점과 일치하는 원과 OSNAP을 이용하여 그 원의 사분점에 중심점이 일치하는 작은 원을 생성합니다.

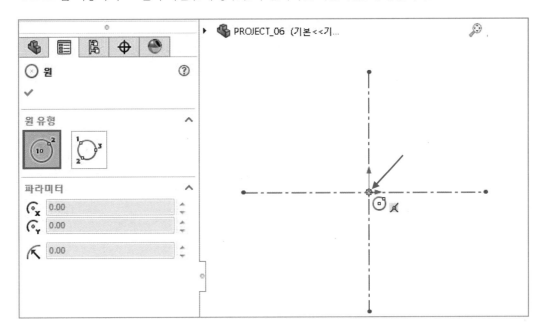

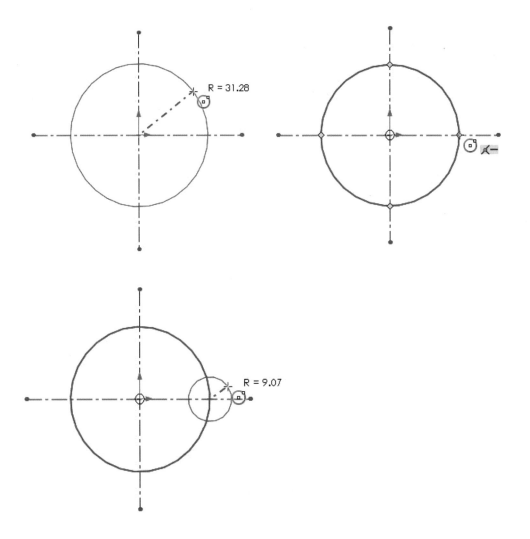

4 스케치 도구모음의 원형 스케치 패턴 을 클릭합니다.

5 스케치 도구모음에서 스케치 패턴을 클릭하면, 아래와 같은 창이 나타납니다.

‖ 원형 스케치 패턴 ⟨⟩ PropertyManager(속성창) ‖

❶ 패턴의 중심점 ⟨⟩ [＿＿＿＿＿＿＿＿＿＿] : 디폴트 스케치 원점을 패턴의 중심으로 사용합니다.

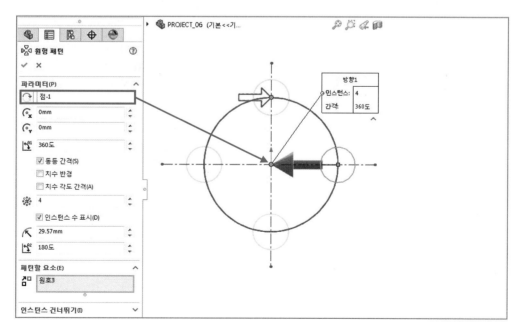

하지만 같은 스케치에서 다른 점을 선택하여 패턴의 중심을 변경할 수 있습니다.

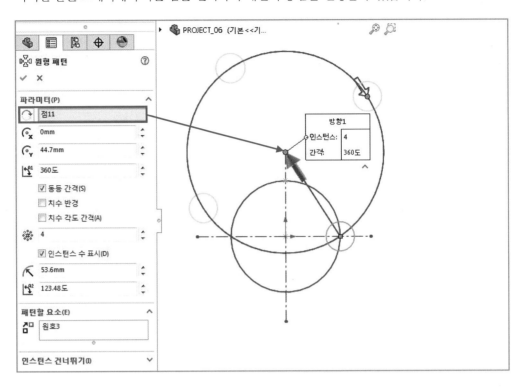

또는 중심 X $\left(\mathcal{C}_x\right)$, 중심 Y $\left(\mathcal{C}_Y\right)$, 원호 각도 $\left[\!\!\uparrow\!\!\right]^{R2}$ 의 수치를 각기 별도로 수정하여 패턴의 중심 위치를 수정할 수도 있습니다.

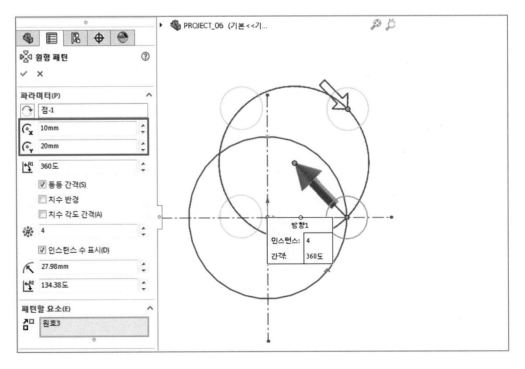

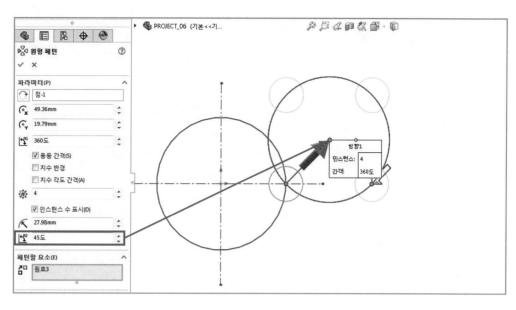

❷ 반대방향 ⟳ : 패턴의 회전방향 설정

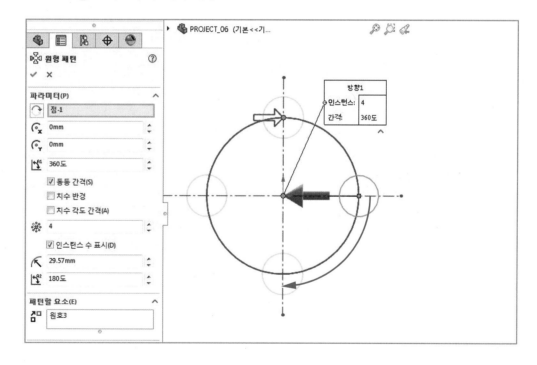

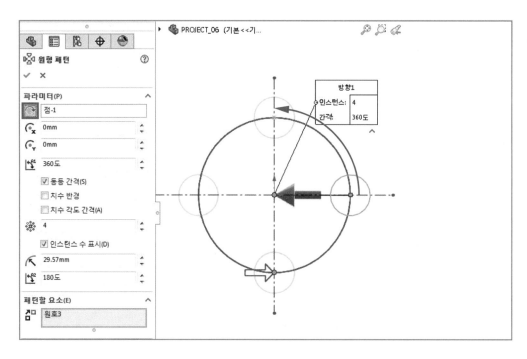

❸ 중심 X : 스케치 원점 X축에서부터 거리값을 가지는 패턴의 중심

❹ 중심 Y : 스케치 원점 Y축에서부터 거리값을 가지는 패턴의 중심

❺ 간격 : 패턴에 포함된 총 각도의 수

❻ 동등 간격 : 패턴 사이의 간격을 동등하게 줄 때 체크

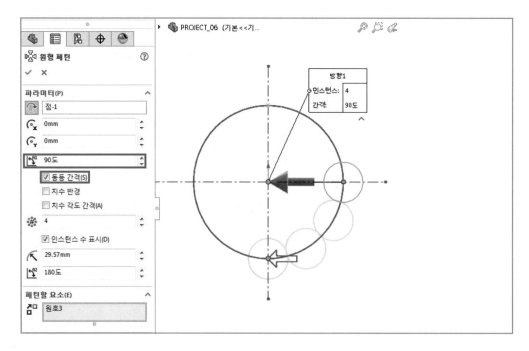

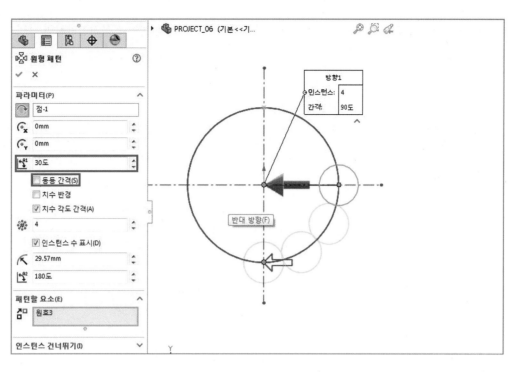

❼ **치수 반경** : 패턴의 반경(패턴할 요소와 패턴의 중심점 사이의 반경) 치수를 표시해 줍니다.

❽ **치수 각도 간격** : 패턴 인스턴스 사이에 각도 치수를 표시해 줍니다.

❾ **인스턴스 수 표시** ❀ : 패턴 인스턴스의 수(패턴할 요소를 포함한 개수)를 설정하며, 패턴된 요소의 개수가 문자로 표시됩니다.

❿ **반경** ⬈ : 패턴의 반경(패턴할 요소와 패턴의 중심점 사이의 반경)

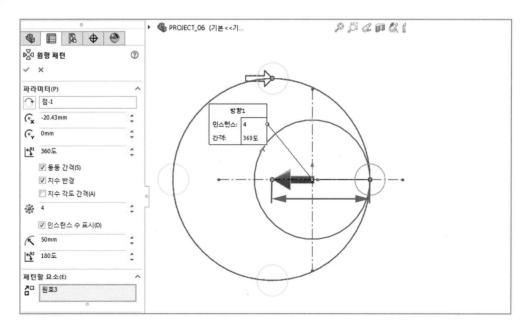

⑪ 원호 각도 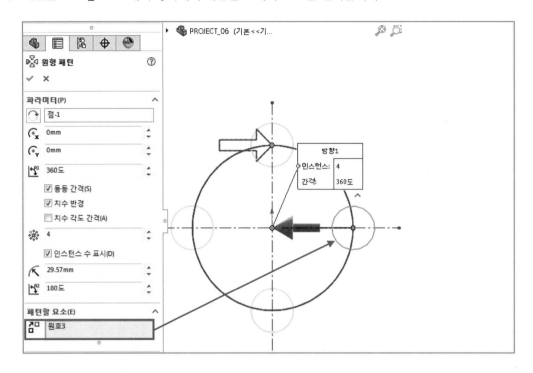: 각도는 선택한 요소의 중심에서 패턴의 중심점이나 꼭지점까지의 각입니다.

⑫ 패턴할 요소 : 그래픽 영역에서 패턴할 스케치 요소를 선택합니다.

⑬ **인스턴스 건너띄기** ⚙ : 그래픽 영역에서 패턴에 포함하지 않을 인스턴스를 포인터 👆로 선택합
니다.

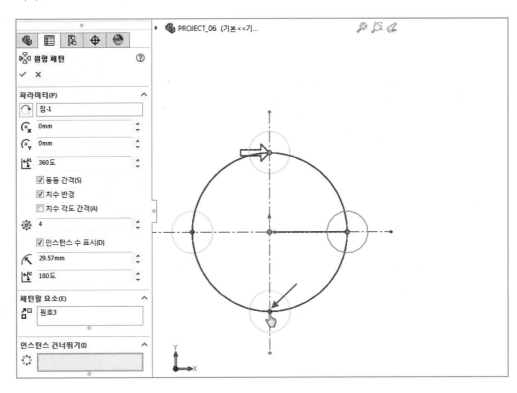

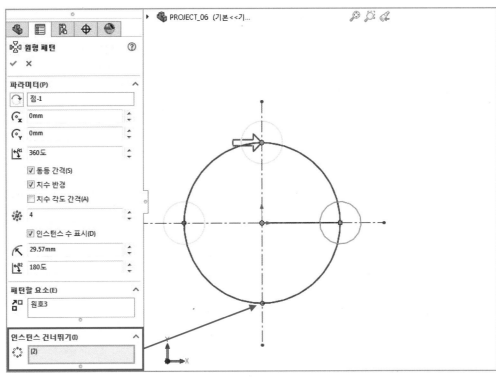

6 원형 패턴을 이용하여 다음과 같이 스케치를 완성합니다.

① 원형 스케치 패턴 속성창(PropertyManager)에서 패턴할 요소 ⬛를 사분점에 그린 작은 원으로 선택하고, 패턴할 인스턴스 수 ❄에 6, ⬛에 360°를 기입합니다. 동등 간격에 체크하고 나머지 옵션은 선택하지 않으며 확인 ✔을 클릭합니다.

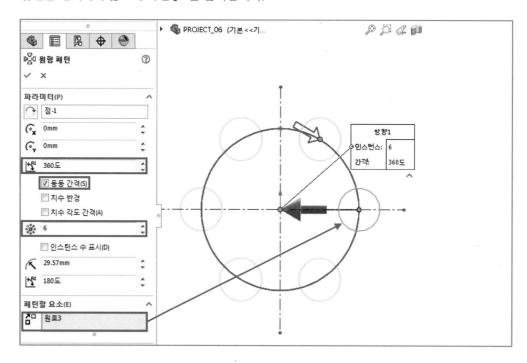

② 패턴의 중심점 위치를 지정하기 위해 패턴된 원의 중심점을 드래그합니다.

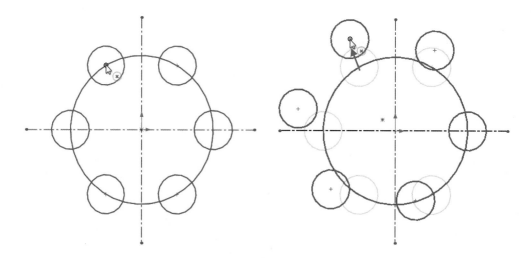

❸ 패턴의 중심점과 스케치 원점을 Ctrl 을 누른 채 선택한 다음 구속조건 부가에 일치조건을 부여합니다.

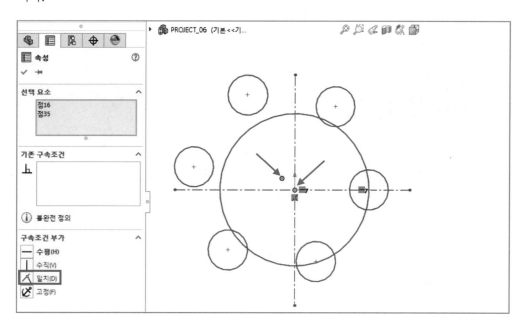

7 다음과 같이 스케치 도구모음의 요소 잘라내기 ✂ 와 지능형 치수 ✎ 를 이용하여 형상을 만들고 치수를 부여합니다.

❶ 큰 원의 지름 치수 90을 부여합니다.

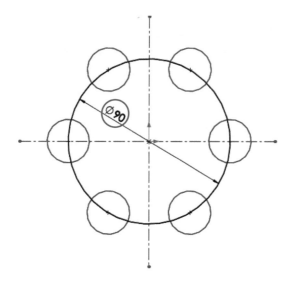

❷ 요소 잘라내기 🦴를 이용하여 다음과 같이 스케치를 완성합니다.

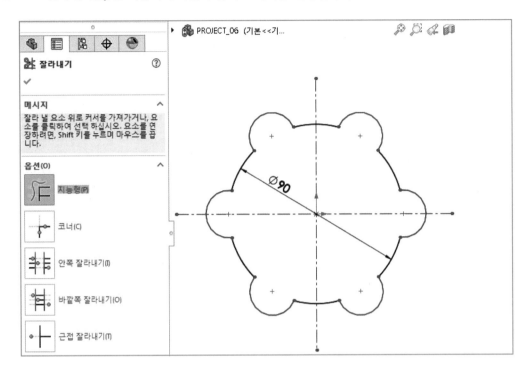

❸ 스케치 도구모음의 지능형 치수 🗡를 이용하여 치수를 부가합니다. 이때 큰 원과 작은 원이 잘라지면서 작은 원의 중심점이 큰 원의 원주 상에 위치하는 일치조건도 같이 지워지게 됩니다. ❹에서 이 조건을 다시 부여하겠습니다.

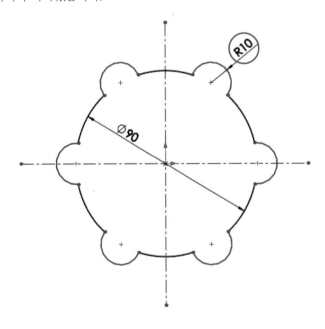

❹ 다음과 같이 호의 중심점과 원주를 Ctrl 을 누른 채 선택하고 구속조건 부가에 일치조건을 부여하여 호의 중심점 위치를 재지정합니다.

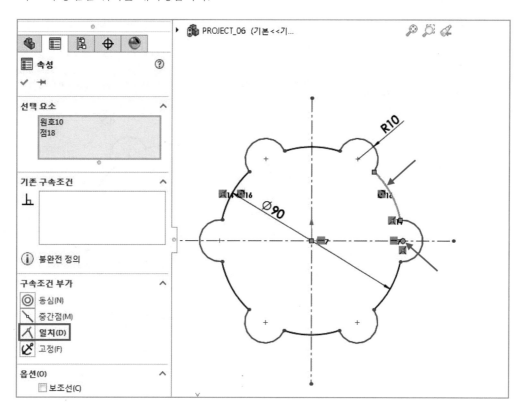

이와 같이 패턴의 중심점과 잘려진 작은 원 위치를 구속조건으로 결정하여 줌으로써 완전 정의된 스케치를 얻을 수 있습니다.

8 위와 같은 방법으로 스케치 도구모음의 원 🔘과 원형 스케치 패턴 🔛을 이용하여 다음과 같이 스케치를 합니다.

❶ 스케치 도구모음에서 원 🔘을 클릭하고 다음과 같이 그려진 호의 중심점과 그리고자 하는 원의 중심점이 일치하도록 하여 원을 그립니다.

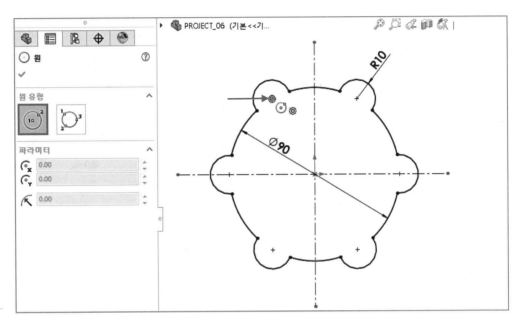

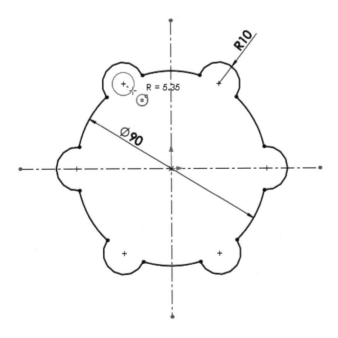

❷ 스케치 도구모음의 지능형 치수 ⟨를 이용하여 치수를 부여합니다.

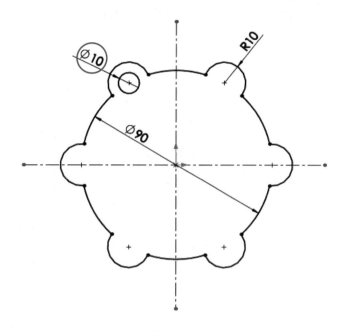

❸ 스케치 도구모음의 원형 스케치 패턴 ⟨을 선택합니다. 원형 스케치 패턴 속성창(Property Manager)에서 패턴할 요소 ⟨를 φ10 원을 선택하고, 패턴할 인스턴스 수 ⟨에 6, 간격 ⟨에 360°를 기입한 뒤 동등 간격에 체크만 하고 나머지 옵션은 선택하지 않습니다.

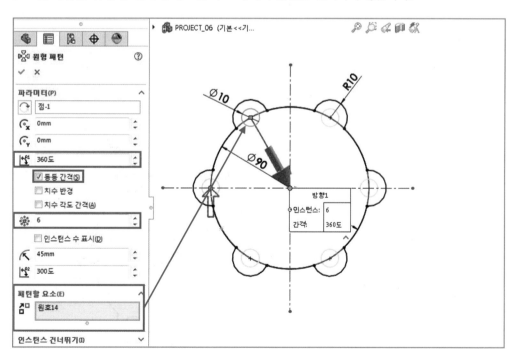

❹ 패턴의 중심점 위치를 지정하여 완전 정의된 스케치를 완성하기 위해 다음과 같이 호와 패턴 복사된 원을 선택하고 구속조건 부가에서 동심조건을 부여합니다.

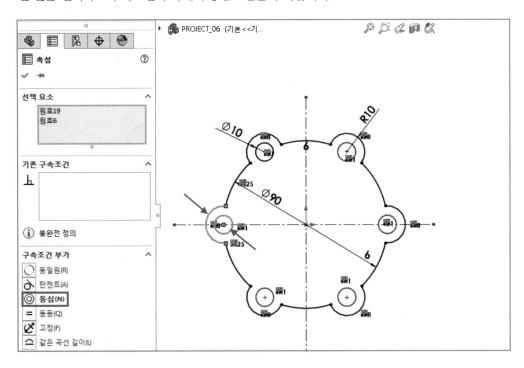

⑨ 다음과 같이 스케치 도구모음의 원 ⬤과 중심선 🖋, 지능형 치수 ⬧를 이용하여 스케치합니다.

❶ 원 ⬤을 클릭하고 원 유형에서 원을 선택한 다음 스케치 원점과 원의 중심점이 일치하도록 원을 그립니다.

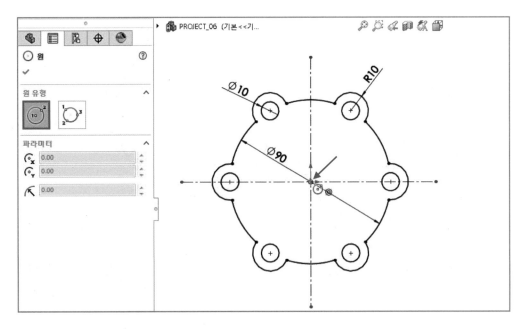

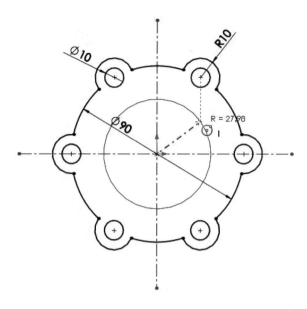

❷ 그려진 원을 선택하고 속성창(PropertyManager) 옵션에서 보조선을 체크하여 보조선으로 만든 다음 치수를 부여합니다.

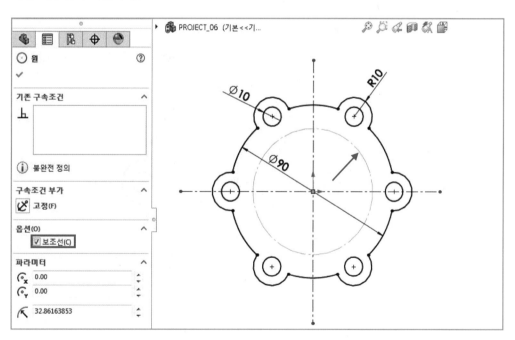

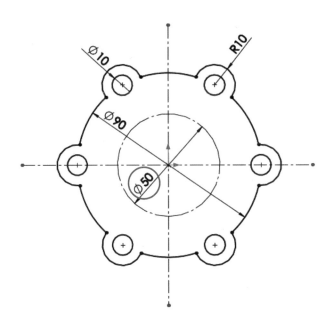

❸ 중심선 ✐ 을 선택하고 중심선의 한 끝점이 원점에 일치하는 사선 두 개를 그린 후 지능형 치수 ✎ 를 이용하여 각도를 부여합니다.

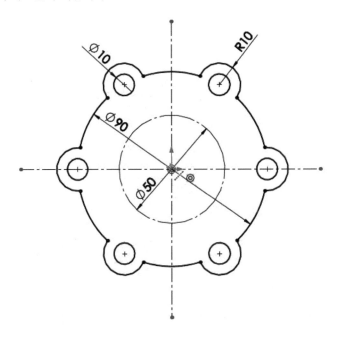

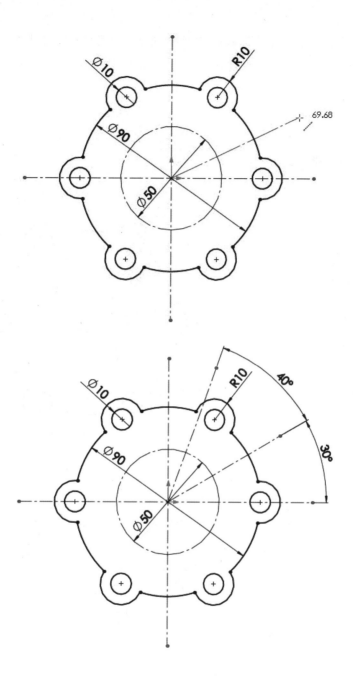

10 스케치 도구모음의 중심점 호 홈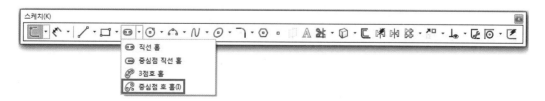을 선택하여 스케치합니다.

❶ 스케치 도구모음의 중심점 호 홈 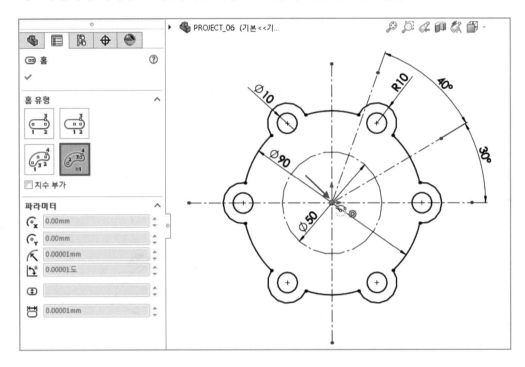을 선택하면 홈 유형의 중심점 호 홈에 체크되어 있습니다. 첫 번째 지정하는 홈의 중심점은 스케치 원점에 일치하게 하고 두 번째 지정하는 호의 중심점은 30° 보조선과 φ50원의 교점에 위치하도록 합니다. 세 번째 지정하는 호의 중심점은 40° 보조선에 일치하도록 합니다. 마지막으로 홈의 폭을 지정하고 치수 부가는 체크하지 않습니다.

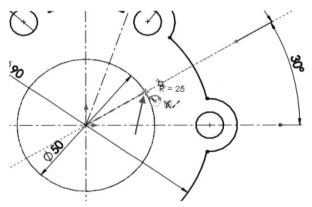

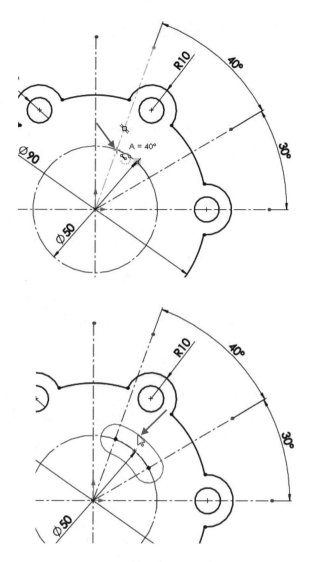

❷ 지능형 치수 🖋를 이용하여 치수를 부여합니다.

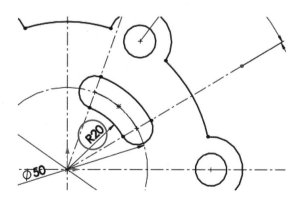

11 스케치 도구모음의 원형 스케치 패턴 🎛을 선택합니다.

❶ 원형 스케치 패턴 속성창(PropertyManager)에서 패턴할 요소 🎛 는 홈을 선택하고, 패턴할 인스턴스 수 🎛에 4, 간격 🎛 에 360°를 기입한 뒤 동등 간격에 체크만 하고 나머지 옵션은 선택하지 않습니다.

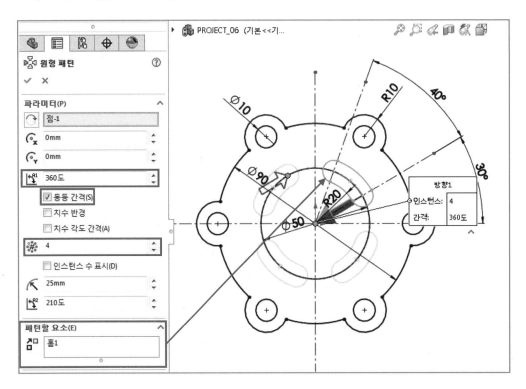

❷ 스케치 확인 코너에서 스케치 종료 🎛를 클릭합니다.

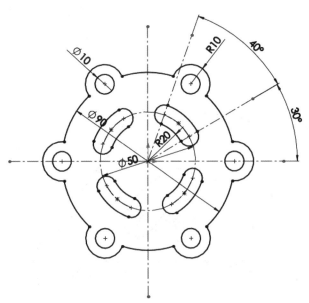

02 돌출 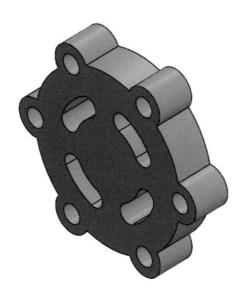 1

1 피처 도구모음에서 돌출 보스 / 베이스 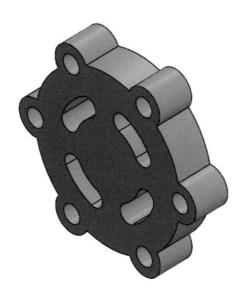를 클릭합니다.

➊ 마침조건 : 중간 평면

➋ 깊이 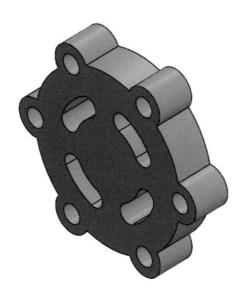 : 20mm

2 확인 ✔을 클릭합니다.

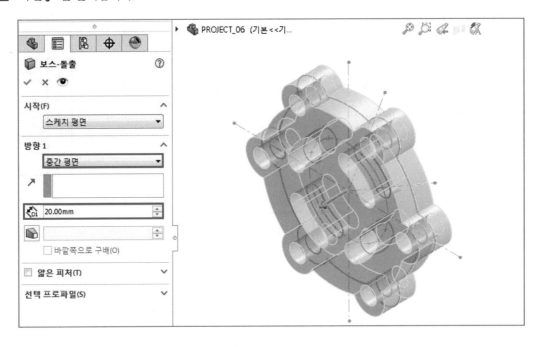

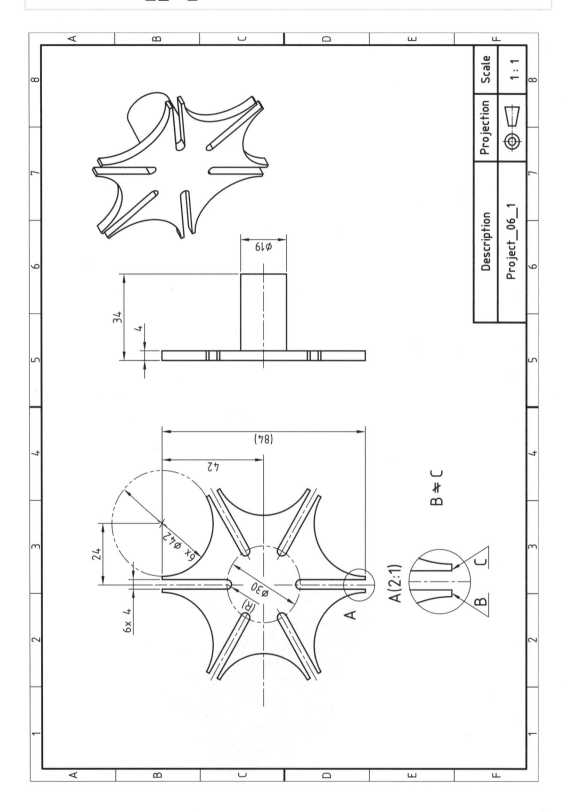

돌출옵션
사용예제

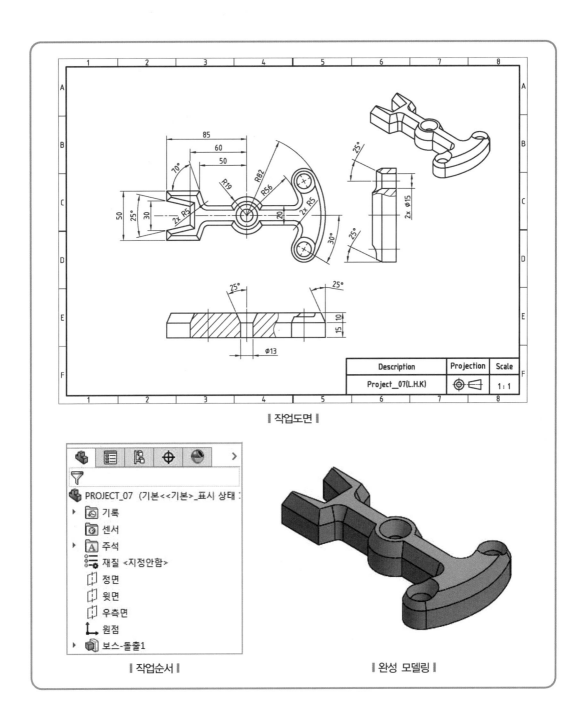

‖ 작업도면 ‖

‖ 작업순서 ‖

‖ 완성 모델링 ‖

1 FeatureManager 디자인 트리에서 윗면을 선택하고, 스케치 도구모음에서 스케치 를 클릭합니다.

2 다음과 같이 스케치 도구모음의 중심선 을 선택한 후 자동구속조건으로 수평한 중심선을 스케치 원점에 일치되도록 그립니다.

3 스케치 도구모음의 원 을 선택한 다음 스케치 원점에 원의 중심점이 일치하도록 두 원을 그립니다.

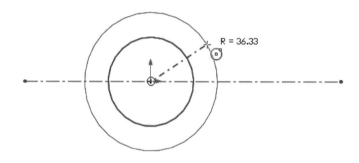

4 스케치 도구모음의 선 을 선택한 후 선의 첫 번째 점의 위치는 중심선에 일치하게 하고 다음과 같이 연속적인 선을 그립니다.

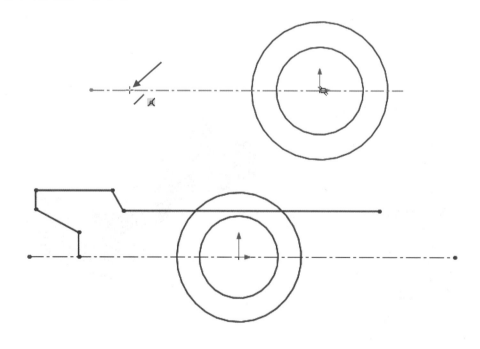

5 그려놓은 선과 중심선을 선택한 다음 스케치 도구모음의 요소 대칭복사[떠]를 클릭하면 자동으로 중심선이 대칭기준이 되어 대칭복사됩니다.

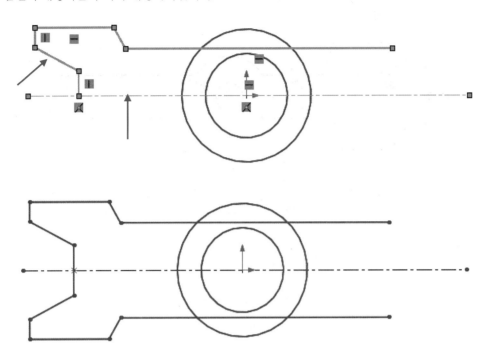

6 요소 잘라내기[ ]를 이용하여 다음과 같이 스케치를 완성합니다.

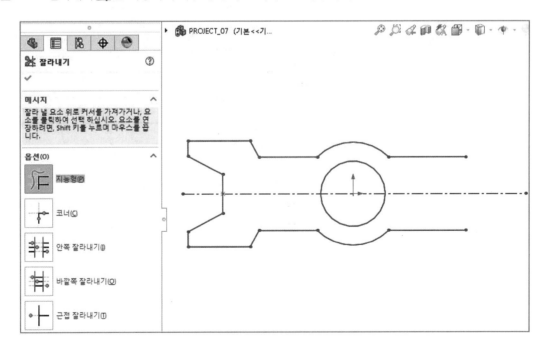

7 스케치 도구모음의 지능형 치수 ✦를 이용하여 치수를 부가합니다.

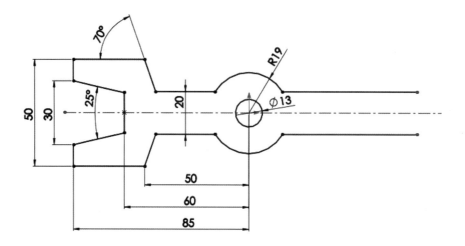

8 스케치 도구모음의 중심점 호 홈 🖌을 선택하여 스케치합니다.

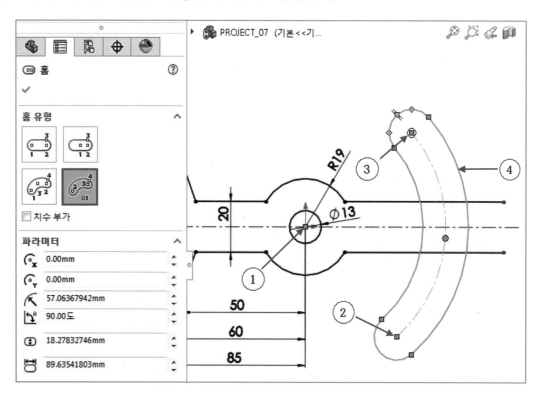

9 스케치 도구모음의 중심선 ⟋을 사용하여 스케치 원점과 호의 중심점에 일치하는 중심선을 스케치하고 요소 잘라내기 ✂️를 사용하여 다음과 같이 스케치를 완성합니다.

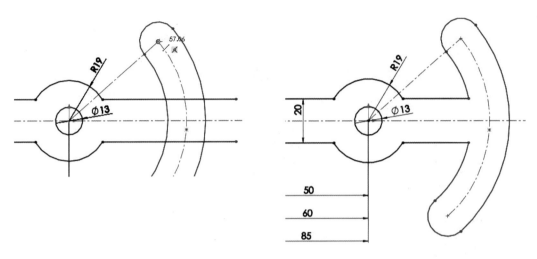

① 중심점 호 홈을 잘라내면서 홈 요소가 파괴되어 원호 사이의 탄젠트 구속조건이 없어지게 됩니다. 홈의 형상을 계속 유지하기 위하여 없어진 탄젠트 구속조건을 다음과 같이 원호마다 부가합니다.

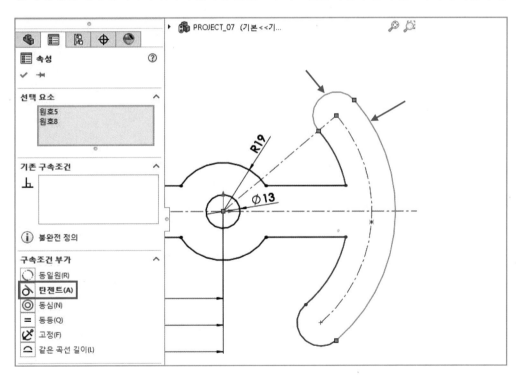

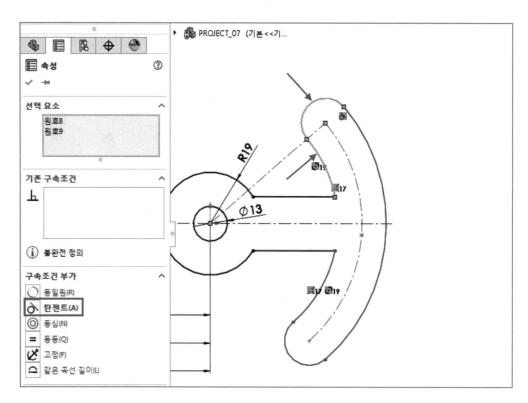

❷ 중심점 호 홈이 중심선을 기준으로 대칭 형상을 유지하기 위하여 중심점과 두 호를 선택하여 구속
조건의 대칭을 부가합니다.

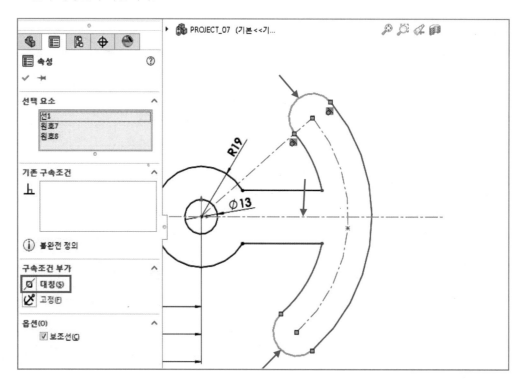

10 스케치 도구모음의 지능형 치수 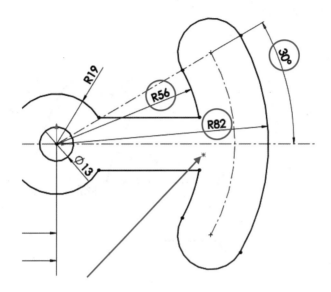 를 사용하여 홈 부위의 치수를 다음과 같이 기입합니다.

이때 중심점 호 홈이 분해되면서 하나의 요소로 된 점은 지워도 됩니다.

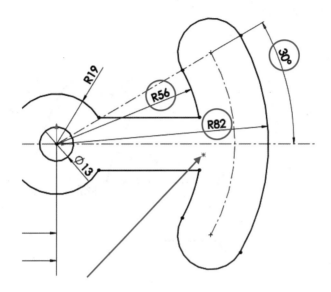

11 스케치 도구모음의 원 을 선택하고 원의 중심점이 호의 중심점에 일치하도록 두 개의 원을 다음과 같이 스케치합니다.

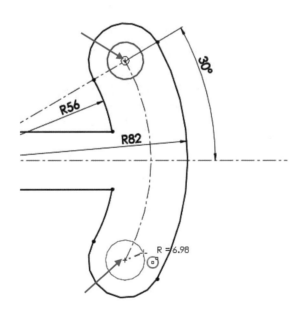

❶ 그려놓은 두 원의 크기가 항상 같도록 두 원을 선택한 다음 구속조건의 동등 조건을 부가합니다.

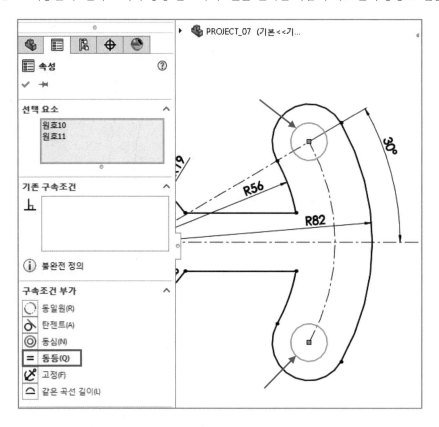

❷ 지능형 치수 ✎ 를 사용하여 다음과 같이 치수를 기입합니다.

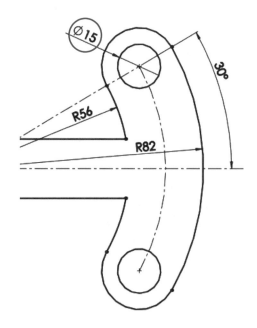

⓬ 스케치 도구모음의 스케치 필렛 ◗을 선택한 후 필렛 변수의 필렛 반경 ◤에 5mm를 기입하고 다음과
같이 필렛합니다.

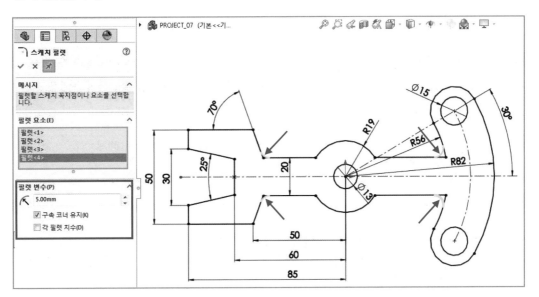

⓭ 스케치 확인 코너에서 스케치 종료 ↳◢를 클릭합니다.

02 돌출 1

1 피처 도구모음에서 돌출 보스 / 베이스를 클릭합니다.

2 돌출 속성창(PropertyManager)에서 방향 1의 마침조건은 블라인드를 선택하고 깊이 값은 10mm 를 입력한 다음 돌출 피처에 구배를 적용하기 위해 구배 켜기 / 끄기를 클릭하여 구배각도 25°를 지정합니다.

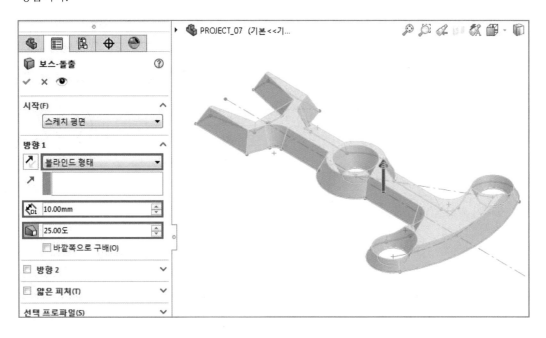

3 방향 2에 체크하고 방향 2에 대한 마침조건은 블라인드를 선택한 다음 깊이 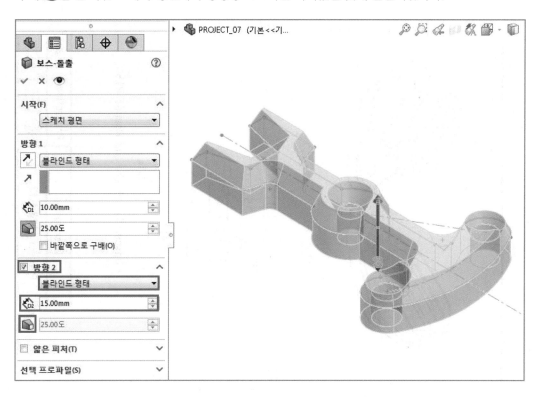 값 15mm를 기입하고 구배 를 끈 다음 스케치 평면에서 양방향으로 다른 거리값을 갖게 돌출시킵니다.

4 확인 ✔을 클릭합니다.

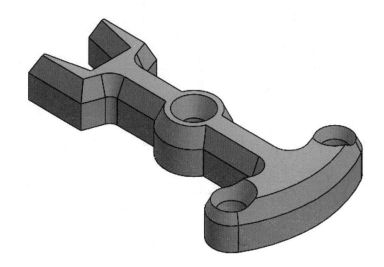

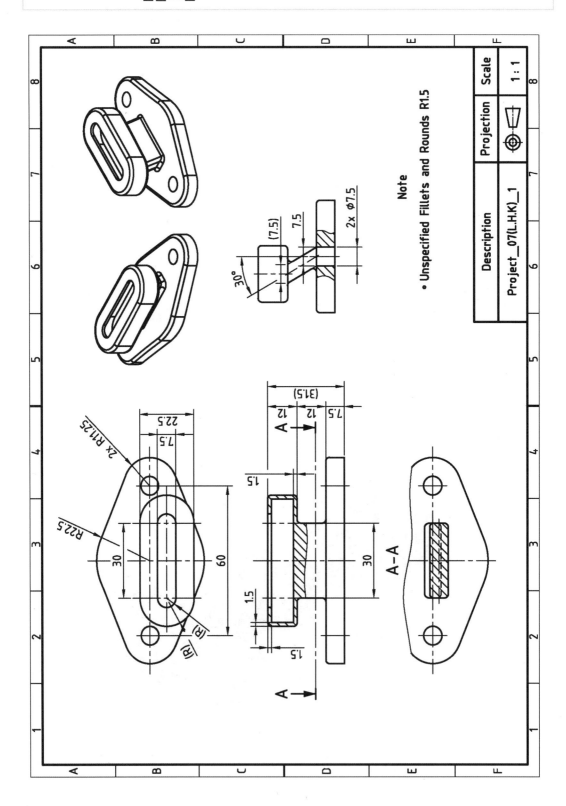

PROJECT 08

구멍가공마법사, 선형 패턴 사용예제

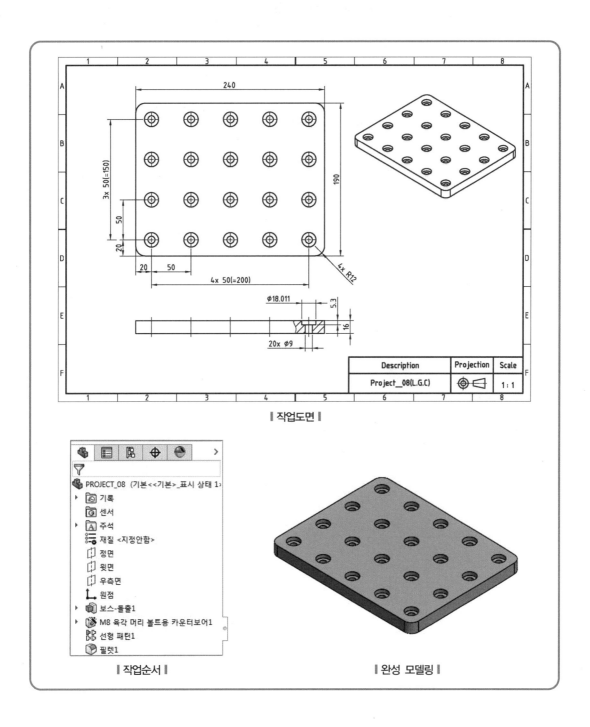

‖ 작업도면 ‖

Description	Projection	Scale
Project_08(L.G.C)		1 : 1

Φ18.011
5.3
16
20x Φ9

240
190
3x 50(=150)
50
20
20
50
4x 50(=200)
4x R12

PROJECT_08 (기본<<기본>_표시 상태 1>
▶ 🕘 기록
　 🔘 센서
▶ 🅰 주석
　 재질 <지정안함>
　 🔲 정면
　 🔲 윗면
　 🔲 우측면
　 📐 원점
▶ 🔩 보스-돌출1
▶ 🔩 M8 육각 머리 볼트용 카운터보어1
　 🔩 선형 패턴1
　 🔩 필렛1

‖ 작업순서 ‖

‖ 완성 모델링 ‖

01 2D 평면 선택하고 스케치하기 1

1 FeatureManager 디자인 트리에서 윗면을 마우스 왼쪽 버튼으로 선택하고 바로가기 메뉴에서 스케치를 클릭합니다.

2 스케치 도구모음의 중심사각형 □을 선택한 다음 사각형의 중심이 스케치 원점에 일치되도록 그립니다.

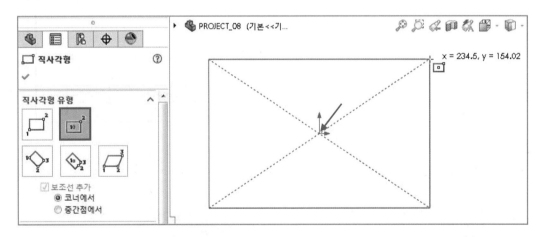

③ 지능형 치수 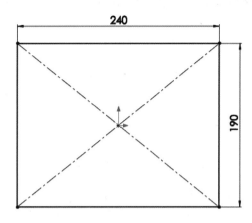를 사용하여 다음과 같이 치수를 부가합니다.

240

190

④ 스케치 확인 코너에서 스케치 종료 ⤶를 클릭합니다.

02 돌출 1

① 피처 도구모음에서 돌출 보스 / 베이스 를 클릭합니다.

❶ 마침 조건 : 블라인드 형태

❷ 깊이 : 16mm

② 확인 ✔을 클릭합니다.

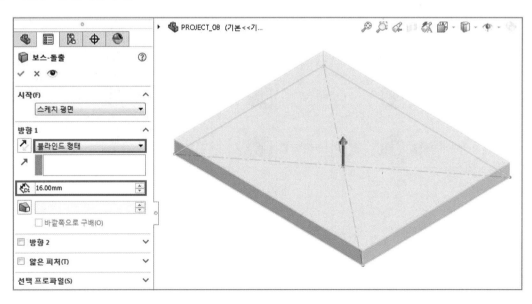

구멍 유형의 정확한 위치를 지정하기 위하여 평면을 선택하고 구멍가공마법사 명령을 실행합니다. 구멍 가공마법사로 구멍을 작성할 때 구멍가공마법사 PropertyManager가 나타나며 두 개의 선택 탭(**1** 유형, **2** 위치)이 나타납니다.

1 유형 : 구멍 유형 파라미터를 지정합니다.

❶ **구멍 유형** : 구멍가공마법사를 이용하여 다음 유형을 작성할 수 있습니다.

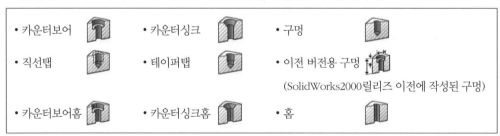

• 표준규격 : KS, AnsiMetric, ISO, DIN, JIS 등과 같은 규격을 선택합니다.

• 유형 : 납작머리나사, 육각나사, 육각소켓머리 등 구멍 유형에 따른 종류를 정합니다.

❷ 구멍 스팩

• 크기 : 체결 부품의 크기(수나사의 호칭지름)를 지정하여 선택합니다.

- 맞춤 : 카운터보어와 카운터싱크에서 구멍과 볼트의 맞춤 정도를 선택합니다.
  - 닫기 : 억지끼워맞춤
  - 보통 : 중간끼워맞춤
  - 느슨하게 : 헐거운 끼워맞춤

 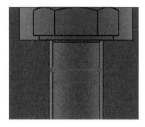

- 사용자 정의 크기 표시 : 표준 규격값 이외의 크기를 지정할 때 사용합니다. 관통구멍의 지름, 카운터보어의 지름, 카운터보어의 깊이를 재지정할 수 있습니다.

❸ 마침 조건 : 마침 조건 옵션은 구멍 유형에 따라 다릅니다. PropertyManager 이미지와 설명텍스트를 사용하여 옵션을 지정합니다.
- 블라인드 : 구멍 깊이를 지정합니다. 탭 구멍에는 나사산 깊이와 유형을 정할 수 있으며, 탭구멍에는 나사산 깊이를 지정할 수 있습니다.
  - : 블라인드 구멍 깊이
  - : 탭나사선 깊이
  - : 깊이 자동 계산 아이콘에 체크되어 있으면 구멍스팩의 크기값이 변할 경우 자동으로 크기에 따른 깊이값이 업데이트됩니다.

• 관통 : 드릴구멍의 깊이는 스케치 평면에서 모든 기존 지오메트리를 통과한 깊이입니다.

• 다음까지 : 피처를 스케치 평면에서 전체 프로파일과 교차하는 다음 곡면까지 연장합니다.(교차 곡면은 같은 파트에 있어야 합니다.)

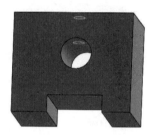

• 꼭지점까지 📦 : 피처를 스케치 평면에서 스케치 평면과 평행하는 면의 지정한 꼭지점까지 연장합니다.

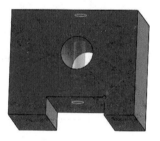

• 곡면까지 🔶 : 피처를 스케치 평면에서 선택한 곡면까지 연장합니다.

- 곡면으로부터 오프셋 : 피처를 스케치 평면에서 선택한 곡면의 지정한 거리까지 연장합니다. 면을 선택하여 곡면을 지정한 뒤, 오프셋 거리 를 지정해 줍니다.

❹ 옵션 : 구멍 유형에 따라 머리 여유값 과 안쪽 카운터싱크를 체크하여 가까운 쪽 카운터싱크 지름 , 안쪽 카운터싱크 각도 등의 값을 기입할 수 있습니다.

▨ 위치 : 위치 탭을 클릭하면 스케치 도구모음의 점 명령어가 활성화되어 있고 면에 점을 스케치하여 점의 개수를 늘리면 구멍의 개수가 늘어납니다. 점 명령어를 취소하면 구멍의 개수는 늘어나지 않습니다.

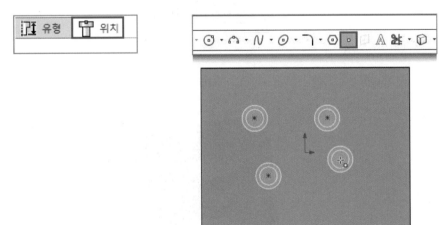

구멍마법사의 유형에서 정한 형상과 크기값에 의한 구멍의 중심점 위치를 치수나 다른 스케치 도구를
사용해서 배치합니다.

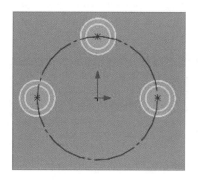 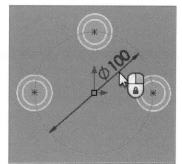

PROJECT

08

04 구멍가공마법사 1

1 다음과 같이 솔리드바디의 구멍을 뚫을 면을 선택한 다음 피처 도구모음에서 구멍가공마법사 를
클릭하거나 삽입 → 피처 → 구멍가공마법사를 클릭합니다.

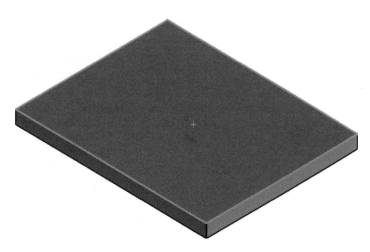

2 구멍가공마법사 PropertyManager에서 구멍 유형 파라미터를 지정합니다.

❶ 구멍 유형 : 카운터보어

❷ 표준 규격 : ISO

❸ 유형 : 육각볼트 C급 ISO 4016

❹ 크기 : M8

❺ 맞춤 : 보통(카운터보어와 카운터싱크만 체결기에 맞춤 정도를 선택합니다. 억지끼워맞춤, 중간끼워 맞춤, 헐거운 끼워맞춤)

❻ 마침 조건 : 관통

유형을 선택하였으면 위치탭에서 카운터보어의 위치를 지정합니다.

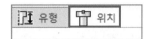

③ 위치탭을 누르면 스케치 도구모음의 점 ▫ 이 활성화되며 평면 위에 점을 찍을 때마다 카운터보어의 개수가 늘어납니다.

• 점 ▫ 을 이용하여 원하는 구멍의 개수를 지정하였으면 스케치 도구모음의 점 ▫ 아이콘을 비활성화시키고 치수나 구속조건을 이용하여 카운터보어의 위치를 지정합니다.

• 구멍의 개수를 줄이고자 할 때는 점을 선택하고 Delete 를 누릅니다. 추가하고자 할 때는 다시 스케치 도구모음의 점 ▫ 을 선택하고 추가하고자 하는 위치에 점을 클릭하여 개수를 늘립니다.

④ 면에 수직으로 보기↥ 상태(Ctrl + `8`)에서 점을 비활성화하고 기본적인 카운터보어 하나만 남겨 둡니다.

스케치 도구모음의 지능형 치수♦를 통해 다음과 같이 치수를 부가하여 점의 위치를 지정합니다.

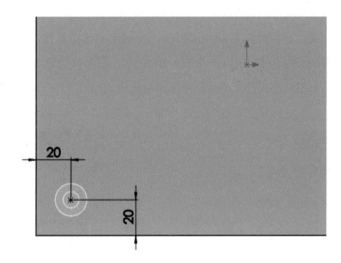

카운터보어의 위치를 지정하였으면 확인 ✔버튼을 눌러 빠져나옵니다.

구멍가공마법사를 사용하여 구멍을 만들면, 구멍의 유형 및 크기가 FeatureManager 디자인 트리에 나타납니다.

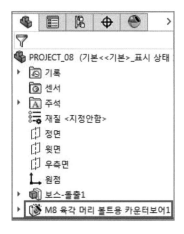

5️⃣ 구멍가공마법사로 생성한 구멍의 크기와 위치값을 변경하고자 할 때는 FeatureManager 디자인 트리에서 구멍가공마법사 피처를 선택한 후 마우스 오른쪽 버튼을 클릭하여 피처 편집 🐝 을 선택합니다. 그런 다음 구멍가공마법사 피처의 속성창(PropertyManager)에서 편집하거나 FeatureManager 디자인 트리에서 구멍가공마법사 피처의 스케치를 선택하고 마우스 오른쪽 버튼을 클릭하여 스케치 편집 🖉 을 선택한 후 크기와 위치값을 변경할 수 있습니다.

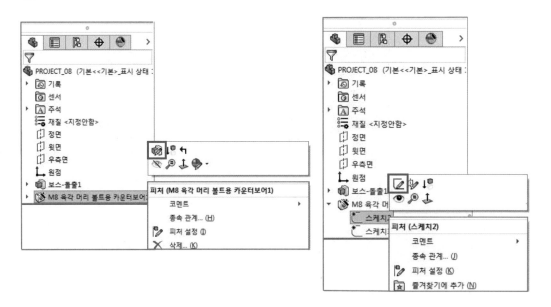

6 선형 패턴 PropertyManager

피처를 선을 따라 패턴하고자 할 때 사용합니다. 선형 패턴을 사용하여 하나 또는 두 개의 선형 경로를 기준으로 일정한 간격을 둔 하나 이상의 피처를 만듭니다. 선형 패턴의 PropertyManager에서 설정할 수 있는 속성은 다음과 같습니다.

① 방향 1 : 패턴 방향을 지정합니다. 직선모서리, 스케치선, 축 또는 직선치수를 선택합니다.

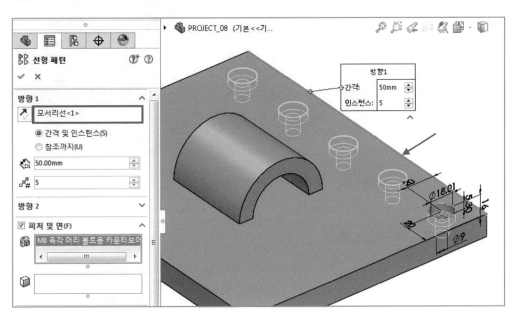

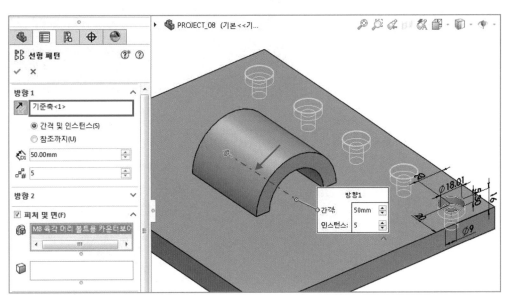

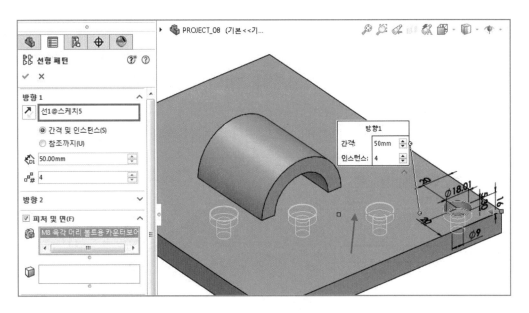

• 패턴 방향을 변경하고자 할 때는 반대방향 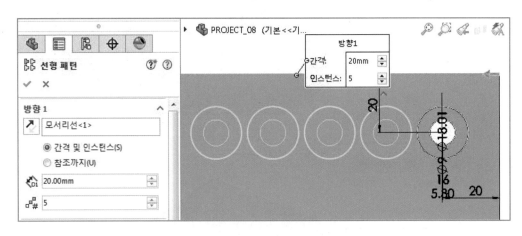 을 클릭합니다.

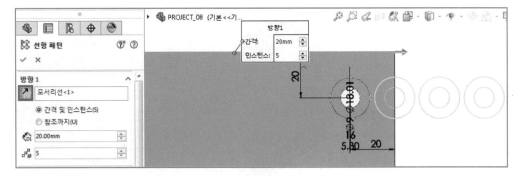

- 간격 및 인스턴스 : 패턴 간격 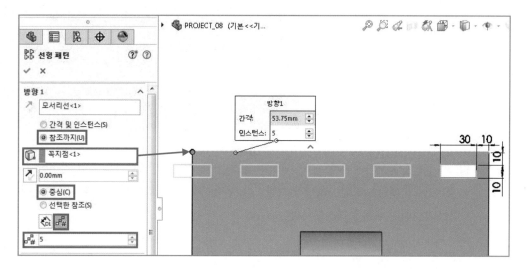과 인스턴스 수 를 지정합니다. 인스턴스 수 는 원본 피처나 선택한 피처를 포함합니다.
- 참조까지 : 참조형상 선택란 에서 선택한 모서리, 꼭지점, 면, 평면을 기반으로 인스턴스 수와 간격을 설정합니다.

원본 피처의 중심이 참조형상 선택란에 선택한 객체까지 간격설정 값이나 인스턴스 수 세트 값에 의해 패턴 개수가 정의됩니다. 간격설정일 때는 간격이 우선되어 개수가 정의되고 인스턴스 수 세트일 때는 개수가 우선되어 간격이 정의됩니다.

오프셋거리는 참조형상 선택란에서 선택한 객체로부터 오프셋거리란에 기입한 거리까지 간격설정 값과 인스턴스 수 세트 값을 계산하여 개수를 표현합니다.

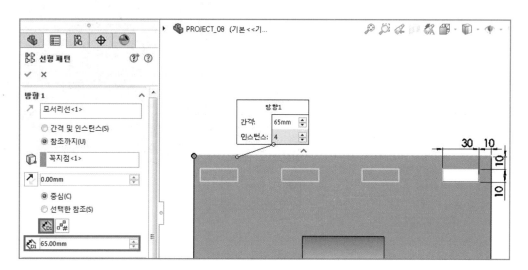

선택한 참조는 원본 피처의 중심이 아닌 원본 피처에서 선택한 점이 참조형상 선택란에 선택한 객체까지 패턴되는 것을 원할 때 선택합니다.

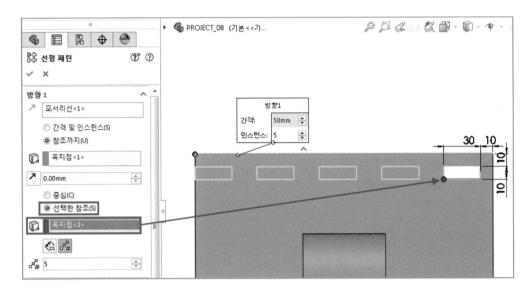

❷ 방향 2 : 방향 1과 마찬가지로 패턴방향과 인스턴스의 간격, 인스턴스의 수를 지정합니다.
  • 방향 2에서 패턴 씨드만 : 패턴 인스턴스를 중복 사용하지 않고 씨드(원본) 피처만을 사용하여 방향 2에 선형 패턴을 작성합니다.

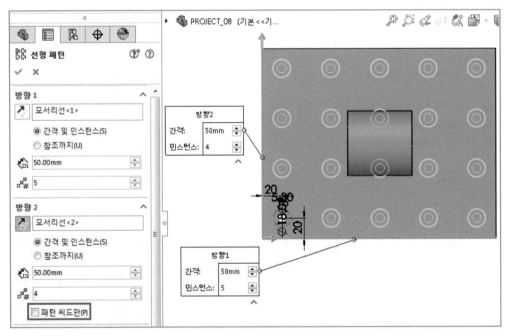

∥ 패턴 씨드만을 선택하지 않았을 때 ∥

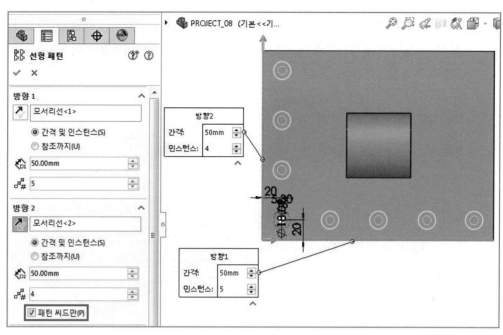

‖ 패턴 씨드만을 선택하였을 때 ‖

❸ 패턴할 피처 : 씨드(원본) 피처로 선택한 피처를 사용하여 패턴을 작성합니다.

④ 패턴할 면 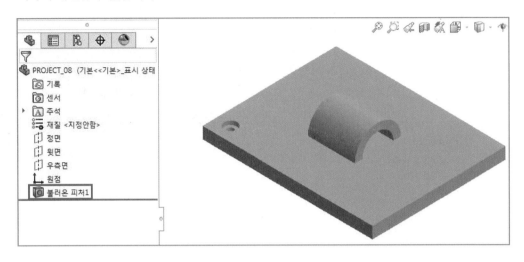 : 씨드 피처로 구성된 면을 사용하여 패턴을 작성합니다. 패턴할 면을 사용하는 예로 .step, .iges 등의 형식의 솔리드로 저장된 파트의 피처를 선택하지 못할 때 피처의 구성면을 선택하여 패턴할 수 있습니다.

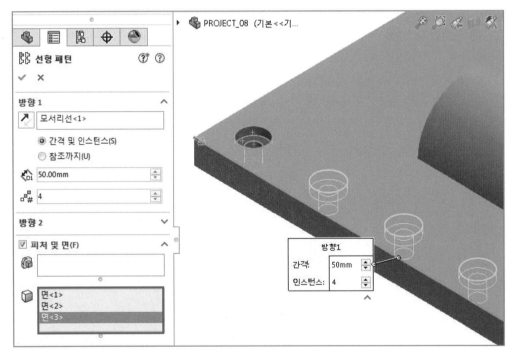

❺ 패턴할 솔리드 / 곡면바디 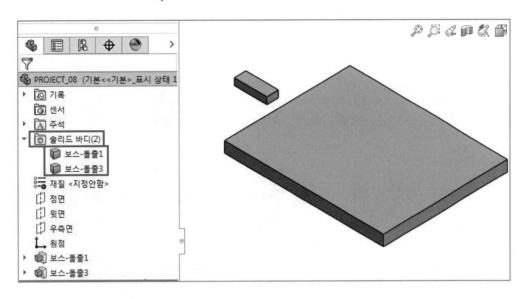 : 멀티바디 파트에서 바디를 선택하여 패턴을 작성합니다.

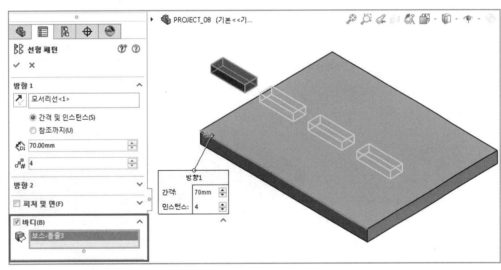

⑥ 인스턴스 건너뛰기 ❖ : 패턴을 작성할 때 그래픽 영역에서 패턴 인스턴스를 선택하여 건너뜁니다. 마우스를 각 패턴 인스턴스 위에 두면, 포인터가 👆로 바뀝니다. 건너뛰기할 패턴 인스턴스를 클릭하여 선택합니다. 복원하려면 그래픽 영역에서 인스턴스 표시를 다시 한 번 클릭합니다.

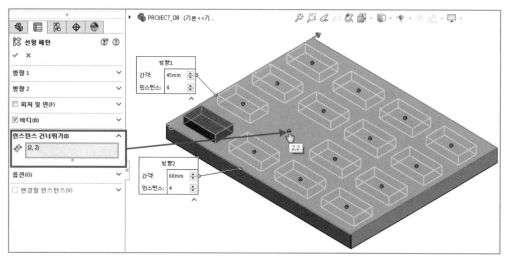

| 건너뛰기할 패턴 인스턴스를 클릭하였을 때 |

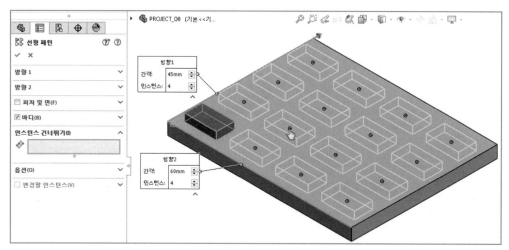

| 복원을 위해 인스턴스 표시를 다시 한 번 클릭하였을 때 |

❼ 옵션

- 시각 속성 연장 : SolidWorks의 색, 텍스처, 나사산 표시 데이터 등을 모든 패턴에 파급하여 적용
  합니다.

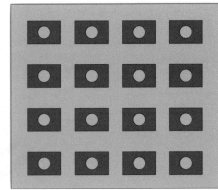

‖ 시각 속성 연장을 선택한 경우 ‖

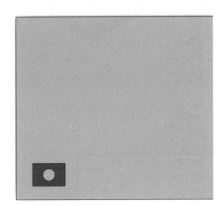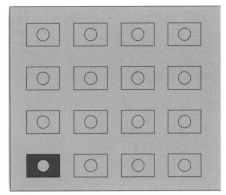

‖ 시각 속성 연장을 선택 안 할 경우 ‖

❽ 변경할 인스턴스

인스턴스 거리값 수정이나 인스턴스 건너뛰기를 하고자 하는 인스턴스 포인터를 마우스 왼쪽 버튼으로 선택하고 수정합니다.

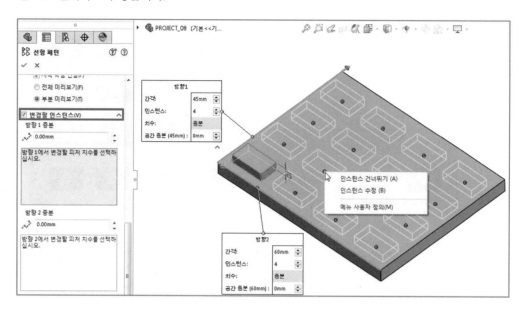

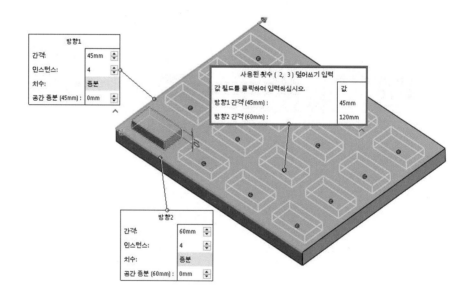

7 피처 도구모음에서 선형 패턴 을 클릭하거나, 삽입 → 패턴 / 대칭복사 → 선형 패턴을 클릭합니다.

다음과 같이 패턴 방향 1과 방향 2의 모서리선을 선택합니다.

❶ 방향 1에 대한 패턴 인스턴스 간격 은 50mm로, 인스턴스 수 는 5로 기입합니다.

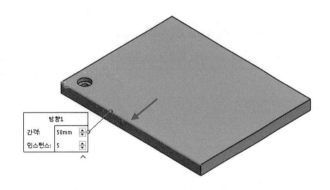

❷ 방향 2에 대한 패턴 인스턴스 간격 과 인스턴스 수 는 각각 50mm와 4를 기입합니다.

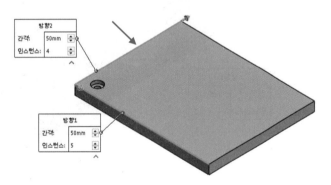

❸ 패턴할 피처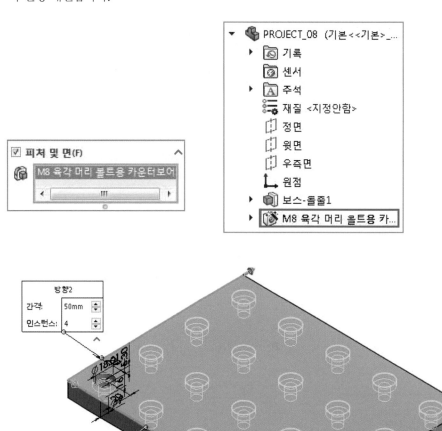에는 구멍가공마법사로 생성한 카운터보어를 선택하여 선택한 피처를 다음과 같이 선형 패턴합니다.

8 필렛 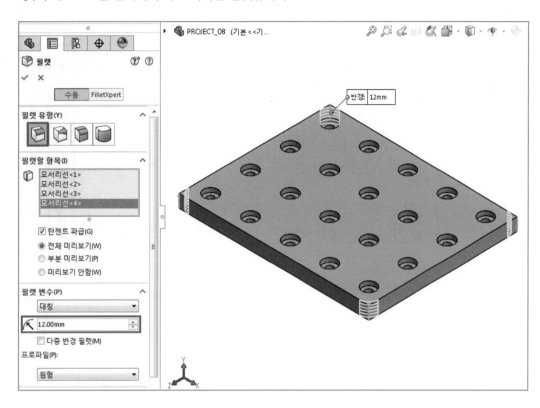 1

피처 도구모음에서 필렛 을 클릭합니다. 필렛 PropertyManager에서 부동크기필렛을 선택하고 반경 에 12mm를 입력하여 각 모서리를 필렛합니다.

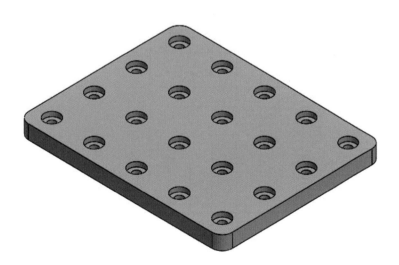

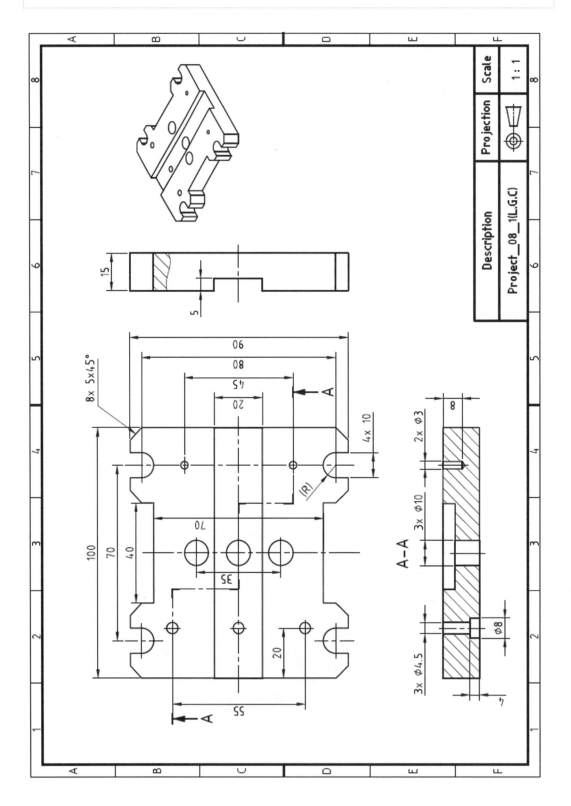

SolidWorks
따라하기

P R O J E C T
09

회전, 구멍가공마법사,
원형 패턴,
보강대 사용예제

○ 스/케/치/도/구/모/음 **스케치 요소변환**　　보/기/도/구/모/음 **임시축, 보기방향**

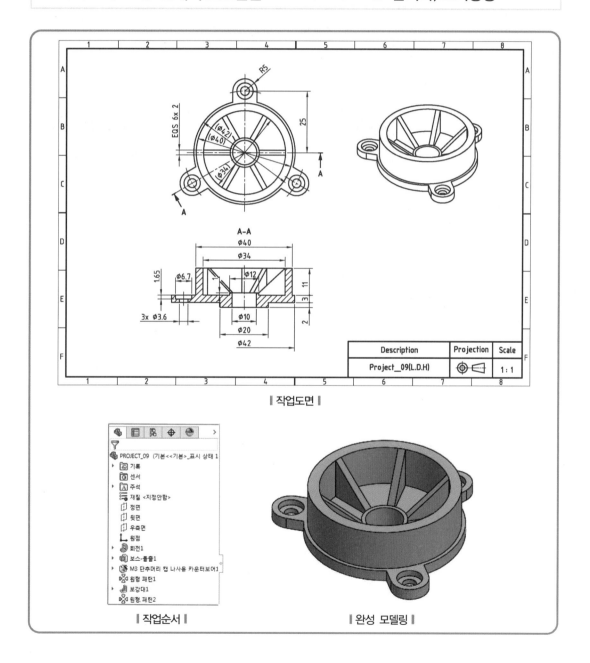

‖ 작업도면 ‖

‖ 작업순서 ‖　　　　　‖ 완성 모델링 ‖

1 피처 도구모음의 회전 보스 / 베이스 🌀 를 클릭하거나, 삽입 → 보스 / 베이스 → 회전을 클릭합니다.

2 회전 피처 관련 사항

❶ 얇은 회전 피처를 만들기 위한 스케치는 열리거나 닫힌 여러 개의 교차 프로파일을 포함할 수 있습니다.
열린 스케치일 때는 스케치 객체에 두께가 부여되어 형상이 만들어지고 닫힌 스케치일 때는 얇은 피처의 형상을 만들지 또는 기본적인 스케치 프로파일의 폐곡선영역에 의한 속이 꽉 찬 피처의 형상을 만들지 선택할 수 있습니다.

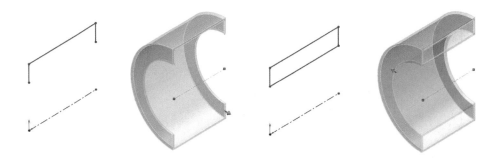

❷ 회전축은 프로파일을 가로지를 수 없습니다. 스케치에 중심선(보조선)이 하나이면 회전축으로 바로 선택이 되고 스케치에 중심선이 두 개 이상 포함되어 있으면, 회전축으로 사용할 중심선을 선택하여야 합니다.

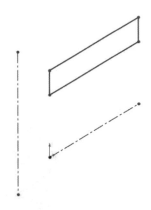

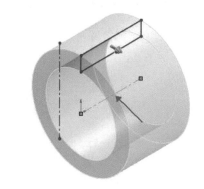

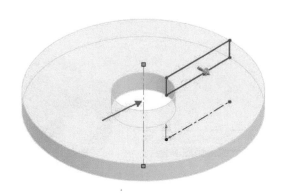

❸ 솔리드 회전 피처를 만들 스케치는 여러 개의 교차하는 프로파일을 사용할 수 있습니다. 선택 프로
파일◇을 지정하여 한 개 또는 여러 개의 교차하는 스케치 혹은 교차하지 않는 스케치를 선택하
여 회전 피처를 작성합니다.

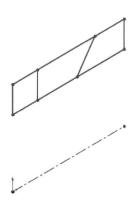

- 회전 PropertyManager에서 설정할 수 있는 속성은 다음과 같습니다.
- 회전축 ✐ : 피처를 회전할 기준 축을 선택합니다. 이때, 회전축은 작성하는 회전 피처 유형에 따라 임시축, 기준축, 스케치 중심선, 스케치 선, 모서리일 수 있습니다.

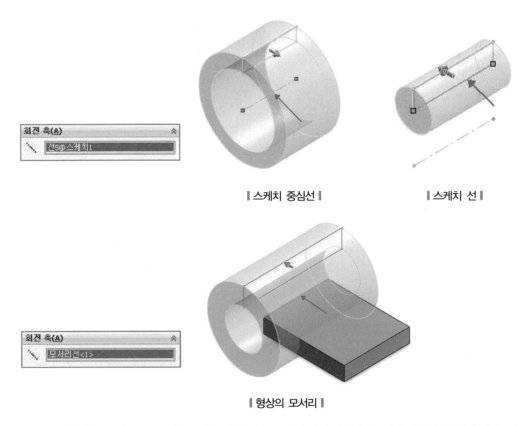

‖ 스케치 중심선 ‖   ‖ 스케치 선 ‖

‖ 형상의 모서리 ‖

- 보기(빠른 보기) 도구모음 중 항목 숨기기 / 보이기에서 임시축을 선택하면 원통형상의 축이 보이게 됩니다.

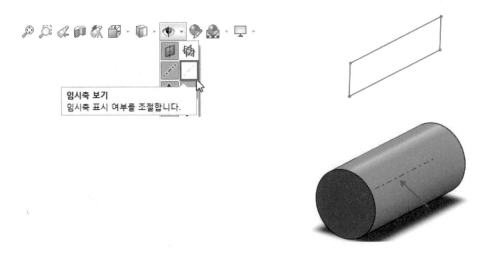

• 회전축으로 원통형상의 임시축을 사용할 수 있습니다.

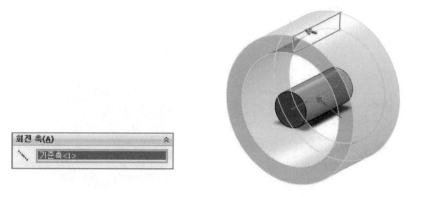

• 방향 1 : 스케치 평면에서부터 한쪽 방향으로 회전각을 정의합니다. 회전방향을 바꾸려면 반대
  방향⟳을 클릭합니다.

  – 블라인드 형태 : 스케치 평면에서부터 한쪽 방향으로 회전을 정의합니다. 방향 1각도⬆️ 에
    회전 각도를 지정합니다. 기본값은 360°입니다. 이 각도는 선택한 스케치에서 시계방향으로
    계산됩니다.

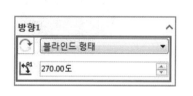

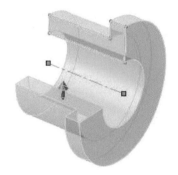

  – 꼭지점까지📦 : 스케치 평면에서 지정한 꼭지점까지 회전을 작성합니다. 형상의 꼭지점뿐
    만 아니라 스케치 점과 스케치 선분의 끝점 등도 포함됩니다.

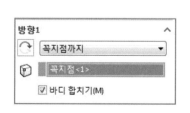

– 곡면까지 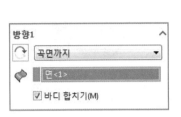 : 스케치 평면에서 지정한 면 / 평면까지 회전을 작성합니다. 지정한 면은 프로파일의 회전범위 내에 있어야 하며 스케치 프로파일을 포함할 수 있는 면이어야 합니다.

– 곡면으로부터 오프셋 : 스케치 평면에서 지정한 면 / 평면에서 오프셋거리 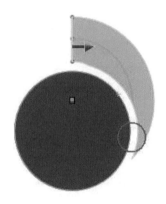 까지 회전을 작성합니다. 필요에 따라, 반대 방향으로 오프셋을 하려면 오프셋 반대 방향을 선택합니다.

– 중간 평면 : 스케치 평면으로부터 기입한 각도값의 반은 시계 방향으로 반은 시계 반대 방향으로 회전을 작성합니다. 이때, 스케치 평면 중간 지점에 위치합니다.

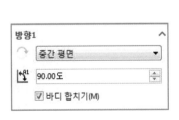

- 방향 2 : 선택 사항으로 방향 1이 완료되면 방향 2를 선택하여 스케치 평면에서부터 다른 방향의 회전 피처를 정의합니다. 방향 1과 회전유형의 내용은 같습니다.
- 얇은 피처 : 열린 스케치나 닫힌 스케치에 두께를 부여하여 회전 피처를 만듭니다.
  - 한 방향으로 : 스케치로부터 한쪽 방향에만 두께를 추가합니다. 경우에 따라, 벽 두께를 붙이는 방향을 바꾸려면 반대 방향 ↗을 클릭합니다.

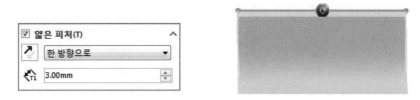

  - 중간 평면 : 스케치를 중간에 두고 양쪽에 두께를 붙입니다.

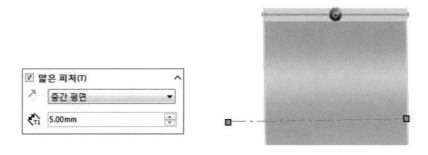

  - 두 방향으로 : 스케치의 양쪽에 두께를 다르게 또는 동등하게 추가할 수 있으나 다르게 줄 때 많이 사용합니다. 방향 1두께 ↖T1에 입력한 두께는 스케치의 바깥쪽에, 방향 2두께 ↖T2에 입력한 두께는 스케치의 안쪽에 재질을 붙입니다.

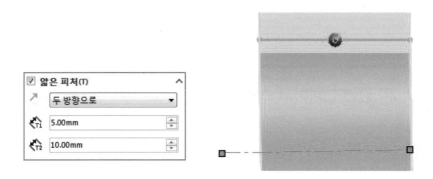

– 선택 프로파일 ◇ : 스케치 프로파일 내에 여러 개의 닫힌 영역이 존재한다면 회전하고자 하는 영역을 선택하여 회전 피처를 작성할 수 있습니다.

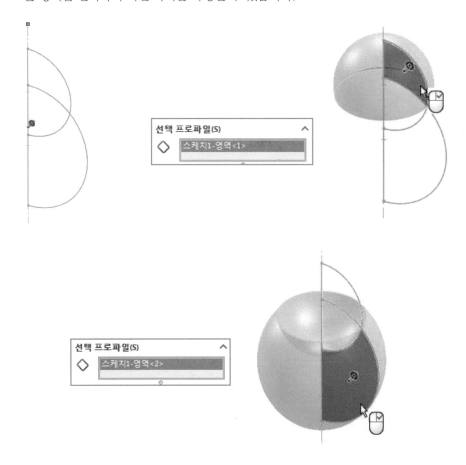

02 2D 평면 선택하고 스케치하기 1

1 FeatureManager 디자인 트리에서 정면을 선택하고, 스케치 도구모음에서 스케치 ╚를 클릭합니다.

2 다음과 같이 회전 피처를 만들기 위해 스케치 프로파일을 그립니다. 여기서 원점에 수직한 중심선은 회전피처의 회전축으로 사용되며 지름치수를 넣기 위한 보조선으로 사용됩니다.

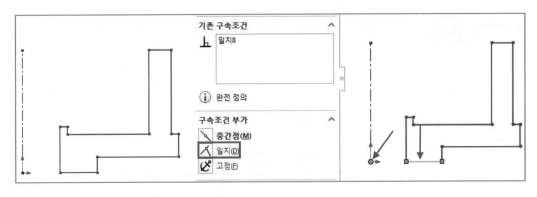

선분과 스케치 원점을 선택하고 일치구속조건을 부가하여 스케치의 위치를 지정합니다.

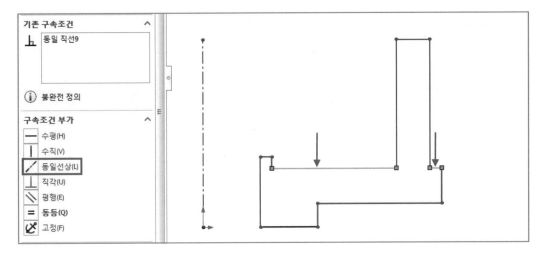

회전 후 두 선분이 같은 면상을 유지하게 하기 위해 두 선분을 선택하고 구속조건 동일선상을 부가합니다.

3 스케치 도구모음의 지능형 치수 🖉를 이용하여 치수를 부가합니다.

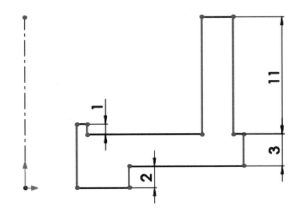

회전 피처 스케치에서 중심선과 실선 사이에 치수선이 위치하면, 회전 피처에 대한 반경 치수가 됩니다.

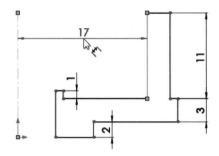

중심선 밖으로 치수선이 위치하면 회전 피처의 지름 치수가 됩니다.

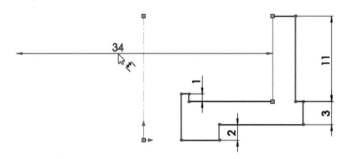

지름 치수는 점과 중심선, 실선과 중심선 관계에서만 기입이 가능합니다.

4️⃣ 나머지 치수는 아래와 같이 지름 치수로 기입합니다.

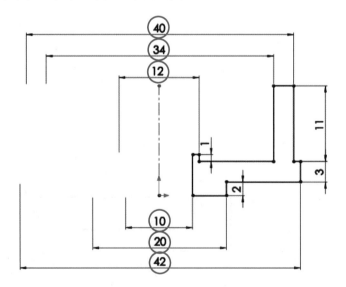

5️⃣ 스케치 확인 코너에서 스케치 종료 ⌐↩를 클릭합니다.

6 회전 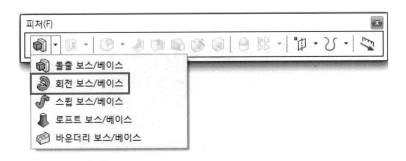 1

피처 도구모음의 회전 보스 / 베이스 를 클릭하거나, 삽입 → 보스 / 베이스 → 회전을 클릭합니다.

❶ 회전축 ✎ : 스케치의 중심선

❷ 방향 1 : 회전 유형 – 블라인드 형태

❸ 방향 1각도 ⬆R1 : 360°

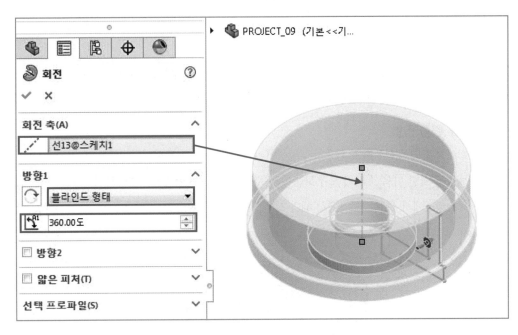

각 항목의 설정이 끝나면 확인 ✔을 클릭합니다.

1 다음과 같이 피처의 면을 선택한 다음 스케치 도구모음에서 스케치 를 클릭합니다.

❶ 스케치 요소 변환

모서리선, 루프, 면, 곡선, 외부 스케치 윤곽선, 모서리선 세트, 스케치 곡선세트 등을 스케치 평면에 투영하여 하나 이상의 스케치 곡선을 만듭니다.

❷ 요소 변환 방법

스케치 평면을 선택하고 스케치가 활성화된 상태에서 모델 모서리선, 루프, 면, 곡선, 스케치 윤곽선 등을 클릭한 다음 스케치 도구모음에서 스케치 요소 변환 을 클릭하거나 요소 변환 Property Manager에서 요소 변환란에서 해당 객체를 선택합니다.

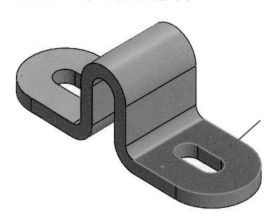

화살표 위치면이 스케치 평면일 때 다음 내용을 참조합니다. 투영할 형상의 모서리를 선택하고 스케치 평면에 투영한 결과입니다.

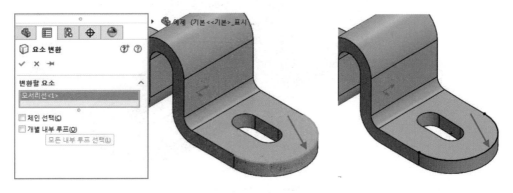

투영할 형상의 면을 선택하고 스케치 평면에 투영한 결과입니다.

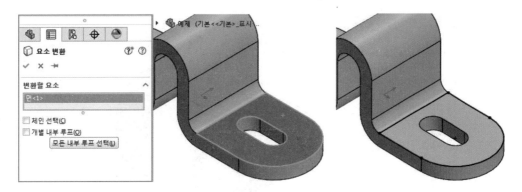

연속적인 면이나 선을 선택하고 투영할 때는 하나의 면 또는 선을 선택하고 마우스 오른쪽 버튼을 누른 후 바로가기 메뉴에서 탄젠시 선택을 클릭합니다. 연속적인 면이나 선이 활성화되면 요소 변환🗊을 클릭합니다.

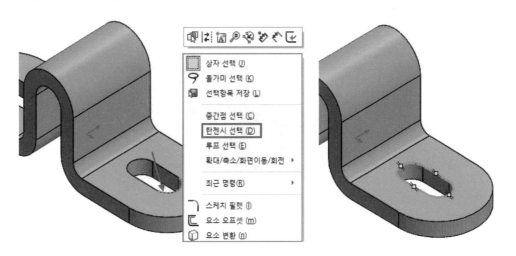

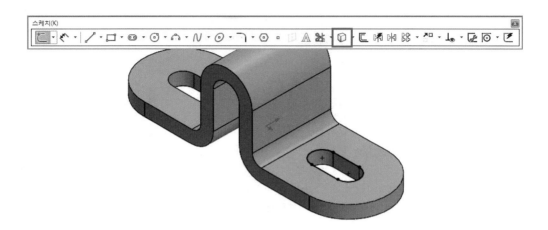

기존 피처의 스케치를 선택하고 투영한 결과입니다.

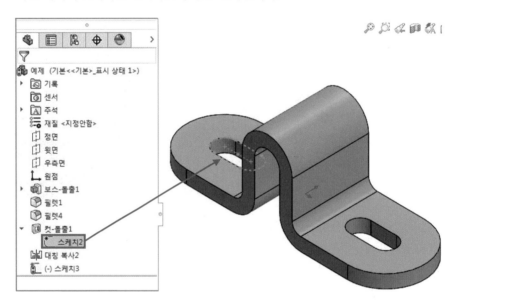

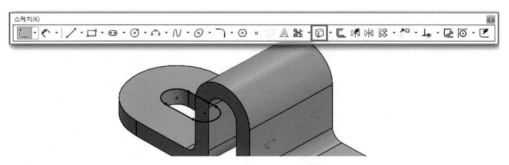

스케치 평면에 수직한 면이나 모서리 스케치는 투영조건이 아닙니다.

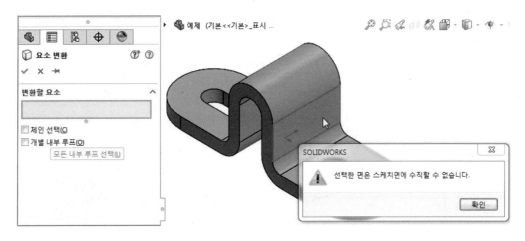

스케치 요소 변환을 하면 모서리에 구속조건이 생성됩니다.

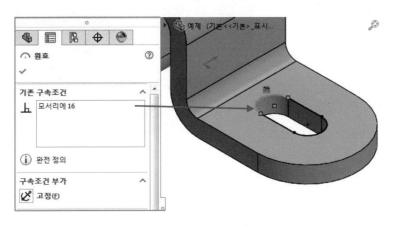

모서리에 구속조건은 새 스케치 곡선과 요소 사이에 구속조건이 생성되어, 스케치 요소를 변경하면 곡선이 같이 업데이트됩니다.

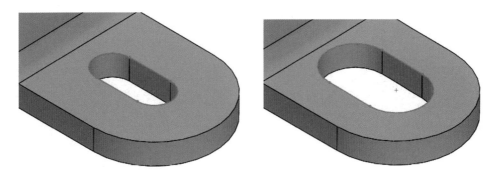

2 다음과 같이 모델의 모서리를 선택한 다음 스케치 도구모음에서 스케치 요소 변환 을 클릭하거나, 스케치 요소 변환을 클릭한 후 요소 변환란에 투영할 모서리를 선택합니다.

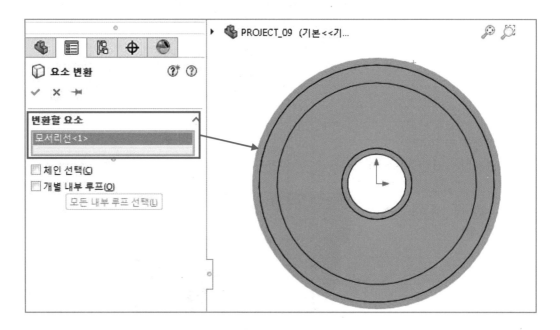

3 모서리를 요소 변환한 후 다음과 같이 스케치하고 지능형 치수 ⟋를 이용하여 치수를 부가한 후 스케치 확인 코너에서 스케치 종료 ⤶를 클릭합니다.

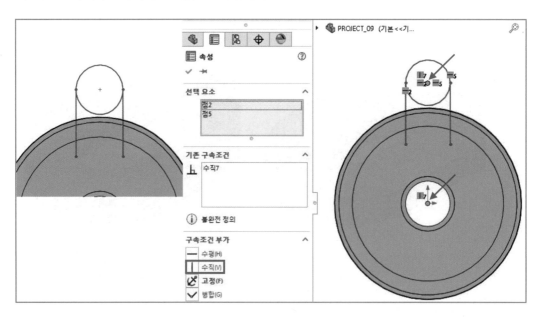

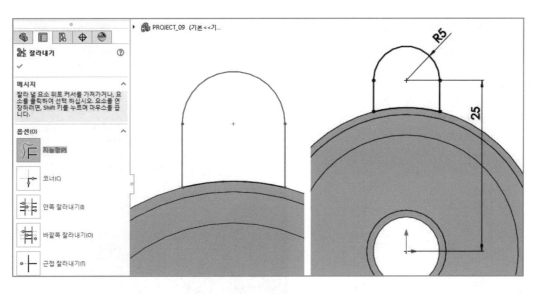

스케치 요소를 변환한 부분 중 두 선분의 가운데 호만 남기고 스케치 잘라내기를 이용하여 잘라냅니다.

04 돌출 1

1 피처 도구모음에서 돌출 보스 / 베이스 를 클릭합니다.

- 마침조건 : 곡면까지

2 확인 을 클릭합니다.

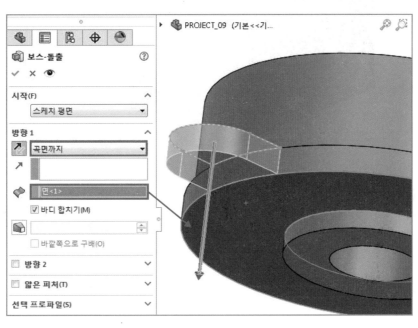

• **곡면까지** : 면 / 평면 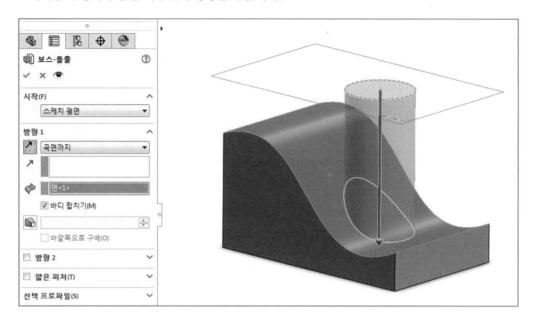 선택란에 솔리드의 면이나 평면 또는 서피스면을 선택합니다. 선택한 면에
스케치를 투영하여 돌출 마침면의 형상을 만듭니다.

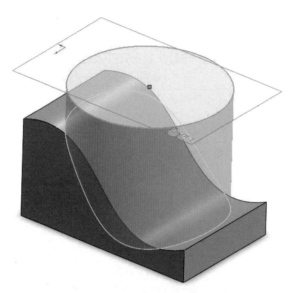

돌출하는 스케치가 선택한 면을 초과하는 크기로 바뀌면 곡면까지는 자동 연장할 수 있습니다.

05 구멍가공마법사 1

1 구멍을 만들 때 면을 미리 선택하고 피처 도구모음에서 구멍가공마법사를 클릭한 후 구멍가공마법사 PropertyManager에서 구멍 유형 파라미터를 지정합니다.

❶ 구멍 유형 : 카운터보어

❷ 표준 규격 : AnsiMetric

❸ 유형 : 소켓 단추머리 캡나사 − ANSI B18.3.4M

❹ 크기 : M3

❺ 맞춤 : 느슨하게

❻ 마침 조건 : 관통

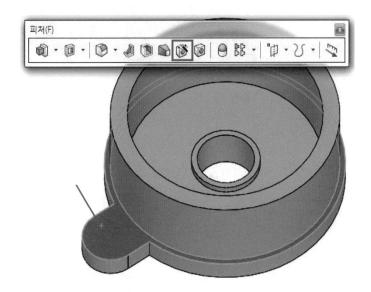

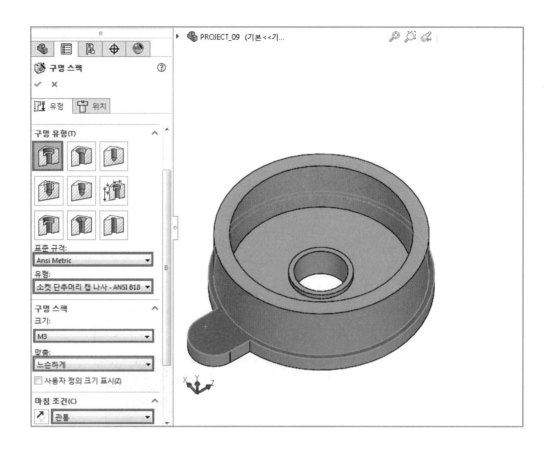

2 위치탭을 클릭하여 위치를 지정하고 확인 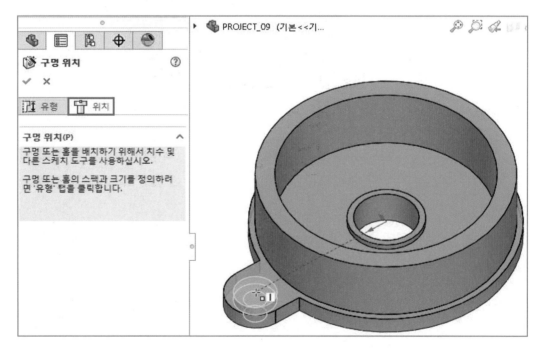을 클릭합니다.

3 형상모서리 원주와 점을 선택하고 구속조건부가에서 동심조건을 부여합니다.

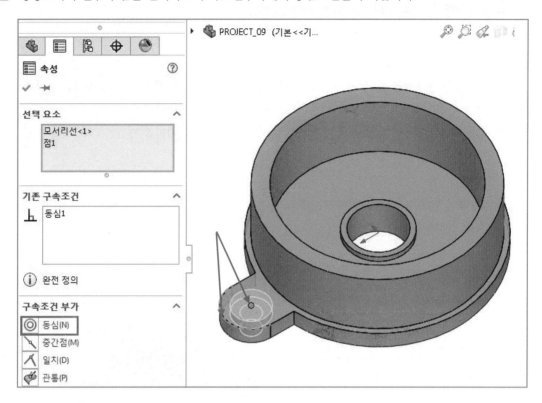

06 원형 패턴 🔩 PropertyManager

1 피처의 원형 패턴

❶ 스케치 원형 패턴은 중심점을 기준으로 회전하면서 일정한 간격에 여러 개의 복사된 객체를 만들지만 피처의 원형 패턴은 축을 기준으로 여러 개의 피처를 만듭니다.

❷ 원형 패턴을 만들려면 복사할 하나 이상의 피처를 선택하고, 피처를 패턴할 축을 만듭니다.

2 파라미터

❶ 패턴축 : 임시축, 기준축, 원형 모서리 또는 스케치 선, 선형 모서리, 원통형 면 또는 곡면, 각도 치수를 선택할 수 있습니다.

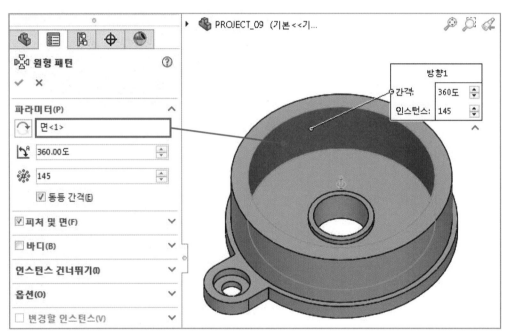

| 원통면을 패턴축으로 선택한 경우 |

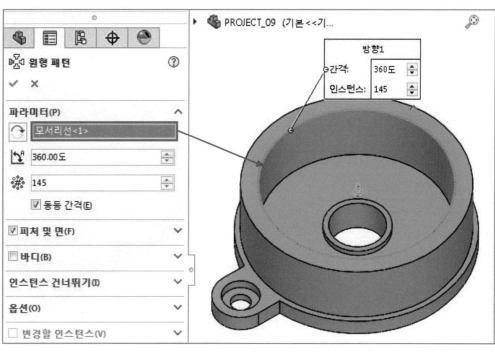

‖ 원형 모서리를 패턴축으로 선택한 경우 ‖

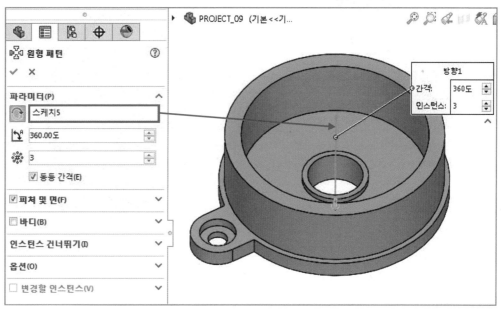

‖ 스케치되어 있는 선분을 선택한 경우 ‖

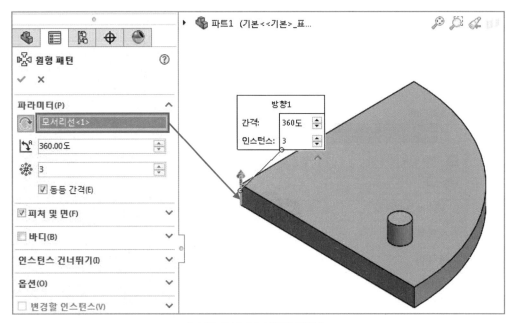

∥ 선형 모서리를 선택한 경우 ∥

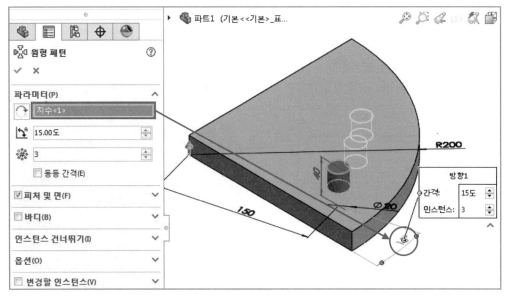

∥ 각도 치수를 선택한 경우 ∥

❷ 반대방향 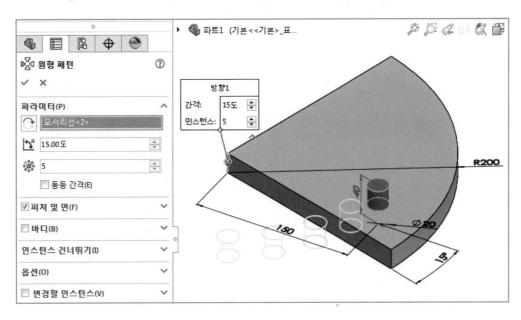 : 원형 패턴의 회전방향을 변경하고자 할 때 선택합니다.

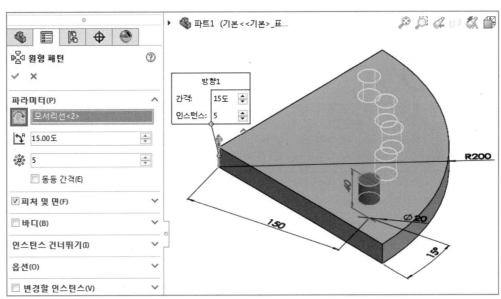

❸ 각도합계 : 동등 간격 체크 해제 시에는 원본 피처와 복사될 피처 사이의 각도를 지정합니다. 동등 간격 체크 시에는 채울 각도를 지정합니다. 만약 각도합계를 360°로 지정하고 인스턴스 수를 6으로 기입하였다고 하면 360° 안에서 60°의 같은 각도 간격으로 6개가 만들어집니다.

❹ 인스턴스 수 : 원본 피처를 포함하여 복사될 피처 수를 지정합니다. 나머지 원형 PropertyManager 의 설정값 패턴할 피처, 패턴할 면, 패턴할 바디, 인스턴스 건너띄기 등은 선형 패턴과 같습니다.

07 임시축을 이용하여 원형 패턴 🔀 실행하기

1 빠른 보기 도구모음에서 임시축 보기 ✎ 를 선택하거나 풀다운메뉴 → 보기 → 숨기기 / 보이기 → 임시축 ✎ 을 클릭합니다.

2 피처 도구모음의 원형 패턴 🔀 을 클릭하거나, 삽입 → 패턴 / 대칭복사 → 원형 패턴을 클릭합니다.

3 아래와 같이 축패턴에 임시축을 선택하고, 동등 간격을 체크한 다음, 각도합계 360°, 인스턴스 수 3을 기입합니다.

> **TIP** 임시축
>
> 스케치 형상과 구속조건을 부여할 때 또는 원형 패턴과 같은 피처의 기능상으로 축을 사용할 수 있습니다. 모든 원통형 및 원추형 면에는 축이 있습니다. 임시축은 모델의 원추형 및 원통형에 의해 임의로 만들어진 축입니다. 임시축을 다시 숨기기 위해서는 보기, 숨기기 / 보이기, 임시축을 클릭하거나 빠른 보기 도구모음의 임시축보기를 클릭합니다.

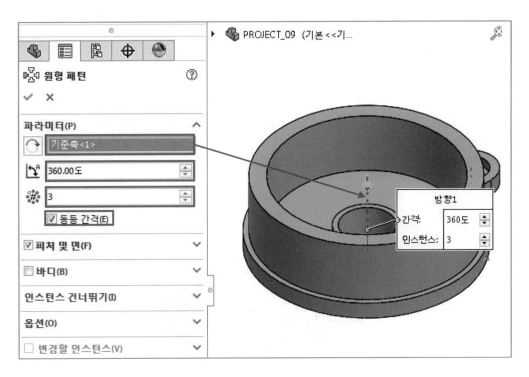

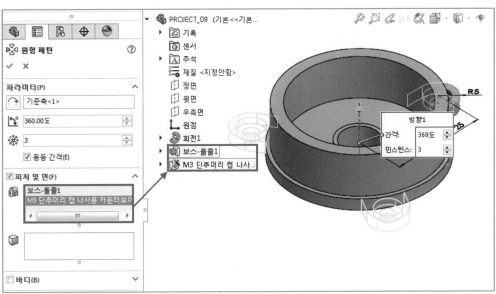

4 패턴할 피처 : 돌출, 구멍가공마법사

5 확인 ✔을 클릭합니다.

보강대 PropertyManager

보강대는 개곡선이나 폐곡선 스케치 프로파일에서 만들어지는 돌출 피처의 특수한 하나의 유형입니다. 프로파일과 기존 파트 사이에 지정한 방향으로 일정한 두께의 재질을 추가합니다.

1 파라미터

1 두께

- 왼쪽≡ : 스케치 객체의 왼쪽으로 두께를 표현합니다.

- 양면≡ : 스케치 객체의 양쪽으로 동일한 두께를 표현합니다.

- 오른쪽≡ : 스케치 객체의 오른쪽으로 두께를 표현합니다.

❷ 보강대 두께 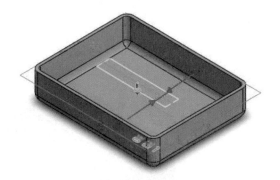 : 스케치의 두께값을 표현합니다.

❸ 돌출방향 : 뒤집기를 선택하여 돌출방향을 바꿀 수 있습니다.
  • 스케치에 평행 : 스케치 평면으로부터 평행하게 보강대가 생성됩니다.

- 스케치에 수직  : 스케치 평면으로부터 수직하게 보강대가 생성됩니다.

❹ 구배 켜기 / 끄기 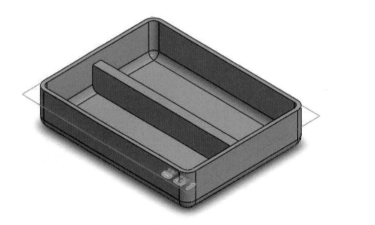 : 보강대에 구배를 표현하고자 할 때 사용되면 구배각도를 기입합니다. 바깥쪽 구배를 선택하지 않으면 안쪽 구배가 생성됩니다.

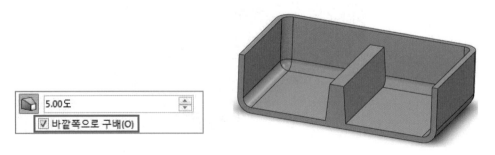

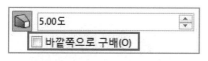

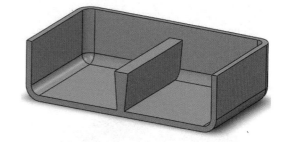

- 스케치 평면에서를 선택하면 스케치 평면에서 두께가 표현되어 구배가 나타납니다.

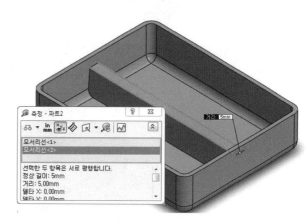

- 벽 인터페이스에서를 선택하면 보강대 생성면에 두께가 표현되어 구배가 나타납니다.

❺ 유형

- 직선형 : 스케치 프로파일이 보강대가 생성될 면에 닿을 때까지 스케치에 수직인 방향으로 보강
  대를 만듭니다.

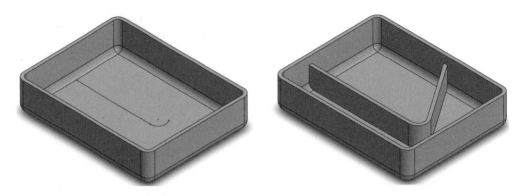

- 자연 : 스케치 프로파일을 보강대 경계면에 닿을 때까지 연장하여 보강대를 작성합니다. 스케치
  가 원호이면, 보강대는 원의 조건에 따라 원호의 끝점이 그대로 연장됩니다.

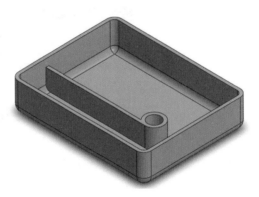

❻ **선택 프로파일**◇ : 폐곡선의 스케치 영역이 여러 개 있을 때 보강대를 생성할 필요 영역을 선택
  하여 보강대를 생성합니다.

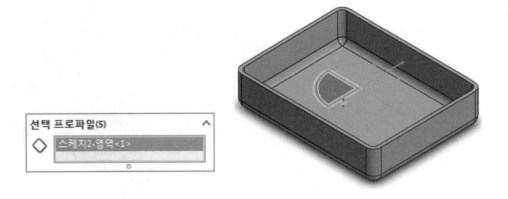

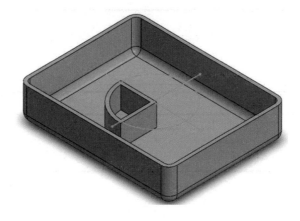

09 2D 평면 선택하고 스케치하기 3

1️⃣ FeatureManager 디자인 트리에서 정면을 선택하고, 스케치 도구모음에서 스케치🄲를 클릭합니다.

2️⃣ 빠른 보기 도구모음 중 은선표시를 클릭하여 숨은 모서리를 나타내고 선을 이용하여 다음과 같이 스케치를 합니다.

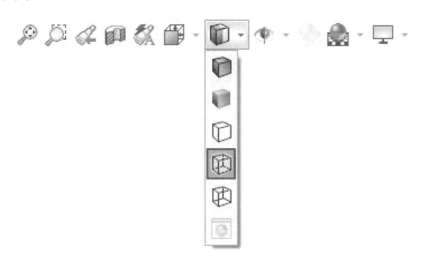

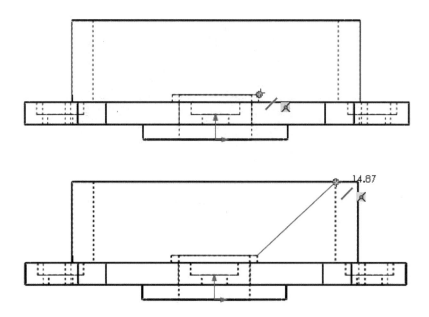

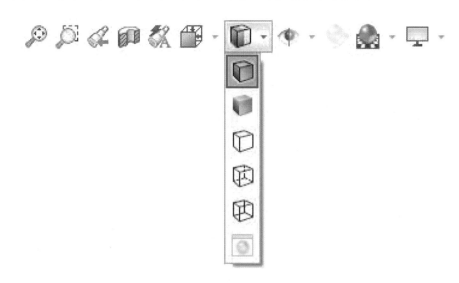

3 스케치가 완성되면 빠른 보기 도구모음 중 모서리 표시 음영을 선택합니다.

4 스케치 확인 코너에서 스케치 종료 를 클릭합니다.

10 보강대 1

1 피처 도구모음의 보강대를 클릭하거나, 삽입 → 피처 → 보강대를 클릭합니다.

2 보강대 PropertyManager에서 다음과 같이 보강대의 두께를 양면으로 선택합니다.
보강대 두께 값은 2mm를 기입하고 돌출방향은 스케치에 평행을 선택합니다.

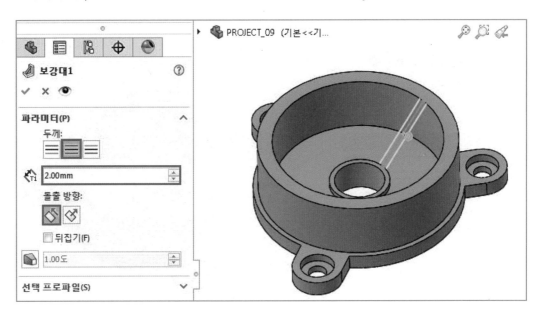

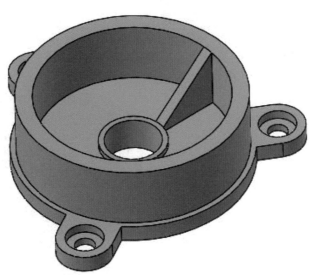

1 피처 도구모음의 원형 패턴을 클릭하거나, 삽입 → 패턴 / 대칭복사 → 원형 패턴을 클릭합니다.

2 아래와 같이 축패턴에 형상의 원통면을 선택하고, 동등 간격을 체크한 다음, 각도합계 360°, 인스턴스 수 6을 기입합니다.

• 패턴할 피처 : 보강대를 선택합니다.

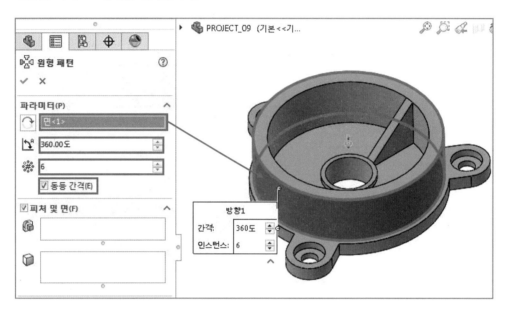

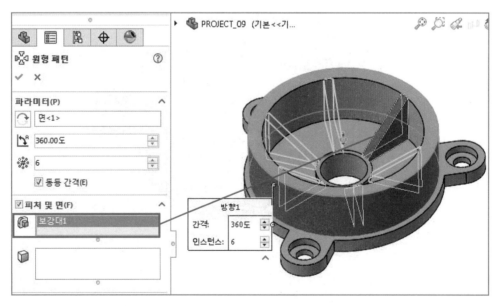

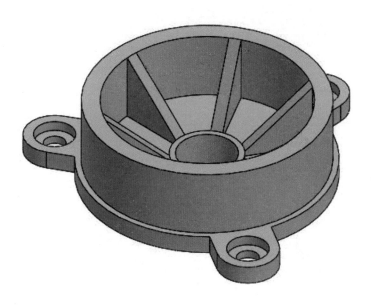

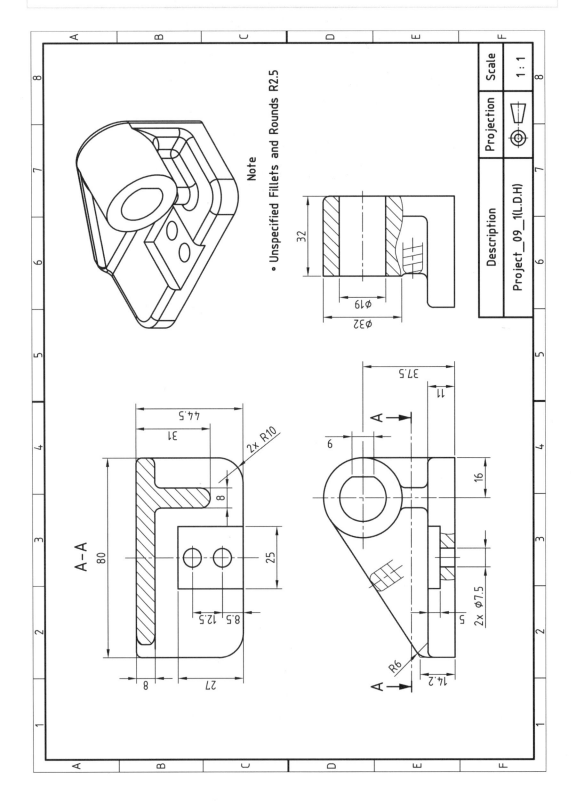

Note

● Unspecified Fillets and Rounds R2.5

	Description	Projection	Scale
			1 : 1
	Project_09_1(L.D.H)		

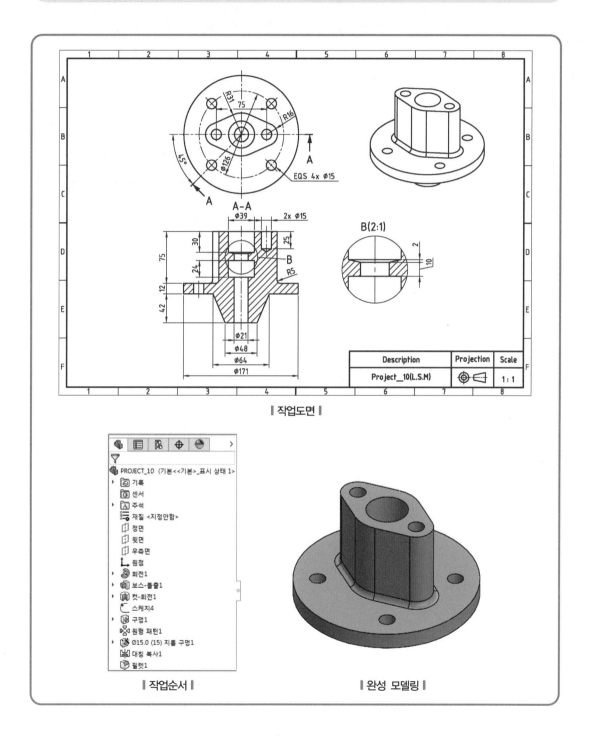

‖ 작업도면 ‖

‖ 작업순서 ‖

‖ 완성 모델링 ‖

1 FeatureManager 디자인 트리에서 정면을 선택하고, 스케치 도구모음에서 스케치└를 클릭합니다.

2 다음과 같이 스케치 도구모음의 중심선 ✐을 클릭하여 원점을 지나는 수직한 중심선을 그립니다. 스케치 도구모음의 선 ✐을 클릭하여 다음과 같이 스케치한 후 지능형 치수 ✐를 클릭하여 치수를 기입합니다.

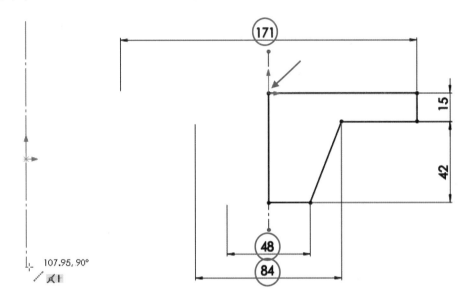

3 스케치 확인 코너에서 스케치 종료└↵를 클릭합니다.

02 회전

1 피처 도구모음의 회전 보스 / 베이스 를 클릭하거나, 삽입 → 보스 / 베이스 → 회전을 클릭합니다.

2 회전 PropertyManager에서 다음과 같이 속성을 지정합니다.

① 회전축 : 스케치의 중심선

② 방향 1 : 회전 유형 – 블라인드 형태

③ 방향 1각도 : 360°

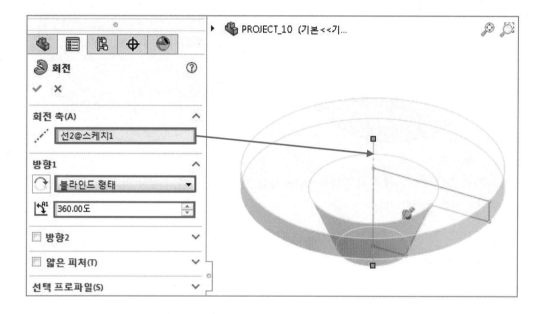

3 확인 을 클릭합니다.

1 FeatureManager 디자인 트리에서 윗면을 선택하고, 스케치 도구모음에서 스케치 ⊏를 클릭합니다.

2 스케치 도구모음의 중심선 🖋 원 ⊙ 도구를 이용하여 다음과 같이 스케치합니다.

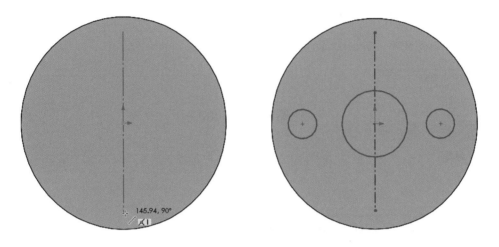

3 수직한 중심선과 두 개의 작은 원을 Ctrl을 누른 채 선택한 다음 속성창(PropertyManager)에서 대칭 구속조건을 부가합니다.

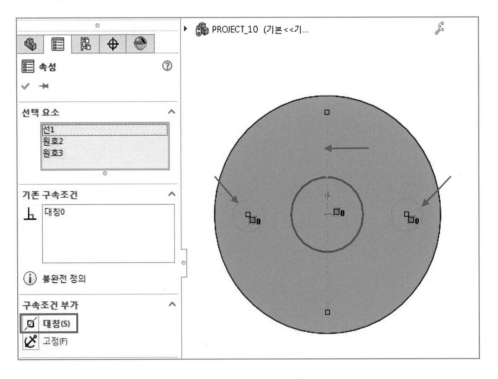

4 작은 원의 중심점과 원점을 Ctrl로 선택한 후 속성창(PropertyManager)에서 수평 구속조건을 부가합니다.

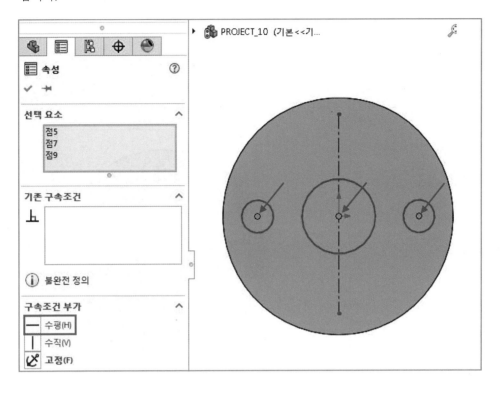

5 스케치 도구모음의 선 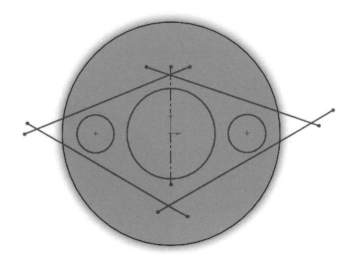을 클릭하여 다음과 같이 스케치합니다.

6 하나의 사선과 작은 원을 [Ctrl]로 선택한 후 속성창(PropertyManager)에서 탄젠트 구속조건을 부가합니다.

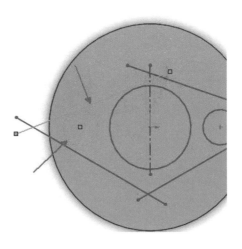

다시 그 사선과 큰 원을 [Ctrl]로 선택한 후 속성창(PropertyManager)에서 탄젠트 구속조건을 부가합니다.

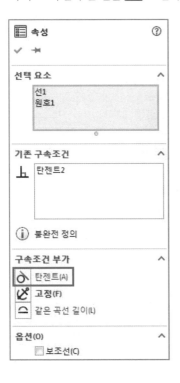

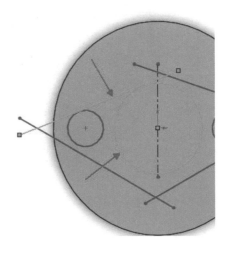

위와 같은 방법으로 나머지 사선과 두 개의 원 사이에 탄젠트 조건을 부가합니다.

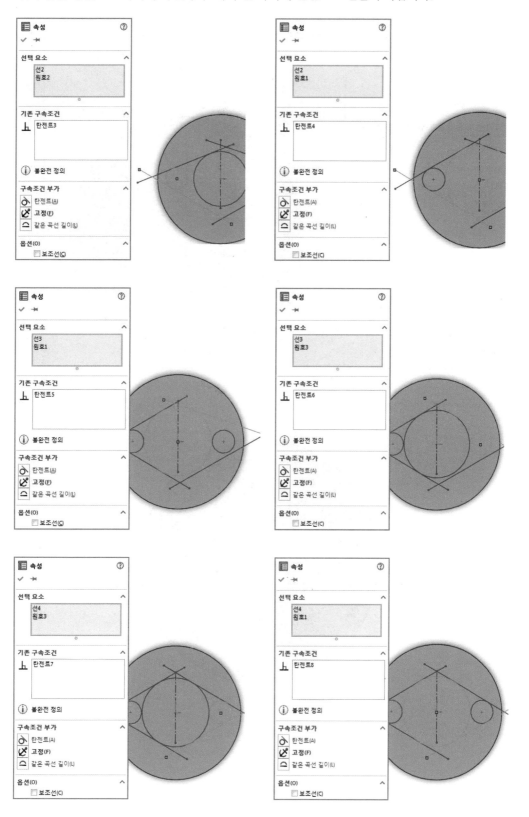

7 스케치 잘라내기 ✂를 이용하여 스케치 형상을 다음과 같이 만듭니다.

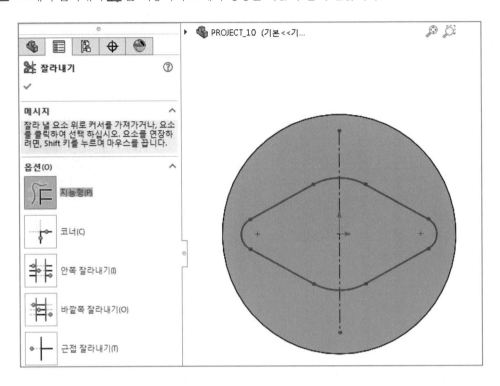

8 지능형 치수 ✧를 이용하여 치수를 부가하고, 스케치 확인 코너에서 스케치 종료 ↳를 클릭합니다.

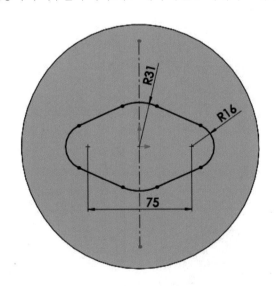

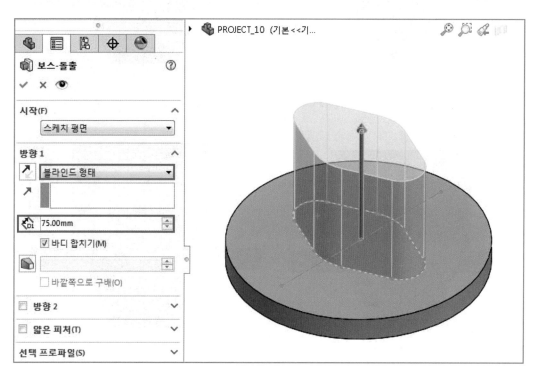
피처 도구모음에서 돌출 보스 / 베이스 📦를 클릭하고 아래 설정이 완료되면 확인 ✔을 클릭합니다.

- 마침 조건 : 블라인드 형태
- 깊이 📐 : 75mm

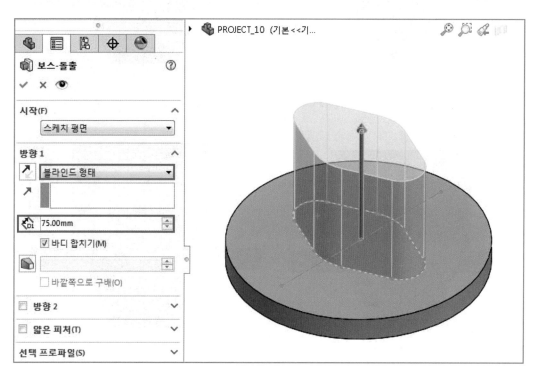

05 2D 평면 선택하고 스케치하기 3

1 FeatureManager 디자인 트리에서 정면을 선택하고, 스케치 도구모음에서 스케치⊏를 클릭합니다.

2 다음과 같이 스케치 도구모음의 중심선 을 클릭하여 원점을 지나는 수직한 중심선을 그립니다. 이어서 스케치 도구모음의 선 을 클릭하여 다음과 같이 스케치한 후 지능형 치수 를 클릭하여 치수를 기입합니다.

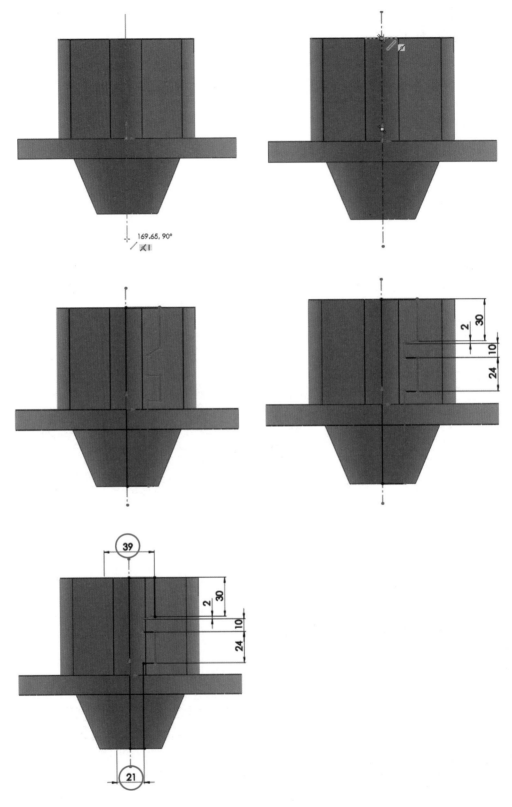

지름 치수로 기입합니다.

지름 치수는 실선과 중심선 또는 점과 중심선의 관계에서만 넣을 수 있고 실선과 실선 또는 중심선과 중심선 관계에서는 부여되지 않습니다. 위의 지름 치수는 회전피처를 이용하여 피처 생성 시 자동으로 치수문자 앞에 치수 표시기호 ϕ가 부여됩니다.

3 다음과 같이 선과 선을 선택한 다음 구속조건을 동일선상으로 부가하여 완전 정의된 스케치를 완성합니다.

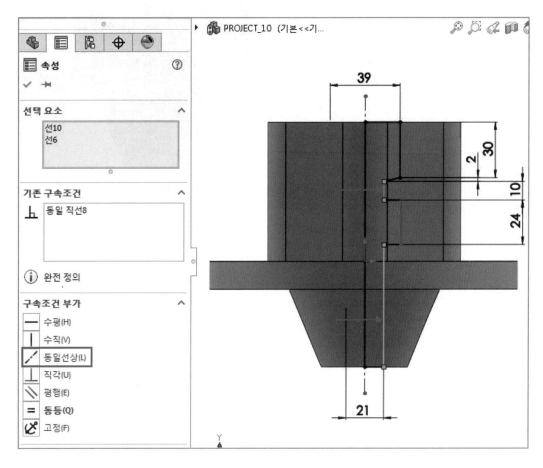

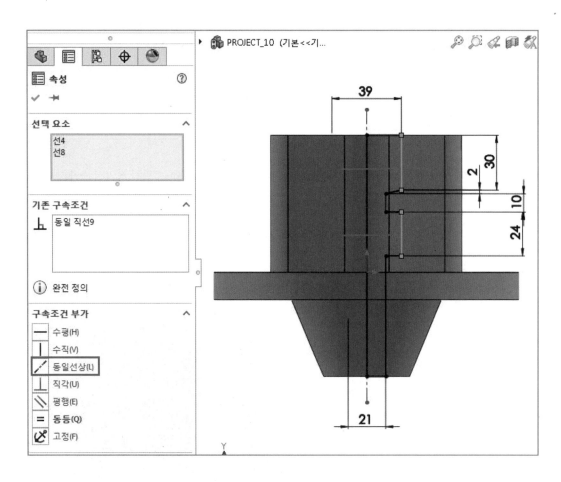

4 스케치 확인 코너에서 스케치 종료 를 클릭합니다.

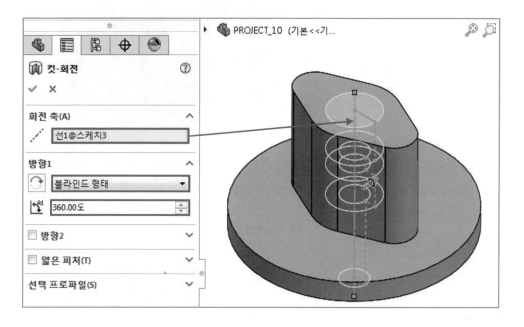

06 회전컷 1

피처 도구모음에서 회전컷을 클릭하거나, 삽입 → 컷 → 회전을 클릭합니다. 회전컷은 중심선을 기준으로 프로파일을 회전하여 재질을 파냅니다. 아래 설정이 완료되면 확인을 클릭합니다.

• 회전축 : 스케치 중심선
• 회전 유형 : 블라인드 형태
• 방향 1 각도 : 360°

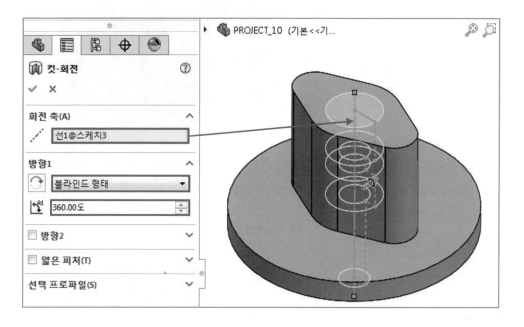

1 다음과 같이 솔리드 형상의 면을 선택하거나, FeatureManager 디자인 트리에서 윗면을 선택하고, 스 케치 도구모음에서 스케치 ⊏를 클릭하거나 바로가기 메뉴에서 스케치를 선택합니다.

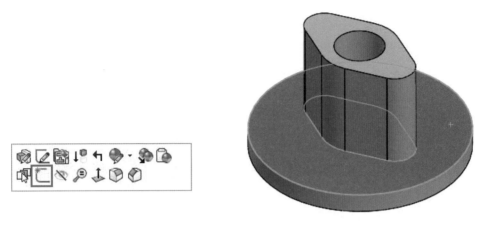

2 스케치 도구모음의 원 ⊙을 선택한 다음 원의 중심점이 스케치 원점과 일치하게 그린 후 속성창 (PropertyManager)의 옵션에서 보조선을 체크하여 원을 보조선으로 만듭니다.

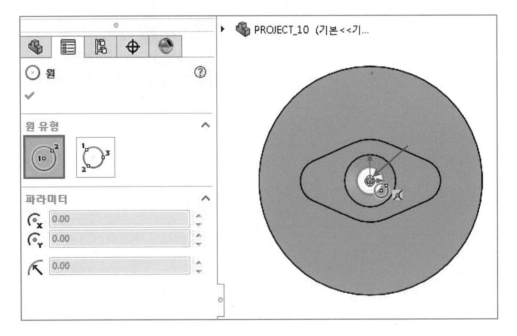

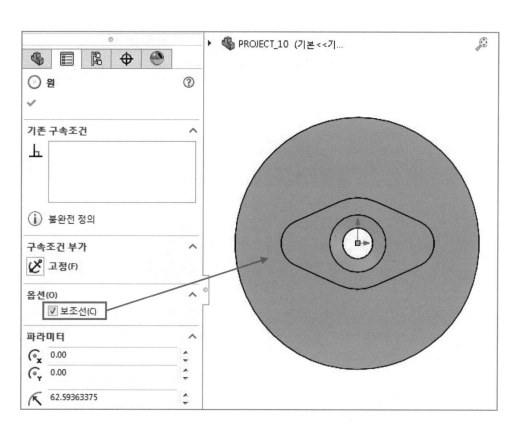

3 스케치 도구모음의 중심선 을 클릭하여 원점과 원의 사분점에 일치하는 수평한 중심선을 그립니다.

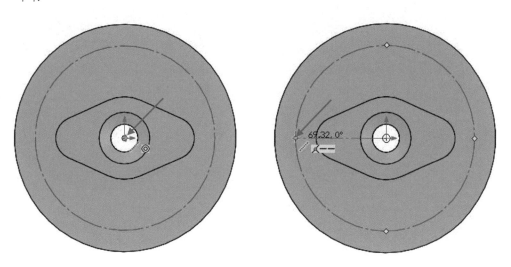

4 스케치 도구모음의 점 ▫ 을 이용하여 원의 원주에 일치하게 스케치를 합니다.

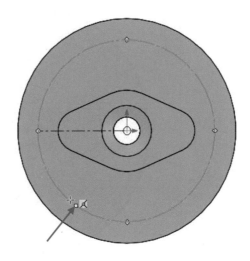

5 지능형 치수 ✦ 를 클릭하고 아래와 같이 세 점을 선택하여 세 점 사이의 각도를 기입하고 원을 선택하여 원의 직경치수를 기입합니다.

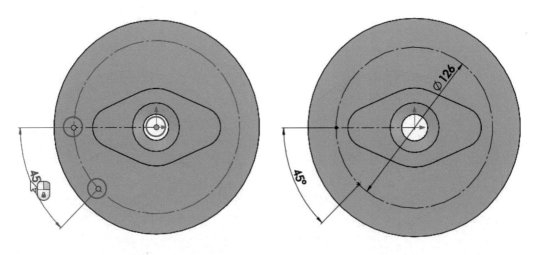

6 스케치 확인 코너에서 스케치 종료 ⌐↵를 클릭합니다.

1 피처 도구모음에서 기본형 구멍 을 클릭하거나, 삽입 → 피처 → 기본형을 클릭합니다.

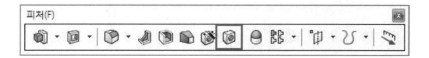

2 구멍가공마법사와 같은 추가 변수가 필요 없는 단순한 구멍을 만들 때 기본형 구멍을 사용합니다. 기본형 구멍은 구멍가공마법사와 같이 피처를 생성하기 위한 스케치가 필요 없으며 위치와 크기값을 변경할 수 있는 스케치를 만들어 줍니다.

3 구멍의 위치를 지정하는 방법과 위치 및 크기 재지정 방법

❶ 원형 형상의 중심점이나 모서리의 꼭지점 위치에 기본형 구멍의 위치를 지정합니다.
- 기본형 구멍 명령어가 실행된 상태에서 스케치원의 중심점을 드래그하여 원하는 형상의 위치에서 구속조건을 부가합니다.

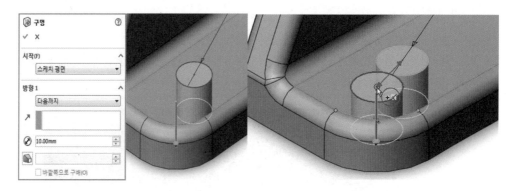

- 기존 피처의 스케치나 위치관계를 지정하기 위해 미리 스케치한 객체와 위치를 지정할 수 있습니다.

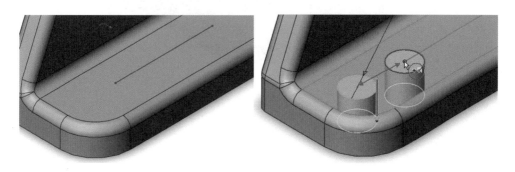

❷ 기본형 구멍의 위치와 크기를 재지정하기 위하여 모델 또는 FeatureManager 디자인 트리에서 기본형 구멍을 선택한 후 마우스 오른쪽 버튼을 클릭하고, 스케치 편집을 선택합니다.

치수를 추가하여 구멍의 위치를 재지정하거나 스케치에서 구멍 지름을 수정하여 크기를 재지정합니다. 이때 구멍의 크기값은 피처편집을 이용해도 됩니다. 지정이 완료되면 스케치를 종료하고 재생성합니다.

4️⃣ 기본형 구멍 피처를 실행하기 전에 기본형 구멍의 스케치가 만들어질 면을 선택한 다음 PropertyManager에서 옵션을 지정합니다.

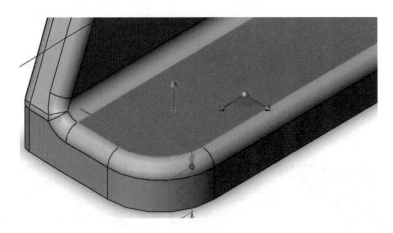

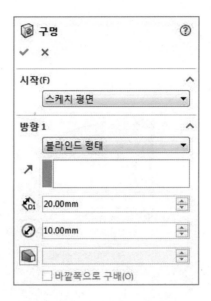

❶ 시작 : 기본형 구멍의 시작할 조건을 지정합니다.

❷ 방향 1 : 마침조건 유형을 선택합니다.

- 돌출방향 ↗ : 구멍을 스케치 프로파일에 수직인 방향이 아닌 다른 방향으로 돌출합니다.
- 깊이 ⬡ : 구멍깊이를 지정합니다.
- 구멍지름 ⊘ : 구멍의 크기값(지름)을 지정합니다.
- 구배 켜기 / 끄기 ▱ : 구배각도를 지정하여 구멍에 구배를 삽입합니다.

09 기본형 구멍 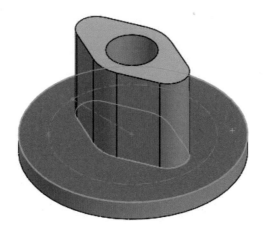 1

1 다음과 같이 기본형 구멍이 만들어질 면을 선택합니다.

2 기본형 구멍의 PropertyManager 옵션 중 방향 1에 대한 내용을 다음과 같이 지정합니다.

❶ 마침조건 : 다음까지

❷ 구멍지름 ⊘ : 15mm

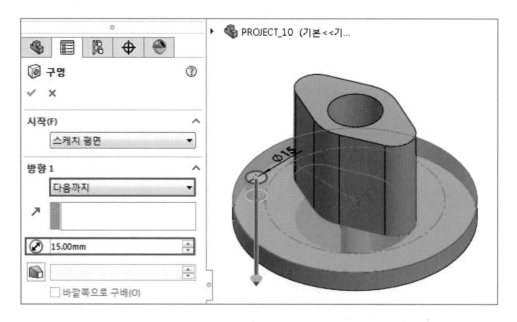

③ 원의 중심점을 드래그하여 이전 스케치의 점과 구속조건이 일치하도록 위치를 지정한 후 확인 ✔을 클릭합니다.

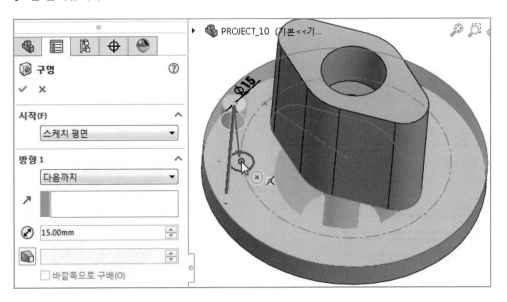

④ FeatureManager 디자인 트리에서 기본형 구멍의 위치를 지정하기 위해 그린 스케치에 마우스 오른쪽 버튼을 클릭하고 숨기기 👁 버튼을 눌러 스케치가 안 보이도록 합니다.

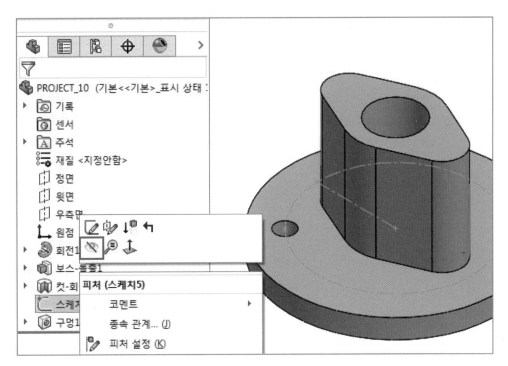

10 원형 패턴 🔩 1

1 피처 도구모음의 원형 패턴 🔩을 클릭하거나 삽입 → 패턴 / 대칭복사 → 원형 패턴을 클릭합니다.

2 패턴 축에 원통면을 선택하고, 동등 간격을 체크한 다음, 각도합계 360°, 인스턴스 수 4를 기입합니다. 패턴할 피처 – 기본형 구멍을 선택합니다.

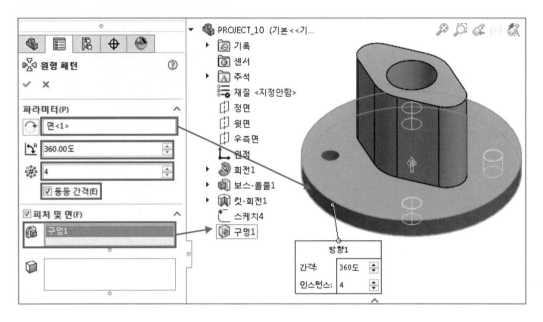

3 확인 ✔을 클릭합니다.

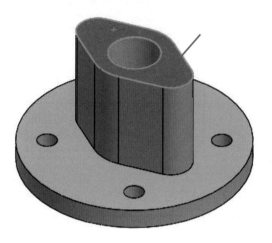

1 구멍가공마법사로 구멍을 뚫을 면을 다음과 같이 선택하고 피처 도구모음에서 구멍가공마법사 를 클릭하거나, 삽입 → 피처 → 구멍가공마법사를 클릭합니다.

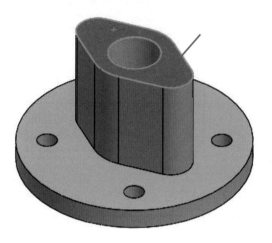

2 유형 탭의 구멍 유형에서 구멍을 선택하고 표준 규격은 Ansi Metric, 유형은 드릴 크기로 지정합니다.

3 구멍스팩에서 크기는 ϕ15로 지정합니다.

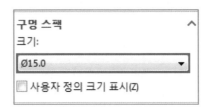

4 마침조건은 블라인드 형태를 선택하고 드릴의 깊이는 25mm를 지정합니다.

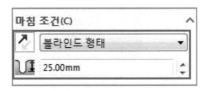

5 위치탭을 클릭한 다음 구멍을 하나만 생성하기 위해 점 하나만을 만들고 점 명령어를 종료하기 위해 마우스 오른쪽 버튼을 클릭하여 바로가기 메뉴에서 선택을 선택하거나 스케치 명령어의 점을 클릭하여 점 명령어를 종료합니다.

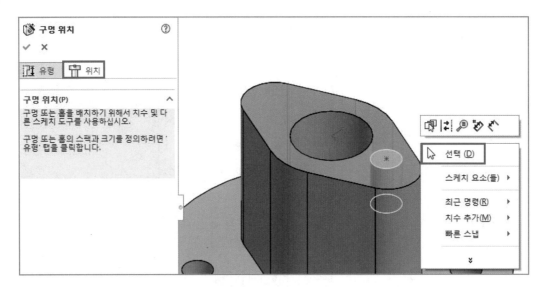

6 구멍의 위치를 지정하기 위해 다음과 같이 점과 모서리를 선택한 후 구속조건으로 동심을 부여합니다.

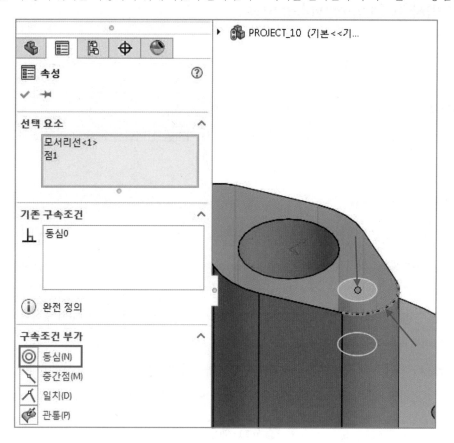

7 확인 ✔을 클릭합니다.

12 대칭복사 ☷ PropertyManager

1 피처 도구모음에서 대칭복사 ☷를 클릭하거나, 삽입 → 패턴 / 대칭복사 → 대칭복사를 클릭합니다.

2 피처의 대칭복사

평면이나 면을 기준으로 대칭복사한 피처를 만듭니다. 이때 피처를 선택할 수도 있고 피처를 구성하는 면 또는 피처에 의해 구성된 바디를 선택할 수도 있습니다.

3 대칭복사 PropertyManager

❶ 면 / 평면 대칭복사 ▢ : 대칭기준이 될 면이나 평면을 선택합니다.

❷ 대칭복사할 피처 ▦ : 피처를 구성한 면이나, FeatureManager 디자인 트리에서 복사할 피처를 클릭합니다.

❸ 대칭복사할 면 ▢ : 그래픽 영역에서 대칭복사할 피처가 있는 면을 클릭합니다. 피처가 아닌 피처 면을 가진 파트를 불러올 때 유용하게 사용됩니다.

❹ 대칭복사할 바디 ▨ : 전체 모델을 대칭복사하기 위해 그래픽 영역에서 모델을 선택합니다.

❺ 기하 패턴 : 피처의 마침조건이 무시되어 피처의 면과 모서리가 그대로 대칭복사됩니다.

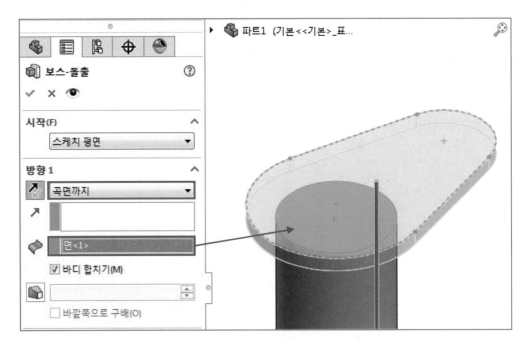

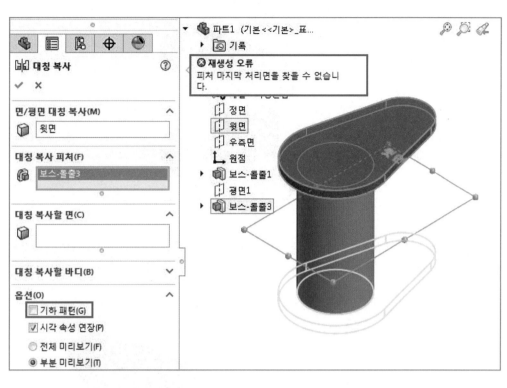

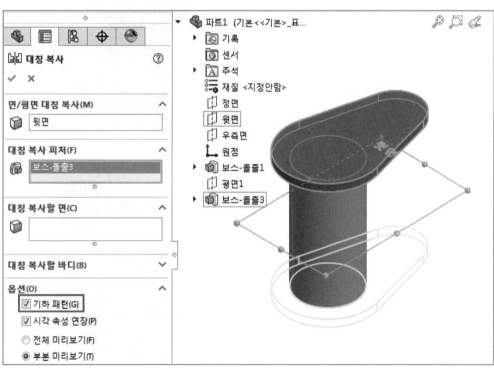

❻ 시각 속성 연장 : 대칭복사할 원본 바디나 피처가 가지고 있는 색상이나 텍스처 등 시각적 속성을 대칭복사된 요소에 그대로 파급하여 적용시켜 주고 원본 바디나 피처의 시각적 속성을 차후 바꾸면 대칭복사된 요소도 같이 변하게 됩니다.

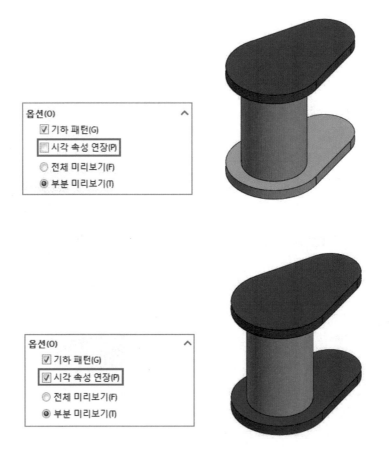

13 대칭복사 🖽 1

1 면 / 평면 대칭복사 : 대칭기준이 될 평면을 FeatureManager 디자인 트리에서 디폴트 평면인 우측 면을 선택합니다.

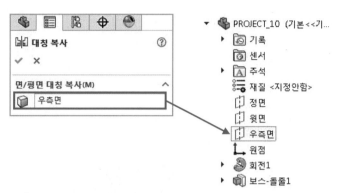

2 대칭복사할 피처 : 구멍가공마법사 피처를 선택합니다.

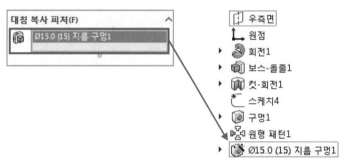

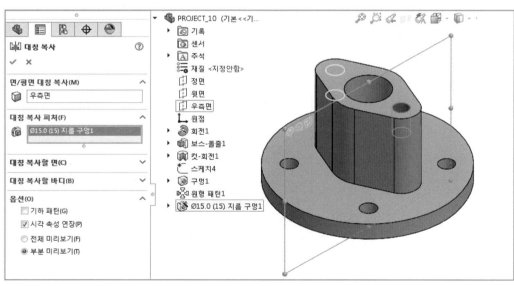

3 확인 ✔을 클릭합니다.

14 필렛 🗇 1

1 피처 도구모음에서 필렛🗇을 클릭합니다.

2 필렛 PropertyManager에서 부동크기필렛을 선택하고 반경 ⫞으로 5mm를 입력한 후 탄젠트 파급에 체크하여 다음과 같이 선택한 모서리에 연결된 모든 모서리가 선택되어 필렛되도록 합니다.

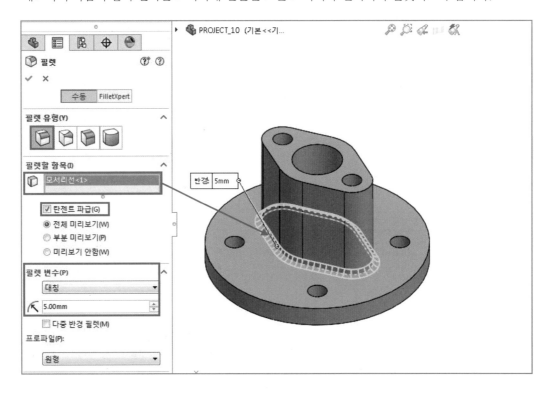

3 확인 ✔을 클릭합니다.

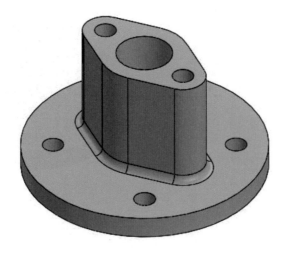

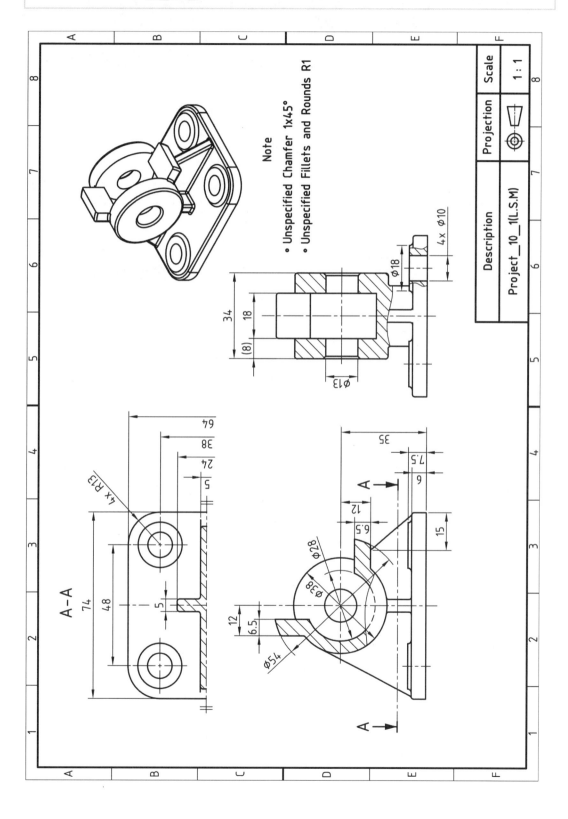

Note
• Unspecified Chamfer 1x45°
• Unspecified Fillets and Rounds R1

A-A

Description	Projection	Scale
Project_10_1(L.S.M)		1 : 1

PROJECT

10

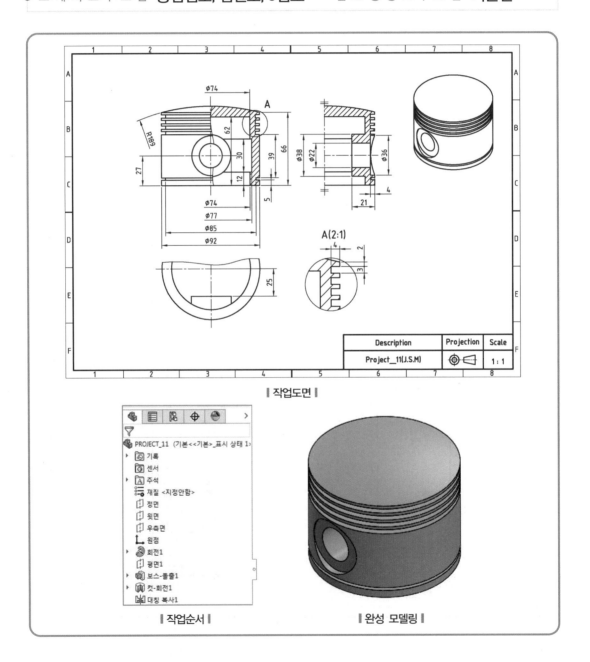

SolidWorks 따라하기

PROJECT 11

회전, 회전컷, 대칭복사 사용예제

◉ 스/케/치/도/구/모/음 **중심점호, 접원호, 3점호**　　참/조/형/상/도/구/모/음 **기준면**

Description	Projection	Scale
Project_11(J.S.M)		1 : 1

‖ 작업도면 ‖

PROJECT_11 (기본<<기본>_표시 상태 1>
▸ 기록
　센서
▸ 주석
　재질 <지정안함>
　정면
　윗면
　우측면
　원점
▸ 회전1
　평면1
▸ 보스-돌출1
▸ 컷-회전1
　대칭 복사1

‖ 작업순서 ‖　　　　　　‖ 완성 모델링 ‖

1 FeatureManager 디자인 트리에서 정면을 마우스 왼쪽 버튼으로 선택하거나 우 클릭하여 바로가기 메뉴에서 스케치 ⊏ 를 클릭합니다.

2 스케치 도구모음의 중심선 ✎ 을 클릭하여 다음 원점에서 수직한 중심선을 스케치합니다.

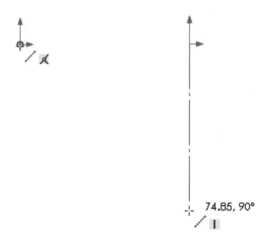

74.85, 90°

3 원호 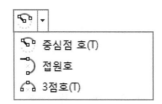 PropertyManager에서 원호유형은 다음과 같이 세 가지 유형으로 분류되며 각각의 사용방법은 아래와 같습니다.

① 중심점 호 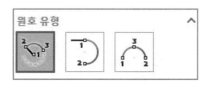 : 스케치 도구모음에서 원호를 선택하고 원호 유형으로 중심점 호를 선택합니다.

- 포인터 모양이 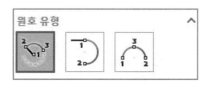로 바뀝니다.
- 그래픽 영역에서 호의 중심점을 클릭합니다.
- 중심점으로부터의 호의 반경과 시작 각도 위치를 호 시작점으로 클릭하여 지정합니다.

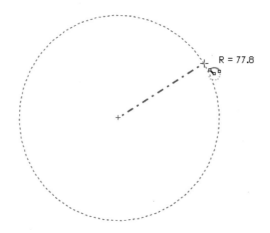

- 호의 끝점을 클릭하여 시작점과 끝점 사이의 각, 즉 호의 사이각을 표현합니다.

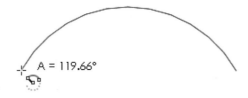

❷ 접원호 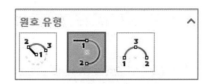 : 원호 유형의 접원호를 선택합니다.

- 선, 원호, 타원, 자유곡선의 끝점 위의 포인터를 클릭합니다.

- 포인터 모양이 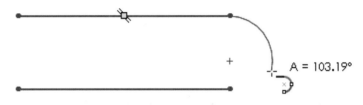로 바뀌면 원하는 방향으로 원호를 만듭니다.

A = 103.19°

- 원하는 위치나 끝점 위를 마우스로 클릭하여 그립니다.

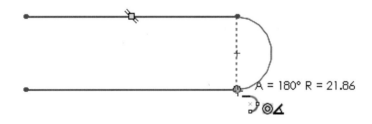

A = 180° R = 21.86

접원호 명령을 선택하지 않고 선 스케치에서 원호 명령어로 자동 전이시켜 접원호를 스케치할 수 있습니다.

- **방법 1**

  선 명령어에서 한 점과 다른 한 점을 클릭하여 선분을 만들고 명령어가 끝나지 않은 상태에서 키보드의 Ⓐ를 누르면 원호 명령어로 전이되어 접원호를 스케치할 수 있습니다.

  호를 그리고 난 후에는 자동으로 선 명령어로 전이되고 호 명령어에서 다시 호를 그리고자 한다면 다시 키보드의 Ⓐ를 누르면 됩니다.

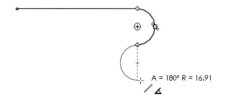

- **방법 2**

  선 명령어에서 한 점과 다른 한 점을 클릭하여 선분을 만들고 명령어가 끝나지 않은 상태에서 마우스를 조금 움직인 다음 마우스 커서를 선분의 끝점에 가져다 두면 원호 명령어로 자동전이됩니다. 마우스를 클릭하여 접원호를 그립니다.

❸ 3점호 : 원호 유형의 3점호를 선택합니다.

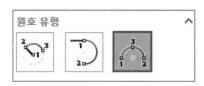

- 호를 시작할 곳을 클릭합니다.
- 원하는 크기의 현의 길이만큼 마우스를 움직입니다.

$+$

- 원하는 현의 길이위치에서 마우스를 클릭합니다.(호의 끝점 클릭)
- 호를 끌어 반경을 정하고 필요하면 호의 방향을 바꿉니다.

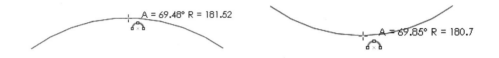

- 원하는 호의 방향 위치에 마우스를 클릭하여 세 점을 지나는 호를 완성합니다.(호의 방향 결정)

4 스케치 도구모음에서 중심점 호 ✎를 선택하고 다음과 같이 호를 그립니다.

➊ 호의 중심점을 수직한 중심선에 일치되게 클릭합니다.

❷ 호의 시작점을 원점에 일치되게 클릭합니다.

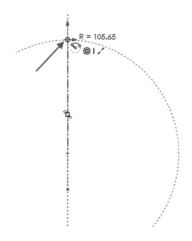

❸ 호의 끝점의 위치를 다음과 같이 클릭하여 호의 크기를 설정합니다.

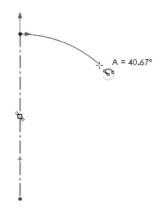

❹ 지능형 치수 ✎를 이용하여 호의 반경 치수와 호의 끝점에서의 지름 치수를 다음과 같이 기입합니다.

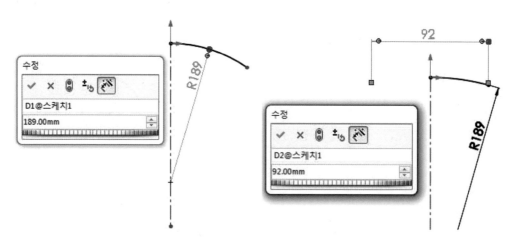

5 스케치 도구모음의 선 ⟋ 을 선택합니다.

➊ 호의 끝점으로부터 수직하고 수평한 선분을 다음과 같이 스케치합니다.

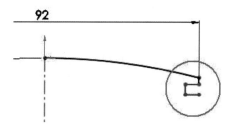

➋ Ctrl을 누른 채 그려놓은 4개의 선분을 선택합니다. 선택한 후에도 Ctrl은 놓지 않습니다.

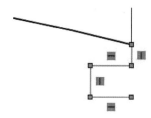

➌ 마우스 왼쪽 버튼으로 수직한 선분의 끝점을 클릭한 상태로 드래그하여 마지막 선분의 끝점에 일치되도록 마우스를 가져다 놓습니다.

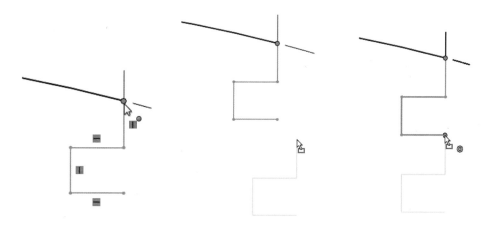

❹ 위와 같은 방법으로 선택한 객체를 복사하여 다음과 같이 스케치를 완성합니다.

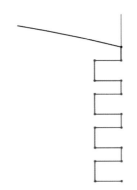

❺ Ctrl을 누른 채 다음과 같이 우측에 수직한 선분을 선택하고 구속조건 부가에서 동등을 선택합니다.

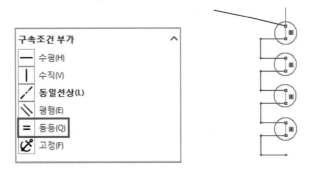

❻ Ctrl을 누른 채 다음과 같이 좌측에 수직한 선분을 선택하고 구속조건 부가에서 동등을 선택합니다.

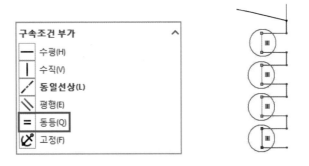

❼ Ctrl을 누른 채 다음과 같이 수평한 선분을 선택하고 구속조건 부가에서 동등을 선택한 후 치수를 기입합니다.

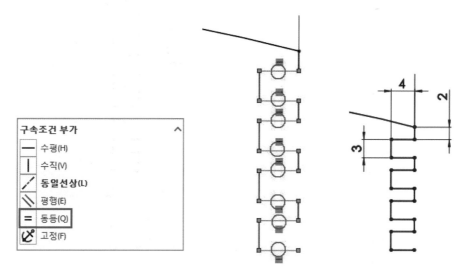

❽ 선 ✏ 명령어를 이용하여 다음과 같이 스케치합니다.

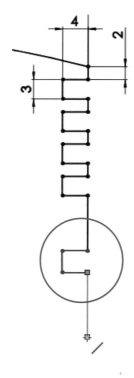

❾ 두 선분을 선택하고 구속조건 부가에서 동일선상 조건을 선택합니다.

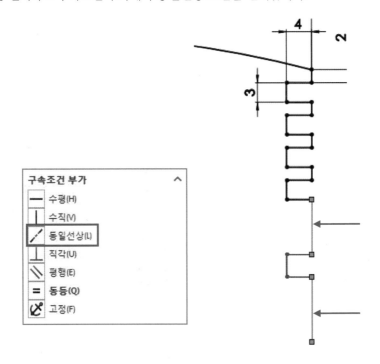

❿ 지능형 치수 ✎ 명령어를 선택하여 다음과 같이 치수를 기입합니다.

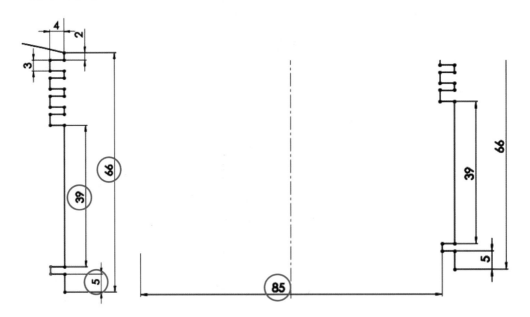

⑪ 선 명령어와 지능형 치수를 사용하여 다음과 같이 스케치를 완성합니다.

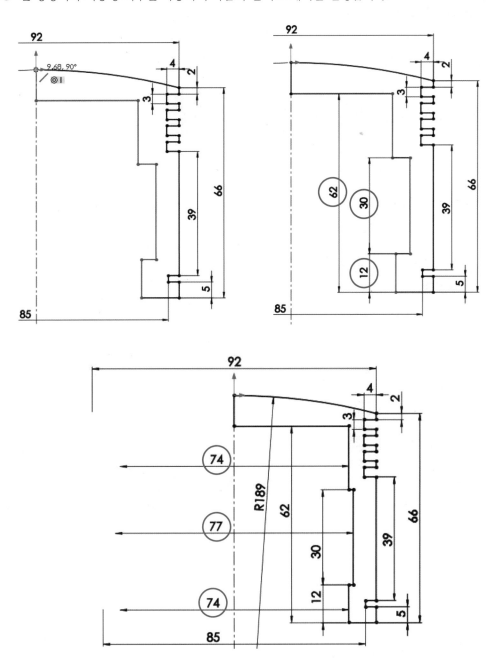

⑥ 스케치 확인 코너에서 스케치 종료 ↳를 클릭합니다.

02 회전 1

1 피처 도구모음의 회전 보스 / 베이스 를 클릭하거나, 삽입 → 보스 / 베이스 → 회전을 차례대로 클릭합니다.

2 회전 PropertyManager에서 다음과 같이 속성을 지정합니다.

① 회전축 : 스케치에서 수직한 중심선을 선택합니다.

② 방향 1 : 회전유형 – 블라인드 형태

③ 방향 1 각도 : 360°

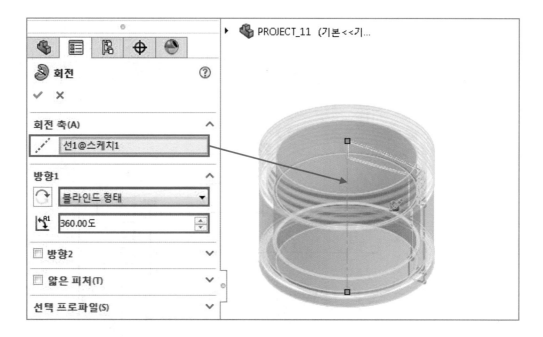

3 확인 을 클릭합니다.

03 기준면 PropertyManager

• **기준면** : FeatureManager 디자인 트리에서 제공된 디폴트 평면 이외의 2D 평면에 스케치를 하고자 하거나 피처 명령어에 활용하기 위해 평면을 만듭니다.

• **평면 만들기** : 참조 형상 도구모음 에서 기준면 을 클릭하거나, 삽입 → 참조형상 → 기준면을 차례대로 클릭합니다.

1 제1참조, 제2참조, 제3참조 📦

참조 선택란 에 형상의 꼭지점, 원점, 모서리, 면, 평면 등을 선택합니다. 선택한 요소에 따라 아래와 같은 구속조건이 나타납니다.

• 일치 🏹	• 평행 \\\\	• 직각 ⊥	• 프로젝트 🎮
• 탄젠트 ⚙	• 각도 📐ᴬ	• 오프셋 🔧Di	• 중간평면 ▬
• 화면에 평행 🖼	• 수직뒤집기 ⬍		

제1참조의 선택요소와 구속조건 관계만으로 기준면을 생성할 수 있으며 경우에 따라 제1참조, 제2참조의 선택요소와 구속조건에 의하여 또는 제1참조, 제2참조, 제3참조의 선택요소와 구속조건 관계에 의해서 기준면을 생성할 수 있습니다.

2 기준면 만들기의 예

❶ 세 점에 일치하는 평면 만들기

제1참조, 제2참조, 제3참조 선택요소란에서 점을 선택하고 구속조건으로 일치를 선택합니다.

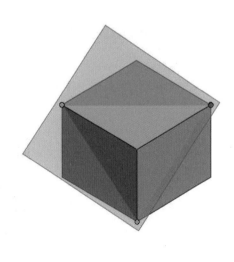

❷ 선과 점에 일치하는 평면 만들기

제1참조에 모서리, 제2참조에서 꼭지점을 선택하고 구속조건으로 일치를 선택합니다.

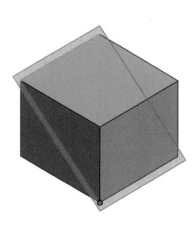

❸ 점에 일치하고 선택한 면이나 평면에 평행한 기준면 만들기

제1참조에 면과 제2참조에 점을 선택하고 제1참조 구속조건으로 평행, 제2참조 구속조건으로 일
치를 선택합니다.

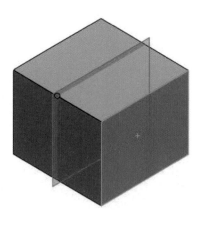

❹ 면이나 평면이 모서리, 축, 스케치선분에 일치하면서 이를 기준으로 회전하여 각을 갖는 기준면
만들기

제1참조에 면을 제2참조에 모서리를 선택하고, 제1참조 구속조건으로 각도, 제2참조 구속조건으
로 일치를 선택합니다.

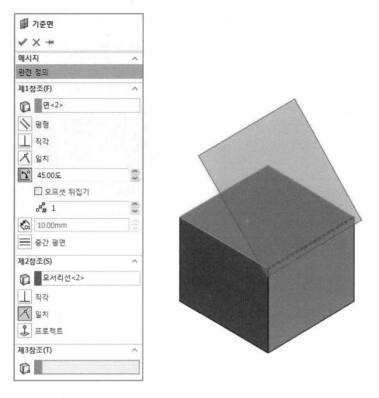

여기서 각도 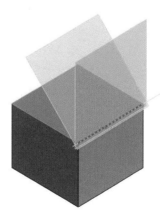 난에 원하는 회전각도를 기입하고 오프셋 뒤집기란에 체크하여 필요에 따라 방향
을 바꿀 수 있습니다.

작성할 평면 수 난에서 원하는 평면의 수를 지정해주면 기입한 각도에 의해 여러 개의 평면을
만들 수 있습니다.

⑤ 오프셋 기준면 만들기

제1참조에 면이나 평면을 선택하고 구속조건으로 오프셋거리를 선택합니다.

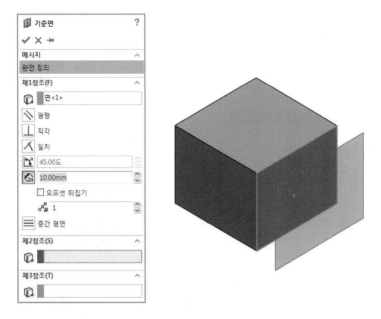

여기서 오프셋거리 에 원하는 거리를 기입하고 오프셋 뒤집기란에 체크하여 필요에 따라 방향을 바꿀 수 있습니다.

작성할 평면수 난에서 원하는 평면의 수를 지정하면 기입한 거리에 의해 여러 개의 오프셋된 평면을 만들 수 있습니다.

⑥ 두 평면 중간 위치에 기준면 만들기

제1참조와 제2참조에 면이나 평면을 선택하고 제1참조, 제2참조의 구속조건으로 중간평면을 선택합니다.

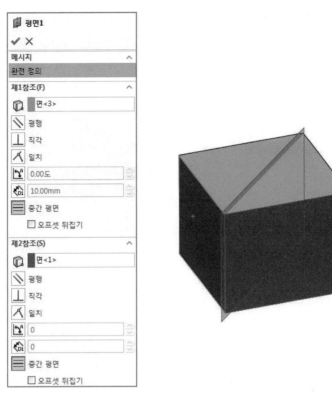

오프셋 뒤집기란에 체크하여 필요에 따라 방향을 바꿀 수 있습니다.

❼ 원통, 원추, 비원통형면에 접한 기준면 만들기

제1참조에서 디폴트 평면 우측면, 제2참조에서 원통면을 선택하고 제1참조 구속조건으로 직각을,
제2참조 구족조건으로 탄젠트를 선택합니다.

원통면에 탄젠트한 평면은 우측면의 직각인 위치에서 만들어집니다.

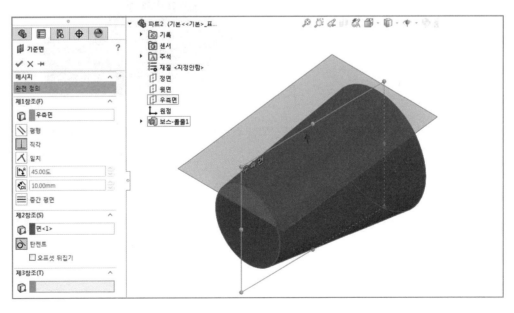

❽ 곡선에 수직한 기준면 만들기

제1참조에 곡선, 제2참조에 점을 선택하고 제1참조 구속조건으로 직각을, 제2참조 구족조건으로 일치를 선택합니다.

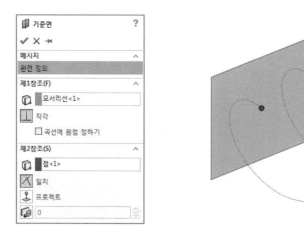

❾ 곡면 상에 투영된 기준면 만들기

제1참조에 점, 제2참조에 면을 선택하고 제1참조 구속조건으로 프로젝트를, 제2참조 구족조건으로 탄젠트를 선택합니다.

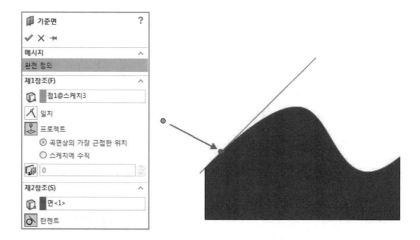

곡면 상의 가장 근접한 위치 선택 시 선택한 스케치 점에 가장 근접한 곡면 상에 있는 점에 기준면이 작성됩니다.

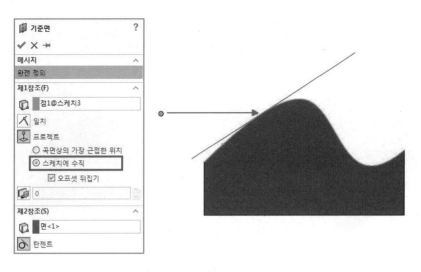

스케치에 수직 선택 시 스케치 점이 있는 평면에 수직한 방향으로 곡면에 투영하여 기준면이 작성
됩니다.

TIP

Ctrl을 누른 상태로 기존평면을 선택하거나 선택한 채 드래그하여 오프셋된 기준면을 작성할 수 있습니다.

• Ctrl을 누른 상태로 기존평면 테두리를 선택합니다.

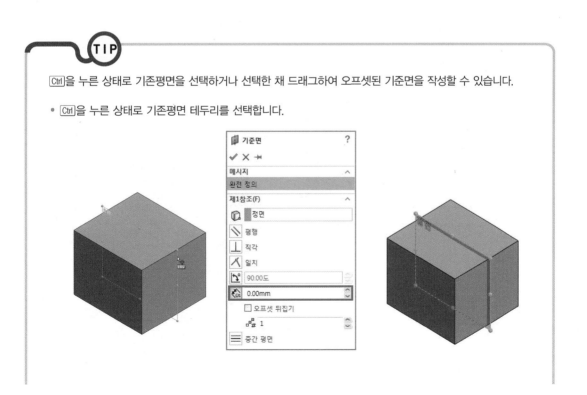

- Ctrl을 누른 상태로 드래그하여 평면을 끌어 옵니다.

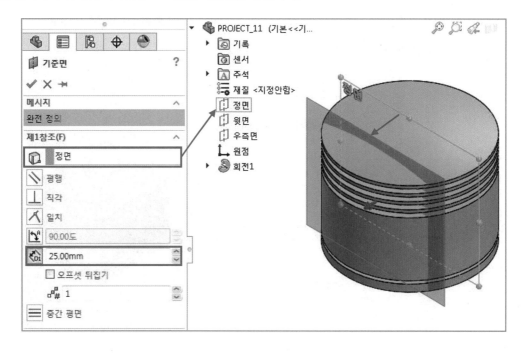

- 위 두 방법을 이용하여 기준면 PropertyManager가 열리면 오프셋 거리 🔧에 원하는 위치 값을 입력하여 오프셋 기준면을 만듭니다.

04 평면📄1

참조 형상 도구모음에서 기준면📄을 클릭하거나, 삽입 → 참조형상 → 기준면을 차례대로 클릭합니다. 제1참조 요소란에 FeatureManager 디자인 트리 플라이아웃에서 정면을 선택하고 오프셋거리 🔧에 25mm 를 입력하여 입력한 거리만큼 오프셋된 기준면을 만듭니다.

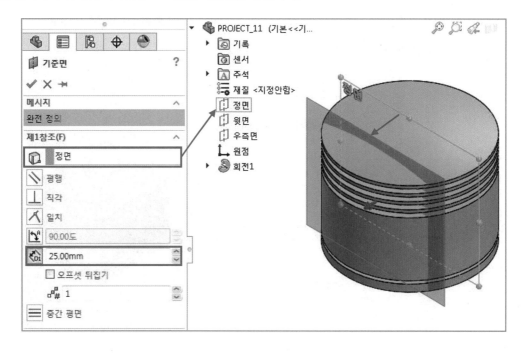

1 위와 같은 방법으로 만든 평면을 FeatureManager 디자인 트리에서 선택한 후 마우스 오른쪽 버튼을 클릭하여 바로가기 메뉴가 나타나면 스케치를 클릭합니다.

2 스케치 도구모음의 원 플라이아웃 도구에서 원을 선택하고 다음과 같이 스케치합니다.

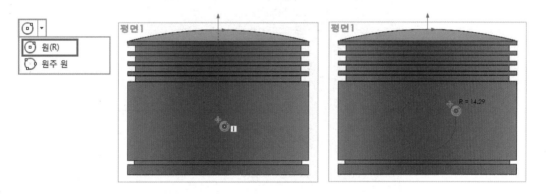

3 중심점 위치를 지정하기 위해서 중심점과 스케치 원점을 Ctrl 을 누른 채 선택한 다음 구속조건 부가에서 수직 조건을 선택한 후 지능형 치수 를 클릭하여 다음과 같이 치수를 기입합니다.

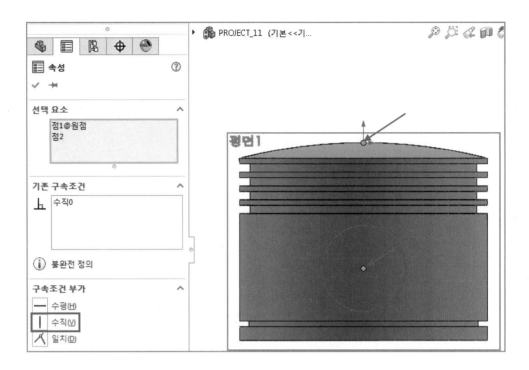

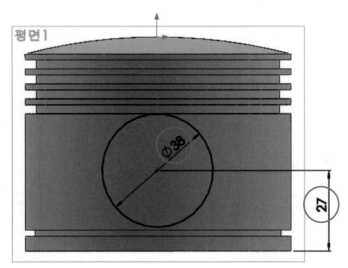

4 스케치 확인 코너에서 스케치 종료 ⮐를 클릭합니다.

06 돌출 🗐 1

1 피처 도구모음에서 돌출 보스 / 베이스 🗐를 클릭합니다.

- 마침조건 : 다음까지

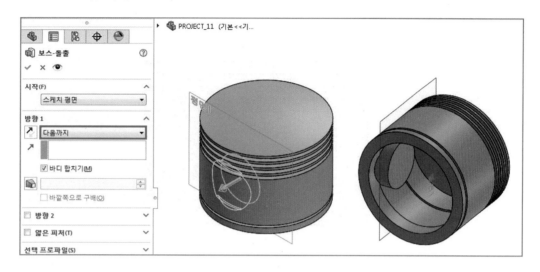

2 확인 ✔을 클릭합니다.

07 평면 1 숨기기

위의 새로 만든 평면을 숨기기 위해서 FeatureManager 디자인 트리에서 새로 만든 평면을 선택하고 마우스 오른쪽 버튼을 클릭하여 바로가기 메뉴에서 숨기기를 눌러 평면을 숨겨 둡니다.

08 2D 평면 선택하고 스케치하기 3

1 FeatureManager 디자인 트리에서 우측면을 선택하고, 스케치 도구모음에서 스케치 ⊏를 클릭합니다.

2 스케치 도구모음의 중심선 ⌁을 클릭하여 다음과 같이 수평한 중심선을 스케치합니다.

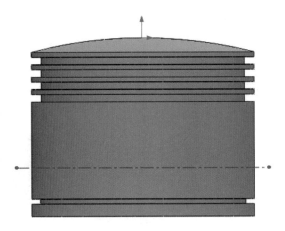

3 빠른 도구모음에서 항목 숨기기 / 보이기 👁 ▾, 플라이아웃 모음의 임시축 보기 ⟋를 선택하여 원통 형상의 임시축이 나타나도록 합니다.

4 원통 돌출피처의 임시축과 중심선을 선택하고 구속조건 부가에서 동일선상을 선택해서 중심선과 돌출피처의 축선이 항상 같은 선상을 유지하도록 위치를 정합니다.

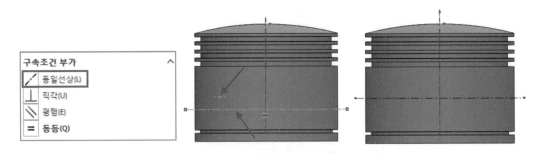

5 스케치 도구모음의 선 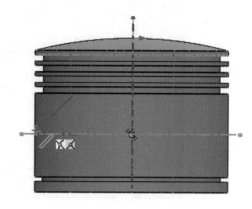을 클릭하여 다음과 같이 스케치합니다.

➊ 형상모서리와 중심선이 교차되는 지점에 선분의 시작점을 모서리에 일치되도록 지정합니다.

➋ 다음과 같이 수평, 수직하게 선분을 연속적으로 그립니다.

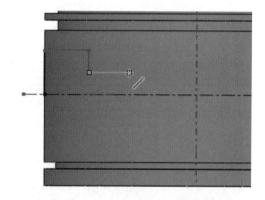

➌ 중심선에 일치하도록 수직한 선분을 계속적으로 이어 그립니다.

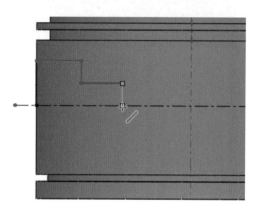

❹ 선분의 시작점에 끝점이 일치하도록 하여 그림을 완성합니다.

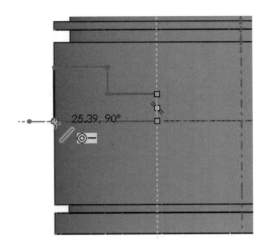

❺ 지능형 치수 를 클릭하여 치수를 기입합니다.

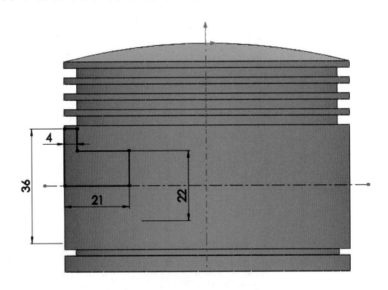

❻ 스케치 확인 코너에서 스케치 종료 를 클릭합니다.

09 회전컷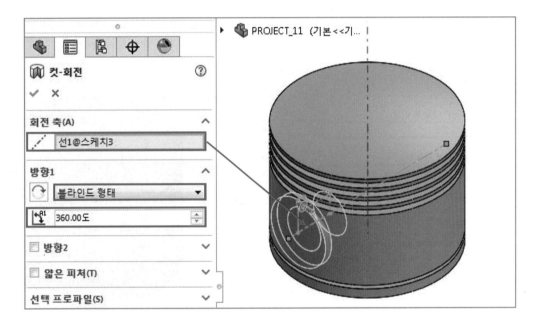

중심선을 기준으로 프로파일을 회전하여 재질을 잘라냅니다.

1 피처 도구모음에서 회전컷을 클릭하거나, 삽입 → 컷 → 회전을 차례대로 클릭합니다.

❶ 회전축 : 스케치의 수평한 중심선이나 임시축 선택

❷ 방향 1 : 회전유형 – 블라인드 형태

❸ 방향 1 각도 : 360°

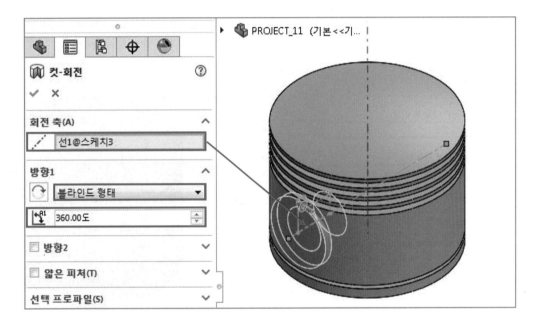

2 확인 을 클릭합니다.

1 피처 도구모음에서 대칭복사 ⊮를 클릭하여 위의 돌출된 피처와 회전컷 피처를 FeatureManager 디자인 트리에서 정면을 기준으로 대칭복사합니다.

    ① 면 / 평면 대칭복사 ▣ : 대칭기준이 될 면을 FeatureManager 디자인 트리 플라이아웃에서 정면으로 선택합니다.

    ② 대칭복사 피처 ▣ : FeatureManager 디자인 트리 플라이아웃에서 돌출 피처와 회전컷 피처를 선택합니다.

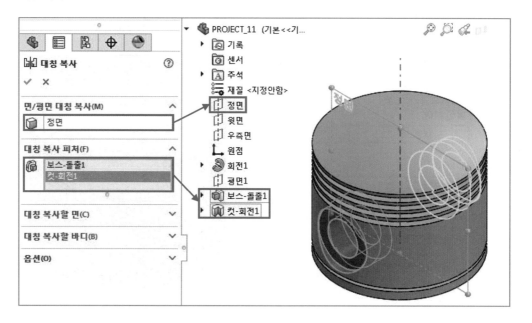

2 확인 ✔을 클릭합니다.

11 임시축 숨기기

빠른 도구모음에서 항목 숨기기 / 보이기 ◉▾, 플라이아웃 모음의 임시축 보기 ▨를 선택하여 임시축을
숨깁니다.

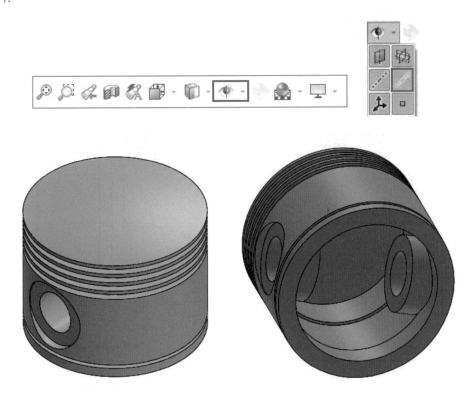

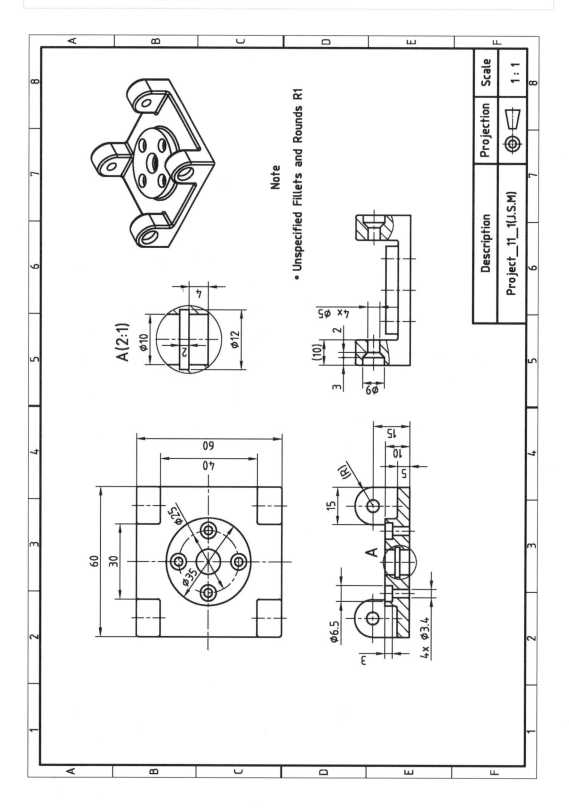

Note
● Unspecified Fillets and Rounds R1

A(2:1)

Description	Projection	Scale
Project_11_1(J.S.M)		1 : 1

쉘, 보강대 사용예제 1

○ 보/기/도/구/모/음 **단면도**

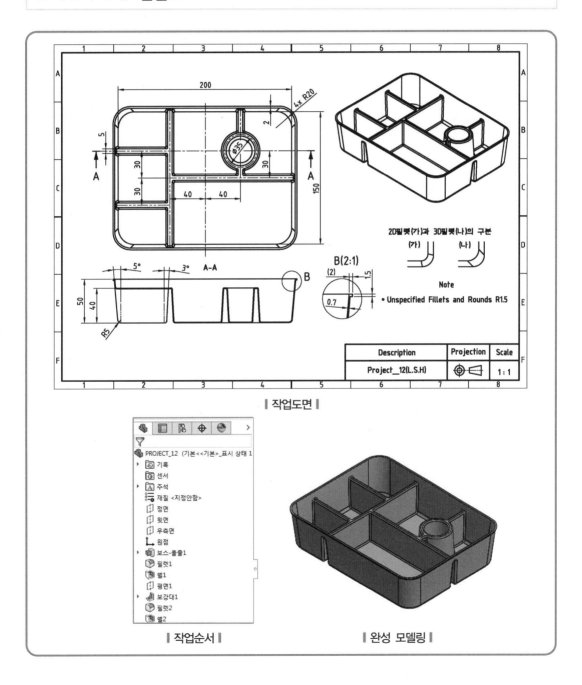

| 작업도면 |

| 작업순서 |

| 완성 모델링 |

01 2D 평면 선택하고 스케치하기 1

1 FeatureManager 디자인 트리에서 윗면을 선택하고, 스케치 도구모음에서 스케치 를 클릭합니다.

2 스케치 도구모음의 사각형 플라이아웃도구 에서 중심사각형 을 선택합니다.

3 스케치 원점을 클릭하여 사각형의 중심위치를 정하고 코너점을 정하여 사각형을 그린 후 치수를 기입합니다.

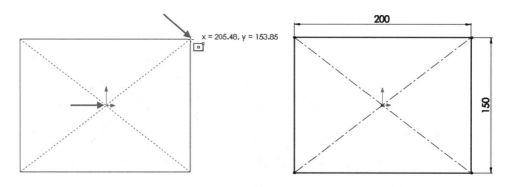

4 스케치 확인 코너에서 스케치 종료 를 클릭합니다.

02 돌출🗔 1

1 피처 도구모음에서 돌출 보스 / 베이스🗔를 클릭합니다.

    ❶ 방향 1의 마침조건 : 블라인드 형태

    ❷ 깊이🔩 : 50mm

2 구배 켜기 / 끄기🗔를 선택하고 바깥쪽으로 구배를 체크한 다음 구배각도 5°를 입력합니다.

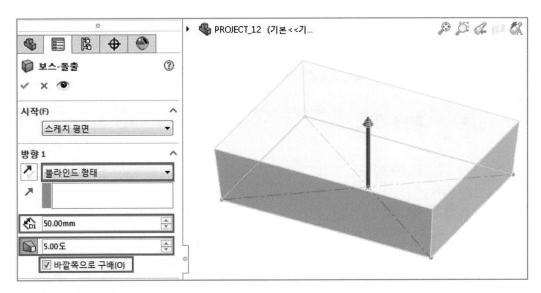

3 확인✔을 클릭합니다.

1 피처 도구모음에서 필렛을 클릭합니다.

① 필렛 유형 : 부동크기필렛을 선택합니다.

② 필렛 변수

- 반경 : 20mm를 기입합니다.

- 다중반경필렛에 체크합니다 .

※ 다중반경필렛은 모서리마다 반경이 다른 필렛을 작성할 수 있습니다.

③ 필렛할 항목

- 모서리, 면, 피처, 루프 선택란에서 네 모서리를 선택합니다.

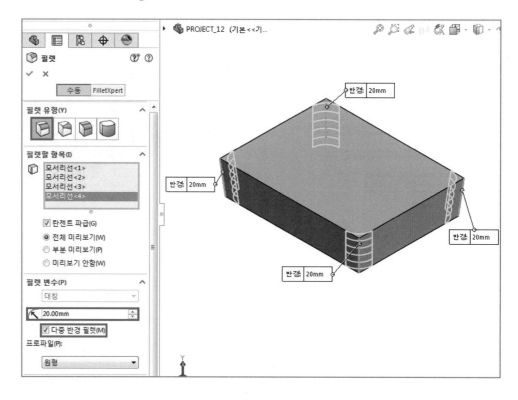

• 필렛 반경을 다르게 설정할 모서리, 면, 피처, 루프 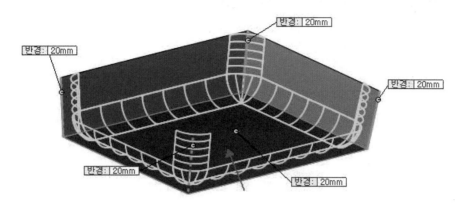 선택란에서 바닥면을 선택합니다.

④ 필렛 변수

• 반경 : 5mm를 기입합니다.

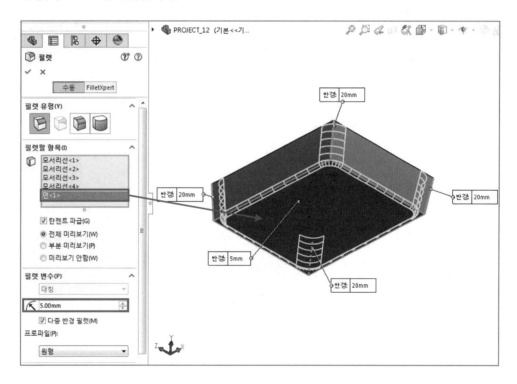

2 확인 ✔을 클릭합니다.

이 명령어는 선택한 면은 제거되고 나머지 면은 입력한 두께만큼의 면을 생성하는 명령어입니다.

1 쉘 PropertyManager의 파라미터

❶ 두께 🔩: 면의 두께를 지정합니다. 면의 두께만 지정하고 다른 옵션은 선택하지 않을 시 모든 면에 두께를 가져 중공형상을 생성합니다.

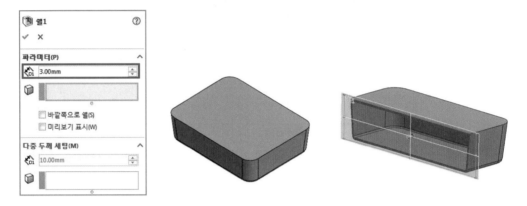

❷ 제거할 면 📦: 솔리드의 면을 한 개 또는 여러 개 선택하여 제거합니다. 이때 선택한 면은 제거되며 나머지 면은 지정한 두께만큼 두께를 가집니다.

❸ 바깥쪽으로 쉘 : 바깥쪽으로 쉘에 체크를 하면 면의 안쪽이 아닌 면의 바깥쪽으로 두께가 부여됩니다.

❹ 미리보기 표시 : 선택 시 작성될 쉘의 피처가 미리보기 됩니다.

❷ 다중두께 세팅 : 면마다 두께가 다른 쉘 피처를 작성할 수 있습니다. 일단 면을 제거하고 남은 면에 기본 두께를 지정한 후, 남은 면 중에서 선택한 면에 다른 두께를 지정해 줍니다.

❶ 다중두께 🐿️ : 우선 다중두께 지정면 난을 선택하고 두께를 지정합니다.

❷ 다중두께 지정면 🗒️ : 면을 선택하면 다중두께의 값에 의해 두께가 다른 여러 면을 생성할 수 있습니다.

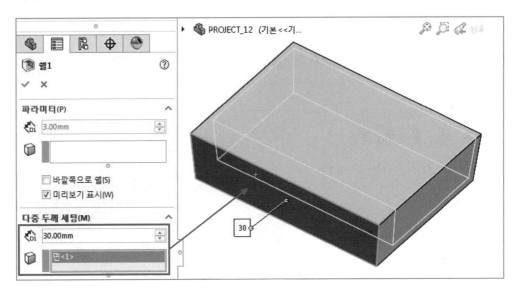

05 쉘 1

피처 도구모음에서 쉘을 클릭하거나 삽입 → 피처 → 쉘을 클릭합니다.

1 파라미터의 두께 : 2mm를 입력합니다.

2 제거할 면 : 솔리드 형상의 윗면을 선택합니다.

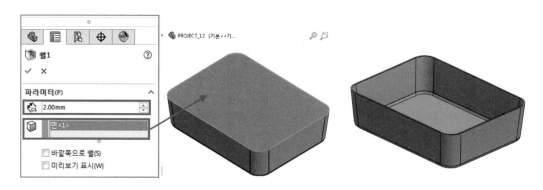

06 기준면 1

1 FeatureManager 디자인 트리에서 윗면을 선택하고 Ctrl을 누른 채 그래픽 영역에서 윗면을 선택합니다.

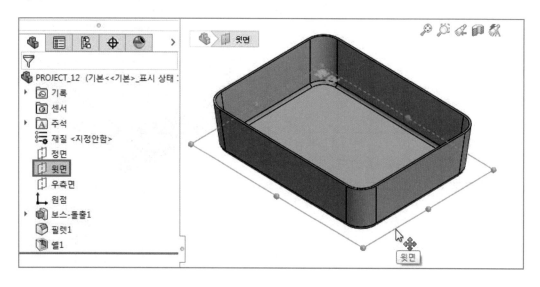

2 기준면 PropertyManager가 나타나면 제1참조의 구속조건으로 오프셋 거리 에 40mm를 기입하여 다음과 같은 방향으로 오프셋된 평면을 만듭니다.

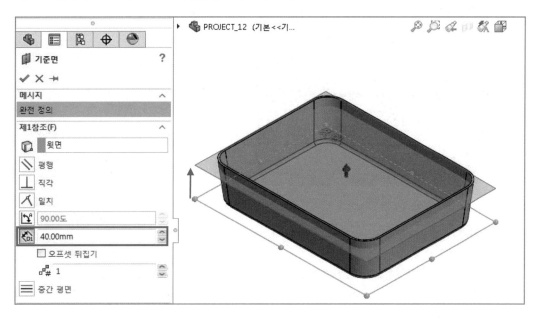

3 확인 을 클릭합니다.

07 2D 평면 선택하고 스케치하기 2

1 FeatureManager 디자인 트리에서 위에서 만든 평면을 선택하고 스케치 도구모음에서 스케치 를 클릭합니다.

2 스케치 도구모음의 선 을 선택하고 수직한 선분을 그린 후 치수를 기입합니다.

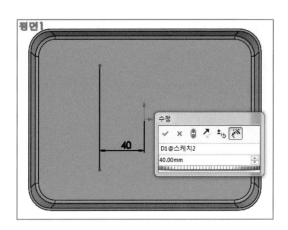

3 스케치 원점을 지나는 수평한 선분을 그립니다.

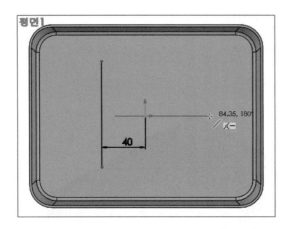

4 수평한 선분 2개를 그리고 치수를 기입합니다.

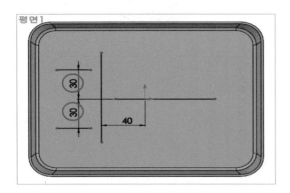

5 원플라이아웃도구 ⬚⏷ 에서 원⊙을 선택하여 원을 그린 후 치수를 기입합니다.

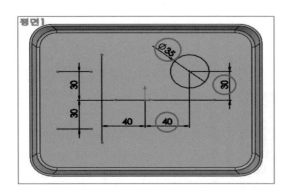

6 원의 90°, 270° 사분점 위치에서 선분의 한 점이 일치하는 수직한 선을 그립니다.

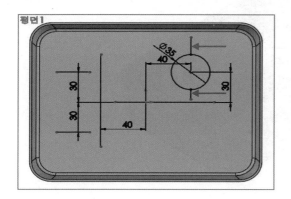

08 보강대 1

1 피처 도구모음의 보강대 를 클릭하거나 삽입 → 피처 → 보강대를 클릭합니다.

2 파라미터의 두께에서 양면 을 선택합니다.

3 보강대 두께 로 5mm를 기입합니다.

4 돌출방향은 스케치에 수직 을 선택합니다.

5 구배 켜기 / 끄기 를 선택하고 구배각도는 3°를 기입합니다.

6 스케치 평면에서를 체크합니다.

7 바깥쪽으로 구배를 선택합니다.

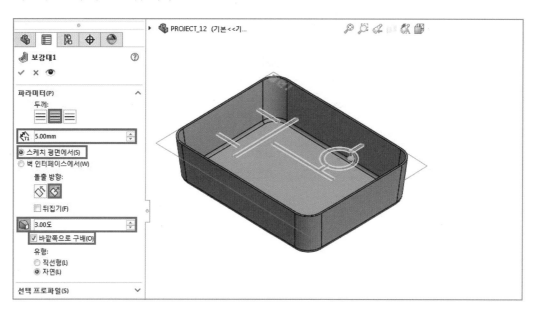

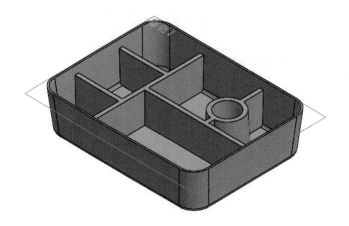

09 평면 숨기기

FeatureManager 디자인 트리에서 평면 1을 선택한 후, 마우스 오른쪽 버튼을 눌러 숨기기 를 선택하고
평면을 숨겨 둡니다.

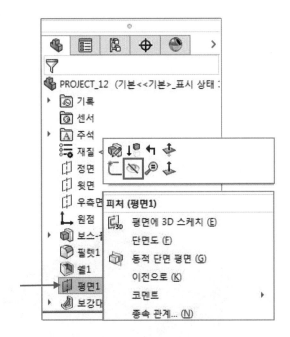

10 필렛 2

1 피처 도구모음에서 필렛을 클릭합니다.

2 필렛 유형에서 부동 반경을 선택합니다.

3 필렛할 항목

　① 반경 : 1.5mm를 기입합니다.

　② 모서리, 면, 피처, 루프 선택란에 FeatureManager 디자인 트리 플라이아웃에서 보강대 피처를
　선택합니다.

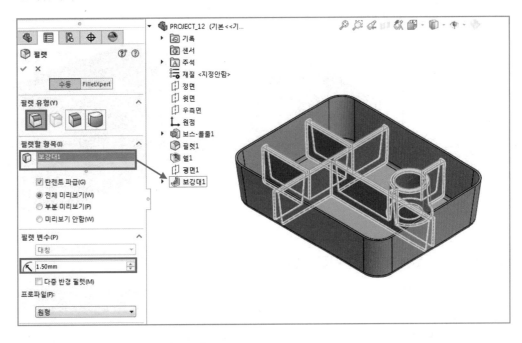

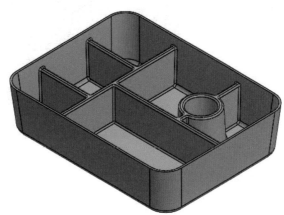

11 쉘 2

1 피처 도구모음에서 쉘 을 클릭하거나 삽입 → 피처 → 쉘을 클릭합니다.

2 파라미터의 두께 로 0.7mm를 입력합니다.

파라미터(P)	^
0.70mm	

3 제거할 면 : 솔리드 형상의 모든 측면과 아래 면을 선택합니다.

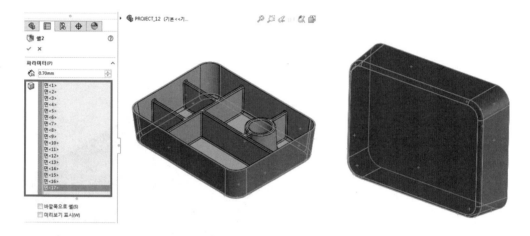

4 다중 두께 세팅의 다중 두께 지정면 : 돌출피처 위의 단면을 선택합니다.

다중 두께 세팅(M)	^
1.50mm	
면 <18>	

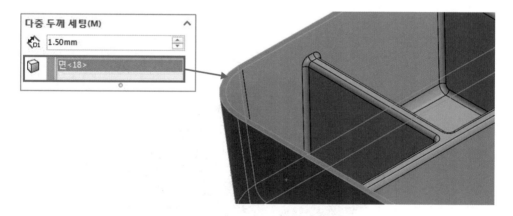

5 다중 두께 : 1.5mm를 입력합니다.

다중 두께 세팅(M)	^
1.50mm	

12 단면도

1 빠른 보기 도구모음에서 단면도 를 클릭합니다.

참조단면으로 지정한 평면과 면으로 잘린 것같이 표시되어서 모델의 내부 형상을 표시합니다.

2 단면도 PropertyManager

❶ **참조단면** : 평면이나 면을 선택하거나 정면, 윗면 또는 우측면을 클릭해서 단면도를 작성하고 단면 방향 바꾸기 를 이용하여 컷의 방향을 바꿉니다.

❷ **오프셋 거리** 는 선택한 면이 자르고자 하는 위치에 오도록 거리값을 지정하면 절단면이 그 거리값만큼 떨어진 위치에 오게 됩니다.

❸ **회전** : 참조 단면을 X축을 따라 회전합니다.

❹ **회전** : 참조 단면을 Y축을 따라 회전합니다.

3 참조 단면으로 정면을 선택하고 절단면 형상을 확인해 봅니다.

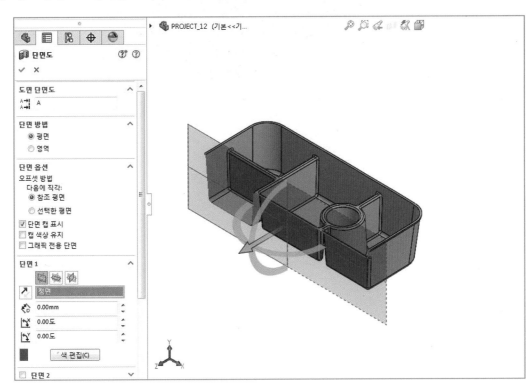

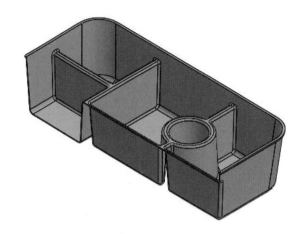

4 원래의 형상으로 돌리려면 다시 단면도 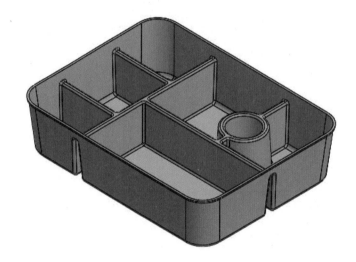를 클릭합니다.

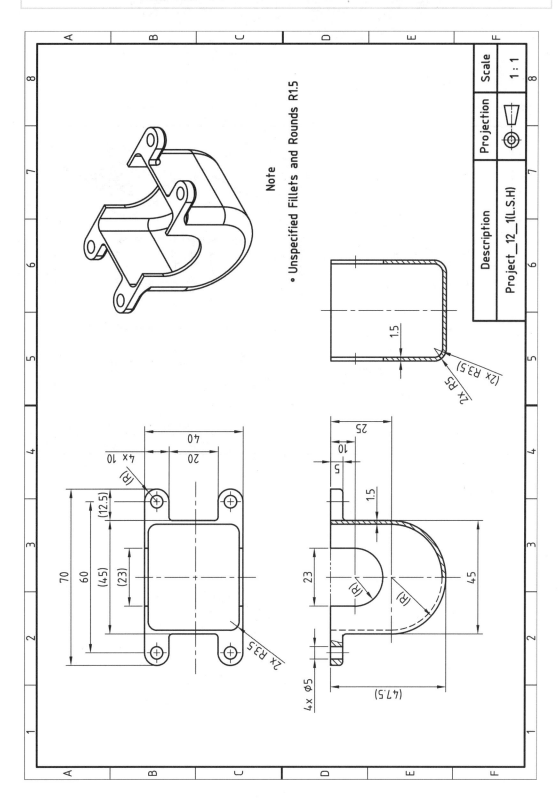

Note
• Unspecified Fillets and Rounds R1.5

Description	Projection	Scale
Project_12_1(L.S.H)		1 : 1

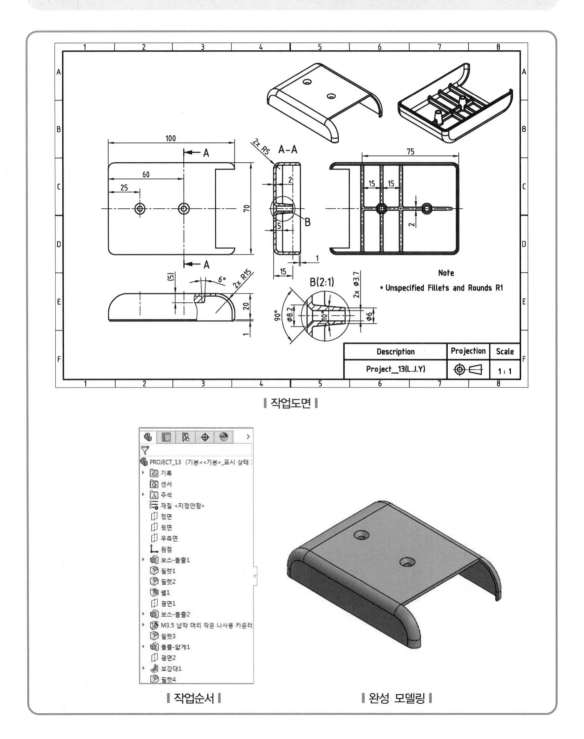

| 작업도면 |

| 작업순서 |

| 완성 모델링 |

01 2D 평면 선택하고 스케치하기 1

1 FeatureManager 디자인 트리에서 윗면을 선택하고, 스케치 도구모음에서 스케치 를 클릭합니다.

2 스케치 도구모음의 사각형 플라이아웃 도구모음에서 중심사각형 을 선택합니다.

3 사각형의 중심점을 스케치 원점에 일치하도록 위치를 지정하고 임의의 위치에서 코너점을 클릭하여 사각형을 그립니다.

4 사각형의 치수를 기입합니다.

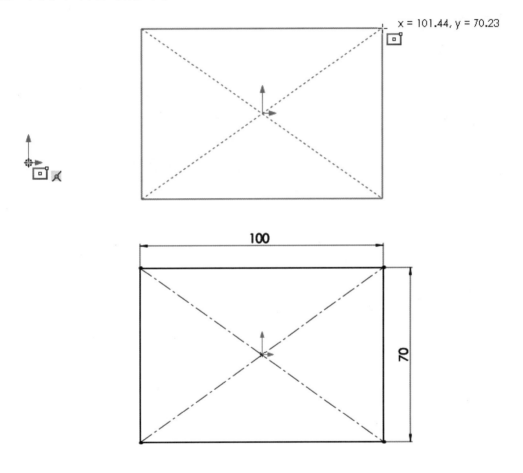

5 스케치 확인 코너에서 스케치 종료 를 클릭합니다.

① 피처 도구모음에서 돌출 보스 / 베이스 를 클릭합니다.

② 방향 1의 마침조건으로 블라인드 형태를 선택합니다.

③ 깊이 에 20mm를 입력합니다.

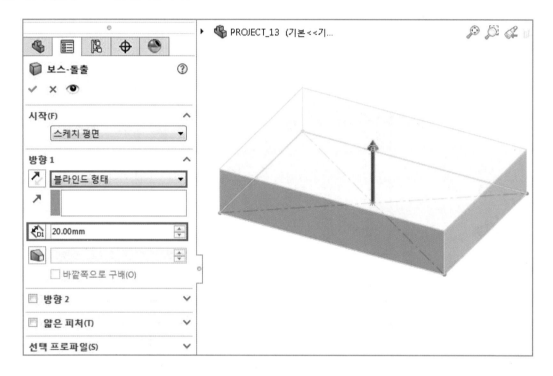

④ 확인 을 클릭합니다.

① 피처 도구모음에서 필렛 을 클릭합니다.

② 필렛 유형에서 부동크기필렛을 선택합니다.

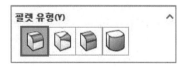

3 필렛할 변수의 반경 ⟋에 15mm를 입력합니다.

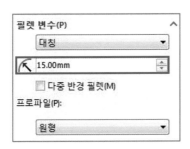

4 필렛할 항목의 모서리선, 면, 피처, 루프⬭란에 두 모서리를 선택합니다.

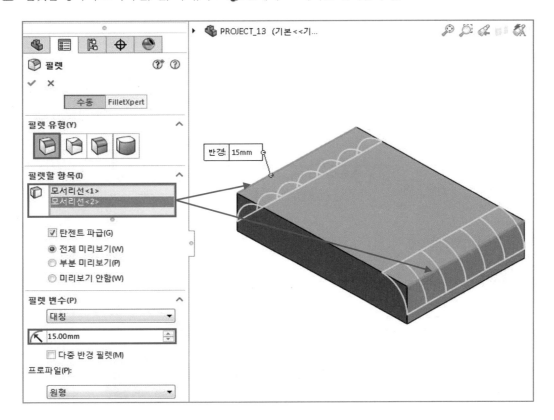

5 확인 ✔을 클릭합니다.

04 필렛⬭ 2

1 피처 도구모음에서 필렛⬭을 클릭합니다.

2 필렛 유형에서 부동크기필렛을 선택합니다.

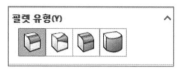

3 필렛할 변수의 반경 ⬈ 에 5mm를 입력합니다.

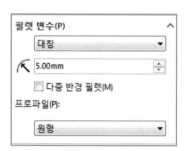

4 필렛할 항목의 탄젠트 파급에 체크한 다음 모서리선, 면, 피처, 루프 🔲 난에 두 모서리를 선택하여 필 렛을 적용합니다.

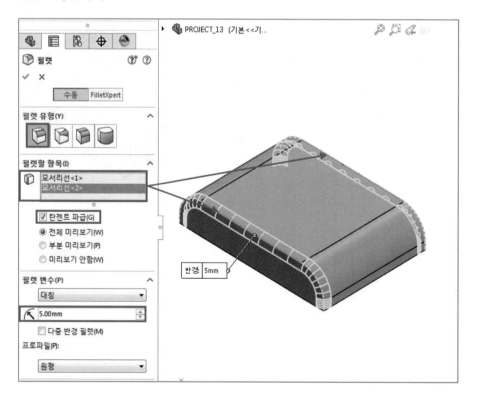

5 확인 ✔을 클릭합니다.

05 쉘 1

1 피처 도구모음에서 쉘을 클릭하거나, 삽입 → 피처 → 쉘을 클릭합니다.

2 파라미터의 두께에 2mm를 입력합니다.

파라미터(P)

2.00mm

3 제거할 면으로는 솔리드 형상의 필렛을 적용한 우측면과 바닥면을 선택합니다.

면<1>
면<2>
면<3>

□ 바깥쪽으로 쉘(S)
□ 미리보기 표시(W)

4 확인을 클릭합니다.

06 기준면 1

1 참조 형상 도구모음에서 기준면을 클릭합니다.

2 제1참조의 선택란에서 솔리드 형상의 윗면을 선택합니다.

3 구속조건의 오프셋 거리를 선택하고 15mm를 입력한 후, 오프셋 뒤집기를 체크하여 오프셋된 평면의 방향을 결정합니다.

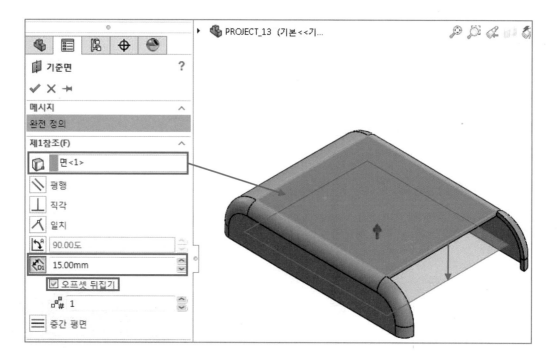

4 확인 ✔을 클릭합니다.

07 2D 평면 선택하고 스케치하기 2

1 FeatureManager 디자인 트리에서 새로 작성한 위의 평면을 선택하고, 스케치 도구모음에서 스케치
⌐를 클릭하여 두 개의 원을 스케치합니다.

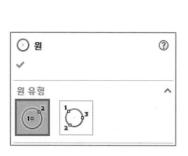

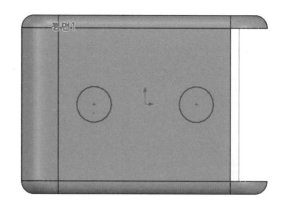

2 그려진 두 원을 선택하고 구속조건 부가에서 동등조건을 부여한 후 두 원의 중심점과 원점을 선택하고
구속조건 부가에서 수평조건을 부여합니다.

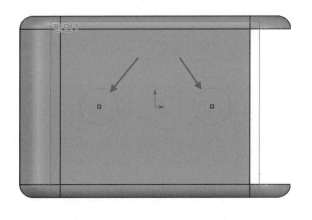

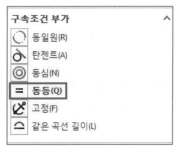

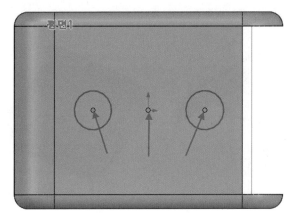

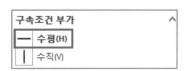

3 다음과 같이 치수를 부여합니다.

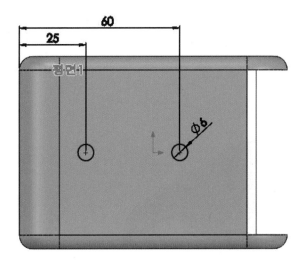

4 스케치 확인 코너에서 스케치 종료 를 클릭합니다.

08 돌출 2

1. 피처 도구모음에서 돌출 보스 / 베이스를 클릭합니다.

2. 방향 1의 마침조건으로 다음까지를 선택합니다.

3. 구배 켜기 / 끄기를 선택하고 구배각도 5°를 입력합니다.

4. 바깥쪽으로 구배를 체크하여 구배가 바깥쪽으로 생성되도록 합니다.

5. 확인 ✔을 클릭합니다.

09 구멍가공 마법사 1

1. 구멍이 생성될 시작 면을 다음과 같이 선택합니다.

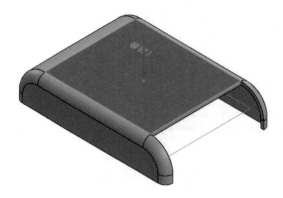

피처 도구모음에서 구멍가공마법사를 클릭하거나 삽입 → 피처 → 구멍가공마법사를 클릭합니다.

2 유형 : 구멍 유형 파라미터를 다음과 같이 지정합니다.

① 구멍유형 : 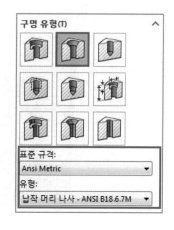카운터 싱크

- 표준규격 : AnsiMetric
- 유형 : 납작 머리 나사 – ANSI B18.6.7M

② 구멍스팩

- 크기 : M3.5
- 맞춤 : 보통

③ 마침조건 : 관통

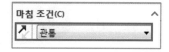

3 위치 : 위치 탭을 선택하고 구멍의 개수는 점을 클릭하여 표현합니다.

❶ 카운터 싱크를 돌출 피처의 동심위치에 배치하기 위하여 점과 돌출모서리를 선택하고 구속조건의
동심을 부여합니다.

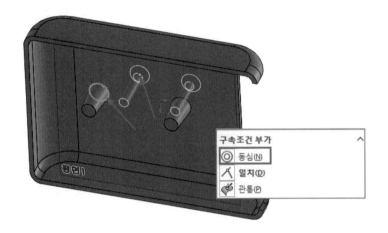

❷ 위와 같은 방법으로 나머지 카운터 싱크도 동심조건을 부가하여 위치를 지정합니다.

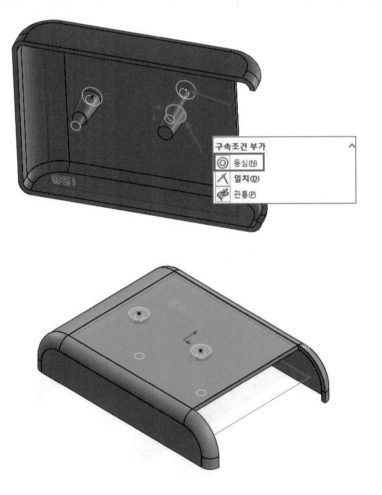

4 확인 ✔을 클릭합니다.

10 필렛 3

1 피처 도구모음에서 필렛 을 클릭합니다.

2 필렛 유형은 부동크기필렛을 선택합니다.

3 필렛할 변수의 반경 에 1mm를 입력합니다.

4 모서리선, 면, 피처, 루프 난에 다음과 같이 모서리를 선택하여 필렛을 생성합니다.

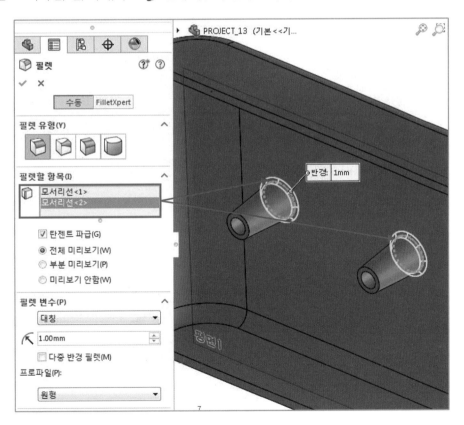

5 확인 을 클릭합니다.

1 솔리드 형상의 면을 다음과 같이 선택하고, 스케치 도구모음에서 스케치⌒를 클릭합니다.

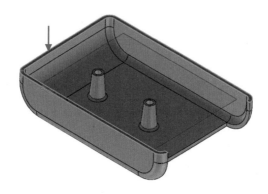

2 스케치 상태에서 그림과 같이 형상의 모서리선에 마우스를 가져다 놓고 마우스 오른쪽 버튼을 누른 후 탄젠시 선택을 클릭하여 모서리선과 연결된 모든 모서리를 선택한 다음 스케치 도구모음에서 요소변환⬜을 클릭합니다.

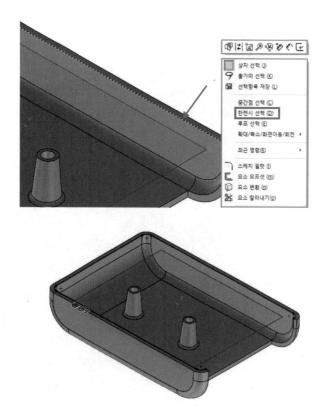

3 스케치 확인 코너에서 스케치 종료⌅를 클릭합니다.

12 돌출 3

☐ 피처 도구모음에서 돌출 보스 / 베이스▣를 클릭합니다.

   ① 마침조건 : 블라인드 형태

   ② 깊이 : 1mm

   ③ 얇은 피처 : 한 방향으로

   ④ 두께 : 1mm

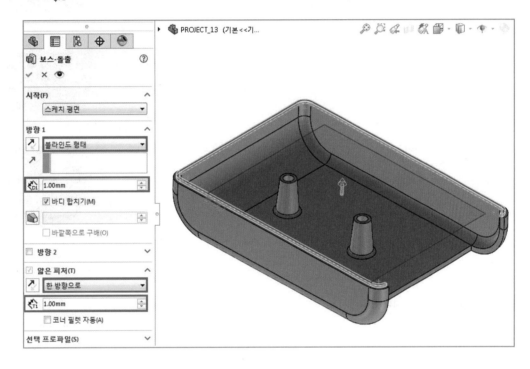

얇은 피처를 돌출하려면, PropertyManager 옵션을 얇은 피처로 지정합니다.

얇은 피처 옵션을 사용하여, 돌출 두께(깊이가 아닌 두께임)를 제어합니다.

- 유형 : 얇은 피처 돌출 유형을 선택합니다.
- 한 방향으로 : 스케치에서 한 방향(바깥쪽)의 돌출 두께 를 지정합니다.

- 중간 평면 : 스케치에서 양 방향 같은 돌출 두께 를 지정합니다.

- 두 방향으로 : 방향 1 두께 와 방향 2 두께 에 서로 다른 돌출 두께를 설정할 수 있습니다.

2 확인 ✔을 클릭합니다.

■ 참조 형상 도구모음에서 기준면을 클릭하거나 삽입 → 참조 형상 → 기준면을 클릭합니다.

② 제1참조란에서 다음과 같이 솔리드 형상의 면을 선택합니다.

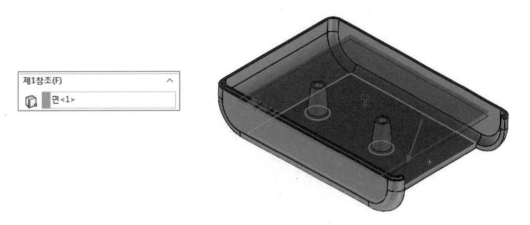

③ 오프셋 거리에 5mm를 입력합니다.

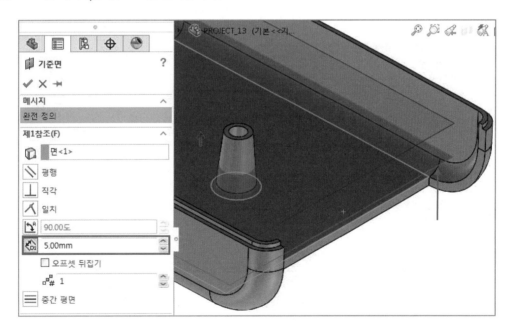

④ 확인을 클릭합니다.

1 FeatureManager 디자인 트리에서 새로 작성한 평면 2를 선택하고, 스케치 도구모음에서 스케치 ◠ 를
클릭하거나 그래픽 영역에서 새로 작성한 평면에 마우스를 가져다 놓고 마우스 오른쪽 버튼을 클릭한
후 바로가기 메뉴가 나타나면 스케치를 선택하고 다음과 같이 스케치를 합니다.

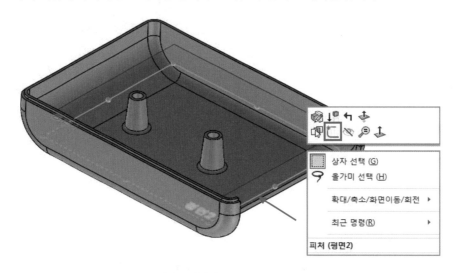

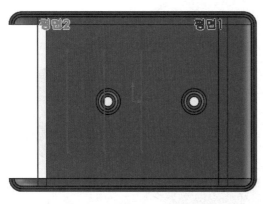

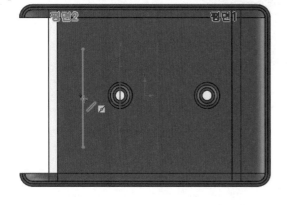

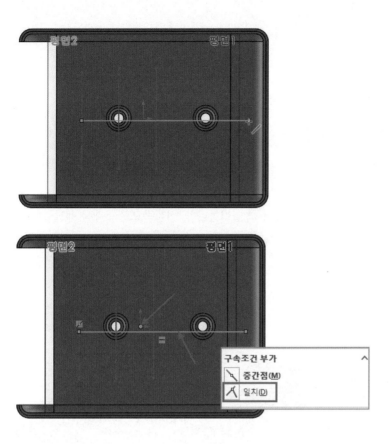

2 지능형 치수 를 클릭하여 치수를 기입합니다.

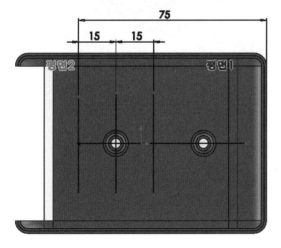

3 스케치 확인 코너에서 스케치 종료 를 클릭합니다.

1 피처 도구모음의 보강대 를 클릭하거나 삽입 → 피처 → 보강대를 클릭합니다.

❶ 보강대의 두께로 양면 ☰을 선택합니다.

❷ 보강대 두께 값은 2mm를 기입합니다.

❸ 돌출방향은 스케치에 수직 을 선택합니다.

❹ 구배 켜기 / 끄기 를 클릭하고 구배각도 3°를 입력합니다. 바깥쪽으로 구배를 체크합니다.

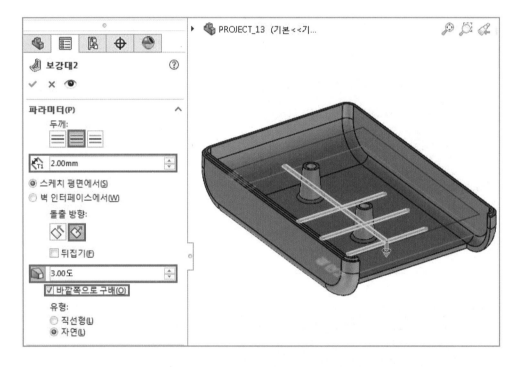

2 확인 을 클릭합니다.

16 필렛 4

1 피처 도구모음에서 필렛을 클릭합니다.

2 필렛 유형의 부동크기필렛을 선택합니다.

3 반경에 1mm를 입력합니다.

4 모서리선, 면, 피처, 루프 난에 보강대 피처를 FeatureManager 디자인 트리에서 선택합니다.

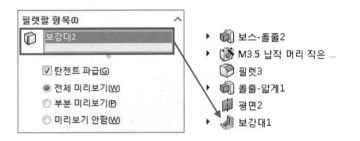

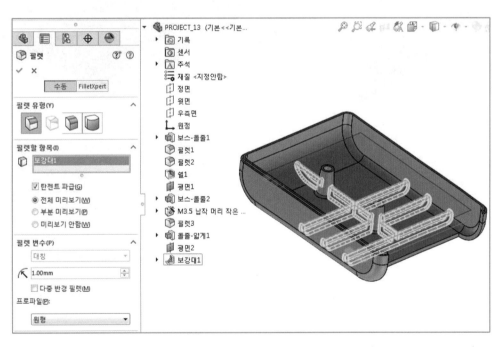

5 확인을 클릭합니다.

6 화면에 보이는 평면 1, 평면 2는 FeatureManager 디자인 트리에서 선택하고 마우스 오른쪽 버튼을 누른 후 숨기기 버튼을 선택하여 평면을 숨깁니다.

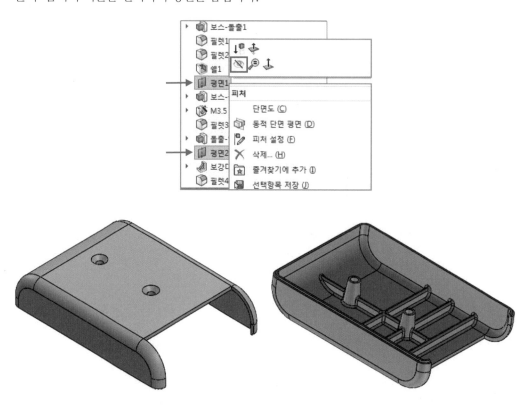

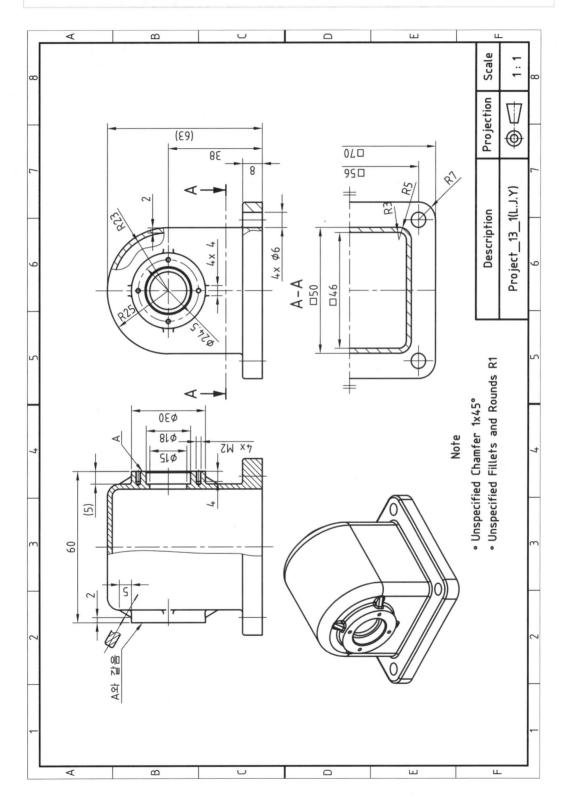

Note
- Unspecified Chamfer 1x45°
- Unspecified Fillets and Rounds R1

Description	Projection	Scale
Project_13_1(L.J.Y)		1 : 1

선형 패턴의 스케치 수정예제 1

● 스/케/치/도/구/모/음 **보조선**

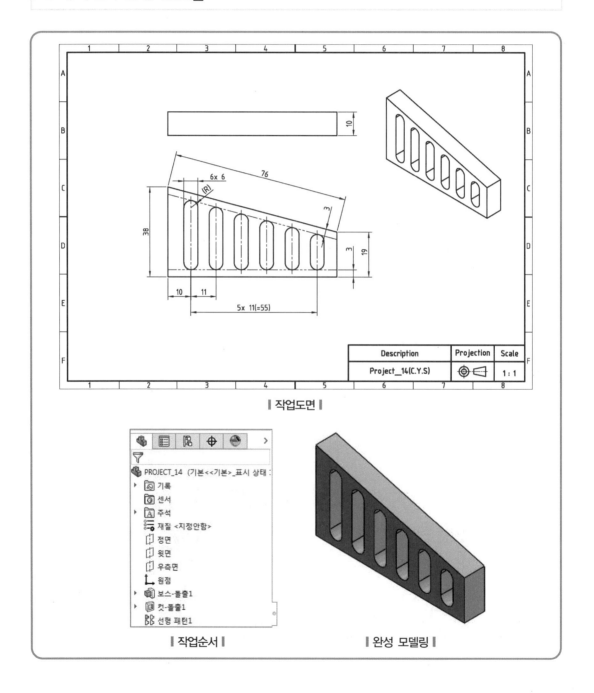

‖ 작업도면 ‖

‖ 작업순서 ‖

‖ 완성 모델링 ‖

01 2D 평면 선택하고 스케치하기 1

1 FeatureManager 디자인 트리에서 정면을 선택하고, 스케치 도구모음에서 스케치◖를 클릭하여 다음과 같이 스케치한 후 치수를 부가합니다.

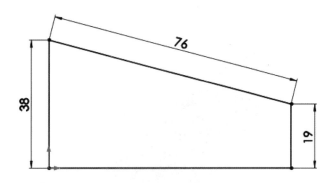

2 스케치 확인 코너에서 스케치 종료◖◔를 클릭합니다.

02 돌출◖ 1

1 피처 도구모음에서 돌출 보스 / 베이스◖를 클릭합니다.

❶ 방향 1의 마침조건 : 블라인드 형태

❷ 깊이◖◖ : 10mm

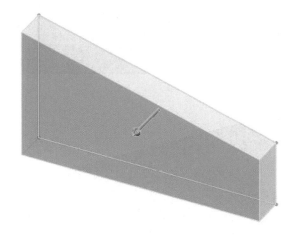

2 확인◖을 클릭합니다.

1 다음과 같이 솔리드 형상의 면을 선택한 후 스케치 도구모음에서 스케치 ⌐를 클릭하고 다음과 같이 스케치합니다.

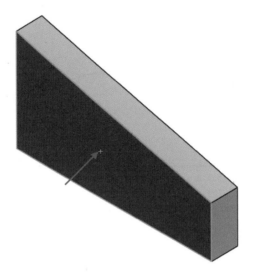

2 솔리드 형상의 모서리선과 사선을 선택하고 두 선분의 구속조건으로 평행을 부여하고, 수평선분에 대해서는 수평조건이 부여되도록 그립니다.

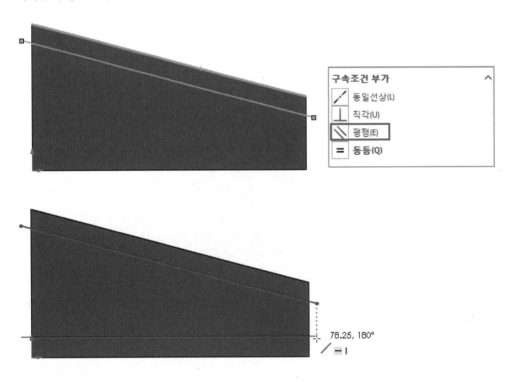

TIP 보조선

① 대부분의 스케치 요소는 PropertyManager에서 보조선으로 변환이 가능합니다. 여기서는 스케치 도구모음에 있는 보조선 활용에 대하여 알아보도록 하겠습니다.

② 보조선 |↕|은 스케치 또는 도면에 스케치한 요소를 참조 형상(보조선)으로 변환합니다. 참조 형상은 최종적으로 파트에 합쳐지는 스케치 요소 및 형상 생성에 보조 요소로만 사용됩니다. 참조 형상은 스케치가 피처 생성에 사용될 경우 무시됩니다. 참조 형상은 중심선과 같은 선 형식을 사용합니다.

모든 스케치를 작업보조선(또는 작성선)으로 지정할 수 있습니다. 점과 중심선은 항상 보조선으로 사용됩니다.

3 스케치 도구모음에서 보조선 |↕|을 클릭하거나 도구 → 스케치 도구 → 보조선을 클릭합니다. 보조선으로 변환할 객체를 선택하면 보조선에서 실선으로 또는 실선에서 보조선으로 변환됩니다. 또는 변환할 객체를 먼저 선택한 후 보조선 |↕|을 클릭하거나 마우스 오른쪽 버튼을 눌러 바로가기 메뉴에서 보조선 |↕|을 선택하여도 됩니다.

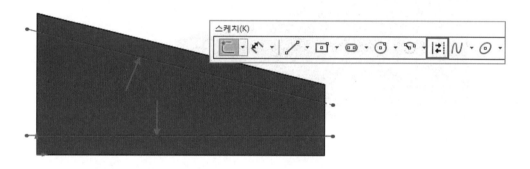

4 다음과 같이 치수를 부여하고 스케치 홈 명령어 유형의 직선홈 ⬭을 선택하여 스케치를 완성합니다.

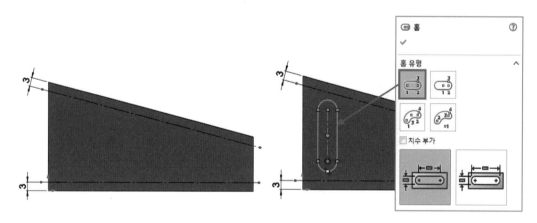

5 다음과 같이 호와 선분 사이에 탄젠트 구속조건을 부가합니다.

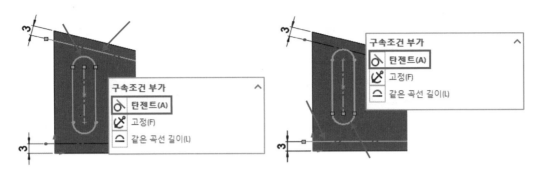

6 지능형 치수 ✎를 클릭하여 치수를 기입합니다.

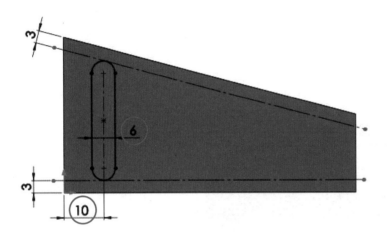

7 스케치 확인 코너에서 스케치 종료 ↵를 클릭합니다.

04 돌출컷  1

1 피처 도구모음에서 돌출컷 📄 을 클릭합니다.
- 마침조건 : 관통을 선택합니다.

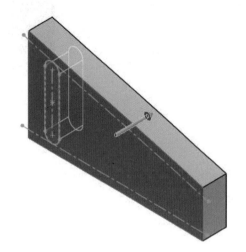

2 확인 ✔ 을 클릭합니다.

05 선형 패턴 🔡 1

1 위의 컷 – 돌출한 부분을 더블클릭하여 스케치 치수가 보이도록 합니다.

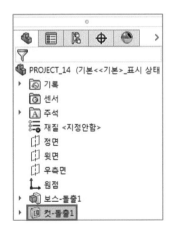

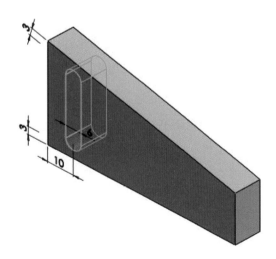

2 피처 도구모음에서 선형 패턴 🎛을 클릭합니다.

❶ 패턴 방향 1란에 스케치 치수 10을 선택하고 반대방향 ↗을 클릭하여 패턴방향을 정합니다.

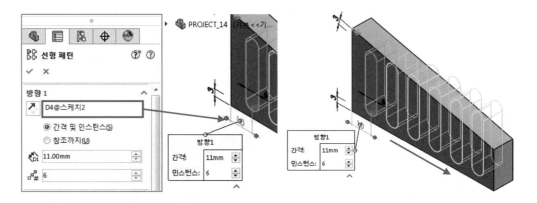

❷ 방향 1에 대한 패턴 인스턴스 간격 🔑Di은 11mm, 인스턴스 수 ⏸는 6을 기입한 다음 옵션에서 스케치 수정에 체크를 합니다.

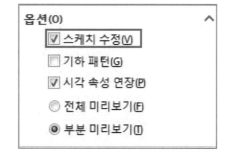

❸ 확인 ✔을 클릭합니다.

3 패턴옵션의 스케치 수정

패턴을 만드는 과정에서 패턴방향으로 패턴 인스턴스의 크기를 변형시키고자 할 때, 스케치 수정 옵션을 선택합니다.

위와 같이 패턴할 원본 피처(씨드피처)가 모서리를 따라 변형되면서 일정한 간격으로 패턴하기 위한 권장사항은 다음과 같습니다.

❶ 베이스 파트 위에 씨드피처를 위한 스케치를 작성합니다.

❷ 피처 스케치는 패턴 항목의 편차를 정의하는 테두리에 구속되어야 합니다.

❸ 피처 스케치는 완전히 정의되어야 합니다.

4 피처 선형 패턴의 스케치 수정 이해하기

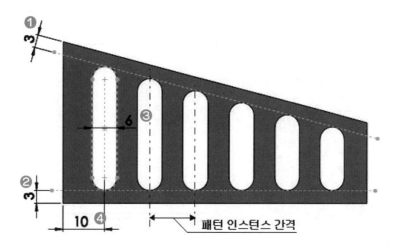

❶ 위쪽에 경사진 모서리를 따라 형상이 변하면서 패턴하기 위해 컷 돌출 스케치 위쪽 경사선을 파트의 경사 모서리선에 평행하도록 지정하고 치수를 3mm로 부가합니다.

❷ 스케치 하단 선의 치수는 피처의 바닥 모서리선까지의 거리값으로 3mm로 지정합니다.

❸ 스케치의 너비 치수를 6mm로 지정합니다.

❹ 스케치호의 중심점에서 파트의 왼쪽 수직 모서리선까지의 치수를 10mm로 지정합니다. 이 치수를 패턴할 방향으로 사용합니다.

❺ 패턴 인스턴스에서 ❶, ❷의 구속조건에 의해 패턴방향으로 높이값이 변경될 것이므로, 스케치의 높이는 치수를 지정하지 않습니다.

(즉, 위쪽 경사선과 아래쪽 수평선을 따라 홈의 높이가 변경되므로 높이값은 지정하지 않습니다.)

다른 구속조건은 그대로 유지되며, 패턴 인스턴스의 높이만 변경됩니다.

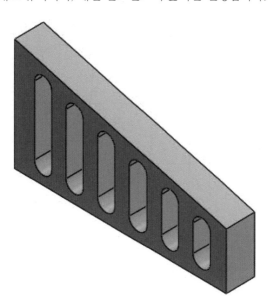

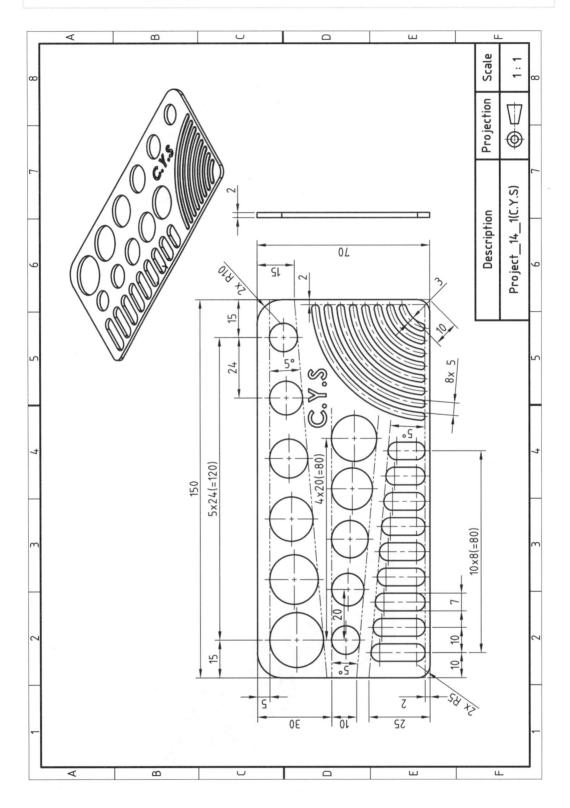

Description	Projection	Scale
Project_14_1(C.Y.S)	⟟ ◉	1 : 1

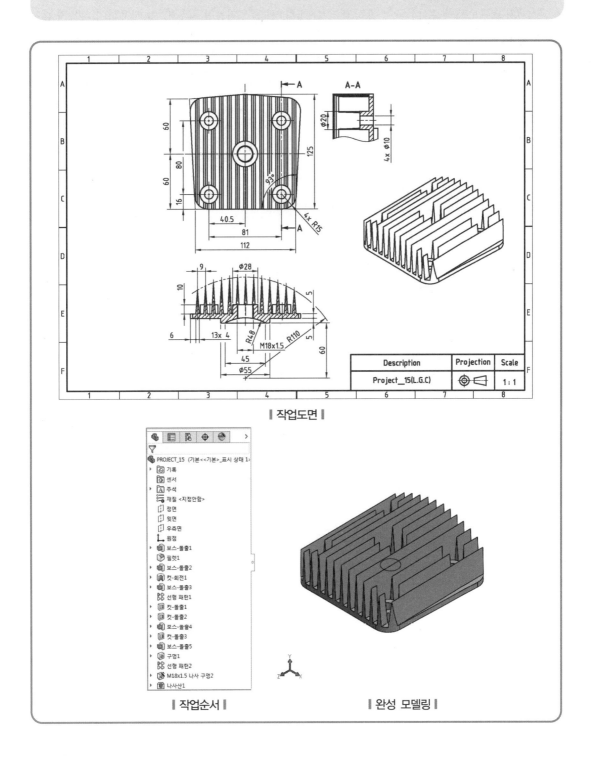

Description	Projection	Scale
Project_15(L.G.C)	⊕⊏	1 : 1

‖ 작업도면 ‖

PROJECT_15 (기본<<기본>_표시 상태 1>
▸ 🔲 기록
　🔲 센서
▸ 🔺 주석
　🗄 재질 <지정안함>
　🔲 정면
　🔲 윗면
　🔲 우측면
　⅃ 원점
▸ 🔲 보스-돌출1
　🔲 필렛1
▸ 🔲 보스-돌출2
▸ 🔲 컷-회전1
▸ 🔲 보스-돌출3
　🔲 선형 패턴1
▸ 🔲 컷-돌출1
▸ 🔲 컷-돌출2
▸ 🔲 보스-돌출4
▸ 🔲 컷-돌출3
▸ 🔲 보스-돌출5
▸ 🔲 구멍1
　🔲 선형 패턴2
　🔲 M18x1.5 나사 구멍2
▸ 🔲 나사산1

‖ 작업순서 ‖

‖ 완성 모델링 ‖

1 FeatureManager 디자인 트리에서 윗면을 선택하고, 스케치 도구모음에서 스케치 ⎣를 클릭합니다.

스케치 도구모음의 중심선 ↗, 동적 대칭복사 ⬚, 선 ╱, 지능형 치수 ◈를 사용하여 다음과 같이

스케치합니다.

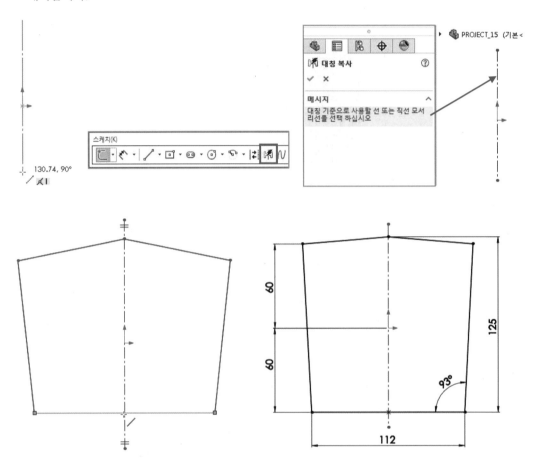

2 스케치 확인 코너에서 스케치 종료 ⎣↵를 클릭합니다.

02 돌출 1

1 피처 도구모음에서 돌출 보스 / 베이스를 클릭합니다.

❶ 마침조건 : 블라인드 형태

❷ 깊이 : 5mm

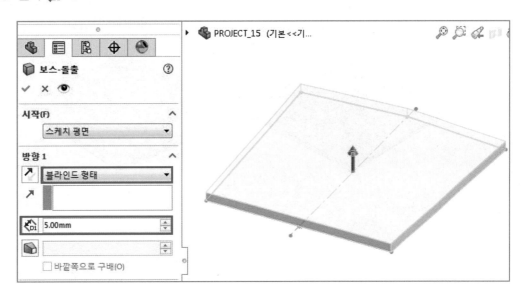

2 확인을 클릭합니다.

1 피처 도구모음에서 필렛을 클릭합니다.

   1 필렛유형 : 부동크기필렛을 선택합니다.

   2 반경 : 15mm를 입력합니다.

   3 모서리, 면, 피처, 루프 선택 난에서 다음과 같이 형상의 모서리를 선택합니다.

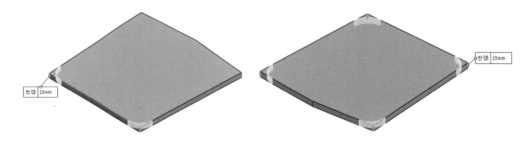

2 확인을 클릭합니다.

04 2D 평면 선택하고 스케치하기 2

1 FeatureManager 디자인 트리에서 윗면을 선택하고 스케치 도구모음에서 스케치를 클릭한 다음 스케치를 합니다.

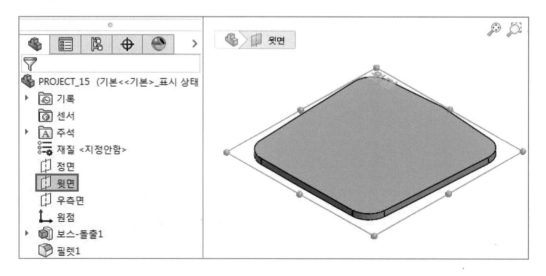

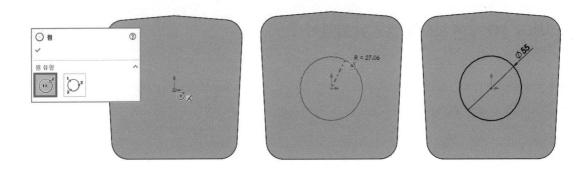

2 스케치 확인 코너에서 스케치 종료⤷를 클릭합니다.

05 돌출 2

1 피처 도구모음에서 돌출 보스 / 베이스 를 클릭합니다.

   ❶ 마침조건은 블라인드 형태를 선택합니다.

   ❷ 반대방향↗을 클릭하여 돌출방향을 결정합니다.

   ❸ 깊이⬇는 5mm를 입력합니다.

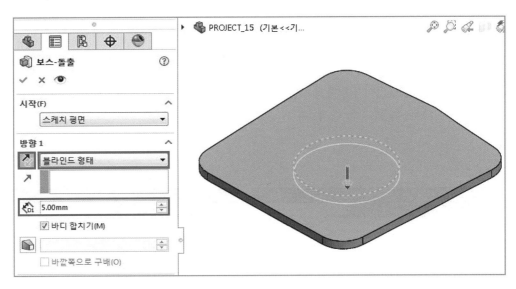

2 확인✔을 클릭합니다.

1 FeatureManager 디자인 트리에서 정면을 선택하고, 스케치 도구모음에서 스케치⎾를 클릭하여 다음과 같이 스케치합니다.

2 중심선 ⌁⁄⁄ 을 선택한 다음 스케치 원점에 수직한 중심선을 그립니다.

3 선 ⁄ 을 선택한 다음 선분의 한 점은 모서리의 중간점에 클릭하고 다음 점은 수평선분이 되도록 지정합니다.

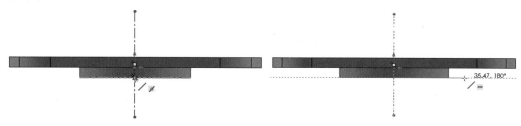

4 원호 명령어의 원호 유형을 중심점호⏣로 선택합니다.

중심선에 호의 중심점이 일치하게 지정하고 호의 시작점은 선분의 끝점에, 호의 끝점은 중심선에 일치하게 클릭하여 다음과 같이 스케치를 완성합니다.

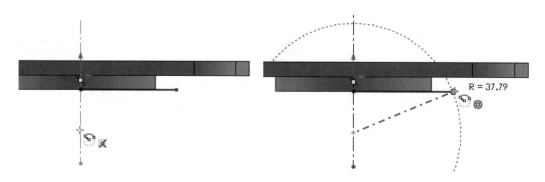

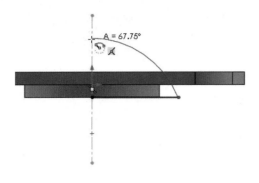

5 선 ✏️ 을 선택한 다음 호의 끝점과 선분의 한 점을 연결합니다.

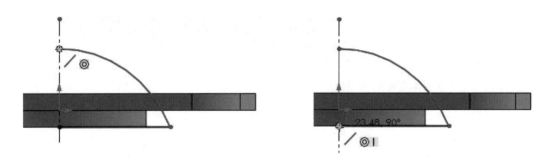

6 지능형 치수 📐 를 선택하여 다음과 같이 치수를 기입합니다.

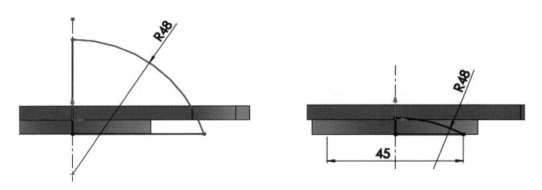

7 스케치 확인 코너에서 스케치 종료 ⤵️ 를 클릭합니다.

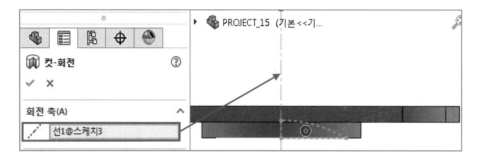

1 피처 도구모음에서 회전컷 을 클릭하거나 삽입 → 컷 → 회전을 클릭합니다.

① 회전축 난에서 스케치의 수직한 중심선을 선택합니다.

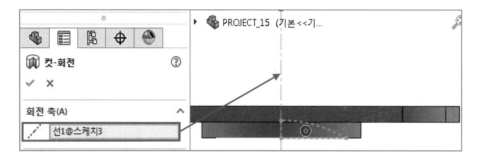

② 방향 1의 회전 유형에서 블라인드 형태를 선택합니다.

③ 방향 1 각도 는 360°를 지정합니다.

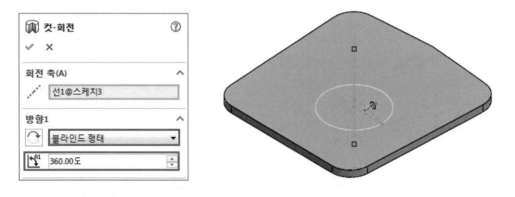

2 확인 을 클릭합니다.

1 FeatureManager 디자인 트리에서 정면을 선택하고, 스케치 도구모음에서 스케치 를 클릭하여 다음과 같이 스케치합니다.

2 원호 명령어의 원호 유형으로 중심점호 를 선택하여 호를 스케치합니다.

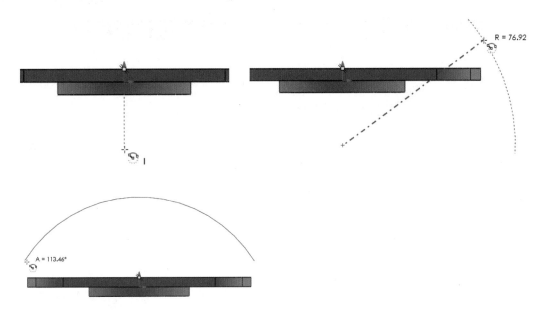

3 호의 중심점과 스케치 원점의 구속조건으로 수직을 부가한 후 지능형 치수 를 이용하여 다음과 같이 치수를 기입합니다.

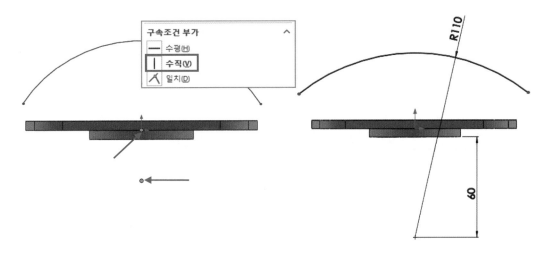

4 중심선 을 선택한 다음 한 점을 모서리에 일치시킨 후 수직한 중심선을 스케치합니다.

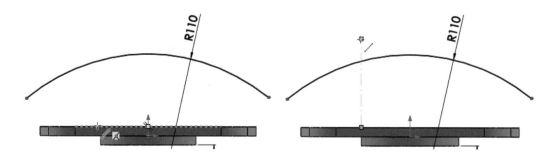

5 스케치 도구모음의 선 을 클릭하고 한 점을 호와 중심선의 osnap 점인 교점 에 클릭한 후, 다른 한 점은 모서리 선분에 일치되도록 그립니다.

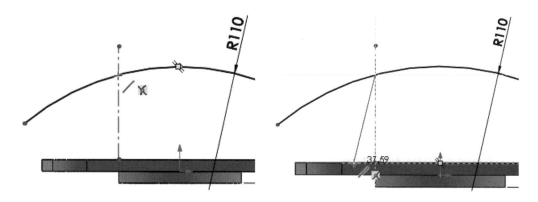

6 위와 같이 반대편에 사선을 하나 더 그린 후 중심선과 두 사선을 [Ctrl]을 누른 채 선택하여 구속조건으로 대칭조건을 부가합니다.

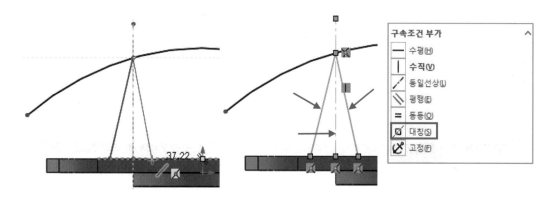

두 사선의 끝점을 선분으로 연결합니다.

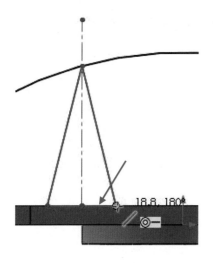

7 다음과 같이 지능형 치수 ⌔ 를 이용하여 치수를 부가한 후 스케치한 호를 선택하고 속성창에서 보조선으로 바꿉니다.

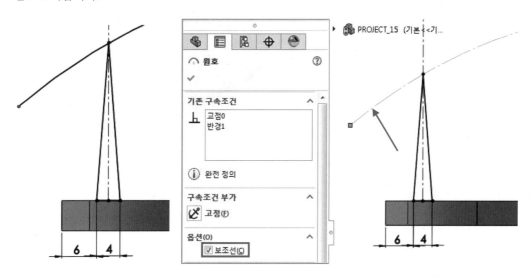

8 스케치 확인 코너에서 스케치 종료 ⌔ 를 클릭합니다.

1 피처 도구모음에서 돌출 보스 / 베이스를 클릭합니다.

❶ 방향 1의 마침조건으로 관통을 지정합니다.

❷ 방향 2의 마침조건으로 관통을 지정합니다.

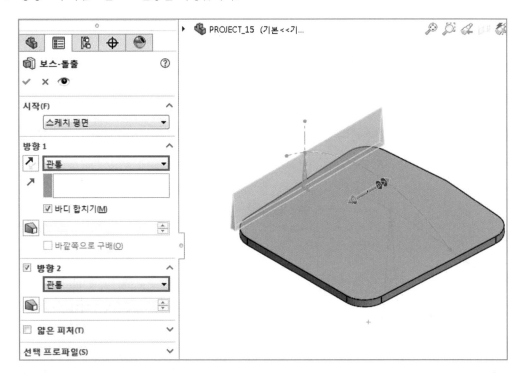

2 확인을 클릭합니다.

선형 패턴 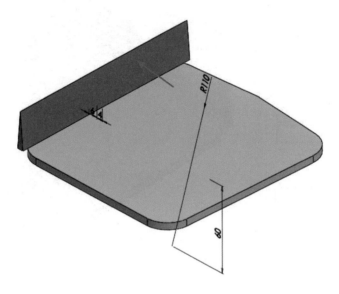 1

1 FeatureManager 디자인 트리에서 돌출피처를 더블클릭하거나 그래픽 영역에서 위의 돌출피처 면을 더블클릭하여 스케치 치수가 보이도록 하고 피처 도구모음에서 선형 패턴 을 클릭합니다.

2 방향 1의 패턴방향 선택란에 치수 6을 지정합니다.

3 반대 방향 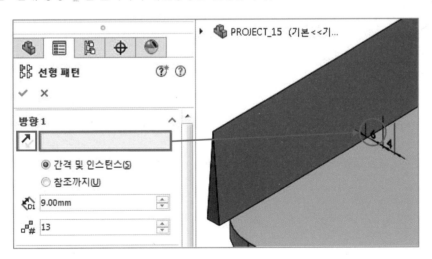을 클릭하여 패턴방향을 설정합니다.

4 방향 1에 대한 패턴 인스턴스 간격 은 9mm, 인스턴스 수 는 13을 기입한 다음 패턴할 피처에 돌출 피처를 선택합니다.

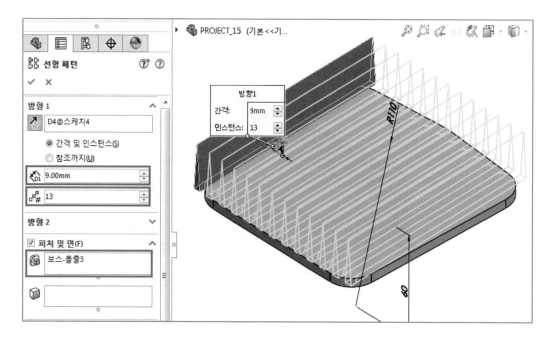

5 옵션에서 스케치 수정에 체크를 합니다.

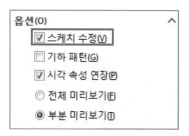

6 확인 을 클릭합니다.

11 2D 평면 선택하고 스케치하기 5

1 다음과 같이 솔리드 형상의 면을 선택한 후 스케치 도구모음에서 스케치⌒를 클릭합니다.

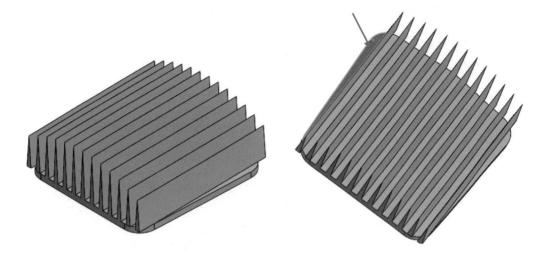

2 Ctrl + 8을 눌러 형상의 아랫면을 면에 수직으로 보기로 만든 후 다음과 같이 면을 선택한 후 스케치 도구모음의 요소변환🔲을 클릭합니다.

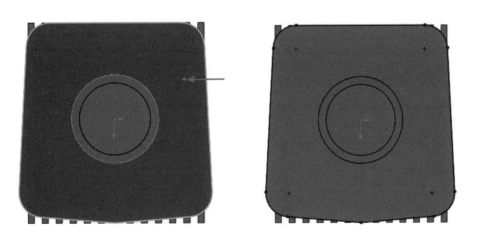

3 스케치 확인 코너에서 스케치 종료⌎↵를 클릭합니다.

12 돌출컷 1

1 피처 도구모음에서 돌출컷 을 클릭합니다.

2 방향 1의 마침조건으로 관통을 선택하고 반대방향 을 클릭하여 컷 돌출방향을 결정합니다.

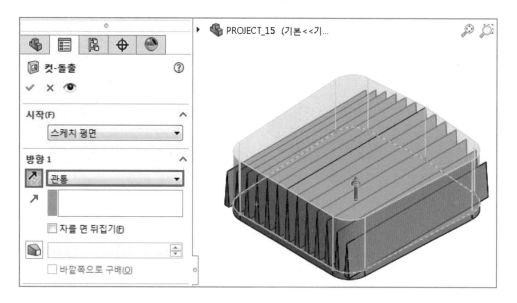

3 자를 면 뒤집기를 체크하여 자를 방향을 다음과 같이 결정합니다.

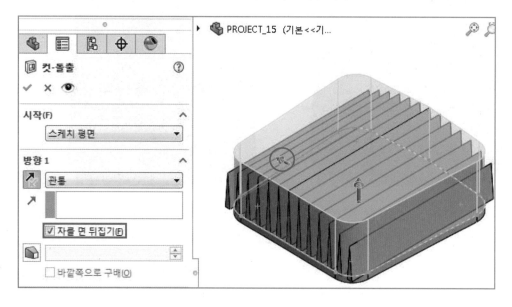

4 확인 을 클릭합니다.

13 2D 평면 선택하고 스케치하기 6

1 다음과 같이 솔리드 형상의 면을 선택한 후 스케치 도구모음에서 스케치ㄷ를 클릭합니다.

2 다음과 같이 원의 중심점이 스케치 원점에 일치하도록 원을 스케치한 후 치수 $\phi 28$을 부가합니다.

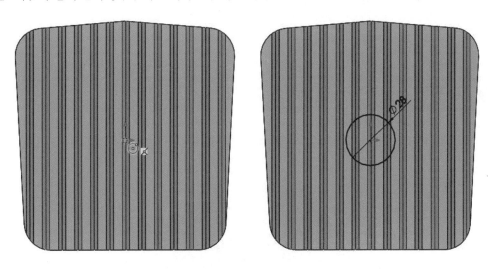

3 스케치 확인 코너에서 스케치 종료ㄴ↵를 클릭합니다.

1 피처 도구모음에서 돌출컷 을 클릭합니다.

2 방향 1의 마침조건 : 관통을 선택하고, 반대방향 을 클릭하여 컷 돌출방향을 결정합니다.

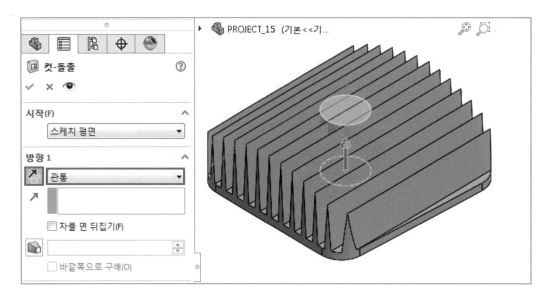

15 2D 평면 선택하고 스케치하기 7

1 위의 같은 방법으로 솔리드 형상의 면을 스케치 평면으로 선택한 후 다음과 같이 스케치를 완성합니다.

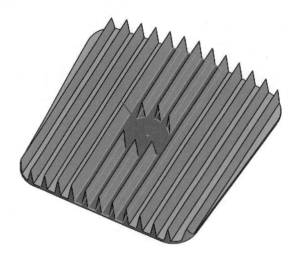

2 FeatureManager 디자인 트리에서 마지막으로 생성한 컷 돌출의 스케치를 선택하고 요소변환 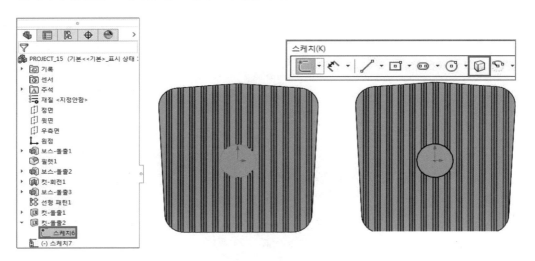 을 클릭하여 컷 돌출 스케치를 현 스케치로 투영합니다.

3 스케치 확인 코너에서 스케치 종료 를 클릭합니다.

---

16 돌출 4

피처 도구모음에서 돌출보스 / 베이스 를 클릭합니다.

- 마침조건 : 블라인드 형태
- 깊이 : 10mm

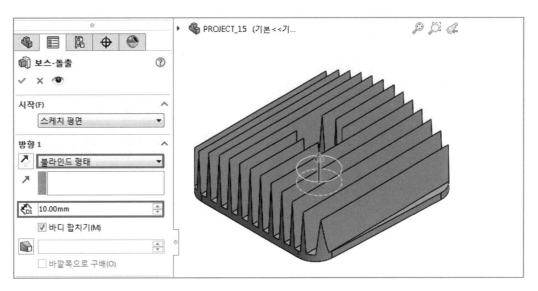

1 위의 같은 방법으로 솔리드 형상의 면을 스케치 평면으로 선택한 후 다음과 같이 스케치를 완성합니다.

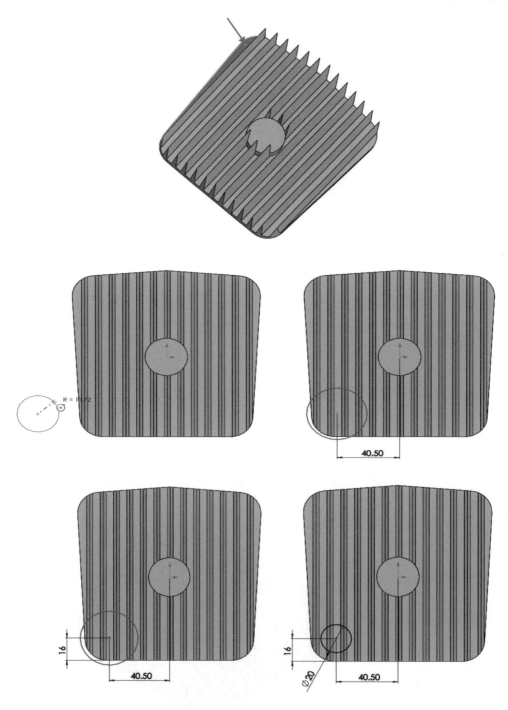

2 스케치 확인 코너에서 스케치 종료 ⤶를 클릭합니다.

1 피처 도구모음에서 돌출컷 을 클릭합니다.

- 방향 1의 마침조건 : 관통을 선택하고 반대방향 을 클릭하여 컷 돌출방향을 결정합니다.

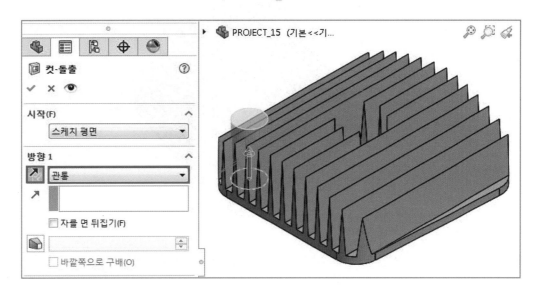

2 확인 을 클릭합니다.

1 위와 같은 방법으로 솔리드 형상의 면을 스케치 평면으로 선택한 후 다음과 같이 스케치를 완성합니다.

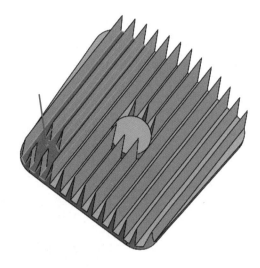

2 FeatureManager 디자인 트리에서 마지막으로 생성한 컷 돌출의 스케치를 선택하고 요소변환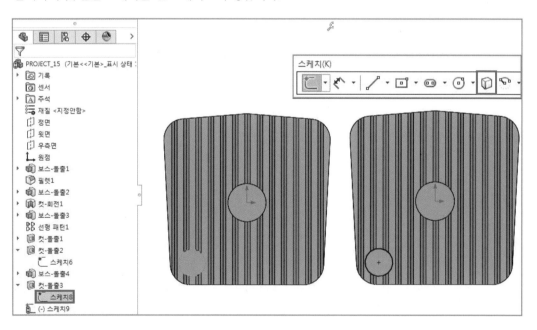을 클릭하여 컷 돌출 스케치를 현 스케치로 투영합니다.

3 스케치 확인 코너에서 스케치 종료 를 클릭합니다.

20 돌출 5

1 피처 도구모음에서 돌출보스 / 베이스를 클릭합니다.

① 마침조건 : 블라인드 형태

② 깊이 : 10mm

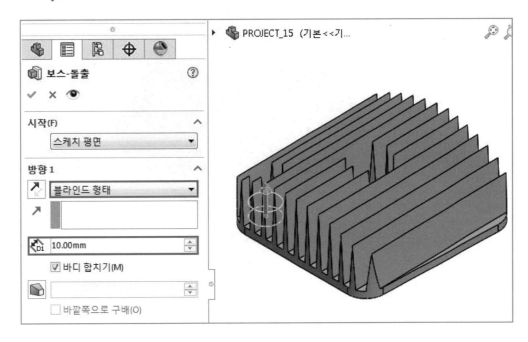

2 확인을 클릭합니다.

1 위에서 완성한 돌출피처의 윗면을 선택한 후 피처 도구모음의 구멍기본형 🔘을 클릭하거나 삽입 → 피처 → 기본형을 클릭합니다.

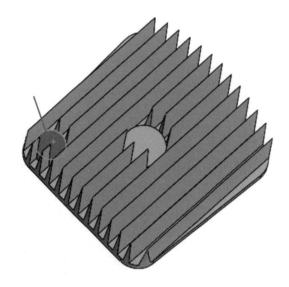

2 방향 1의 마침조건으로 관통을 선택하고, 구멍지름 🖉으로 10mm를 지정합니다.

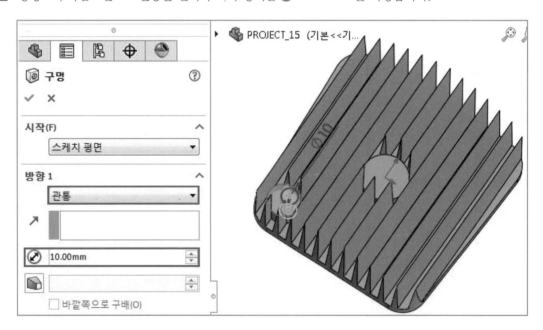

3 그래픽 영역에서 스케치 원의 중심점을 드래그한 후 원통 형상의 모서리 중심에 가져다 놓고 두 중심점의 일치조건의 위치를 지정합니다.

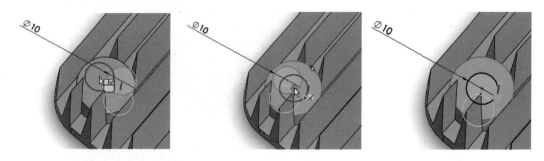

4 확인 을 클릭합니다.

TIP 피처의 스케치 편집을 이용하여 구멍의 위치를 지정하는 방법

① 모델 또는 FeatureManager 디자인 트리에서 구멍기본형 피처를 마우스 오른쪽 버튼으로 클릭하고, 스케치 편집을 선택합니다.

② 스케치 편집 상태에서 치수를 추가하거나 구속조건을 사용하여 구멍의 위치를 지정합니다. 구멍 지름치수를 수정하여 구멍의 크기를 수정할 수도 있습니다.
③ 스케치를 종료하고 재생성을 클릭합니다.

---

22 선형 패턴

1 피처 도구모음에서 선형 패턴을 클릭합니다.

❶ 방향 1 : 패턴 방향 1에 다음과 같이 형상의 모서리를 지정하고, 필요하면 반대 방향 ↗을 클릭하여 패턴할 방향을 변경합니다.

❷ 간격 ⭐D1은 81mm로 지정하고 인스턴스 수 ⭐# 는 2를 기입합니다.

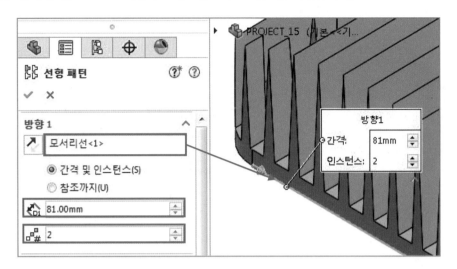

❸ 방향 2 : 패턴 방향 2에 다음과 같이 형상의 모서리를 지정하고 간격 ⭐D2은 80mm, 인스턴스 수 ⭐# 는 2를 기입합니다.

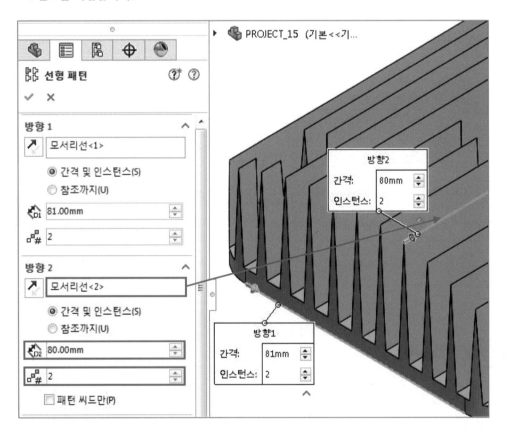

❹ 패턴할 피처 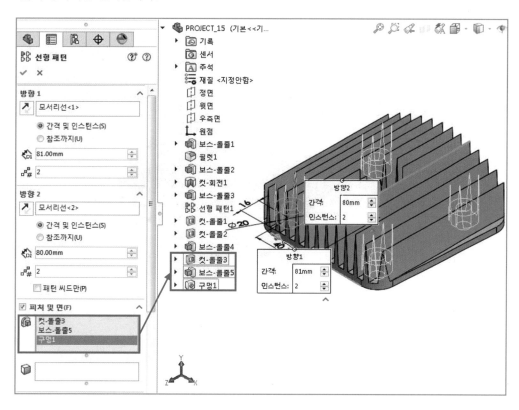 난에 들어갈 사항으로 플라이아웃 FeatureManager 디자인 트리에서 컷돌출, 돌출, 구멍피처를 선택합니다.

2️⃣ 확인 ✔을 클릭합니다.

23 구멍가공마법사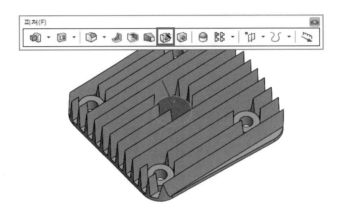

1 구멍가공마법사로 구멍을 뚫을 면을 다음과 같이 선택하고 피처 도구모음에서 구멍가공마법사를 클릭하거나 삽입 → 피처 → 구멍가공마법사를 클릭합니다.

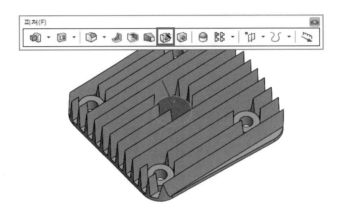

❶ 구멍 유형 : 직선탭
- 표준규격 : AnsiMetric
- 유형 : 탭구멍

❷ 구멍 스팩
- 크기 : M18×1.5

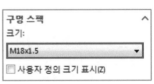

❸ 마침 조건
- 드릴 : 관통
- 나사산 : 관통

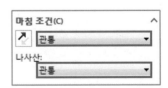

④ 위치 탭을 클릭하고 점을 하나 생성한 후 스케치명령어 점을 비활성화시킵니다. 점과 형상의 원호 모서리를 선택한 다음 구속조건으로 동심을 부가합니다.

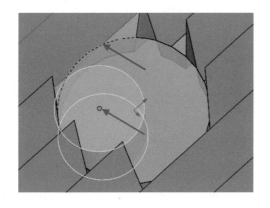

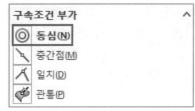

② 확인 ✔을 클릭합니다.

24 나사산 PropertyManager

원통형 내외경에 나사산(수나사, 암나사)을 생성하고자 할 때 사용합니다.

1 나사산 위치

① 원통모서리 ⊘ : 나사산을 생성할 원통모서리를 선택합니다.

❷ 오프셋 시작위치 : 나선형 곡선이 시작될 꼭지점, 모서리, 면 또는 평면을 선택합니다. 지정하지 않을 경우 원통모서리 에서 선택한 원통형 모서리부터 나사산이 시작됩니다.

❸ 오프셋 : 원통모서리 에서 선택한 원통형 모서리에서 오프셋한 거리로부터 나사산곡선이 생성됩니다. 오프셋 시작위치 를 지정하였다면 지정한 위치에서 오프셋한 거리로부터 나사산곡선이 생성됩니다.

반대방향 을 선택하여 오프셋 방향을 결정할 수 있습니다.

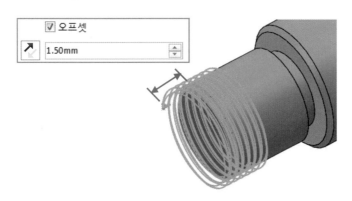

❹ 시작각도 : 나사산곡선이 시작될 각도를 지정합니다.

2 **마침조건**

- **블라인드** : 나사산의 시작 위치에서 나사산이 끝날 거리를 지정하여 나사산의 길이를 표현합니다.
- **회전** : 나사산 시작 위치에서 나선형 곡선의 회전수를 지정하여 나사산의 길이를 표현합니다.
- **선택까지** : 원형모서리에 평행한 모서리, 면 또는 평면이나 꼭지점을 선택하여 선택한 위치까지 나사산을 표현합니다.
- **나사산 길이 유지** : 오프셋이 설정되어 있고 마침 조건이 블라인드 또는 회전일 경우에만 표시됩니다. 나사산 길이 유지에 체크하지 않으면 오프셋에서 지정한 위치에서부터 길이값이 계산됩니다.

3 **스팩**

① 나사산의 유형과 크기를 결정합니다.

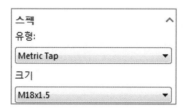

② 지름덮어쓰기⊘, 피치덮어쓰기〴〳를 클릭하여 사용자가 원하는 크기를 수동으로 입력할 수 있습니다. 선택하지 않으면 규격에 의한 크기로 결정됩니다.

③ 나사산 방법

- **절단나사산** : 나선형 곡선을 따라 프로파일이 스윕하면서 생성된 나사산 모양이 원통면에서 빠지면서 나사산을 생성합니다.(스윕컷에 의한 나사산 생성)
- **돌출나사산** : 나선형 곡선을 따라 프로파일이 스윕하면서 생성된 나사산 모양이 원통면에 더해지면서 나사산을 생성합니다.(스윕보스에 의한 나사산 생성)

❹ 프로파일 대칭복사

원통형 축을 기준으로 나사산 모양의 프로파일을 수평대칭 또는 수직대칭되도록 방향을 변경할 수 있습니다.

• 회전각도 : 입력한 각도만큼 나선형 곡선을 회전시킵니다.

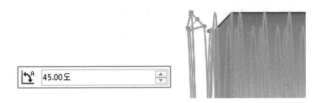

• 프로파일 배치 : 프로파일 배치를 클릭하면 프로파일이 확대됩니다. 프로파일이 확대되면 프로파일의 점을 선택하여 나선형 곡선을 따라갈 프로파일의 위치점을 재지정할 수 있습니다.

❹ 나사산 옵션

오른쪽 감긴 방향 및 왼쪽 감긴 방향 나선형 곡선을 생성하여 오른나사나 왼나사를 생성할 수 있습니다.

25 나사산 🗃

1 피처 도구모음의 나사산🗃을 선택하거나 삽입 → 피처 → 나사산을 클릭합니다.

❶ 나사산 위치

 • 원통모서리 🍥 : 나사산을 생성할 원통모서리를 선택합니다.

 • 오프셋 : 거리 1.5mm를 기입하고 반대방향 ↗을 선택하여 방향을 결정하면 원통모서리로부터 위쪽 방향으로 1.5mm만큼 떨어진 위치에서 나사산이 생성됩니다.

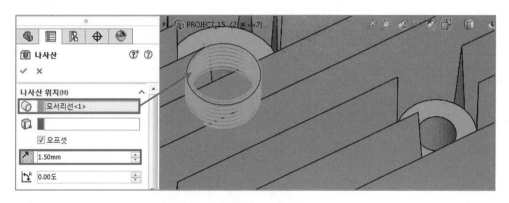

❷ 마침 조건

 • 선택까지를 지정하고 끝위치 🗂 선택란에서 형상의 바닥면을 선택하여 관통된 암나사를 생성합니다.

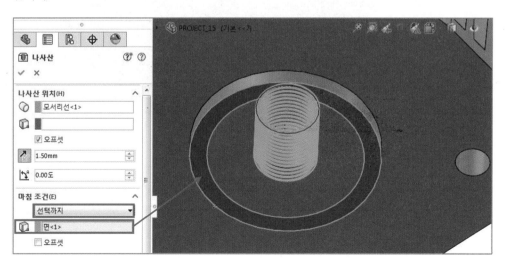

❸ 스팩

- 유형 : Metric Tap
- 크기 : M18×1.5
- 나사산방법 : 절단 나사산

2 확인 ✔을 클릭합니다.

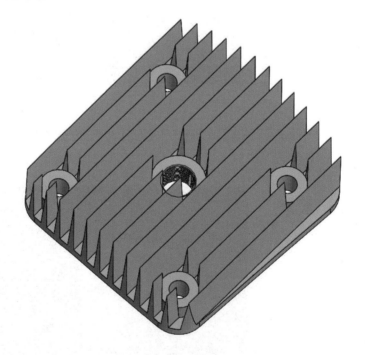

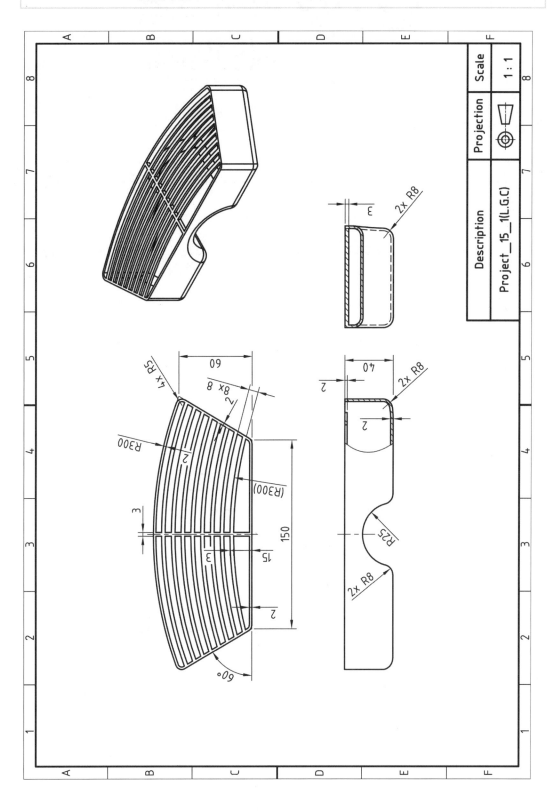

곡선 이용
패턴예제

● 스/케/치/도/구/모/음 **오프셋**

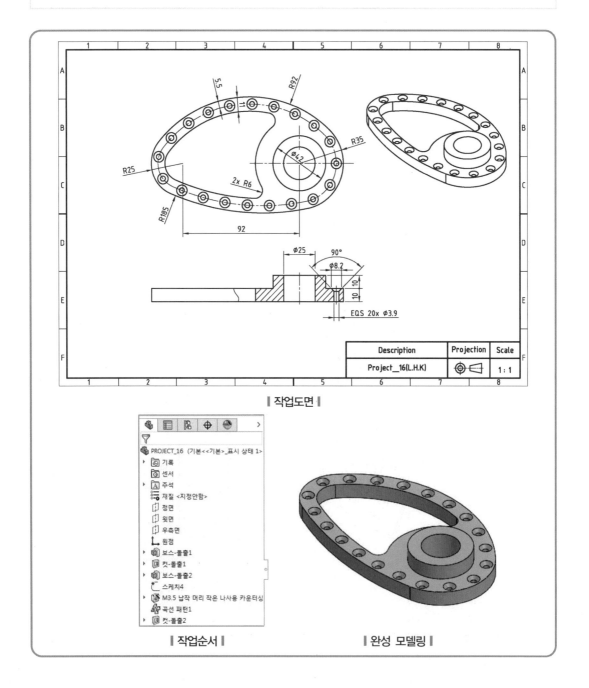

| 작업도면 |

| 작업순서 | | 완성 모델링 |

2D 평면 선택하고 스케치하기 1

1 FeatureManager 디자인 트리에서 윗면을 선택하고, 스케치 도구모음에서 스케치 ⌐를 클릭한 후, 중심선 ✐과 원 도구 ⊙를 이용하여 다음과 같이 스케치합니다.

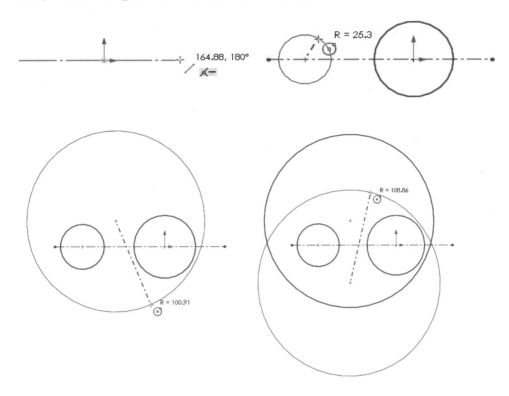

2 중심선 아래에 위치한 원과 중심선 상에 있는 두 개의 원에 구속조건으로 탄젠트를 부가합니다.

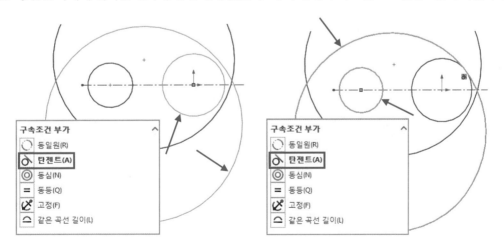

3 중심선 위에 위치한 원과 중심선 상에 있는 두 개의 원에 위와 같은 방법으로 탄젠트 조건을 부가합니다.

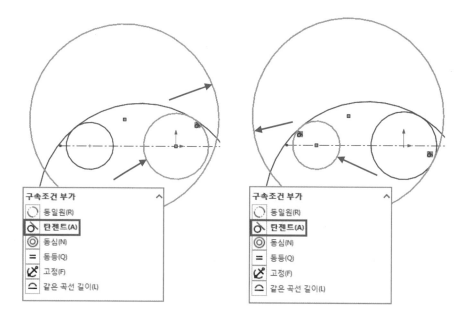

4 스케치 잘라내기 ✂를 이용하여 스케치 형상을 다음과 같이 만들고 지능형 치수 ◆를 클릭하여 치수를 부가합니다.

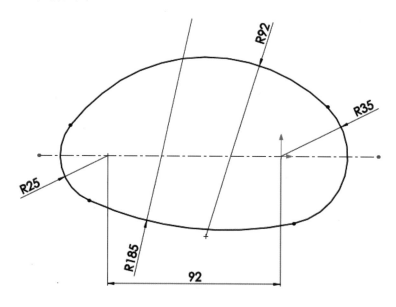

5 스케치 확인 코너에서 스케치 종료 ↳를 클릭합니다.

02 돌출 🗍 1

1 피처 도구모음에서 돌출 보스 / 베이스🗍를 클릭합니다.

　❶ 방향 1의 마침조건으로 블라인드 형태를 선택합니다.

　❷ 깊이 🔻값으로 10mm를 입력합니다.

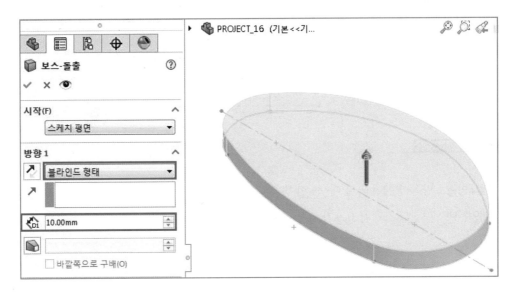

2 확인✔을 클릭합니다.

03 스케치 평면 선택하고 스케치하기 2

등각보기에서 다음과 같이 모델의 면을 선택한 후 스케치 🗀를 클릭합니다.

- <u>요소 오프셋</u>⊏ : 스케치 요소, 모델 모서리선, 모델 면을 지정한 거리로 오프셋합니다. 예를 들어, 자유 곡선, 원호, 루프 등과 같은 스케치 요소를 오프셋할 수 있습니다.

(1) 요소 오프셋⊏ PropertyManager

1 <u>오프셋거리</u>⬡ : 스케치 요소를 오프셋할 거리를 입력합니다.

2 <u>치수부가</u> : 스케치에 오프셋거리의 치수를 부가합니다.

3 <u>반대방향</u> : 양쪽 방향이 아닐 때, 즉 한 방향일 때 오프셋 방향을 바꿉니다.

4 <u>체인선택</u> : 연결된 스케치 요소가 모두 선택되어 오프셋합니다.

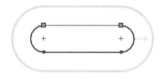

5 <u>양쪽 방향</u> : 양쪽 방향으로 오프셋을 작성합니다.

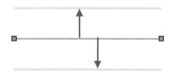

6 <u>양면 마무리</u> : 양쪽 방향을 선택하고 양면 마무리를 선택 시, 스케치 요소가 양면 마무리에서 선택한 원호나 선으로 끝단이 연장되어 막혀 있는 스케치를 작성할 수 있습니다.

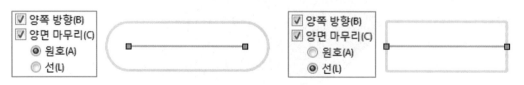

7 보조선

- 베이스 지오메트리 : 원본 스케치 요소를 보조선으로 전환합니다.

- 오프셋 지오메트리 : 오프셋된 스케치 요소를 보조선으로 전환합니다.

(2) 요소 오프셋

1 다음과 같이 면을 선택한 후 스케치 도구모음에서 요소 오프셋 을 클릭하거나 도구 → 스케치 도구
→ 오프셋을 클릭합니다.

오프셋 PropertyManager에서 오프셋 거리 에 11mm를 기입하고 반대방향을 선택하여 다음과 같
이 오프셋 방향을 지정합니다.

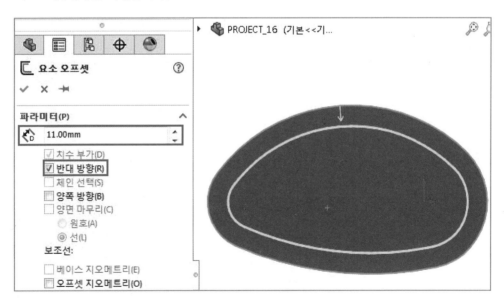

형상의 면이나 모서리를 선택하였을 경우에는 치수기입을 선택하지 않아도 자동으로 치수가 기입됩
니다.

2 스케치 도구모음의 원 ⊙ 도구를 이용하여 원의 중심점을 스케치 원점에 일치시킨 후 원과 솔리드 형상의 모서리를 선택하고 구속조건으로 동일원 ◯을 부가합니다.

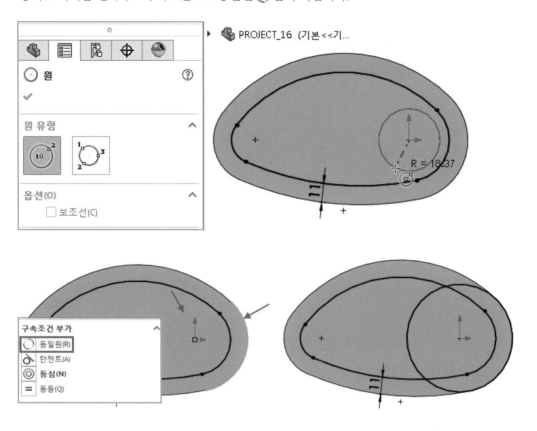

3 요소 잘라내기 ✂를 이용하여 다음과 같이 스케치 형상을 만듭니다.

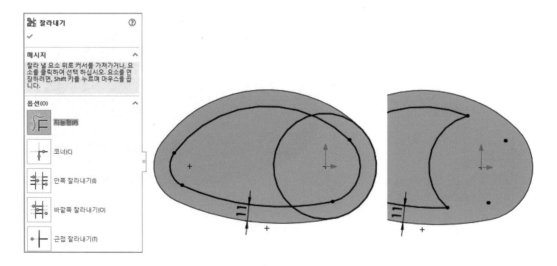

4 스케치 도구모음에서 스케치 필렛 ˥을 클릭하고 필렛 반경값으로 6mm를 기입합니다.

다음과 같이 교점을 클릭하여 필렛을 만듭니다.

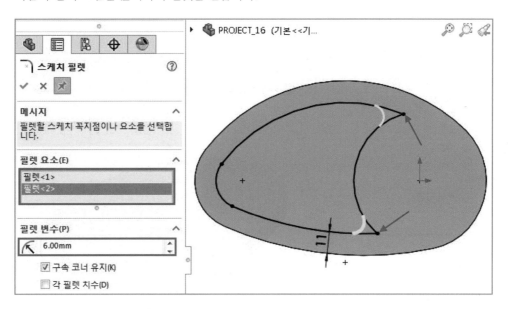

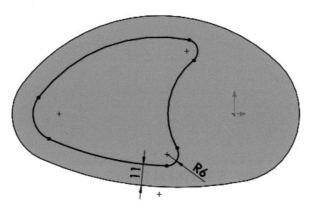

5 스케치 확인 코너에서 스케치 종료 ↪를 클릭합니다.

04 돌출컷 █ 1

1 피처 도구모음에서 돌출컷 █을 클릭합니다.

- 방향 1의 마침조건에서 관통을 선택합니다.

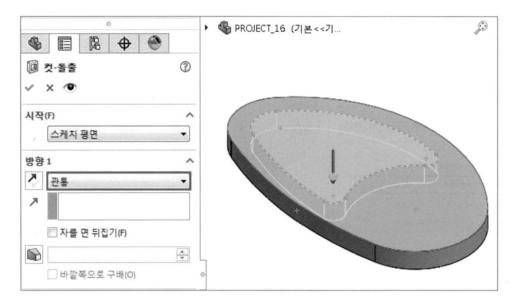

2 확인 ✔을 클릭합니다.

05 2D 평면 선택하고 스케치하기 3

1 다음과 같이 솔리드 형상의 면을 선택한 후 스케치 도구모음의 스케치 █를 클릭하여 스케치하고 치수를 부가합니다.

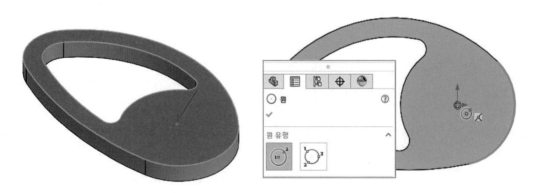

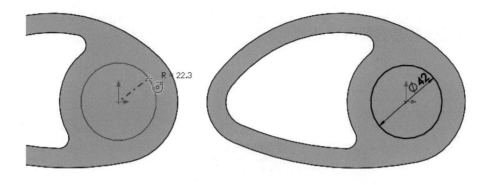

2 스케치 확인 코너에서 스케치 종료 ⤺ 를 클릭합니다.

06 돌출 🗇 2

1 피처 도구모음에서 돌출 보스 / 베이스 🗇 를 클릭합니다.

❶ 방향 1의 마침조건 : 블라인드 형태

❷ 깊이 📏값 : 10mm

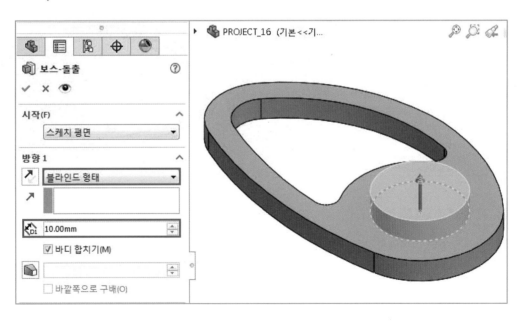

2 확인 ✔ 을 클릭합니다.

1 다음과 같이 솔리드 형상의 면을 선택한 후 스케치 도구모음의 스케치 를 클릭한 다음 선택한 면의 모서리를 오프셋합니다.

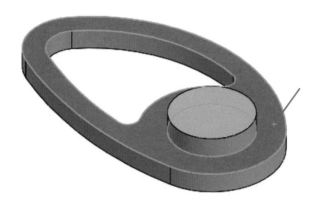

2 면을 선택한 상태에서 요소 오프셋 명령을 실행합니다.

오프셋거리 로 5.5mm를 기입하고 반대방향을 이용하여 오프셋 방향을 지정합니다.

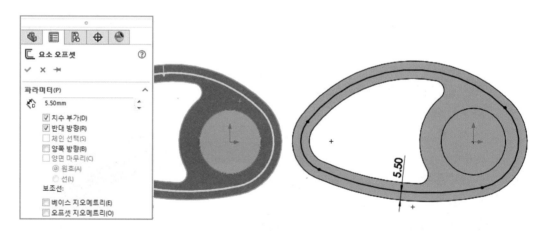

3 확인 을 클릭합니다.

4 스케치 확인 코너에서 스케치 종료 를 클릭합니다.

구멍가공마법사 🧲

1 피처 도구모음에서 구멍가공마법사 🧲 를 클릭하거나 삽입 → 피처 → 구멍가공마법사를 클릭합니다.

구멍가공마법사로 구멍 뚫을 면을 다음과 같이 선택합니다.

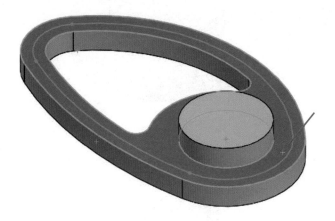

❶ 유형 : 구멍 유형 파라미터를 지정합니다.

• 구멍 유형 : 카운터 싱크 🏛

• 표준규격 : AnsiMetric

• 유형 : 납작머리나사 − ANSI B18.6.7M

• 크기 : M3.5

• 맞춤 : 보통

• 마침조건 : 관통

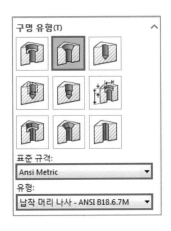

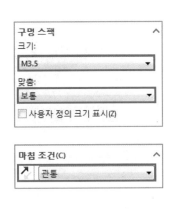

❷ 위치 : 위치 탭을 클릭하여 다음과 같이 구멍의 개수를 정하고 위치를 지정해 줍니다.

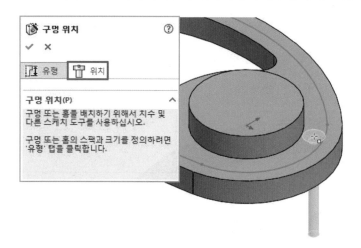

구멍의 점과 원호를 선택한 다음 구속조건으로 일치를 부가합니다.

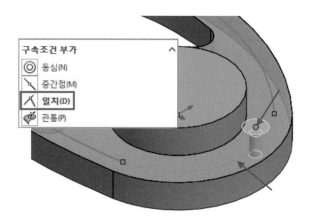

구멍의 점과 스케치 원점을 선택한 다음 구속조건으로 수평을 부가합니다.

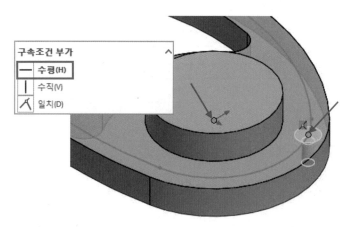

❷ 확인 ✔을 클릭합니다.

09 곡선 이용 패턴 PropertyManager

> **TIP** 곡선 이용 패턴
>
> 피처 도구모음에서 곡선 이용 패턴 을 클릭하거나 삽입 → 패턴 / 대칭복사 → 곡선 이용 패턴을 클릭합니다.
>
> 곡선 이용 패턴 을 사용하여 평면이나 3D 곡선을 따라 패턴을 생성할 수 있습니다. 패턴을 지정할 때, 평면에 있는 모든 스케치 요소 또는 면의 모서리를 사용할 수 있습니다. 패턴을 열린 곡선이나 원과 같은 폐곡선에서 시 작할 수 있습니다.

1 곡선 이용 패턴 PropertyManager

❶ 방향 1 : 패턴 경로로 사용할 곡선, 모서리선, 스케치 요소 또는 스케치를 선택합니다.

❷ 반대 방향 을 클릭하여 패턴할 방향을 변경합니다.

❸ 인스턴스 수 : 패턴에 삽입할 씨드 인스턴스의 수를 지정합니다.

❹ 동등 간격 : 인스턴스 사이의 거리를 동등하게 지정합니다.

인스턴스 사이의 간격은 패턴 방향으로 선택한 곡선과 곡선 방법에 따라 정해집니다.

• 동등 간격을 체크하지 않았을 때 : 선택한 패턴방향을 따라 지정된 간격으로 피처를 배치합니다.

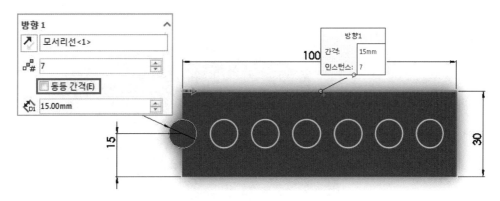

Project 16 곡선 이용 패턴예제 **387**

• 동등 간격을 체크하였을 때 : 선택된 패턴방향을 따라 동일한 간격으로 피처를 배치합니다.

이때 패턴방향으로 선택된 객체를 인스턴스 수만큼 동일한 간격으로 등분하므로 간격 값은 비활
성화됩니다.

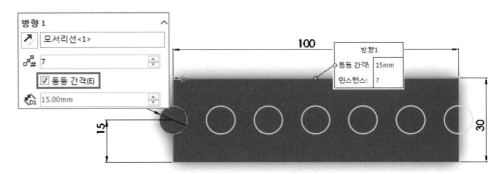

⑤ 간격 ![icon] : 동등 간격을 선택하지 않았을 때 사용 가능합니다. 곡선 상에 있는 패턴 인스턴스 사이
의 거리를 지정합니다. 곡선과 패턴할 피처 사이의 간격은 곡선에 수직으로 측정됩니다.

⑥ 곡선 변형 : 선택한 곡선의 원점에서 씨드 피처까지의 델타 X와 델타 Y거리가 유지됩니다. 즉, 곡
선의 형태를 그대로 패턴합니다.

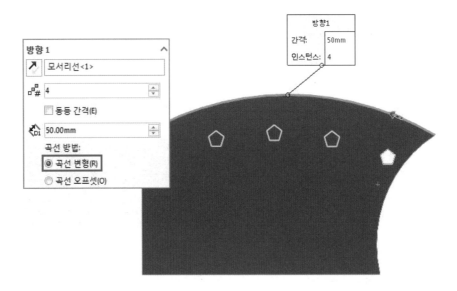

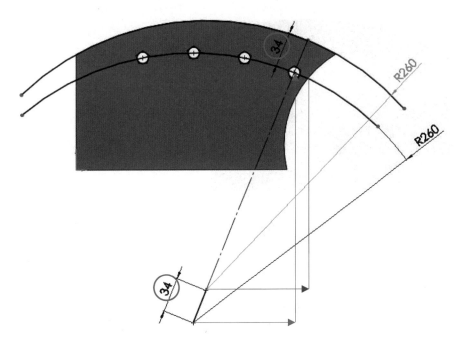

❼ 곡선 오프셋 : 선택한 곡선의 원점에서 씨드 피처 사이의 수직 거리가 유지됩니다.

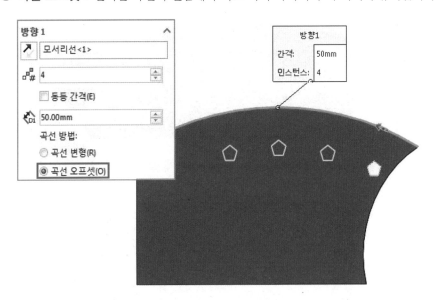

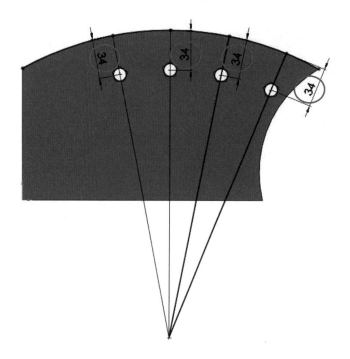

❽ 곡선에 접함 : 각 패턴 인스턴스를 패턴 방향으로 선택한 곡선에 탄젠트를 이루도록 정렬합니다.

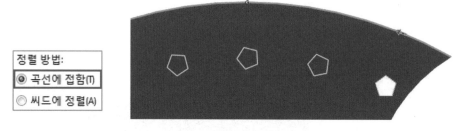

❾ 씨드에 정렬 : 각 패턴 인스턴스를 씨드 피처의 원래 정렬에 맞춥니다.

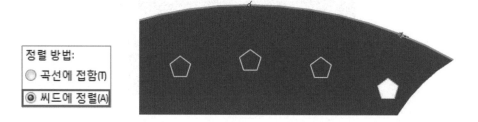

⑩ 수직면 : 3D 곡선이 놓인 면을 선택해서 선 이용 패턴을 작성합니다.

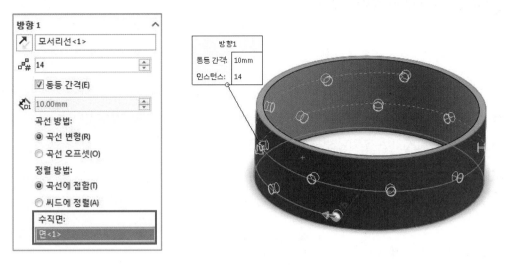

⑪ 패턴 씨드만 : 방향 1 아래에 작성된 곡선 패턴을 중복하지 않고, 씨드 패턴만 반복하여 방향 2 아래에 곡선 패턴을 작성합니다.

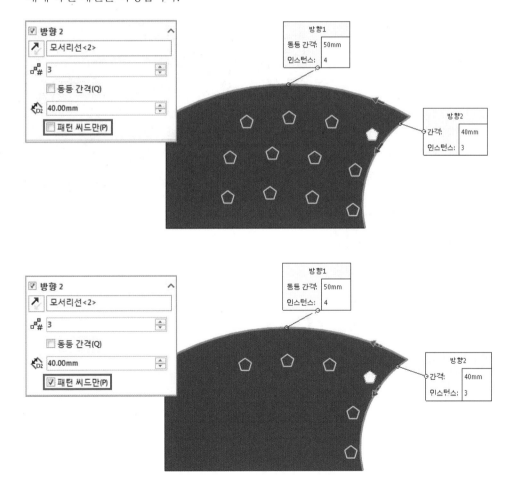

피처 도구모음에서 곡선 이용 패턴 ⊕ 을 클릭하거나 삽입 → 패턴 / 대칭복사 → 곡선 이용 패턴을 클릭합니다.

1 방향 1 : 오프셋한 스케치를 플라이아웃 FeatureManager 디자인 트리에서 선택합니다.

2 인스턴스 수 ⊞# : 20을 입력하고 동등 간격을 지정합니다.

3 패턴할 피처 ⊞ : 플라이아웃 FeatureManager 디자인 트리에서 구멍가공 마법사로 생성한 M3.5 납작 머리 작은 나사용 카운터싱크를 선택합니다.

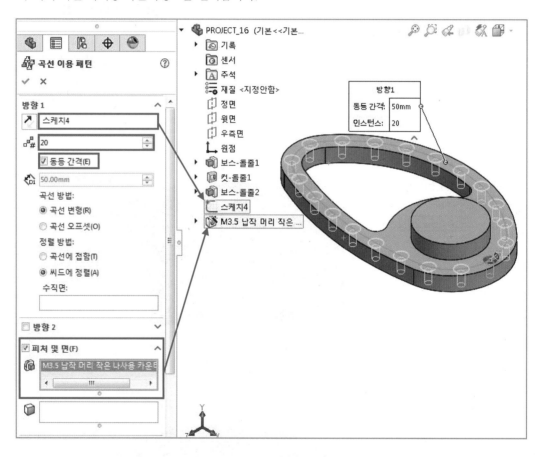

11 스케치 숨기기

FeatureManager 디자인 트리에서 곡선 이용 패턴의 패턴방향으로 사용한 스케치를 선택한 후 마우스 오른쪽 버튼을 누릅니다. 바로가기 메뉴에서 숨기기 ◈를 선택합니다.

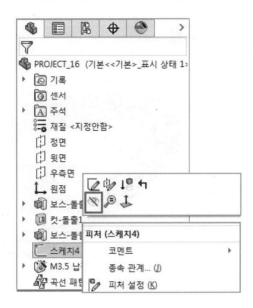

12 2D 평면 선택하고 스케치하기 5

1 솔리드 형상의 면을 선택한 후 스케치 도구모음의 스케치 ⌐를 클릭하고 다음과 같이 스케치를 합니다.

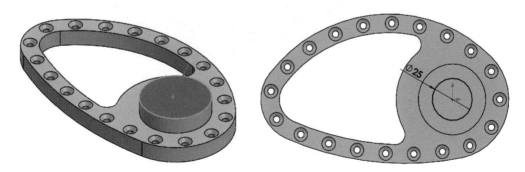

2 스케치 확인 코너에서 스케치 종료 ⌐ᵞ를 클릭합니다.

13 돌출컷 2

피처 도구모음에서 돌출컷 을 클릭합니다.

- 마침조건 : 관통을 선택합니다.

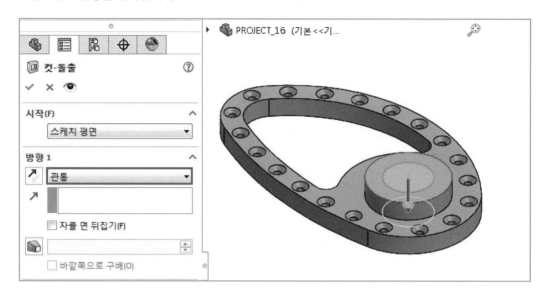

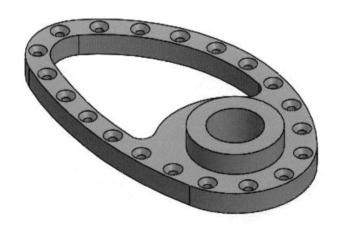

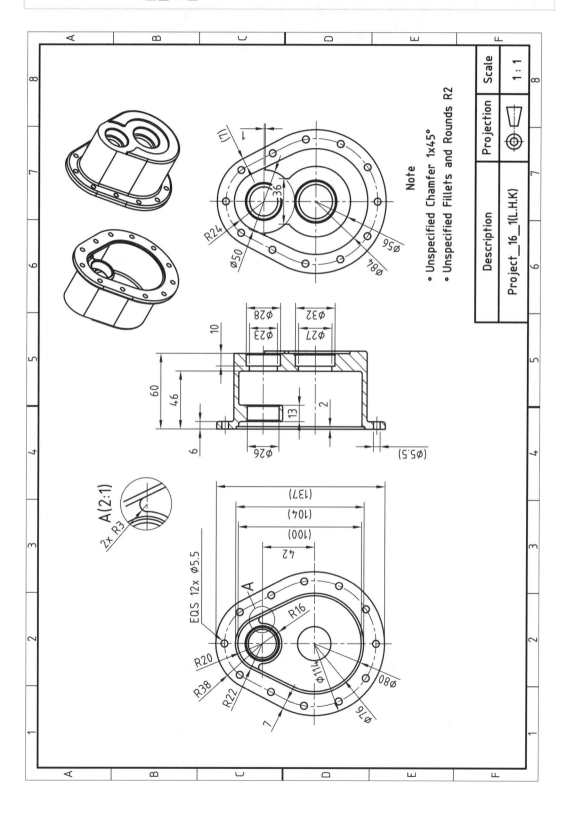

Note
- Unspecified Chamfer 1x45°
- Unspecified Fillets and Rounds R2

Description	Projection	Scale
Project_16_1(L.H.K)	⊕	1 : 1

단순 스윕 예제

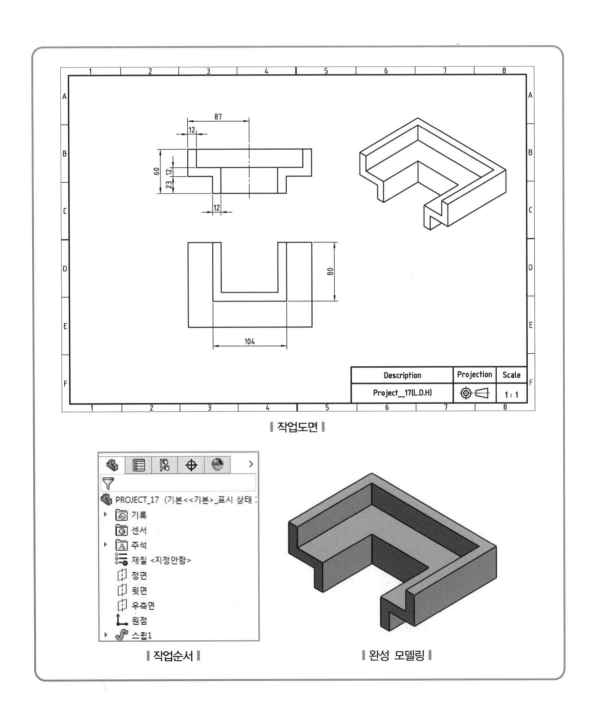

‖ 작업도면 ‖

‖ 작업순서 ‖

‖ 완성 모델링 ‖

01 2D 평면 선택하고 스케치하기 1

1 FeatureManager 디자인 트리에서 윗면을 선택하고, 스케치 도구모음에서 스케치 ⌐를 클릭합니다.

2 선택한 평면에 중심선 ⌿을 이용하여 원점에 수평한 중심선을 그은 다음, 선 ⁄을 이용하여 다음과 같이 스케치하고, 선분의 중간점과 스케치 원점 사이의 구속조건으로 수직을 부가합니다.

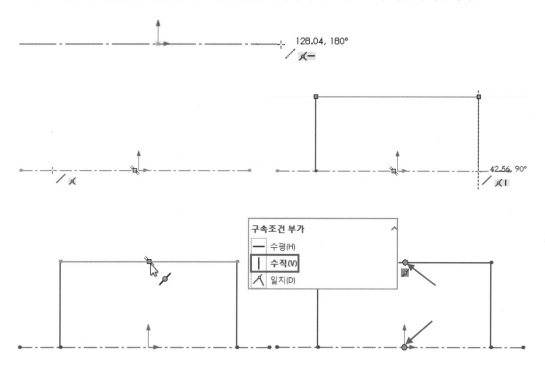

3 다음과 같이 지능형 치수 ⟨를 클릭하고 치수를 부가하여 스윕의 경로에 대한 스케치를 완성합니다.

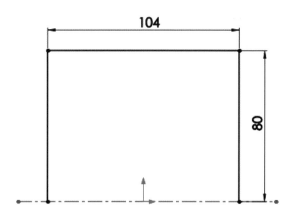

4 스케치 확인 코너에서 스케치 종료 ⌐↵를 클릭합니다.

1 경로를 따라 이동할 프로파일을 스케치하기 위해 FeatureManager 디자인 트리에서 정면을 선택하고, 스케치 도구모음에서 스케치 🗀를 클릭합니다.

2 선 ✎ 을 클릭한 후 스케치하고 지능형 치수 ❖ 를 이용하여 다음과 같이 치수를 부가합니다.

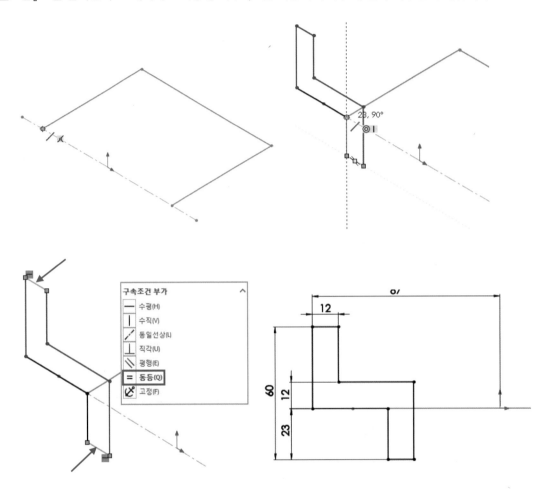

3 스케치 확인 코너에서 스케치 종료 🔎를 클릭합니다.

프로파일이 경로를 따라 돌출하면서 Feature를 생성합니다. 스윕 PropertyManager 중 프로파일과 경로에 대해서만 알아보겠습니다.

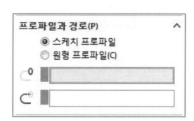

- **프로파일** ⌒⁰ : 스윕 작성에 사용할 스케치 프로파일을 지정합니다. FeatureManager나 그래픽 영역에서 프로파일 스케치를 선택합니다. 베이스나 보스 스윕 피처를 위해 사용할 프로파일은 닫혀 있어야 합니다.

  원형 프로파일은 별도의 스케치가 필요 없고 지름값을 지정하면 원형 프로파일이 생성됩니다. 내경, 외경을 표현하기 위해서는 얇은 피처를 사용할 수 있습니다.

- **경로** ⌒ : 프로파일을 스윕할 경로를 지정합니다. FeatureManager 디자인 트리나 그래픽 영역에서 경로 스케치를 선택합니다. 경로는 개곡선 또는 폐곡선일 수 있으며, 하나의 스케치, 곡선 또는 모델 모서리 세트에 포함된 스케치 곡선 세트를 경로로 사용할 수 있습니다. 스윕 경로는 프로파일의 평면에서 시작해야 합니다.

스윕은 프로파일(단면)이 경로를 따라 이동하여 베이스 / 보스를 만들기 때문에 경로가 교차하거나 경로를 따라 생성되는 솔리드는 교차하지 않아야 합니다.

1 피처 도구모음에서 스윕 보스 / 베이스 🐛를 클릭하거나 삽입 → 보스 / 베이스 → 스윕을 클릭합니다.

다음과 같이 프로파일과 경로에 해당하는 스케치를 지정합니다.

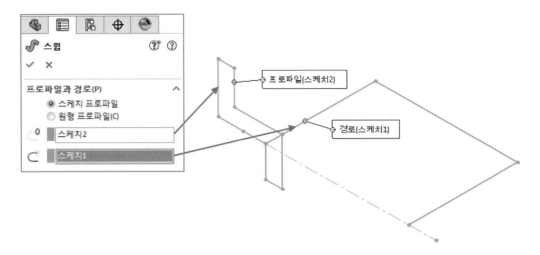

2 인접한 면과 병합하여 접선이 생기지 않도록 옵션의 탄젠트 병합에 체크합니다.

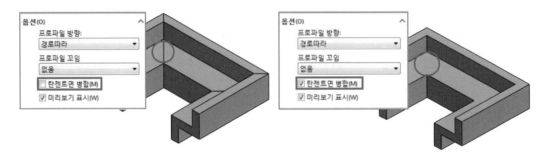

3 확인 ✔을 클릭합니다.

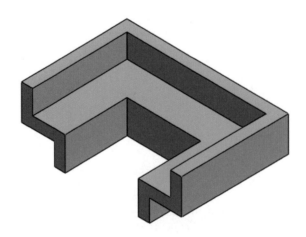

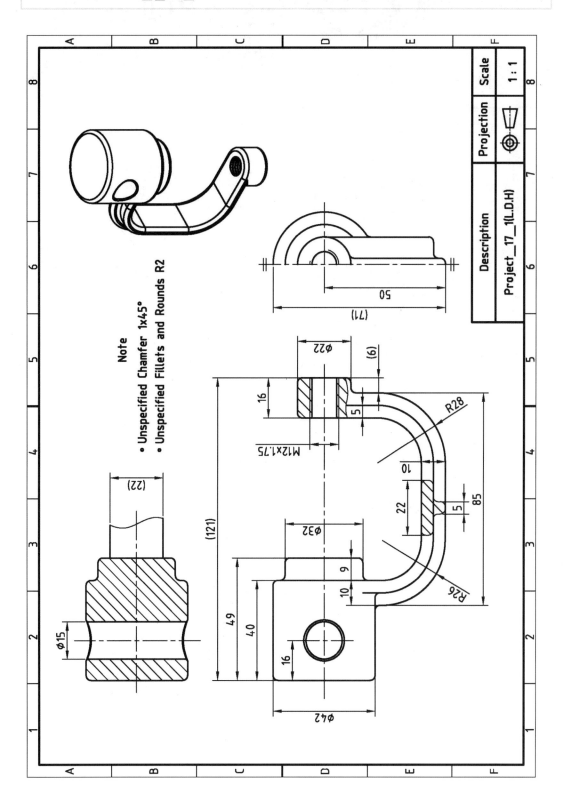

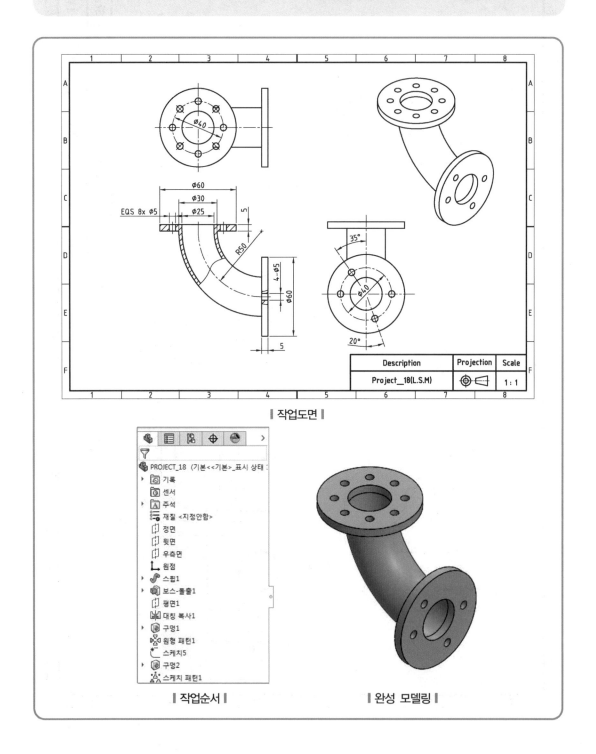

단순스윕과 스케치 이용패턴 사용예제

SolidWorks 따라하기

PROJECT **18**

Description	Projection	Scale
Project_18(L.S.M)		1 : 1

ø40

ø60
ø30
ø25

EQS 8x ø5

5

R50

4-ø5

ø60

5

35°

ø40

20°

‖ 작업도면 ‖

PROJECT_18 (기본<<기본>_표시 상태 :
- 기록
- 센서
- 주석
- 재질 <지정안함>
- 정면
- 윗면
- 우측면
- 원점
- 스윕1
- 보스-돌출1
- 평면1
- 대칭 복사1
- 구멍1
- 원형 패턴1
- 스케치5
- 구멍2
- 스케치 패턴1

‖ 작업순서 ‖

‖ 완성 모델링 ‖

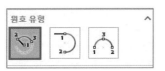

01 2D 평면 선택하고 스케치하기 1

1 FeatureManager 디자인 트리에서 정면을 선택하고, 스케치 도구모음에서 스케치 ⌒ 를 클릭하여 스윕경로를 다음과 같이 스케치합니다.

2 스케치 도구모음의 중심점 호 ⌒ 를 선택하고 스케치 원점을 클릭하여 호 중심점을 지정한 다음 시작점을 클릭하고 호의 끝점을 클릭하여 다음과 같은 위치에 호를 작성합니다.

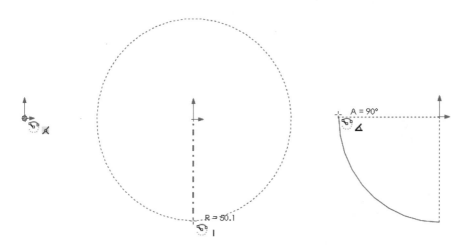

① 호의 끝점과 스케치 원점을 Ctrl 을 누른 채 선택한 후 두 점 사이의 구속조건에 수평을 부가합니다.

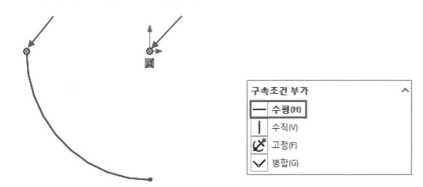

❷ 호의 끝점과 스케치 원점을 Ctrl을 누른 채 선택한 다음 두 점 사이의 구속조건에 수직을 부가합니다.

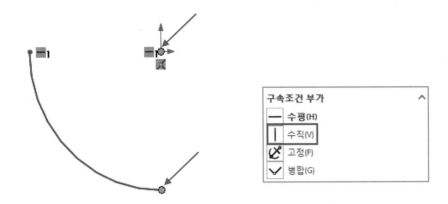

❸ 지능형 치수 ✎를 이용하여 호의 반경 치수 50을 기입합니다.

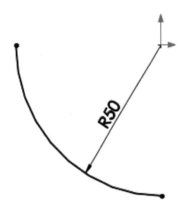

❹ 스케치 확인 코너에서 스케치 종료 ⤵를 클릭합니다.

1 FeatureManager 디자인 트리에서 윗면을 선택하고, 스케치 도구모음에서 스케치 ⌐를 클릭하여 스윕의 프로파일을 다음과 같이 스케치합니다.

2 스케치 도구모음의 원 ⊙을 클릭한 후 다음과 같이 스케치하고 지능형 치수 ↖를 이용하여 치수를 부가합니다.

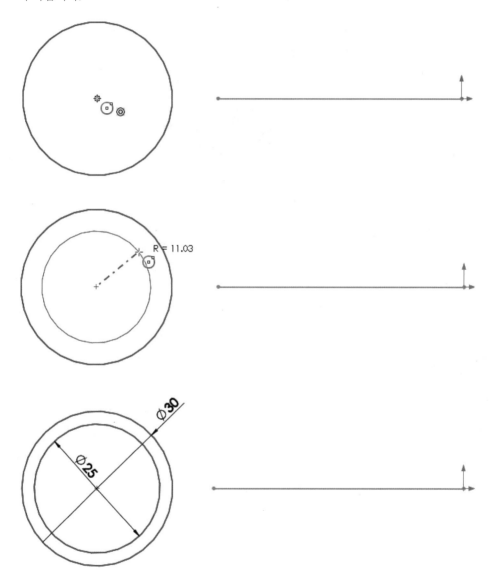

③ 보기(빠른 보기) 도구모음에서 보기 방향을 등각보기 📦 상태로 맞추고 원의 중심점과 호를 선택한 다음 구속조건을 관통 🔖으로 부가합니다.

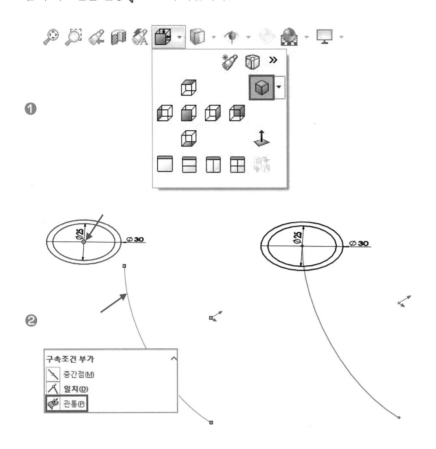

TIP

관통 조건 🔖은 스케치 점과 스케치 평면을 관통하는 스케치 곡선, 축, 모서리선 또는 곡선이 스케치 평면과 교차하는 지점에 스케치 점이 일치하게 합니다. 관통 조건은 스윕 프로파일의 한 점이 경로곡선이나 안내곡선에 위치하도록 하기 위해 사용됩니다.
스케치 평면에 일치하지 않거나 통과하지 않는 스케치 곡선, 축, 모서리선 또는 곡선을 선택 시 평면과 곡선 사이에 교차 지점이 생기지 않으므로 관통 조건을 부여할 수 없습니다.

---

④ 스케치 확인 코너에서 스케치 종료 ↪를 클릭합니다.

03 스윕 1

피처 도구모음에서 스윕 보스 / 베이스를 클릭하거나 삽입 → 보스 / 베이스 → 스윕을 클릭합니다. 프로파일과 경로에 해당 스케치를 선택한 후 확인을 클릭합니다.

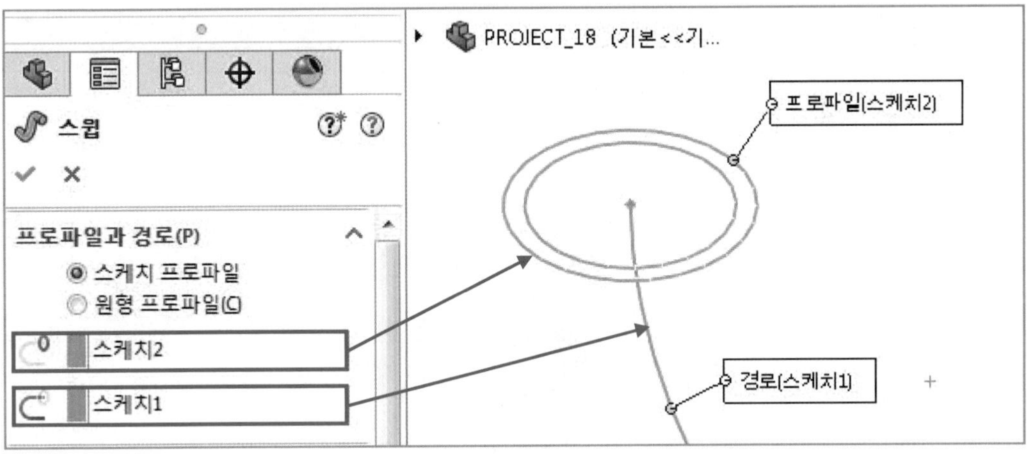

TIP 원형 프로파일

프로파일이 원형일 때는 프로파일을 스케치할 필요 없이 원형 프로파일로 지름 값을 지정하여 형상을 만들거나 얇은 피처의 두께 값을 지정하여 경로를 따라 중공튜브를 생성할 수 있습니다.

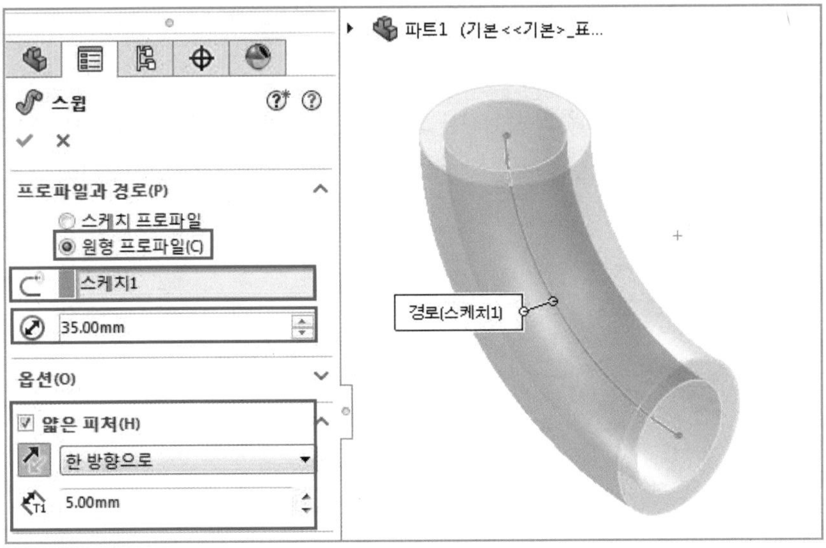

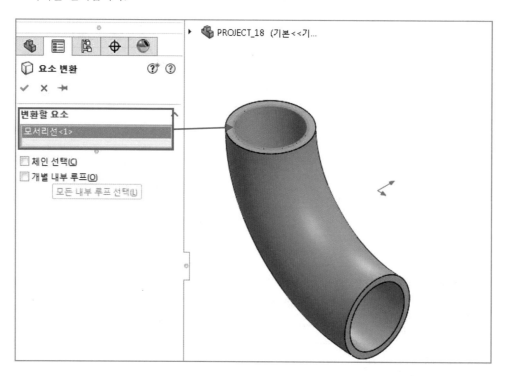

04 **2D 평면 선택하고 스케치하기 3**

1 FeatureManager 디자인 트리에서 윗면을 선택하고, 스케치 도구모음에서 스케치 ⌐를 클릭합니다.

2 스케치 도구모음의 요소 변환 ⬡을 클릭하고, 변환할 요소란에 다음과 같이 솔리드 형상의 안쪽 원형 모서리를 선택합니다.

3 스케치 도구모음의 원 ⊙을 클릭한 후 원의 중심점을 요소 변환시킨 원의 중심점에 동심이 되도록 지정합니다. 그런 다음 마우스를 끌어 원의 반경을 지정하고 다음 지능형 치수 ✎를 이용하여 다음과 같이 치수를 부가 합니다.

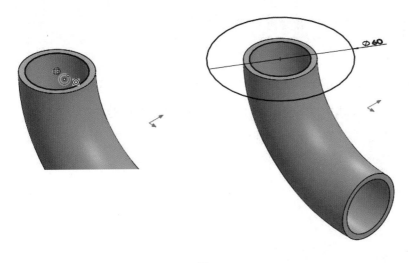

4 스케치 확인 코너에서 스케치 종료 ⮐를 클릭합니다.

05 돌출 1

피처 도구모음의 돌출 을 클릭한 다음 마침조건은 블라인드 형태로 깊이 값은 5mm를 기입한 후 확인 ✔을 클릭합니다.

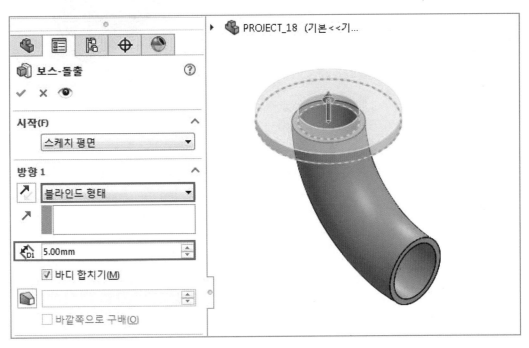

06 기준면 1

1. 참조형상 도구모음에서 기준면을 선택하거나 삽입 → 참조형상 → 기준면을 선택합니다.

2. 플라이아웃 FeatureManager 디자인 트리에서 제1참조는 윗면을 선택하고 제2참조는 우측면을 선택하여 선택한 두 평면에 의한 중간 평면을 만듭니다.

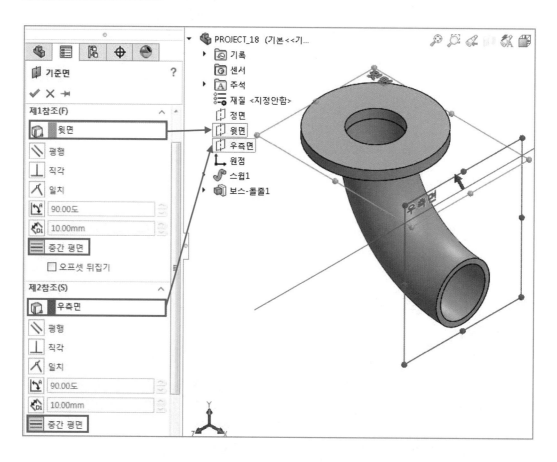

3. 확인 ✔을 클릭합니다.

07 대칭복사 🔡 1

1 피처 도구모음의 대칭복사🔡를 클릭하거나 삽입 → 패턴 / 대칭복사 → 대칭복사를 선택합니다.

❶ **면 / 평면 대칭복사** 📦 : 기준면 명령으로 생성한 평면을 선택합니다.

❷ **대칭복사할 피처** 📦 : 돌출피처를 생성합니다.

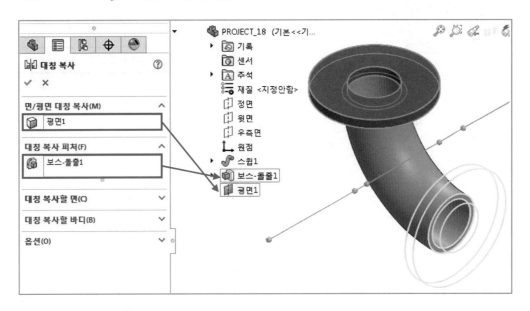

2 위의 ❶, ❷ 과정이 끝나면 확인 ✔을 클릭합니다.

3 FeatureManager 디자인 트리에서 평면 1을 숨깁니다.

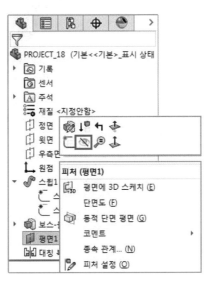

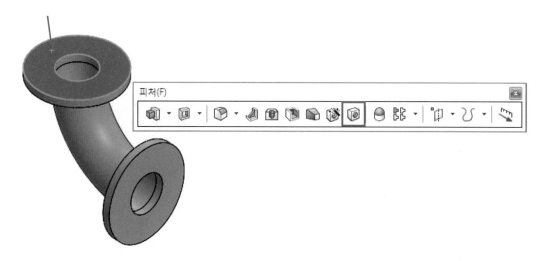

1 솔리드 형상의 면을 선택한 후 피처 도구모음의 구멍기본형 을 클릭합니다.

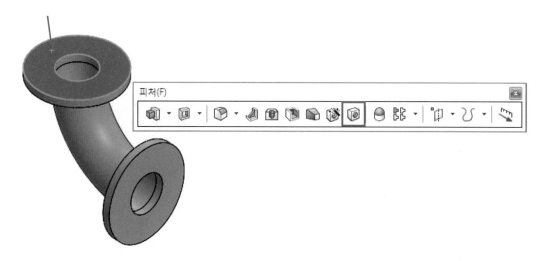

2 마침조건은 다음까지를 선택하고 구멍지름 에 5mm를 기입한 후 확인 을 클릭합니다.

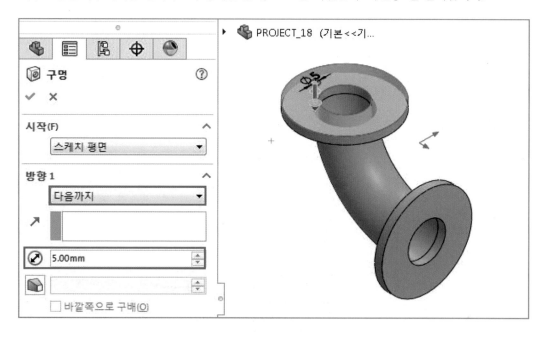

3 FeatureManager 디자인 트리에서 구멍기본형 피처의 스케치를 편집하여 구멍의 정확한 위치를 설정
합니다.

❶ 구멍기본형 피처를 선택하고 마우스 오른쪽 버튼을 누른 후 스케치 편집 을 선택합니다.

❷ 원의 중심점과 스케치 원점을 선택한 후 구속조건 부가에 수평 조건을 부여합니다.

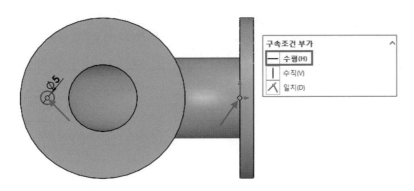

❸ 지능형 치수 ✒로 다음과 같이 치수를 부여하여 구멍의 위치를 결정합니다.

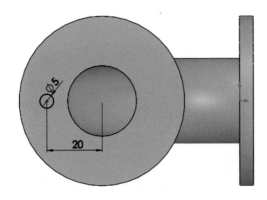

❹ 스케치 확인 코너에서 스케치 종료 ⤶를 클릭합니다.

1 보기 → 숨기기 / 보이기 → 임시축 을 클릭하거나 보기(빠른 보기) 도구모음의 임시축을 선택합니다.

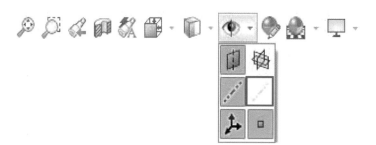

2 원통형 형상에 임시축이 보이면 피처 도구모음의 원형 패턴 을 클릭합니다.

TIP

임시축은 스케치 형상을 만들 때나 원형 패턴의 축에 사용할 수 있습니다.
모든 원통형 및 원추형 면에는 축이 있습니다. 임시축은 모델의 원추형 및 원통형에 의해 임의로 만들어진 축입니다. 기본값을 설정하여 모든 임시축을 숨기거나 표시할 수 있습니다.

① 패턴 축 선택란에 원형 형상에 보이는 임시축을 선택합니다.
② 각도 합계 : 360°
③ 인스턴스 수 : 8
④ 동등 간격 체크

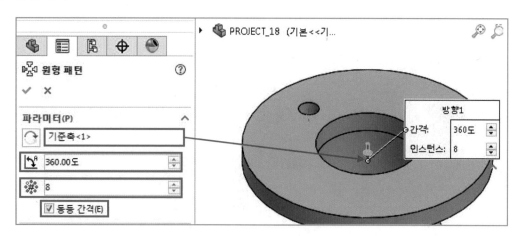

3 패턴할 피처 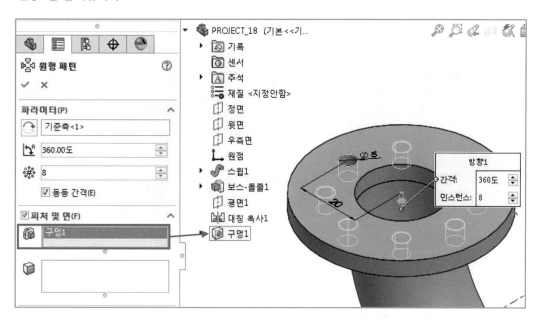에는 플라이아웃 FeatureManager 디자인 트리에서 구멍기본형 피처를 선택한 후 확인 ✔을 클릭합니다.

4 보기, 임시축을 다시 클릭하여 보이는 임시축을 숨깁니다.

---

10 **2D 평면 선택하고 스케치하기 4**

1 다음과 같이 형상의 면을 선택하고, 스케치 도구모음에서 스케치 를 클릭합니다.

2 스케치 도구모음의 원 ⊙ 을 선택합니다.

커서를 모델의 원주에 가지고 가면 Osnap점이 활성화되는데 그중에서 중심점을 클릭하여 스케치하
는 원의 중심점이 모델의 중심점과 일치 하도록 하고 반경을 클릭하여 원을 스케치합니다.

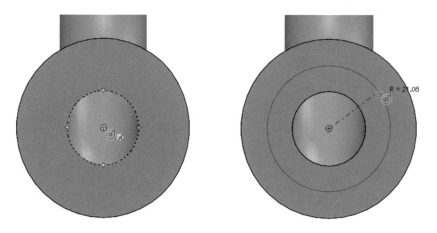

스케치 도구모음의 지능형 치수 ✎ 를 클릭하여 치수를 부가합니다.

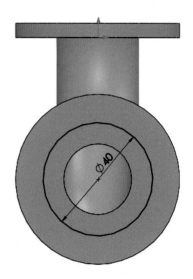

3 원을 선택한 다음 스케치 도구모음의 보조선 📶을 클릭하여 원을 보조선으로 변환시킵니다.

보조선 📶은 스케치 또는 도면에 스케치한 요소를 참조 형상(보조선)으로 변환합니다. 참조 형상은 최종적으로 파트에 합쳐지는 스케치 요소 및 형상 생성에 보조 요소로만 사용되며, 스케치가 피처 생성에 사용될 경우 무시됩니다. 참조 형상은 중심선과 같은 선 형식을 사용합니다.

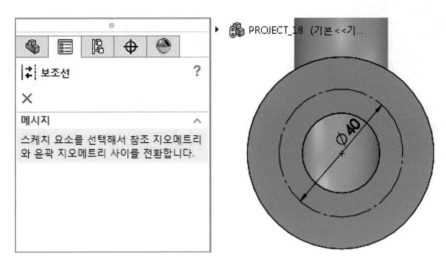

 TIP

스케치 요소를 보조선으로 변환하는 방법으로 변환하고자 하는 요소를 선택하고 속성창에서 옵션에 보조선을 체크하여도 됩니다. 또는 마우스 오른쪽 버튼을 이용한 바로가기 메뉴에서 보조선을 선택하여도 됩니다.

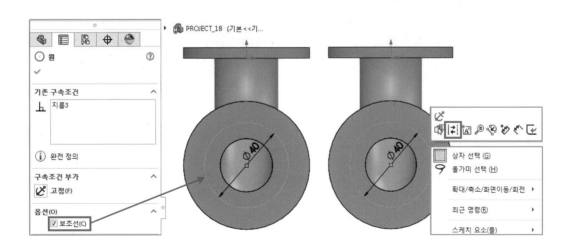

4 스케치 도구모음의 점 □ 을 클릭하여 원의 180° 위치의 사분점에 한 점과 원주 상에 일치하는 두 개의
점을 다음과 같이 스케치합니다.

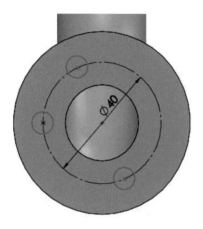

5 원주 상에 일치하는 점의 위치를 지정하기 위해 사분점을 일치하는 중심선 ✐ 을 스케치하고 지능형
치수 ✎ 를 실행한 후 중심선의 끝점, 원의 중심점, 점을 선택하여 3점 사이의 각도를 기입합니다.

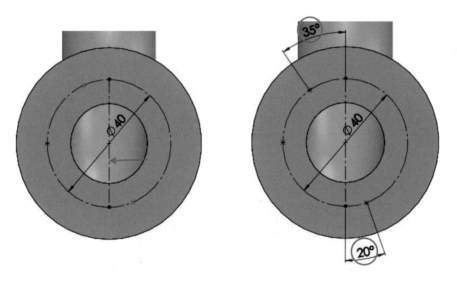

6 스케치 확인 코너에서 스케치 종료 ⤷ 를 클릭합니다.

1 솔리드 형상에서 점을 스케치한 면을 선택한 후 피처 도구모음의 구멍기본형 을 클릭합니다.

❶ 마침조건 : 다음까지를 선택합니다.

❷ 구멍지름 : 5mm를 기입합니다.

2 확인 ✔을 클릭합니다.

1 FeatureManager 디자인 트리에서 구멍기본형 피처 2를 선택하고 바로가기 메뉴에서 스케치 편집을
선택합니다.

2 구멍기본형의 원의 중심점과 위에 그려 놓은 원주를 선택하고 구속조건에 일치를 부가합니다.

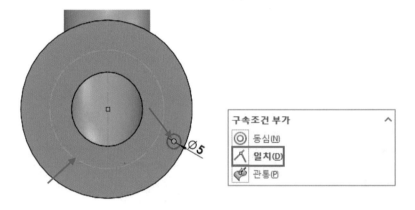

3 구멍기본형의 원의 중심점과 위에 그려 놓은 원의 중심점을 선택하고 수평 조건을 부가합니다.

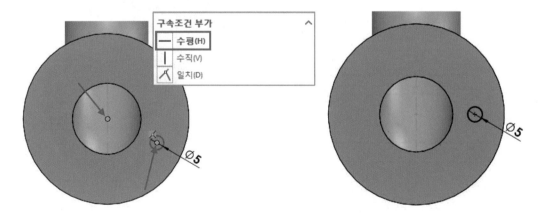

4 스케치 확인 코너에서 스케치 종료를 클릭합니다.

13 스케치 이용 패턴 🎛 PropertyManager

스케치 내의 스케치 점을 사용하여 피처 패턴을 지정할 수 있습니다. 씨드 피처가 스케치의 각 점에 걸쳐 패턴 복사됩니다. 구멍 또는 기타 피처 항목에 스케치 이용 패턴을 사용할 수 있습니다.

■ 스케치 이용 패턴 속성창(PropertyManager)

① **참조스케치** 🎯 : 패턴에 사용할 참조스케치를 선택

② **참조점 : 중심(C)**
중심을 스케치 이용 패턴에 대한 참조점으로 선택할 경우 씨드 피처의 유형을 기반으로 중심이 결정됩니다.
- 원통형, 원추형 또는 회전 피처에서 중심은 회전축과 패턴의 X−Y 평면과 교차하는 지점입니다.

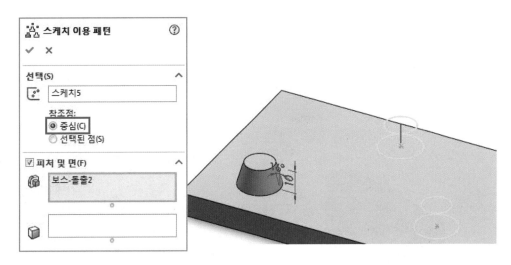

- 스케치가 사각형이나 타원형과 같은 선과 원호로 구성되고 스케치 평면이 X−Y 평면에 평행한 경우 중심은 스케치의 중심으로 정의됩니다.
- 다른 조건에서는 중심이 씨드 피처 면의 중심입니다.

• 하나 이상의 씨드 피처가 있을 경우 첫 번째 씨드 피처의 중심이 사용됩니다.

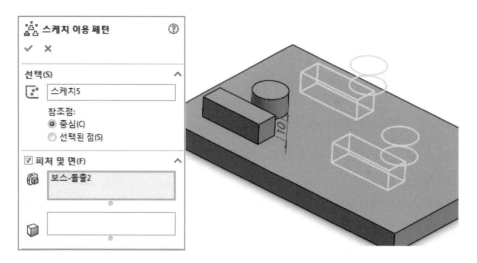

• 씨드 피처가 여러 윤곽선을 포함하는 스케치에서 생성된 경우 가장 큰 폐쇄 윤곽선의 중심이 사
용됩니다.

2 선택된 점(S)

씨드 지오메트리가 비대칭이거나 여러 개의 피처로 구성되어 있으면 선택점 옵션을 사용합니다.

참조점을 무엇을 선택하느냐에 따라 연장하는 피처의 위치가 달라집니다.

참조점으로 선택한 점을 선택한 경우, 그래픽 영역에서 참조 꼭지점▫을 선택합니다.

Example

- 참조점 : 중심(C)

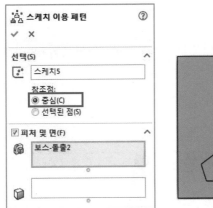

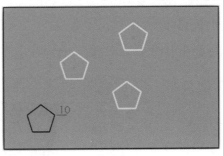

- 참조점 : 선택된 점(S)

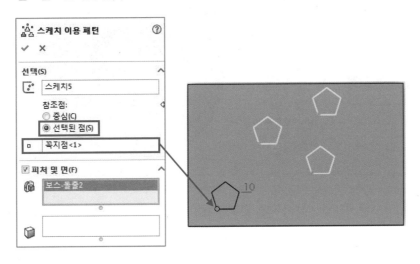

1 피처 도구모음에서 스케치 이용 패턴 ⛾을 클릭하거나 삽입 → 패턴 / 대칭 복사 → 스케치 이용 패턴을 클릭합니다.

2 **참조스케치** ⛾ : 패턴에 사용할 참조스케치는 플라이아웃 FeatureManager 디자인 트리에서 점을 스케치한 스케치를 선택합니다.

3 패턴할 피처 ⛾에는 플라이아웃 FeatureManager 디자인 트리에서 구멍기본형 피처를 선택하고, 확인 ✔을 클릭합니다.

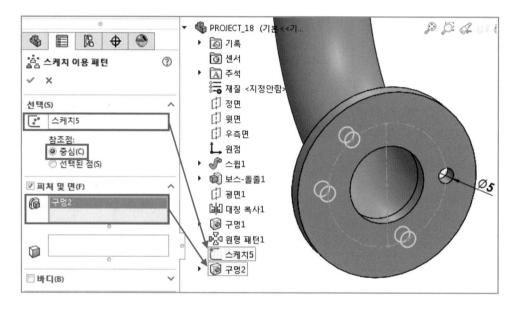

4 FeatureManager 디자인 트리에서 스케치 이용 패턴의 참조스케치로 사용한 스케치는 숨깁니다.

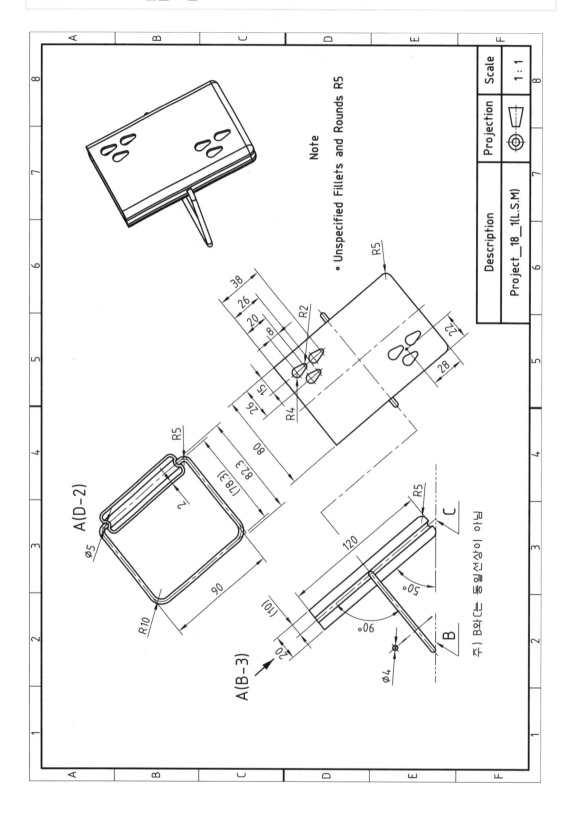

Note
• Unspecified Fillets and Rounds R5

Description	Projection	Scale
Project_18_1(L.S.M)		1 : 1

주) B와 C는 동일선상이 아님

나선형 곡선을 이용한 스윕과 합치기 사용예제

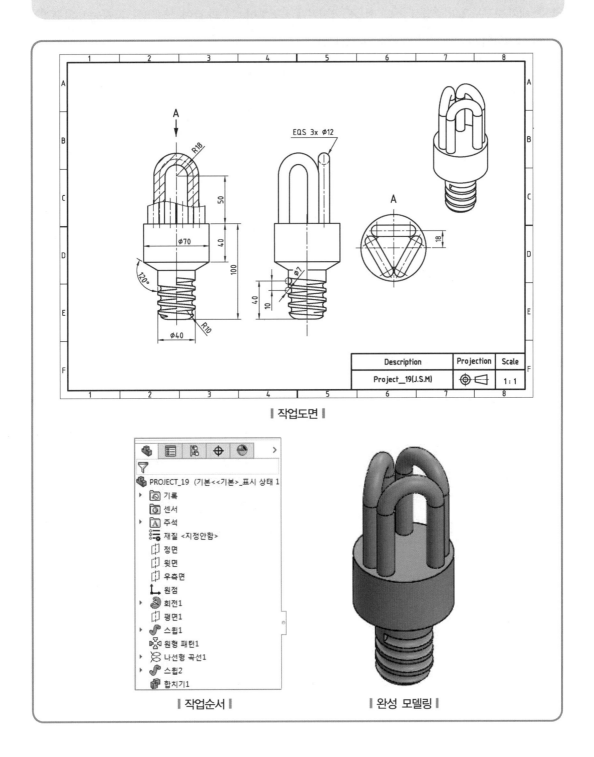

‖ 작업도면 ‖

‖ 작업순서 ‖

‖ 완성 모델링 ‖

1 FeatureManager 디자인 트리에서 정면을 선택하고, 스케치 도구모음에서 스케치 ⌐ 를 클릭합니다.

2 스케치 도구모음의 중심선 🖍 과 선 🖊 아이콘을 클릭하여 다음과 같이 스케치한 후 지능형 치수 🖌 를 클릭하여 다음과 같이 치수를 부가합니다.

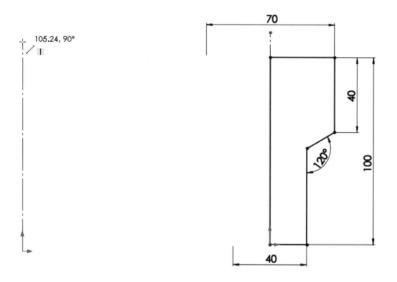

3 스케치 필렛 ⌐ 을 이용하여 두 선이 만나는 점에 탄젠트 호를 작성합니다.

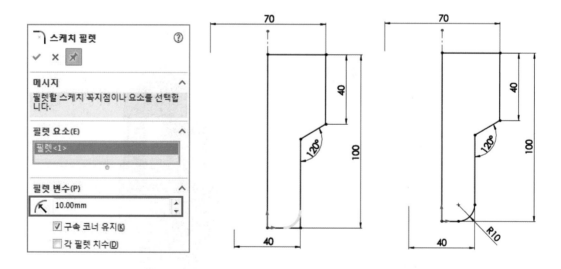

4 스케치 확인 코너에서 스케치 종료 ⌐↵ 를 클릭합니다.

02 회전 🍥

1 피처 도구모음에서 회전 보스 / 베이스 🍥 를 클릭하거나 삽입 → 보스 / 베이스 → 회전을 클릭합니다.

❶ 회전축 ✏ : 피처를 회전할 기준 축을 선택합니다. 회전축은 위의 스케치 중심선을 선택합니다.

❷ 회전 유형 : 블라인드 형태

❸ 각도 🔧 : 회전 각도를 지정합니다. 기본값은 360°입니다.

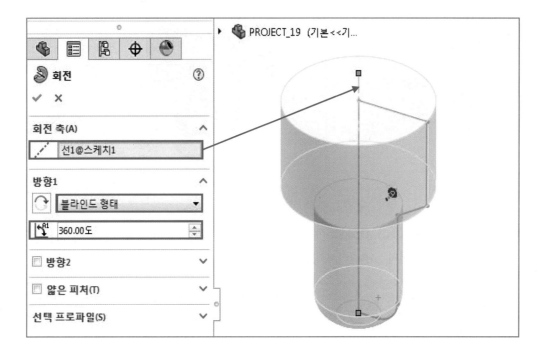

2 확인 ✔을 클릭합니다.

1 FeatureManager 디자인 트리에서 정면을 선택하고, 그래픽 영역에서 활성화된 정면을 Ctrl을 누른 채 선택하여 기준면 명령어를 실행시킵니다.

2 기준면 속성창(PropertyManager)에서 제1참조 오프셋거리 🔷를 18mm로 지정하고 오프셋 뒤집기를 체크하여 만들어지는 평면의 방향을 결정합니다.

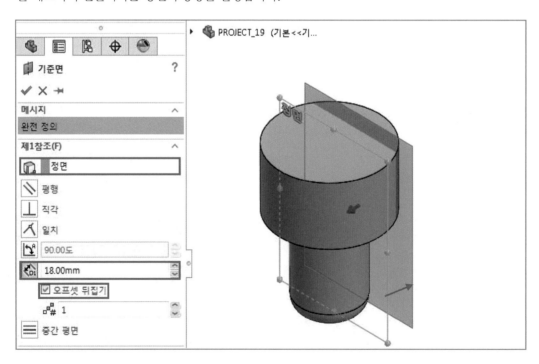

3 또는 참조 형상 도구모음에서 기준면📕을 클릭하거나 삽입 → 참조 형상 → 기준면을 클릭합니다. 평면 PropertyManager가 열리면 참조 요소📦 란에 정면을 선택하고 오프셋거리📐는 18mm를 기입한 후 확인✔을 클릭합니다.

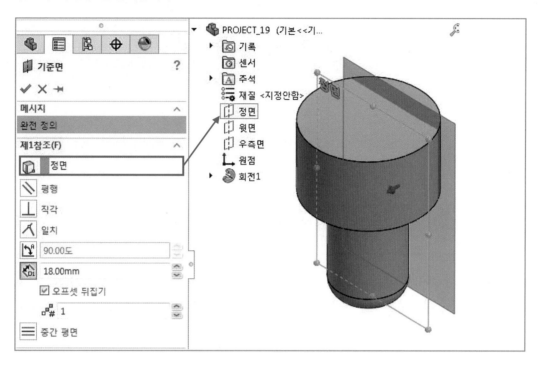

04 스케치 평면 선택 후 스케치하기 2

1 새로 만든 평면을 선택한 후 스케치 도구모음에서 스케치█를 클릭합니다.

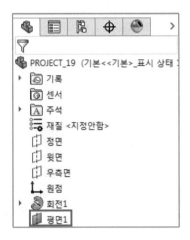

2 선 명령어에서 한 점과 다른 한 점을 클릭하여 선분을 만들고 명령어가 끝나지 않은 상태에서 키보드의 Ⓐ를 눌러 원호 명령어로 바뀌면 마우스를 움직여 호의 끝점을 지정하여 접원호를 그립니다.

또는 선 명령어에서 한 점과 다른 한 점을 클릭하여 선분을 만들고 명령어가 끝나지 않은 상태에서 마우스를 조금 움직인 다음 마우스 커서를 선분의 끝점에 가져다 두면 원호 명령어로 자동전이됩니다. 그리고자 하는 호의 모양으로 마우스를 움직이고 호의 끝점을 지정하여 접원호를 그립니다.

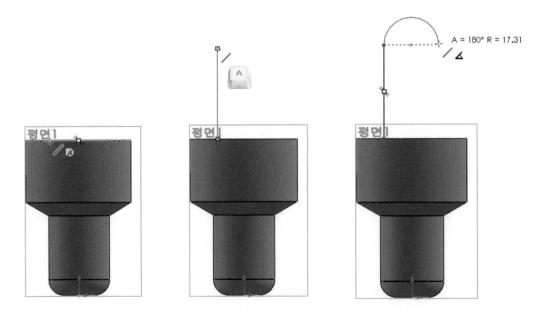

❸ 위의 선과 호를 자동 전환하는 방법으로 다음과 같이 스케치하거나, 스케치 도구모음의 선 과 접원호 ⌒를 이용하여 다음과 같이 스케치합니다.

❹ 호의 중심점과 스케치 원점을 Ctrl을 누른 채 선택한 다음 두 점 사이의 구속조건으로 수직을 부가합니다.

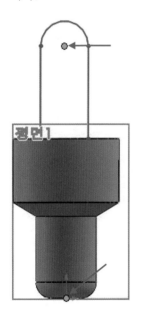

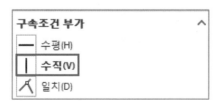

구속조건 부가	∧
— 수평(H)	
│ **수직(V)**	
⅄ 일치(D)	

5 지능형 치수 ✦를 클릭하여 다음과 같이 치수를 부가합니다.

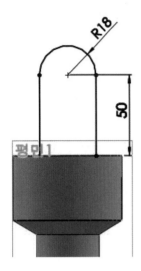

6 스케치 확인 코너에서 스케치 종료 ⌐↵를 클릭합니다.

7 FeatureManager 디자인 트리에서 작성한 평면을 선택하고 마우스 오른쪽 버튼을 누른 후 숨기기를 클릭하여 작성한 평면을 숨겨 둡니다.

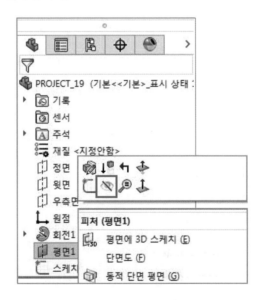

05 2D 평면 선택하고 스케치하기 3

1 형상의 면을 다음과 같이 선택한 후 스케치 도구모음에서 스케치 ㄴ를 클릭합니다.

2 스케치 도구모음의 원 ⊙을 이용하여 다음과 같이 임의의 위치에 원을 스케치한 후 지능형 치수 ✦를 클릭하여 치수를 부가합니다.

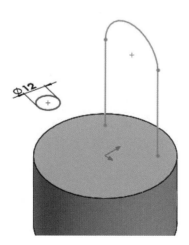

3 Ctrl을 누른 채 원의 중심점과 이전에 스케치한 곡선을 선택하고 구속조건에 관통 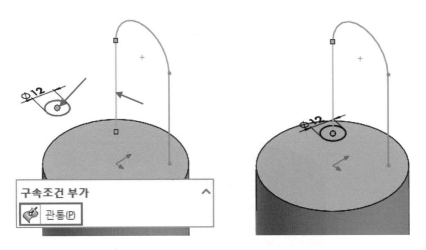을 부가하여 곡
선이 스케치 평면과 교차하는 지점에 원의 중심점이 위치하도록 만듭니다.

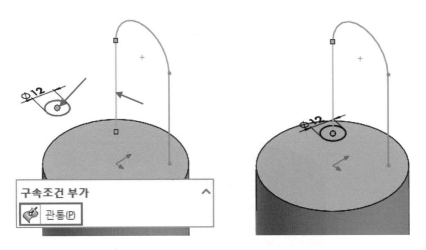

4 스케치 확인 코너에서 스케치 종료 ⌐↵를 클릭합니다.

06 스윕 1

1 피처 도구모음에서 스윕 보스 / 베이스 를 클릭하거나 삽입 → 보스 / 베이스 → 스윕을 클릭합니다.

2 프로파일 스케치는 원이 그려진 스케치를 선택합니다.

3 경로 는 선과 호로 작성된 스케치를 선택합니다.

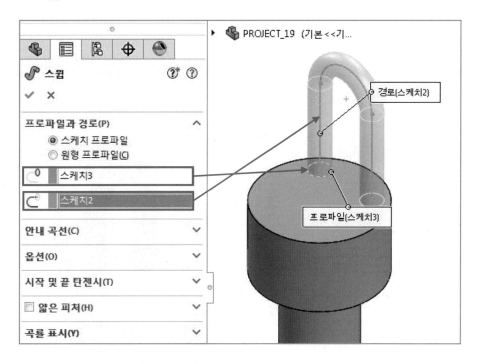

4 확인 을 클릭합니다.

1 보기 → 숨기기 / 보이기 → 임시축 ✎ 을 클릭합니다. 원통형 형상에 임시축이 보이면 피처 도구모음
의 원형 패턴 🗗 을 클릭합니다.

❶ 패턴 축 선택란에 원형 형상에 보이는 임시축을 선택합니다.

❷ 각도합계 🗘 에 360°를 기입합니다.

❸ 인스턴스 수 🗗 는 3을 기입합니다.

❹ 패턴할 피처 🗗 에는 플라이아웃 FeatureManager 디자인 트리에서 스윕 피처를 선택하고, 확인
✓ 을 클릭합니다.

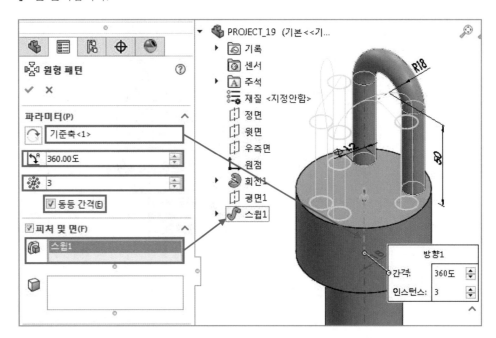

2 보기 → 숨기기 / 보이기 → 임시축 ✎ 을 다시 클릭하여 보이는 임시축을 숨깁니다.

1 FeatureManager 디자인 트리에서 윗면을 선택하고 스케치 도구모음에서 스케치 를 클릭합니다.

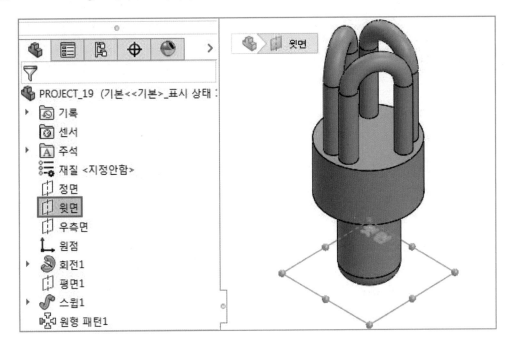

2 다음과 같이 형상의 모서리를 선택하고 스케치 도구모음의 요소 변환 을 클릭합니다.

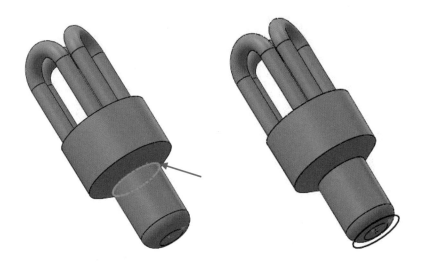

3 스케치 확인 코너에서 스케치 종료 를 클릭합니다.

1 곡선 도구모음에서 나선형 곡선 을 클릭하거나 삽입 → 곡선 → 나선형 곡선을 클릭합니다.

```
곡선(C)                    [x]
   🗅  🗊 🖵 ⑂ 🗊  🗊
```

2 나선형 곡선 PropertyManager

① 정의 기준(D)

• 피치와 회전 : 피치와 회전값으로 정의한 나선형 곡선을 작성합니다.

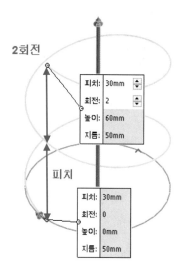

2회전

피치:	30mm
회전:	2
높이:	60mm
지름:	50mm

피치

피치:	30mm
회전:	0
높이:	0mm
지름:	50mm

TIP 나선형 곡선

파트에 나선형 곡선을 작성할 수 있습니다.
나선형 곡선은 스윕 피처에 대한 경로나 안내곡선으로, 또는 로프트 피처에 대한 안내곡선으로 사용할 수 있습니다.

스케치한 원의 지름으로 나선형 곡선(다양한 피치 나사곡선 제외)의 지름을 조절합니다.

- 높이와 회전 : 높이와 회전값으로 정의한 나선형 곡선을 작성합니다.

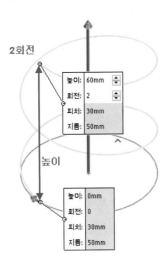

- 높이와 피치 : 높이와 피치값으로 정의한 나선형 곡선을 작성합니다.

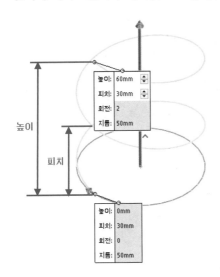

- 나선형 : 피치와 회전값으로 정의한 나선형을 작성합니다.

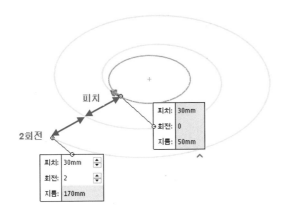

❷ 파라미터(P)

- 일정 피치 : 나선 곡선 전반에 걸쳐 일정 피치를 작성합니다.
- 가변 피치 : 지정한 영역 파라미터에 근거한 수정된 피처를 작성할 수 있습니다.
- 영역 파라미터(유동 피치만) : 피치 나사곡선의 회전(Rev), 높이(H), 지름(Dia)과 피치율(P)을 정합니다.
- 높이(나선형 곡선만) : 높이를 지정합니다.
- 피치 : 각 회전에 반경의 변동률을 지정해 줍니다. 피치값은 최소한 0.001 이상이어야 하며 200,000보다 클 수 없습니다.
- 회전 : 회전 수를 지정합니다.
- 반대 방향 : Helix Curve를 원점에서 뒤로 연장하거나, Spiral을 안쪽으로 작성합니다.
- 시작 각도 : 원 스케치에서 처음 회전을 시작할 곳을 지정합니다.
- 시계 방향 : 시계 방향으로 곡선을 돌립니다.
- 시계 반대 방향 : 시계 반대 방향으로 곡선을 돌립니다.

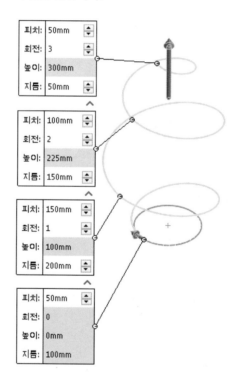

③ 테이퍼 나사산

- 테이퍼 나사산 : 점점 가늘어지는 나사산을 작성합니다.
- 테이퍼 각도 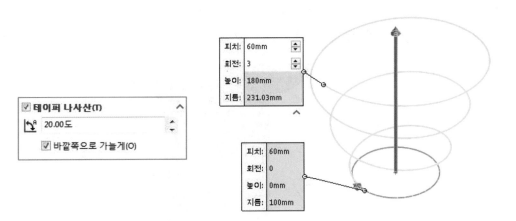 : 테이퍼 각을 지정합니다.
- 바깥쪽으로 가늘게 : 나사산을 바깥쪽으로 테이퍼합니다.

3 나선형 곡선 PropertyManager에서 정의 기준(D)을 피치와 회전을 선택하고 파라미터(P)에 일정 피치를 선택한 다음 피치 10, 회전 4, 시작각도 0°를 기입한 후 시계 방향(C)을 선택합니다.

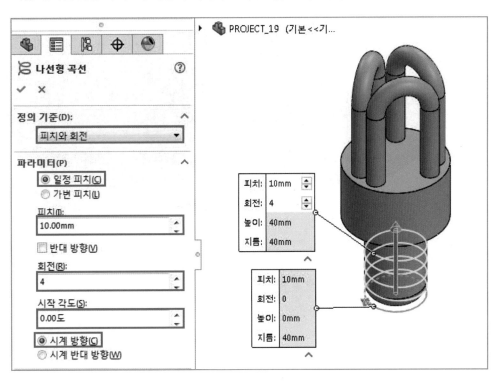

4 설정이 끝나면 확인 ✔을 클릭합니다.

1 나선형 곡선을 생성하였으면 FeatureManager 디자인 트리에서 우측면을 선택합니다.

2 스케치 도구모음에서 스케치 를 클릭한 후 스케치 도구모음의 원 을 클릭하여 다음과 같이 스케치한 후 지능형 치수 를 클릭하여 치수를 부가합니다.

3 [Ctrl]을 누른 채 원의 중심점과 나선형 곡선을 선택한 다음 구속조건으로 관통 을 부가합니다.

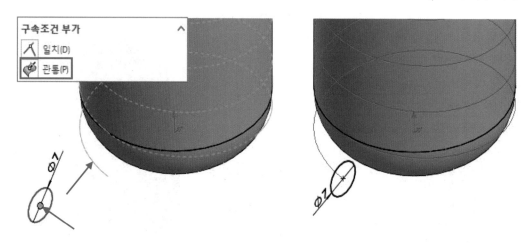

4 스케치 확인 코너에서 스케치 종료 를 클릭합니다.

11 스윕 2

1 피처 도구모음에서 스윕 보스 / 베이스 를 클릭하거나 삽입 → 보스 / 베이스 → 스윕을 클릭합니다.

2 다음과 같이 프로파일과 경로를 플라이아웃 FeatureManager 디자인 트리에서 원 스케치와 나선형 곡
선을 선택하고 옵션에 결과병합 체크를 없애 두 개의 솔리드바디를 만듭니다.

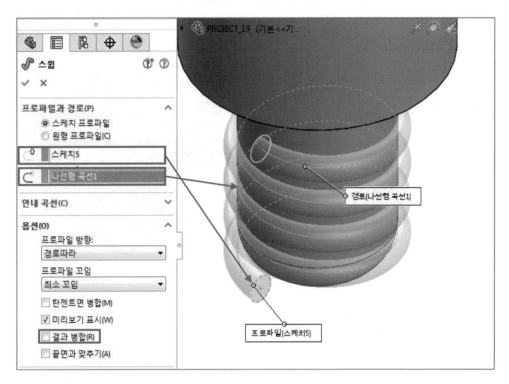

3 확인 을 눌러 작업을 완료합니다.

(1) 합치기 PropertyManager

1 작업 유형(O)

❶ 추가 : 모두 선택된 바디의 솔리드를 합쳐서 단일 바디를 작성합니다.

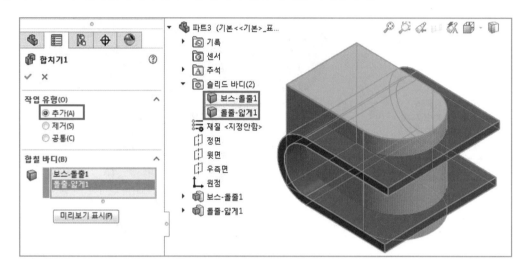

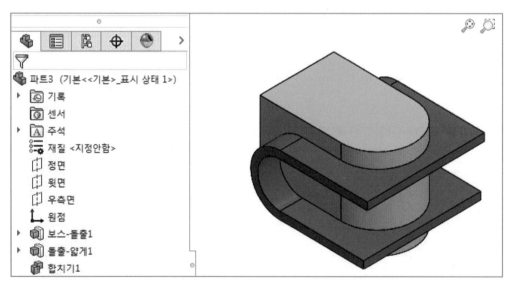

TIP 합치기

여러 개의 솔리드 바디를 합쳐서 단일 바디 파트나 다른 멀티바디 파트를 작성할 수 있습니다. 다중 솔리드 바디
를 합치는 세 가지 방법이 있습니다.

❷ 제거 : 선택한 본체에서 중복되는 재질을 삭제합니다.

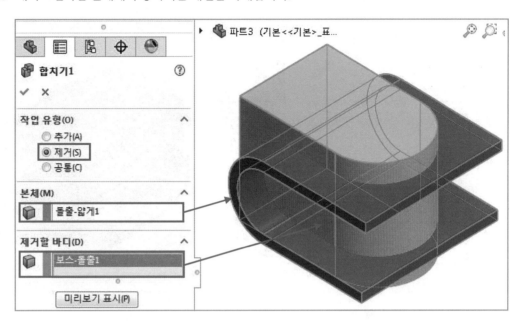

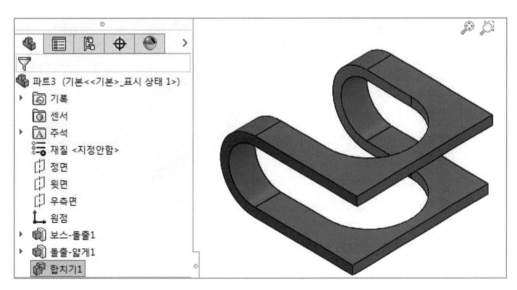

❸ 공통 : 중복되는 것을 제외한 모든 재질을 삭제합니다.

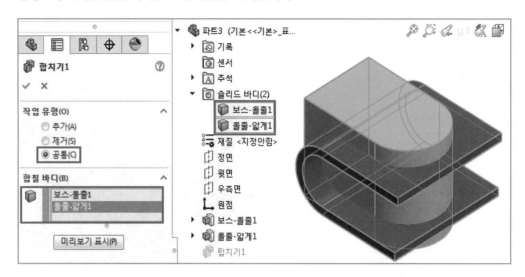

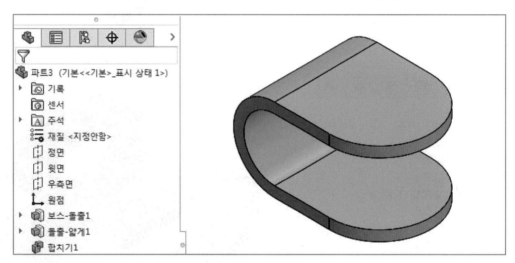

❷ 추가 또는 공통 작업 유형의 사용방법

❶ 작업 유형 아래에서 추가 또는 공통을 클릭합니다.

❷ 합칠 바디를 선택하기 위해 그래픽 영역에서 바디를 선택하거나, FeatureManager 디자인 트리안의 솔리드 바디 폴더 ⬜에서 바디를 선택합니다.

③ 제거 작업 유형 사용방법

① 작업 유형 아래에서 제거를 클릭합니다.

② 본체(M) 아래의 솔리드 바디 📦를 선택하기 위해 그래픽 영역에서 바디를 선택하거나 Feature Manager 디자인 트리의 솔리드 바디 폴더 📦에서 바디를 선택합니다.

③ 제거할 바디 아래, 솔리드 바디 📦를 선택하기 위해 제거하고자 하는 재질이 있는 바디를 선택합니다.

13 합치기 📦

1 피처 도구모음에서 합치기 📦를 클릭하거나 삽입 → 피처 → 합치기를 클릭합니다.

2 합치기 PropertyManager의 작업 유형에서 제거를 선택하고 본체와 제거할 바디를 다음과 같이 그래픽 영역에서 선택하든가 FeatureManager 디자인 트리안의 솔리드 바디 폴더 📦에서 바디를 선택합니다.

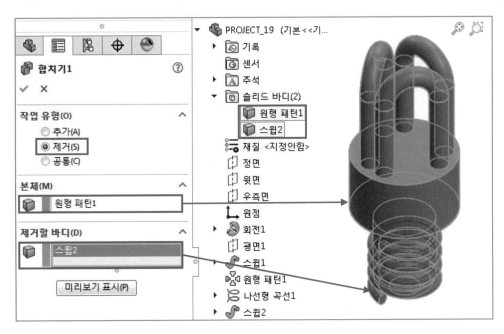

3 설정이 끝나면 확인 ✔을 클릭합니다.

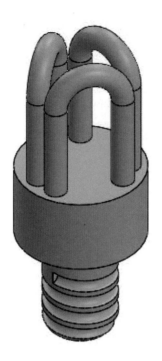

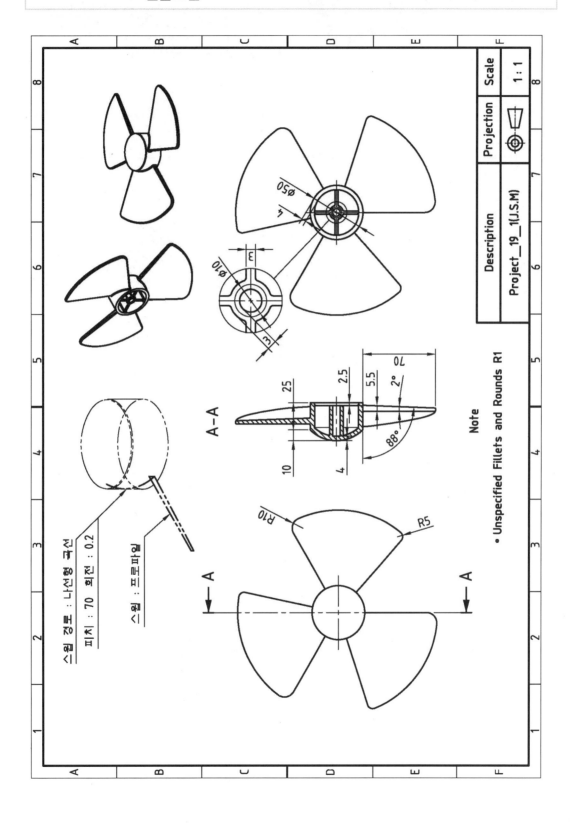

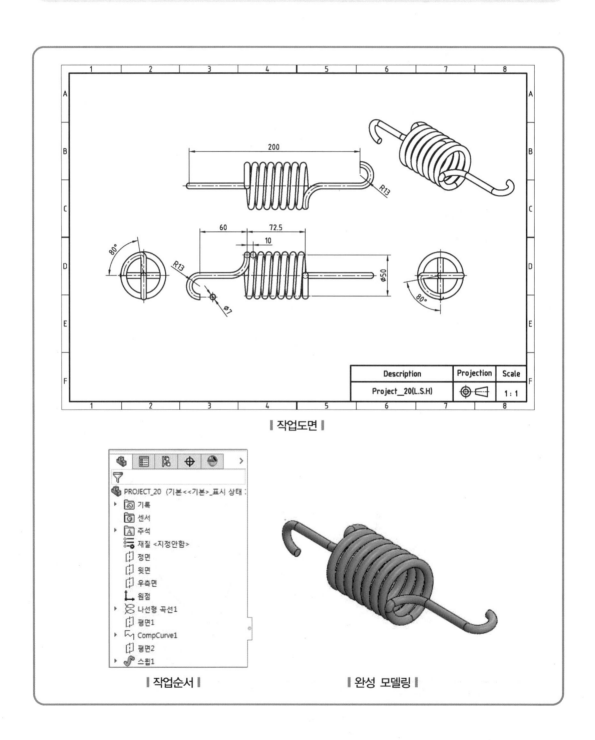

‖ 작업도면 ‖

‖ 작업순서 ‖

‖ 완성 모델링 ‖

01 · 2D 평면 선택하고 스케치하기 1

1 FeatureManager 디자인 트리에서 우측면을 선택하고,
스케치 도구모음에서 스케치를 클릭합니다.

2 스케치 도구모음의 원을 클릭하여 다음과 같이 스
케치한 후 지능형 치수를 클릭하여 치수를 부가합
니다.

3 스케치 확인 코너에서 스케치 종료를 클릭합니다.

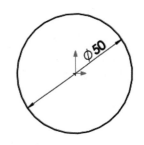

02 · 나선형 곡선 1

1 곡선 도구모음에서 나선형 곡선 을 클릭하거나 삽입 → 곡선 → 나선형 곡선을 클릭합니다.

2 나선형 곡선 PropertyManager에서 정의 기준(D)을 높이와 피치로 선택하고 파라미터(P)에 일정피치
를 선택합니다. 높이 72.5mm, 피치 10mm, 시작각도 0°를 기입한 후 시계 방향(C)을 선택합니다.

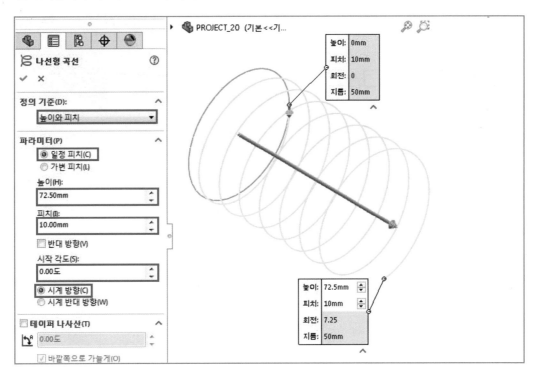

3 확인을 클릭합니다.

03 평면 1

1. 참조 형상 도구모음에서 기준면을 클릭하거나 삽입 → 참조 형상 → 기준면을 클릭합니다.

2. 제1참조 난에 플라이아웃 FeatureManager 디자인 트리에서 우측면을 선택합니다.

3. 제2참조 난에 생성한 나선형 곡선의 끝점을 선택하여 제1참조 평면과 평행하고 제2참조 점과 일치하는 평면을 생성한 후 확인을 클릭합니다.

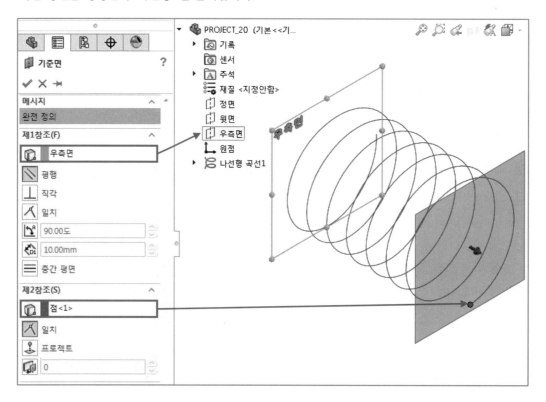

1 새로 작성한 평면을 선택하고 스케치 도구모음에서 스케치 🖳 를 클릭합니다.

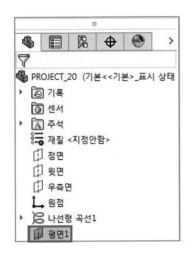 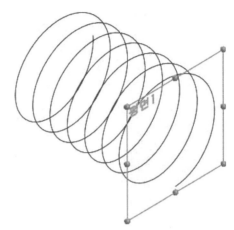

2 스케치 도구모음의 원호 플라이아웃 도구 🖳 ▼ 에서 중심점 호 🖳 를 선택하거나 원호 PropertyManager 의 원호 유형에서 중심점 호를 선택합니다.

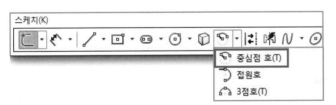 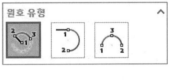

3 원호의 중심점은 스케치 원점에 일치시킨 후 다음과 같이 스케치합니다.

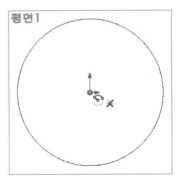 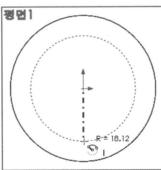 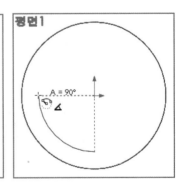

4 등각보기 상태에서 Ctrl을 누른 채 호의 끝점과 나선형 곡선을 선택한 후 구속조건에 관통 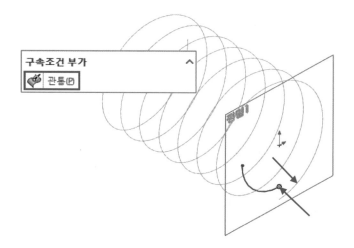을 부가합니다.

5 지능형 치수 🔧를 클릭하여 호의 중심점과 호의 시작점, 끝점을 찍은 후 각도값 80을 기입합니다.

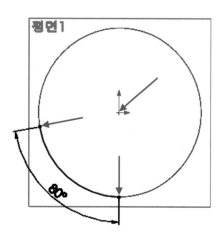

6 스케치 도구모음의 원호 플라이아웃 도구 📐 ▾ 에서 접원호 ⌒를 선택하거나 원호 PropertyManager의 원호 유형에서 접원호를 선택하고 다음과 같이 스케치합니다.

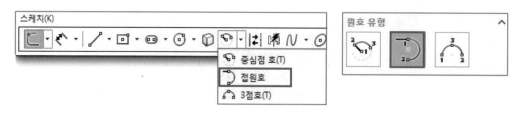

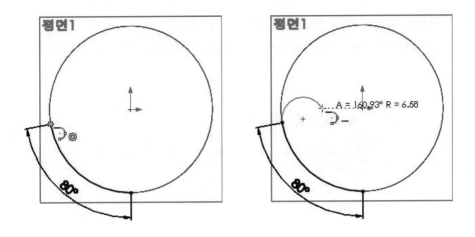

7 호를 스케치하였으면 Ctrl 을 누른 채 스케치 원점과 호의 끝점을 선택한 후 구속조건에 수평을 부가합니다.

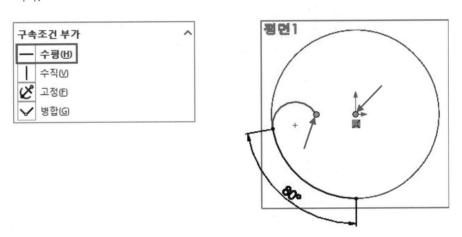

8 Ctrl 을 누른 채 호의 끝점과 호의 중심점을 선택한 후 구속조건에서 수직을 부가합니다.

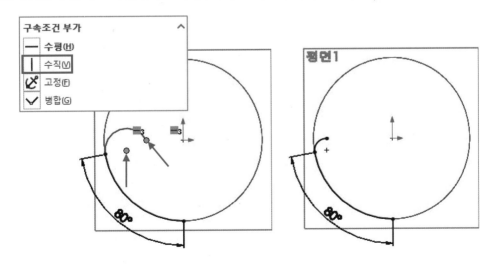

⑨ 스케치 확인 코너에서 스케치 종료└◆를 클릭합니다.

⑩ FeatureManager 디자인 트리에서 평면 1에 마우스 오른쪽 버튼을 누른 후 숨기기를 클릭하여 평면을 숨겨둡니다.

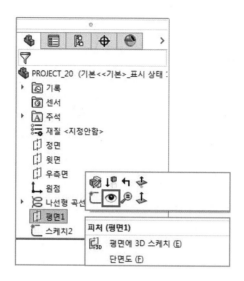

05 2D 평면 선택하고 스케치하기 3

① FeatureManager 디자인 트리에서 우측면을 선택하고, 스케치 도구모음에서 스케치└를 클릭합니다.

② 위와 같은 방법으로 다음과 같이 스케치를 합니다.

　❶ 스케치 도구모음의 원호 플라이아웃 도구 ⟨◠ ▾⟩에서 중심점 호◠를 선택하거나 원호 Property Manager의 원호 유형에서 중심점 호를 선택합니다.

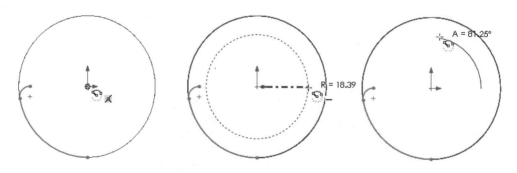

❷ 등각보기 상태에서 호의 끝점과 나선형 곡선을 선택한 후 구속조건에 관통 🐞을 부가합니다.

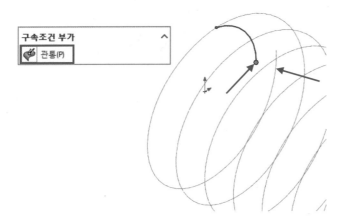

❸ 지능형 치수 🔧를 클릭하여 호의 중심점과 호의 시작점, 끝점을 찍은 후 각도값 80을 기입합니다.

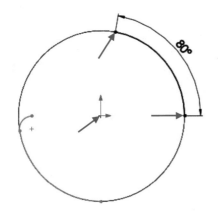

❹ 스케치 도구모음의 원호 플라이아웃 도구 [🔾 ▼]에서 접원호 ◝를 선택하거나 원호 Property Manager의 원호 유형에서 접원호를 선택하고 다음과 같이 스케치합니다.

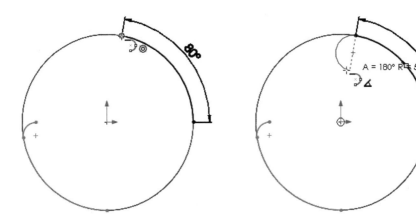

⑤ [Ctrl]을 누른 채 스케치 원점과 호의 끝점을 선택한 후 구속조건에 수직을 부가합니다.

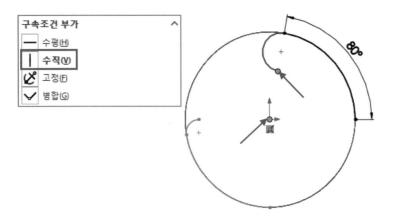

⑥ [Ctrl]을 누른 채 호의 끝점과 호의 중심점을 선택한 후 구속조건에서 수평을 부가합니다.

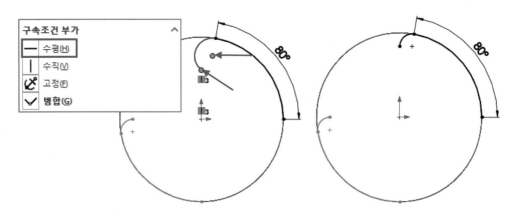

❸ 스케치 확인 코너에서 스케치 종료 ↰↲를 클릭합니다.

06 2D 평면 선택하고 스케치하기 4

1 FeatureManager 디자인 트리에서 정면을 선택하고, 스케치 도구모음에서 스케치┗를 클릭합니다.

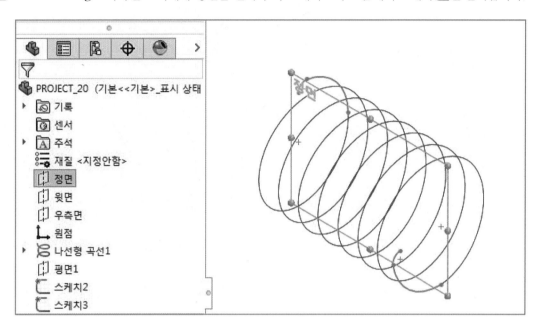

2 스케치 도구모음의 원호 플라이아웃 도구 에서 3점호를 클릭하고 다음과 같이 스케치합니다.

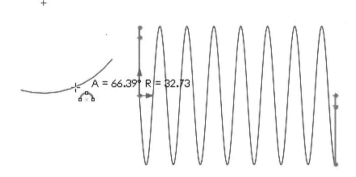

A = 66.39° R = 32.73

3 등각보기 상태에서 호의 끝점과 이전 스케치의 접원호를 선택한 다음 구속조건에 관통 🖱을 부가합니다.

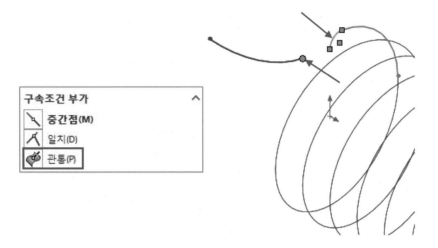

4 이전 스케치의 접원호와 현재 스케치의 3점호를 선택한 다음 구속조건에 탄젠트 🖱를 부가합니다.

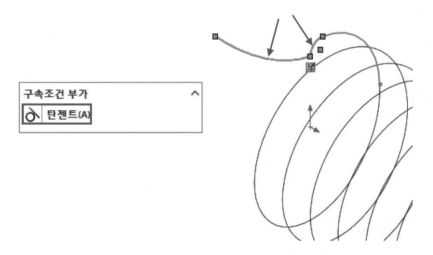

5 `Ctrl`+`*8` 면에 수직으로 보기 상태에서 호의 중심점과 호의 끝점을 선택한 후 구속조건에 수직을 부가합니다.

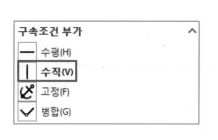 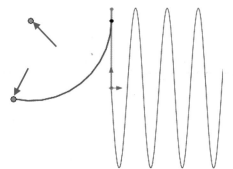

6 스케치 도구모음의 선 을 클릭하여 호의 끝점을 시작으로 수평한 선분을 스케치합니다.

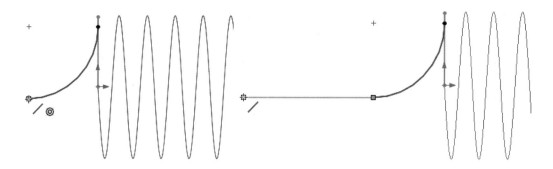

7 선의 끝점과 스케치 원점을 선택한 후 구속조건에 수평을 부가합니다.

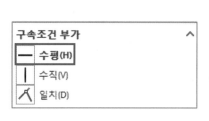 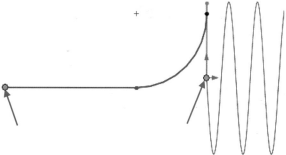

8 접원호 ⌒를 클릭하여 다음과 같이 스케치합니다.

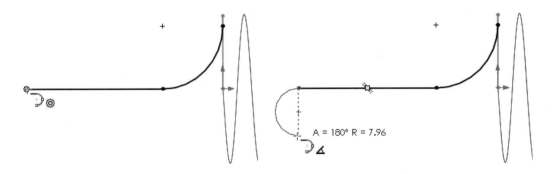

A = 180° R = 7.96

9 호의 두 끝점을 선택한 후 구속조건에 수직을 부가합니다.

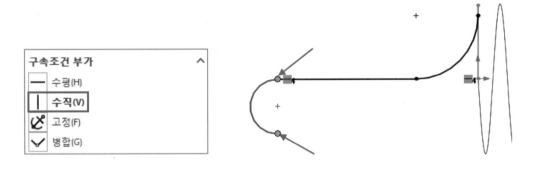

구속조건 부가	∧
— 수평(H)	
│ **수직(V)**	
⚓ 고정(F)	
✓ 병합(G)	

10 지능형 치수 ⚘를 클릭하여 다음과 같이 치수를 부가한 후 스케치 확인 코너에서 스케치 종료 ↩를 클릭합니다.

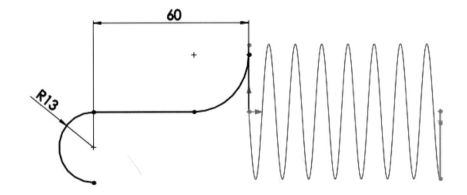

60

R13

1 FeatureManager 디자인 트리에서 윗면을 선택하고, 스케치 도구모음에서 스케치 ⌐를 클릭합니다. 위의 방법을 이용해 다음과 같이 스케치합니다.

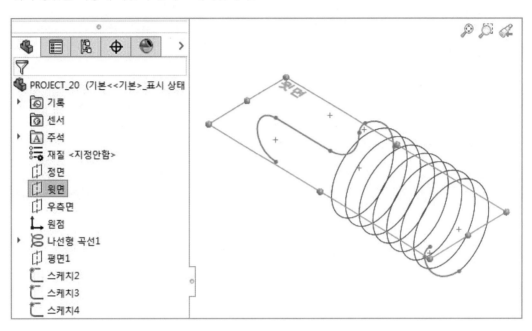

2 스케치 도구모음의 3점호 ⌒를 클릭하여 다음과 같이 스케치합니다.

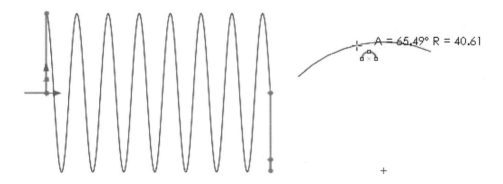

A = 65.49° R = 40.61

3 등각보기 상태에서 현재 스케치의 호의 끝점과 이전 스케치의 접원호를 선택한 다음 관통 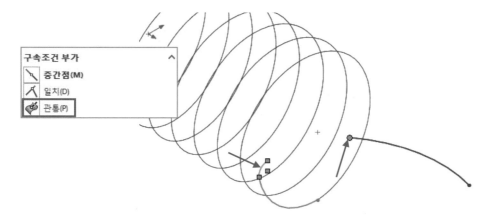 을 구속 조건으로 부가합니다.

4 이전 스케치의 접원호와 현재 스케치의 3점호를 선택한 다음 구속조건에 탄젠트 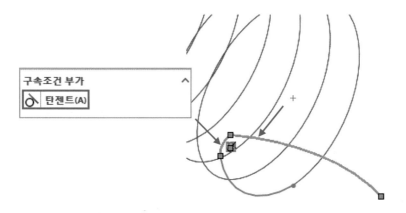 를 부가합니다.

5 Ctrl + `8`을 눌러 면에 수직으로 보기 상태로 만듭니다. 그런 다음 호의 중심점과 호의 끝점을 선택한 후 구속조건에 수직을 부가합니다.

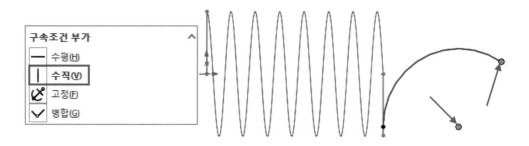

6 스케치 도구모음의 선 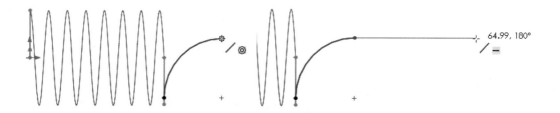 을 클릭하여 호의 끝점을 시작으로 수평한 선분을 스케치합니다.

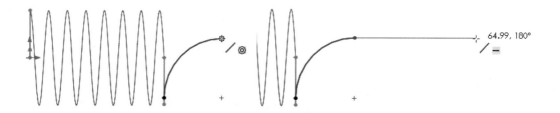

7 선의 끝점과 스케치 원점을 선택한 후 구속조건에 수평을 부가합니다.

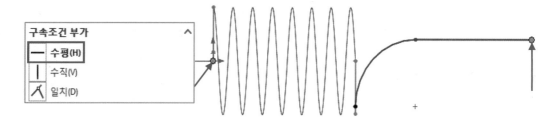

8 접원호 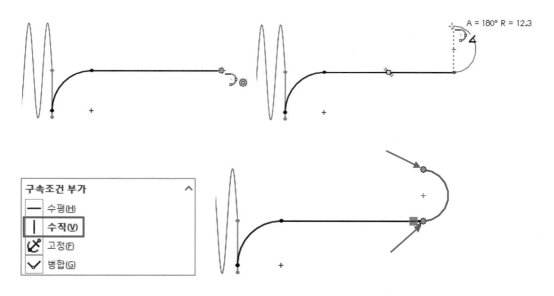 를 클릭하여 다음과 같이 스케치하고, 호의 두 끝점을 선택한 후 구속조건에 수직을 부가합니다.

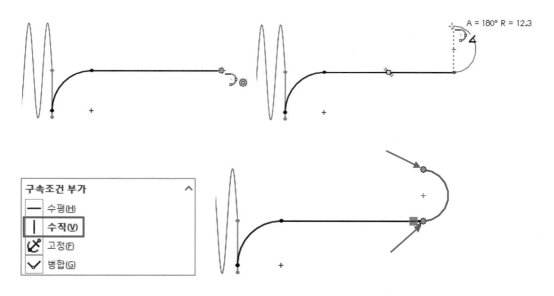

9 지능형 치수 ✎를 클릭하여 다음과 같이 치수를 부가합니다.

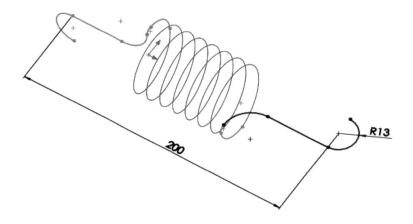

10 스케치 확인 코너에서 스케치 종료 ↳를 클릭합니다.

08 복합곡선 ⌇ 1

1 곡선 도구모음에서 복합 곡선 ⌇을 클릭하거나 삽입 → 곡선 → 복합 곡선을 클릭합니다.

곡선(C)

2 플라이아웃 FeatureManager 디자인 트리에서 합칠 요소를 나선형 곡선과 다른 스케치들을 선택한 후 확인 ✔을 클릭합니다.

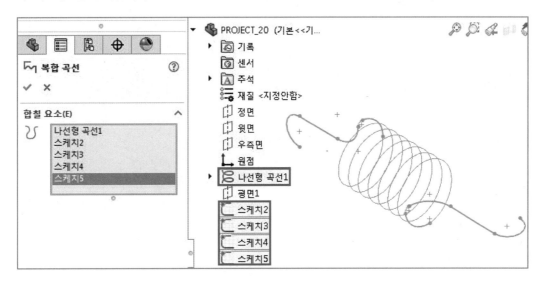

TIP 복합곡선

곡선, 스케치, 형상, 모델 모서리선 등을 하나의 곡선으로 결합하여 복합곡선을 만들 수 있습니다. 복합곡선을 로프트나 스윕을 만들 때 안내곡선과 경로로 사용할 수 있습니다.

합치려는 항목(스케치 요소, 모서리선 등)을 클릭합니다. 선택한 항목이 복합곡선 PropertyManager의 합칠 요소란 아래에 있는 합칠 스케치, 모서리선, 곡선 ⌒상자에 표시됩니다.

09 평면 2

1. 참조 형상 도구모음에서 기준면 을 클릭하거나 삽입 → 참조 형상 → 기준면을 클릭합니다.

2. 제1참조 난에 플라이아웃 FeatureManager 디자인 트리에서 복합곡선을 선택합니다.

3. 제2참조 난에 생성한 복합곡선의 끝점을 선택하여 제1참조 복합곡선과 직각하고 제2참조 점과 일치하는 평면을 생성시킨 후 확인 을 클릭합니다.

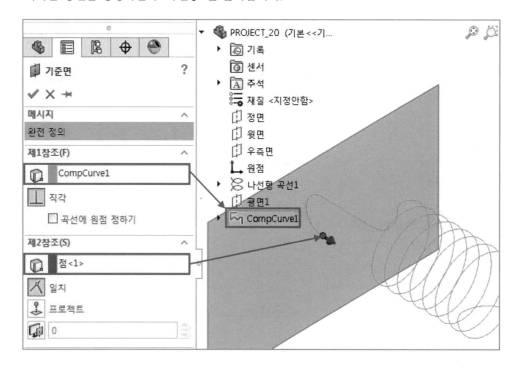

10) 2D 평면 선택하고 스케치하기 6

1 FeatureManager 디자인 트리에서 새로 만든 평면을 선택하고, 스케치 도구모음에서 스케치 ⌒를 클릭한 후 다음과 같이 스케치하고 치수를 기입합니다.

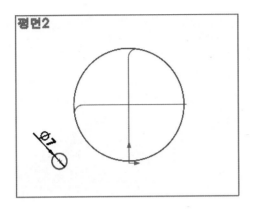

2 등각보기 상태에서 Ctrl 을 누른 채 원의 중심점과 복합곡선을 선택한 후 구속조건에 관통 🐷을 부가합니다.

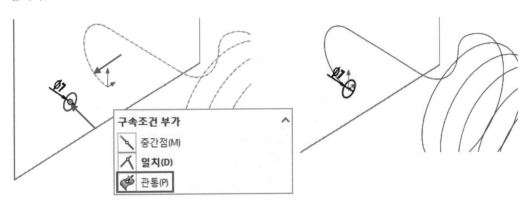

3 스케치 확인 코너에서 스케치 종료 ⌐✓를 클릭하고 평면 2를 숨깁니다.

⑪ 스윕 🔗 1

① 피처 도구모음에서 스윕 보스 / 베이스 🔗를 클릭하거나 삽입 → 보스 / 베이스 → 스윕을 클릭합니다.

② 다음과 같이 프로파일과 경로를 플라이아웃 FeatureManager 디자인 트리에서 원 스케치와 복합곡선을 선택한 후 확인 ✔을 클릭합니다.

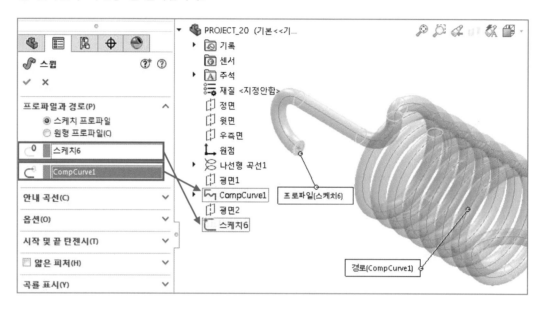

③ FeatureManager 디자인 트리 복합곡선을 숨깁니다.

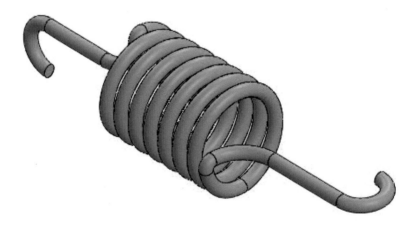

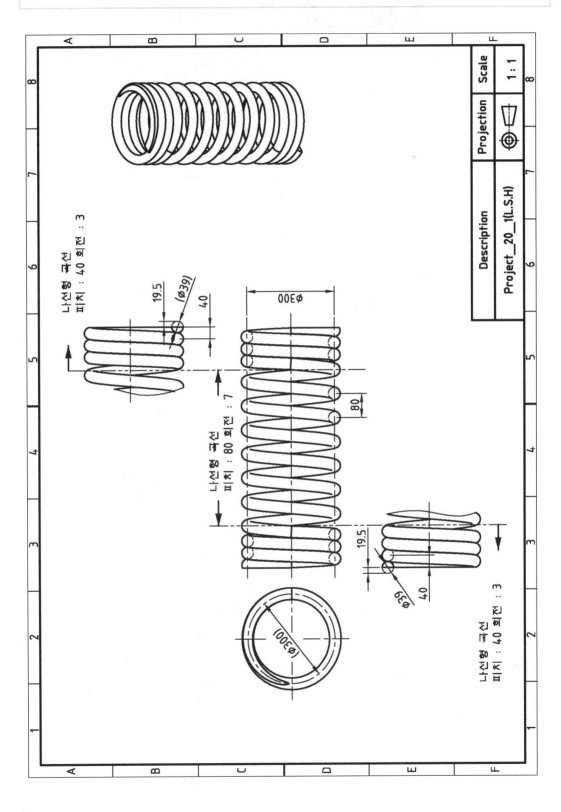

나선형 곡선
피치 : 40 회전 : 3

19.5
(Ø39)
40

나선형 곡선
피치 : 80 회전 : 7

Ø300

80

19.5
Ø39
40

나선형 곡선
피치 : 40 회전 : 3

(Ø300)

Description	Projection	Scale
Project_20_1(L.S.H)		1 : 1

PROJECT 21
3D 스케치를 이용한 스윕예제

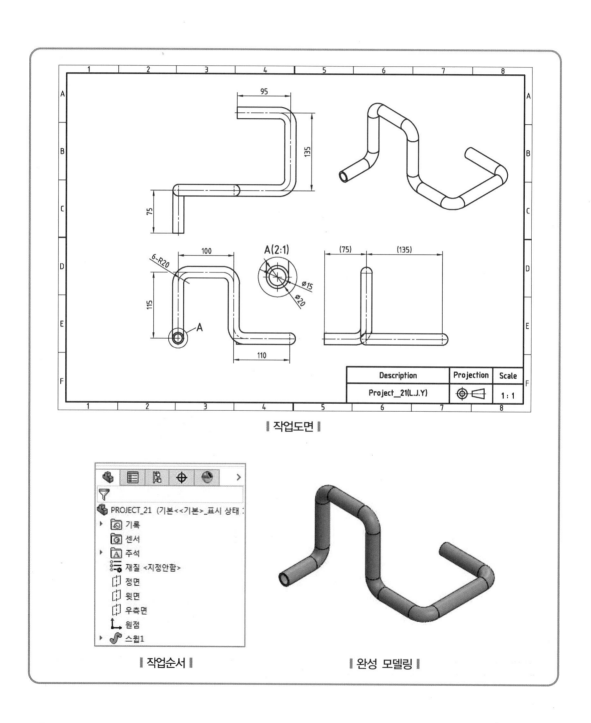

‖ 작업도면 ‖

‖ 작업순서 ‖

‖ 완성 모델링 ‖

01 3D 스케치 사용방법

■ 3D 스케치에 선을 만드는 방법

❶ 스케치 도구모음의 3D 스케치 **3D**를 클릭하고, 선 ╱ 을 클릭합니다.

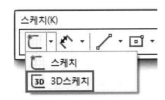

❷ 3D 선 PropertyManager가 열리며 포인터가 $^{+}$**XY** ⌰ 로 바뀝니다.

❸ 마우스 버튼을 눌러 객체의 점을 지정할 때마다 마지막으로 지정하는 점의 위치로 공간핸들이 이동하여 여러 평면에 스케치할 수 있도록 도움을 줍니다.

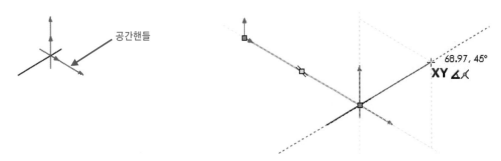

공간핸들

68.97, 45°

XY ⌰

TIP

3D 스케치를 스윕 경로, 로프트나 스윕에 대한 안내곡선, 로프트 중심선 또는 배관 시스템의 주요 요소 중 하나로 사용할 수 있습니다.

3D 스케치 작성에 다음과 같은 도구들, 즉 모든 원 도구, 모든 호 도구, 모든 사각형 도구, 선, 자유곡선, 점을 사용할 수 있습니다.

④ 평면을 변경하려면 🔄을 누릅니다.

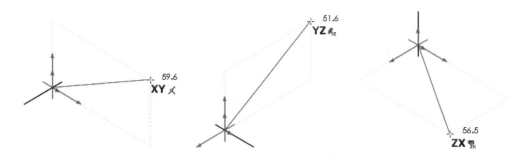

⑤ 🔄을 눌러 원하는 평면을 선택하였으면 선 스케치를 완성합니다.

⑥ 다른 평면에 선을 계속 그리려면, 끝점을 선택하고 🔄을 눌러 평면을 바꾸면서 그려 나갑니다.

02 3D 스케치하기 1

1 보기 방향을 등각보기 🧊 상태로 맞추고, 3D 스케치(스케치 도구모음) 3D를 클릭하거나 삽입 → 3D
스케치를 클릭합니다.

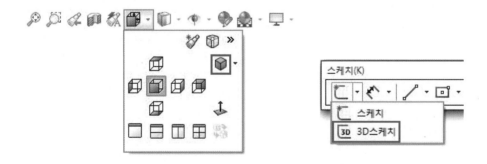

2 스케치 도구모음의 선 ╱을 클릭합니다.

3 선의 한 점을 원점에 일치 **XY** 시키고 XY평면에 X축을 따라 **XY** 선의 끝점을 지정합니다.

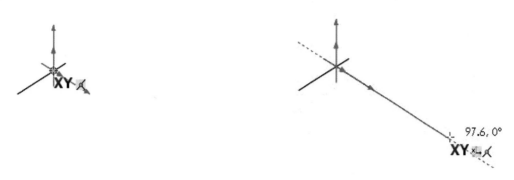

4 ⟷을 눌러 스케치 평면을 **YZ**로 변경하고, Z축을 따라 **YZ** 다음 점을 지정하여 연속적인 선 분을 그립니다.

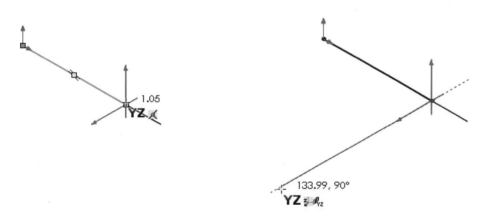

5 다시 ⟷을 눌러 스케치 평면을 **XY**로 변경하고, X축을 따라 **XY** 선을 스케치합니다.

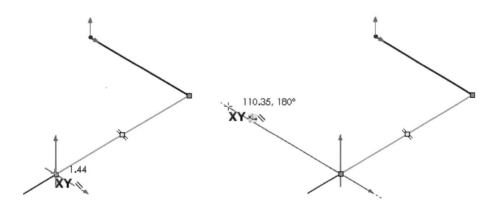

6 선의 다음 점을 Y축을 따라 XY 스케치합니다.

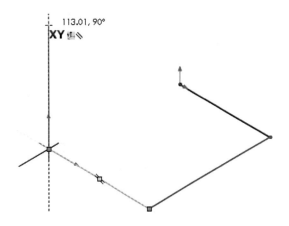

7 선의 다음 점을 X축을 따라 XY 스케치합니다.

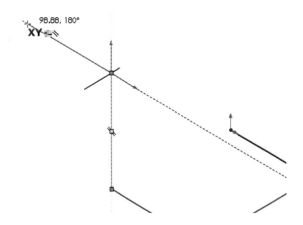

8 선의 다음 점을 Y축을 따라 XY 스케치합니다.

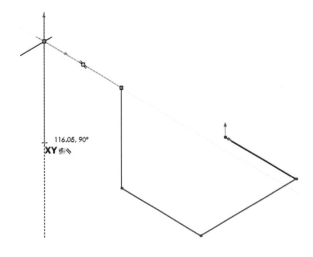

⑨ ┗┓을 눌러 스케치 평면을 ✛YZ ♣₂로 변경하고, Z축을 따라 ✛YZ ⎬♣₂ 스케치합니다.

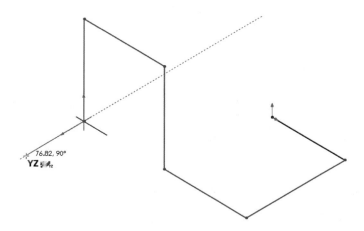

✛ 76.82, 90°
YZ ⎬♣₂

⑩ 스케치가 끝났으면 스케치한 선을 클릭하고 PropertyManager에서 해당 방향을 따라 구속조건이 부가되었는지 확인해 봅니다. 구속조건이 부여되지 않았으면 방향에 맞게 X, Y, Z축을 따라 구속조건을 부가합니다.

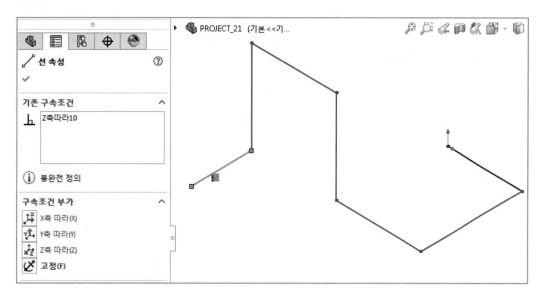

11 스케치 도구모음의 지능형 치수 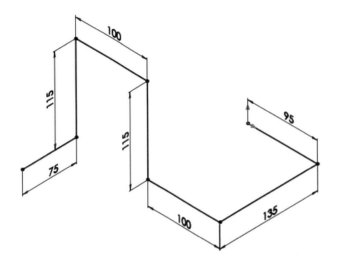 를 클릭하여 다음과 같이 치수를 부가합니다.

12 스케치 도구모음에서 스케치 필렛 을 클릭한 후 필렛반경 에 20mm를 기입하고 다음과 같이 필렛을 적용합니다.

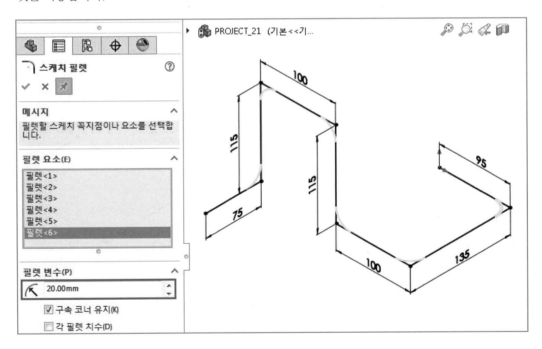

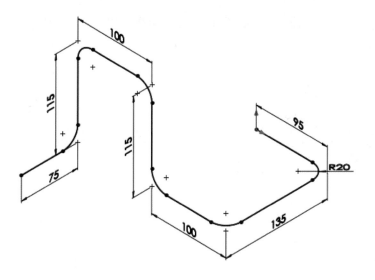

13 스케치 확인 코너에서 스케치 종료⤶를 클릭합니다.

03 2D 평면 선택하고 스케치하기 1

1 FeatureManager 디자인 트리에서 우측면을 선택하고, 스케치 도구모음에서 스케치⊏를 클릭합니다.

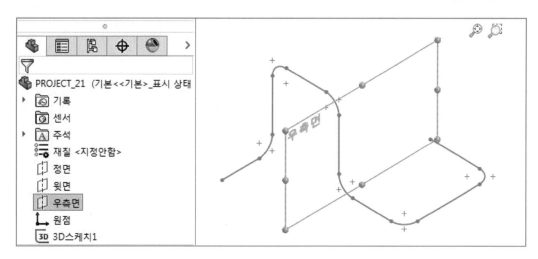

2 스케치 도구모음의 원⊙을 선택하고 중심이 같은 두 개의 원을 스케치한 후 지능형 치수✦를 클릭하여 다음과 같이 치수를 부가합니다.

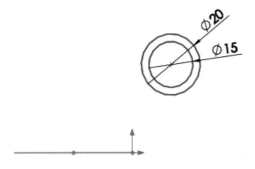

3 다음과 같이 등각보기 상태에서 [Ctrl]을 누른 채 이전 스케치의 선분과 원의 중심점을 선택한 후 구속조건 관통♨을 부가합니다.

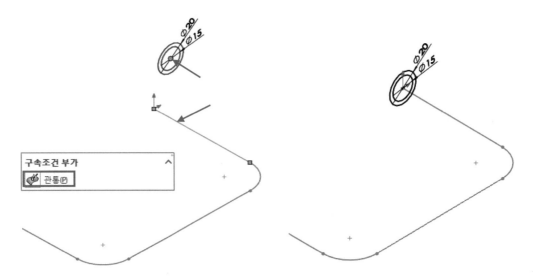

4 스케치 확인 코너에서 스케치 종료⤵를 클릭합니다.

04 스윕 1

1 피처 도구모음에서 스윕 보스 / 베이스를 클릭하거나 삽입 → 보스 / 베이스→ 스윕을 클릭합니다.

2 다음과 같이 프로파일과 경로를 플라이아웃 FeatureManager 디자인 트리에서 원 스케치와 3D 스케치를 선택합니다.

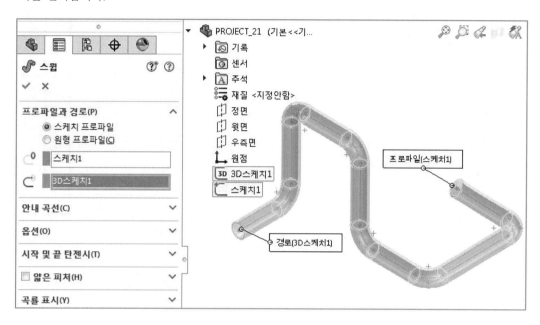

3 확인을 클릭합니다.

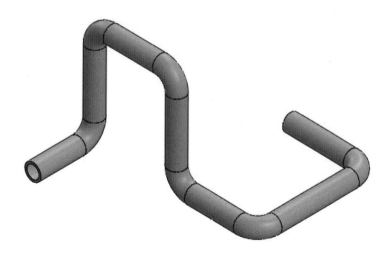

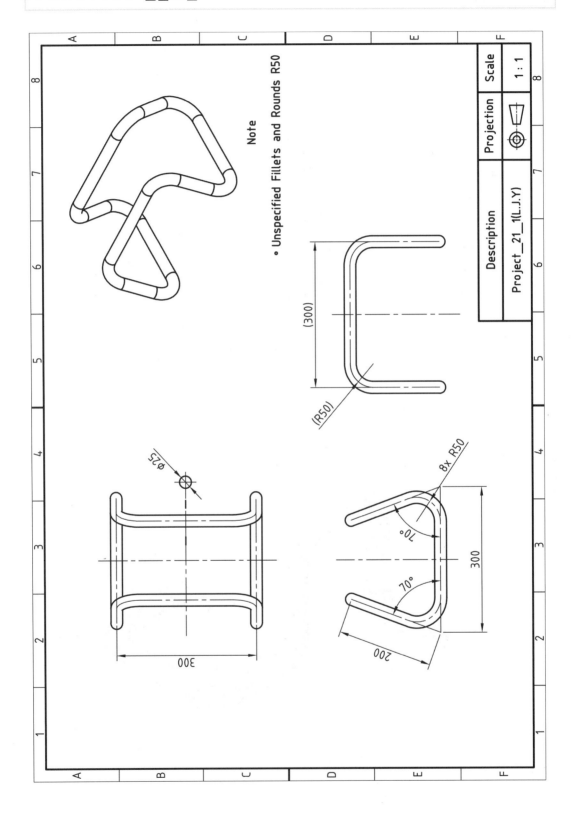

Note

• Unspecified Fillets and Rounds R50

Description	Projection	Scale
		1 : 1
Project_21_1(L.J.Y)		

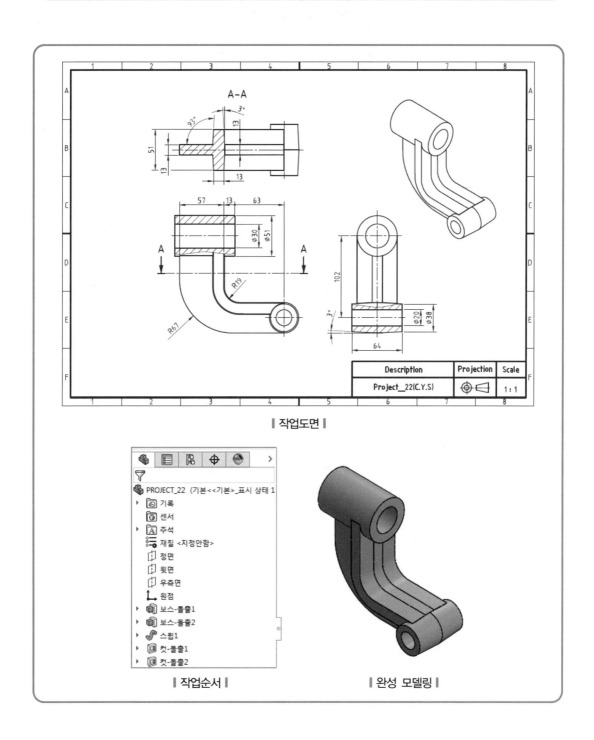

‖ 작업도면 ‖

A-A

51
13
13
3°
13

57 | 13 | 63
Ø30 | Ø51
A — A
R19
R67

102
3°
Ø20 | Ø38
64

Description	Projection	Scale
Project_22(C.Y.S)	⊕⊏	1 : 1

‖ 작업순서 ‖

PROJECT_22 (기본<<기본>_표시 상태 1
▶ 🕘 기록
   🎲 센서
▶ 🅰 주석
   재질 <지정안함>
   정면
   윗면
   우측면
   원점
▶ 보스-돌출1
▶ 보스-돌출2
▶ 스윕1
▶ 컷-돌출1
▶ 컷-돌출2

‖ 완성 모델링 ‖

01 2D 평면 선택하고 스케치하기 1

1 FeatureManager 디자인 트리에서 우측면을 선택하고, 스케치 도구모음에서 스케치└를 클릭합니다.

2 스케치 도구모음의 원⊙을 클릭한 후 원의 중심점을 스케치 원점에 일치하게 원을 스케치하고 지능형 치수✎를 클릭하여 치수를 부가합니다.

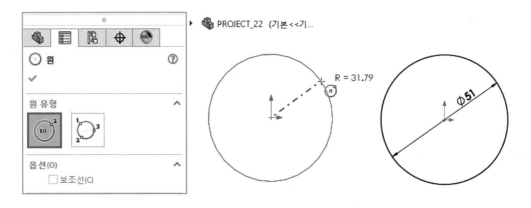

3 스케치 확인 코너에서 스케치 종료└✔를 클릭합니다.

02 돌출 1

1. 피처 도구모음의 돌출을 클릭하고 마침조건은 블라인드 형태, 깊이값으로 76mm를 기입합니다.

2. 반대방향을 클릭하여 아래와 같이 돌출방향을 결정한 후 확인을 클릭합니다.

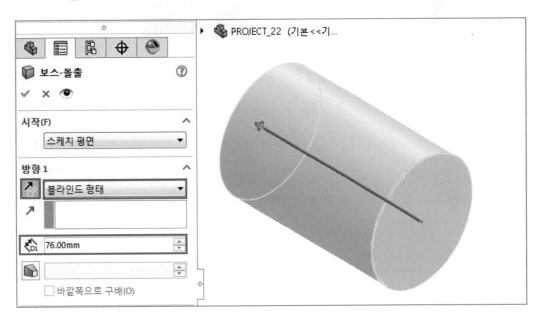

03 2D 평면 선택하고 스케치하기 2

1. FeatureManager 디자인 트리에서 정면을 선택하고, 스케치 도구모음에서 스케치를 클릭합니다.

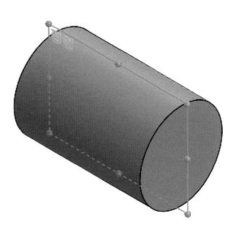

2 스케치 도구모음의 원을 클릭하여 원을 스케치하고 지능형 치수를 클릭하여 치수를 부가합니다.

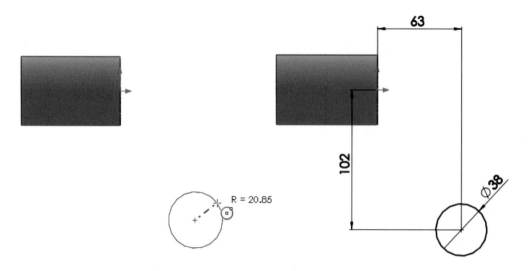

R = 20.85

63

102

Ø38

3 스케치 확인 코너에서 스케치 종료를 클릭합니다.

04 돌출 2

1 피처 도구모음의 돌출을 클릭하고 마침조건은 중간 평면, 깊이값에 64mm를 기입합니다.

2 구배 켜기 / 끄기를 클릭하고 구배각도 3°를 기입한 후 확인을 클릭합니다.

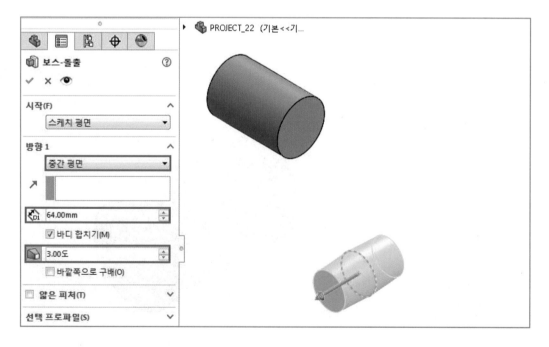

1 FeatureManager 디자인 트리에서 정면을 선택하고, 스케치 도구모음에서 스케치 를 클릭합니다.

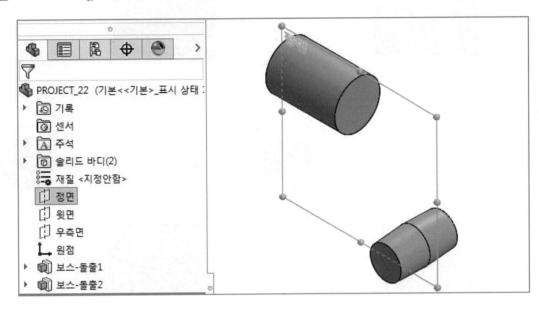

2 스케치 도구모음의 중심선 을 클릭하고 스케치 원점을 지나는 수평한 중심선을 스케치합니다.

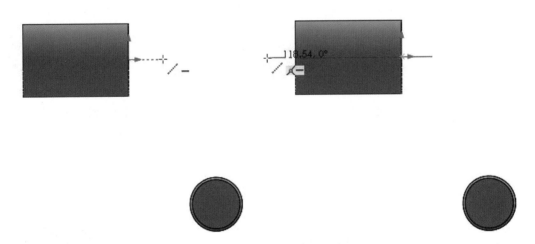

3 선 ✏️을 클릭하여 한 점을 중심선에 일치하게 클릭하고 다음 점은 수직한 위치에, 다음 점은 수평한 위치에 클릭하여 스케치를 완성합니다.

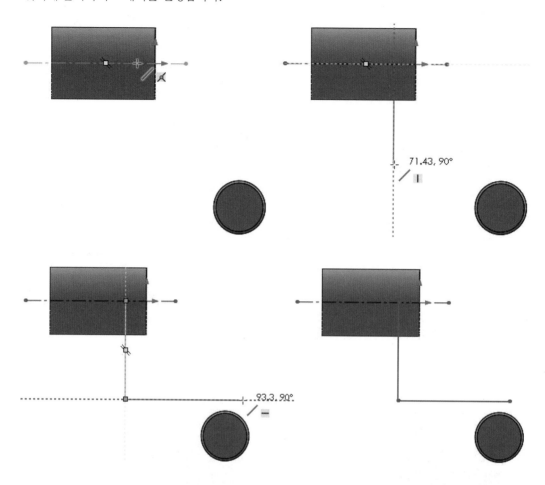

4 선분의 끝점을 드래그하여 형상의 모서리에 가져간 후 원주와 선분의 끝점이 일치하도록 일치 ✗ 조건을 부가하고, 선과 형상의 모서리 원주 사이에 탄젠트 ◑ 조건을 부가합니다.

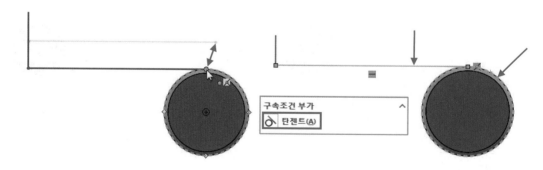

5 다음과 같이 치수를 부여합니다.

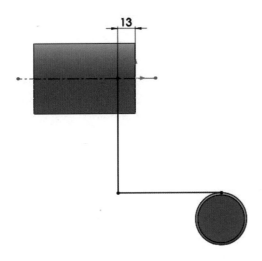

6 스케치 필렛 ⌐을 클릭하고 반경 ⟋ 19mm를 기입하여 다음과 같이 필렛을 완성합니다.

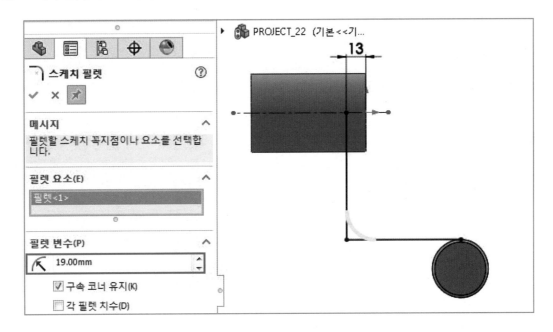

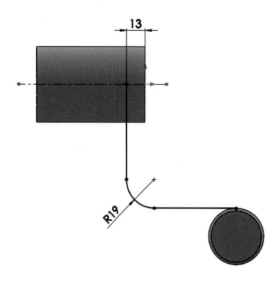

7 스케치 확인 코너에서 스케치 종료⤷를 클릭합니다.

---

06 2D 평면 선택하고 스케치하기 4

1 FeatureManager 디자인 트리에서 정면을 선택하고, 스케치 도구모음에서 스케치⎣를 클릭합니다.

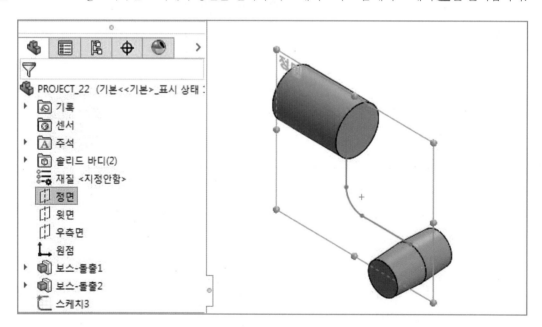

temp

temp

temp

temp

temp

temp

temp

temp

temp

temp

temp

temp

2 위와 같은 방법으로 다음과 같이 스케치한 후 치수를 부가합니다.

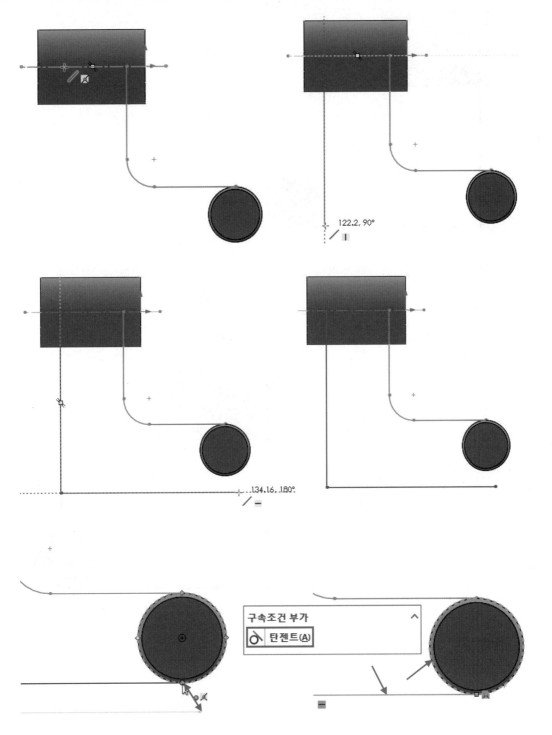

122.2, 90°

134.16, 180°

구속조건 부가 ∧

⌀ 탄젠트(A)

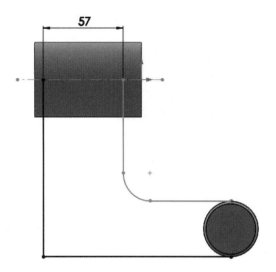

3 스케치 필렛 ⌐ 을 클릭하고 반경 ⬉ 67mm를 기입하고 다음과 같이 필렛을 완성합니다.

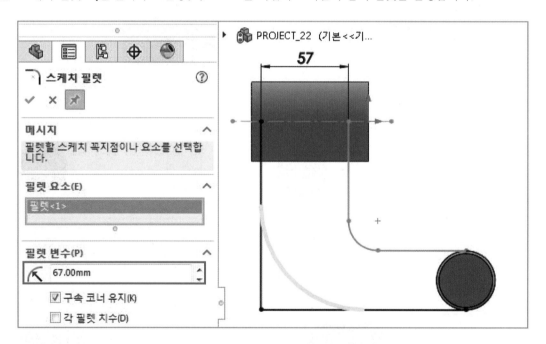

4 스케치 확인 코너에서 스케치 종료 ⌐↙를 클릭합니다.

07 2D 평면 선택하고 스케치하기 5

1 FeatureManager 디자인 트리에서 윗면을 선택하고, 스케치 도구모음에서 스케치 ⊏를 클릭합니다.

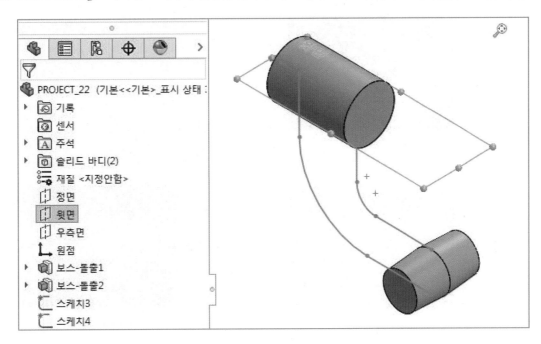

2 스케치 도구모음의 중심선 ⊷ 을 클릭하고 스케치 원점에서 시작하는 수평한 중심선을 스케치합니다.

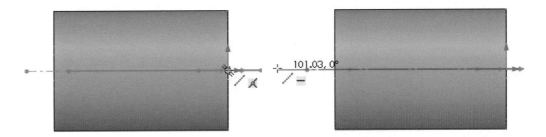

3 스케치한 중심선을 선택하고 동적대칭복사 를 클릭하여 다음과 같이 스케치합니다.

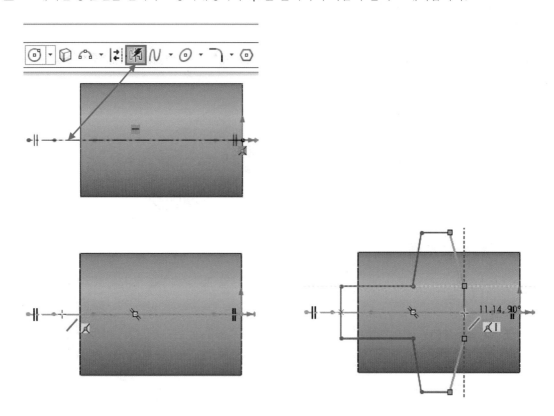

4 동적대칭복사를 다시 클릭하여 명령어를 끝내고 지능형 치수 를 클릭하여 다음과 같이 치수를 부가합니다.

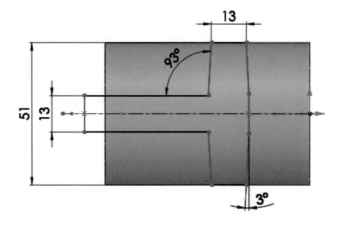

5 [Ctrl]을 누른 채 두 선을 선택한 후 구속조건 부가에 동등조건 ═을 부가합니다.

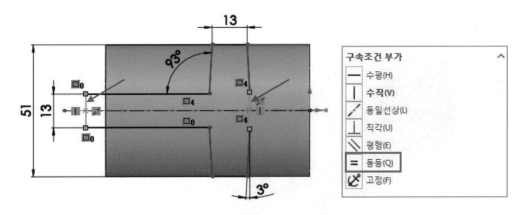

6 보기(빠른 보기) 도구모음에서 뷰 방향을 등각보기 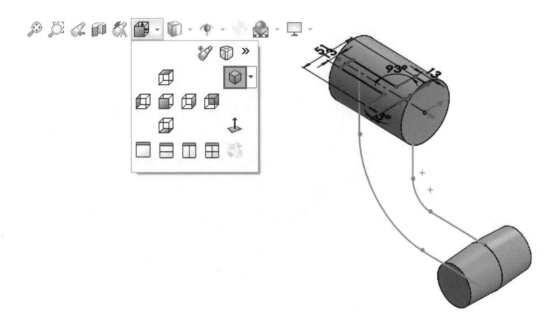 상태로 전환합니다. 또는 [Ctrl] + [7]을 누릅니다.

7 점과 이전 스케치의 선분을 선택하고 구속조건에 관통 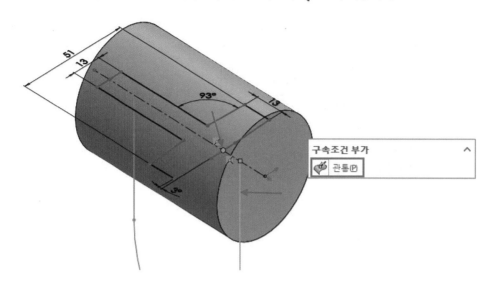을 부가합니다.

8 위와 같은 방법으로 점과 이전 스케치의 선분을 선택하고 관통 조건 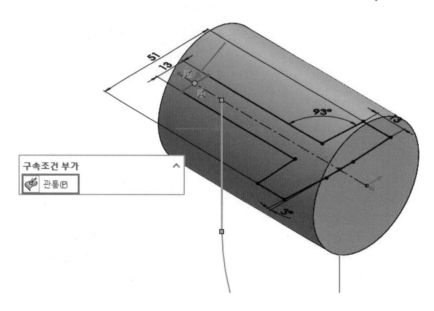을 부가합니다.

9 스케치 확인 코너에서 스케치 종료 ┗╋를 클릭합니다.

① 피처 도구모음에서 스윕 보스 / 베이스 ✔ 를 클릭하거나 삽입 → 보스 / 베이스 → 스윕을 클릭합니다.

② 다음과 같이 프로파일 ↺ 과 경로 ↺ 를 플라이아웃 FeatureManager 디자인 트리에서 스케치 5와 스케치 3을 선택하고 안내곡선 ✔ 으로는 스케치 4를 선택합니다.

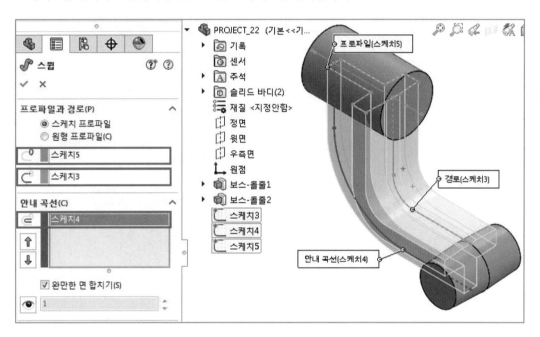

TIP

• 경로 및 안내곡선 스케치

경로 스케치와 안내곡선 스케치를 먼저 만들고 단면 스케치 프로파일을 만듭니다.

안내곡선 ✔ : 프로파일이 경로를 따라 스윕할 때, 프로파일을 안내해 주는 역할을 하며 단면 스케치 프로파일의 크기값을 변화시키는 곡선입니다.

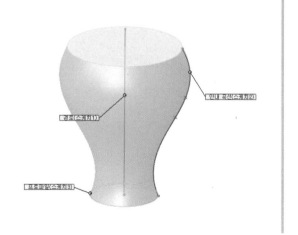

● **경로 및 안내곡선 길이**

경로와 안내곡선은 그 길이가 다를 수 있는데
오른쪽 그림과 같이 짧은 곡선까지 스윕 형상
을 만듭니다.
안내곡선이 경로보다 길 경우 스윕은 경로의
길이를, 안내곡선이 경로보다 짧을 경우 스윕
은 가장 짧은 안내곡선을 따릅니다.

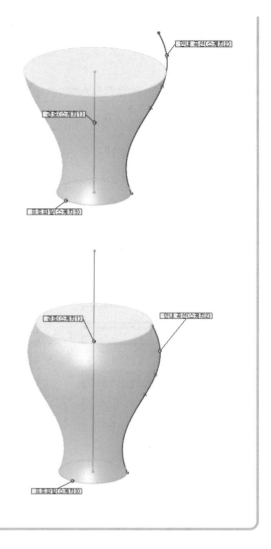

3 확인 ✔을 눌러 마무리합니다.

09 2D 평면 선택하고 스케치하기 6

1 FeatureManager 디자인 트리에서 우측면을 선택하고, 스케치 도구모음에서 스케치 ⊏를 클릭한 후
다음과 같이 스케치합니다.

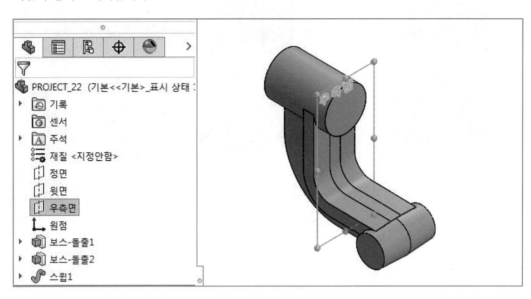

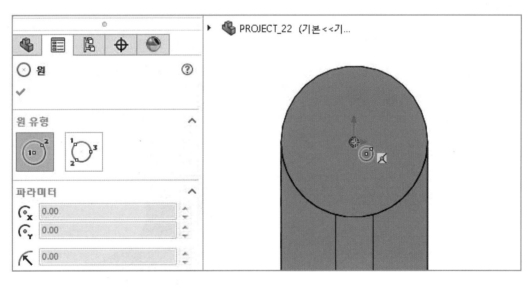

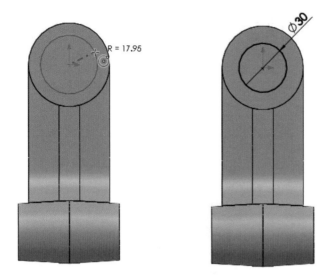

2 스케치 확인 코너에서 스케치 종료 를 클릭합니다.

10

돌출컷 1

1 피처 도구모음의 돌출컷 을 클릭하고 마침조건에 관통을 선택합니다.

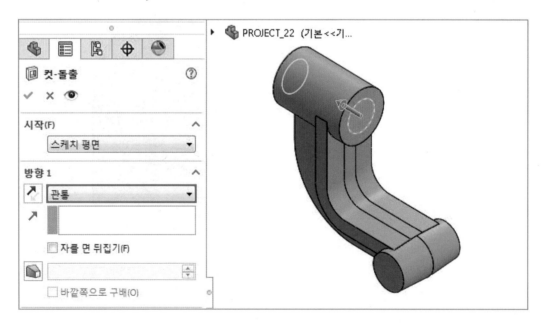

2 확인 을 클릭합니다.

솔리드 형상의 면을 선택하고, 스케치 도구모음에서 스케치 ⎡를 클릭한 후 다음과 같이 스케치합니다.

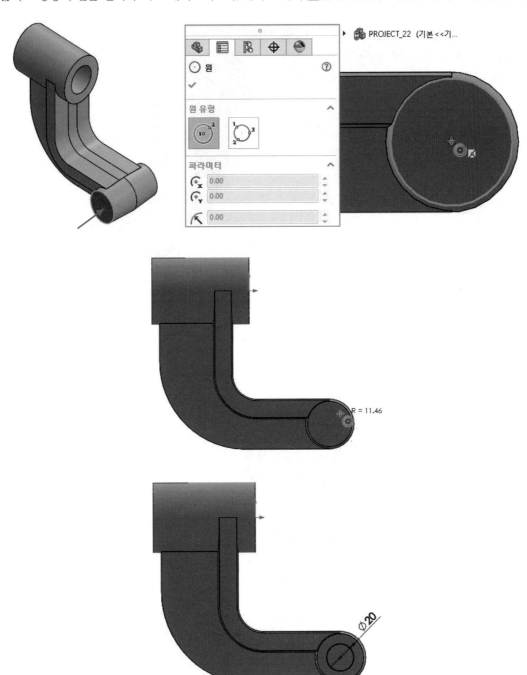

12 돌출컷 2

1 피처 도구모음의 돌출컷 을 클릭하고 마침조건에 관통을 선택합니다.

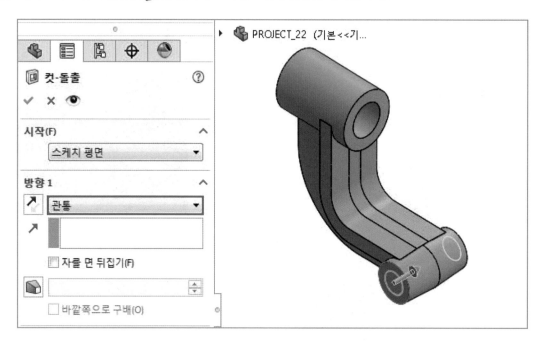

2 확인 을 클릭합니다.

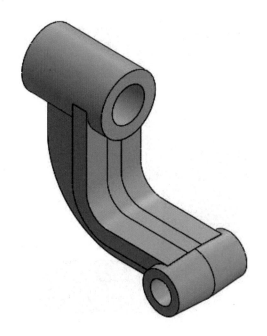

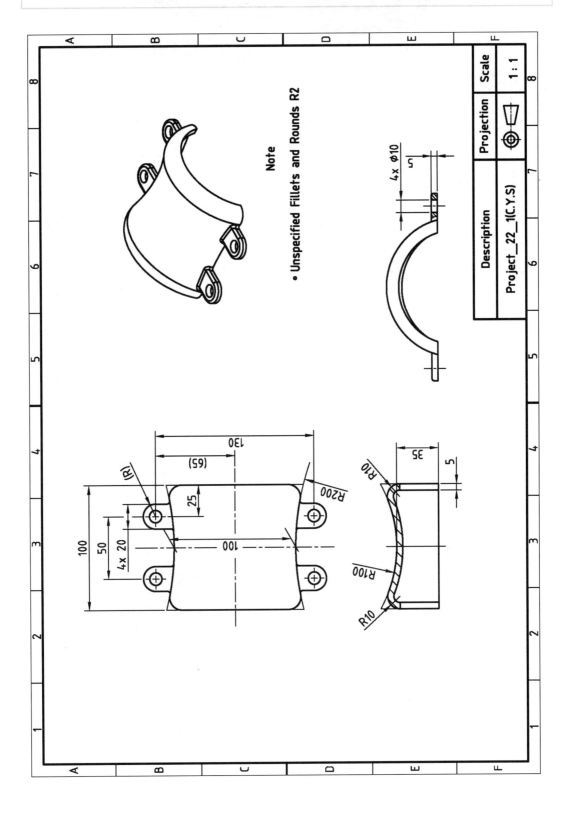

Note

• Unspecified Fillets and Rounds R2

Description	Projection	Scale
Project_22_1(C.Y.S)		1:1

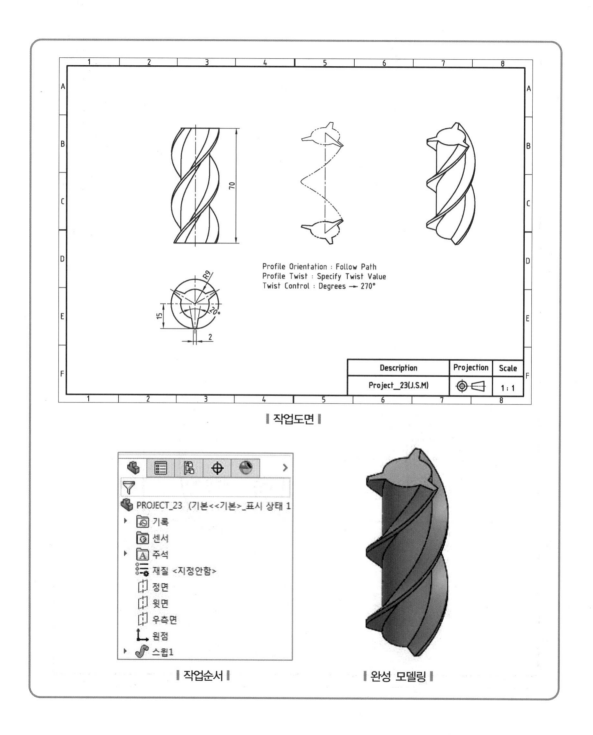

Profile Orientation : Follow Path
Profile Twist : Specify Twist Value
Twist Control : Degrees → 270°

Description	Projection	Scale
Project__23(J.S.M)	⊕⊏	1 : 1

‖ 작업도면 ‖

PROJECT_23 (기본<<기본>_표시 상태 1
▶ ⊙ 기록
⊙ 센서
▶ A 주석
재질 <지정안함>
⊡ 정면
⊡ 윗면
⊡ 우측면
원점
▶ 스윕1

‖ 작업순서 ‖

‖ 완성 모델링 ‖

01 2D 평면 선택하고 스케치하기 1

1 FeatureManager 디자인 트리에서 정면을 선택하고, 스케치 도구모음에서 스케치 💭를 클릭한 다음 선 ✏️과 지능형 치수 ↖️를 이용하여 다음과 같이 스케치합니다.

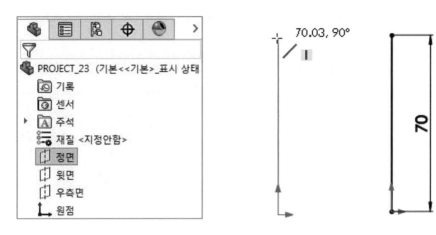

2 스케치 확인 코너에서 스케치 종료 ↩️를 클릭합니다.

1 FeatureManager 디자인 트리에서 윗면을 선택하고, 스케치 도구모음에서 스케치 $\llcorner$ 를 클릭합니다.

2 스케치 도구모음의 중심선 $\nearrow$ 을 선택하여 스케치 원점을 지나는 수직한 선분을 스케치하고, 원 $\odot$ 을 선택하여 중심점을 스케치 원점에 일치하게 클릭하고 반경을 클릭하여 원을 스케치합니다.

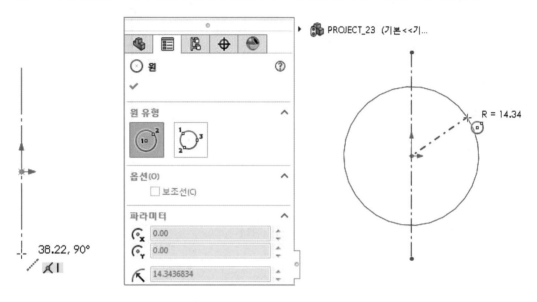

3 수직한 중심선을 선택한 다음 스케치 도구모음의 동적대칭복사 $\bowtie$ 를 클릭한 후 선 $\nearrow$ 을 클릭하여 다음과 같이 스케치하고 수직한 중심선을 기준으로 좌우가 대칭이 되도록 합니다.

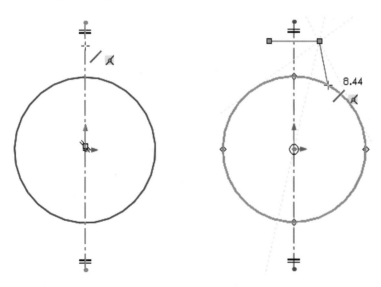

4 다시 동적대칭복사 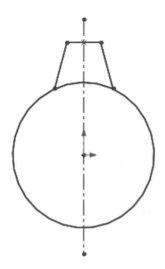를 클릭하여 대칭도시기호가 표시되지 않도록 합니다.

5 요소 잘라내기 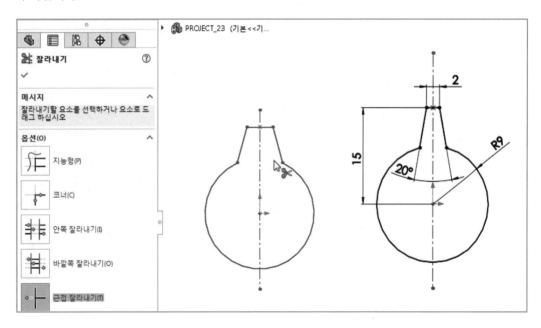를 클릭하여 다음과 같이 스케치 형상을 만들고 지능형 치수 를 클릭하여 치수를 부가합니다.

6 원형 스케치 패턴 을 클릭합니다. 다음과 같이 원형 스케치 패턴 속성창(PropertyManager)에서 패턴할 요소 를 대칭되는 두 사선과 수평선을 선택하고, 패턴할 인스턴스 수 는 3, 패턴에 포함된 총 각도 는 360°를 기입하고 동등 간격에 체크합니다.

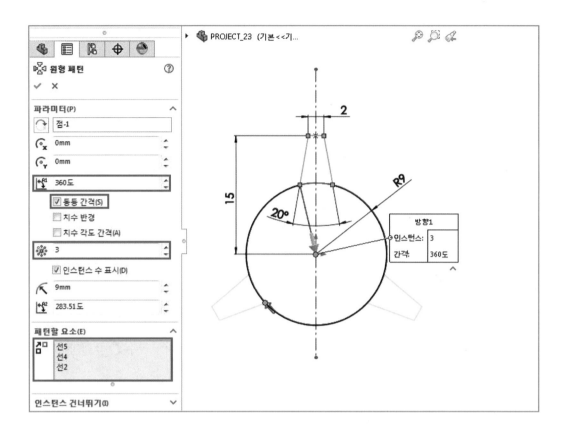

7 요소 잘라내기 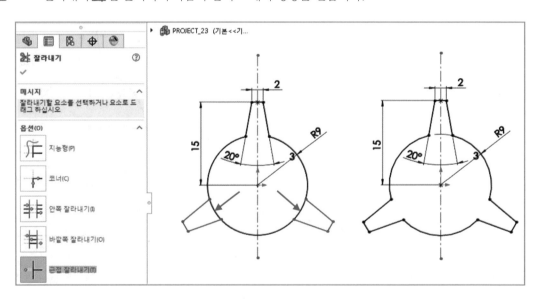를 클릭하여 다음과 같이 스케치 형상을 만듭니다.

8 스케치 확인 코너에서 스케치 종료 를 클릭합니다.

03 스윕 🐛 1

1 피처 도구모음에서 스윕 보스 / 베이스 🐛를 클릭하거나, 삽입 → 보스 / 베이스 → 스윕을 클릭합니다.

2 다음과 같이 프로파일 🔵과 경로 🔴를 플라이아웃 FeatureManager 디자인 트리에서 각각 스케치 2
와 스케치 1을 선택합니다.

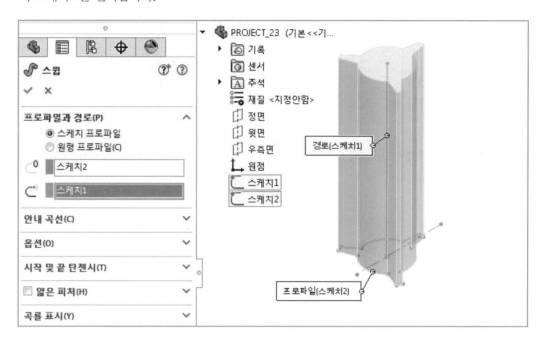

3 옵션(O)에서 프로파일 방향은 경로 따라, 프로파일 꼬임은 꼬임값 지정, 꼬임제어는 도를 선택하고 방
향 1에서 엇각은 270°를 기입합니다.

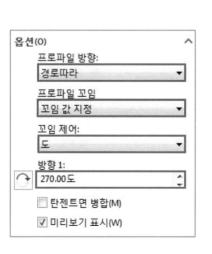

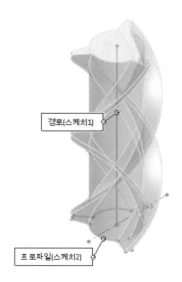

4 프로파일 방향 : 경로 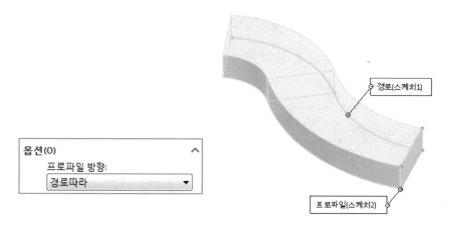 를 따라 스윕되는 프로파일 의 방향을 조절합니다.

① 경로 따라 : 프로파일이 항상 경로와 같은 각도를 유지하며 스윕합니다.

② 일정한 상수 유지 : 경로의 탄젠트 벡터에 상관없이 프로파일이 항상 시작되는 프로파일에 평행을 유지하며 스윕합니다.

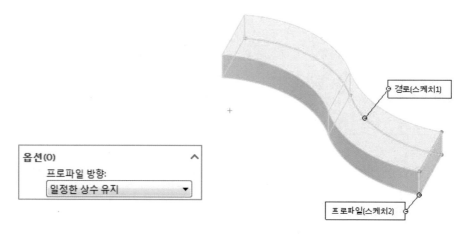

③ 프로파일 꼬임의 꼬임값 지정 : 경로 따라 프로파일이 회전하며 꼬임 형상의 스윕을 합니다. 꼬임 제어값으로 도, 라디안, 회전수를 기입합니다.

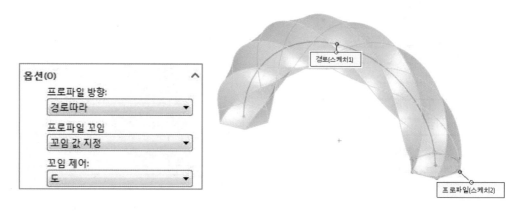

❹ 프로파일 방향은 일정한 상수 유지이고, 프로파일 꼬임에 꼬임값 지정일 때는 프로파일을 경로에 따라 꼴 때 시작 프로파일이 계속 평행을 유지하며 프로파일을 꼽니다.

❺ 확인✔을 클릭합니다.

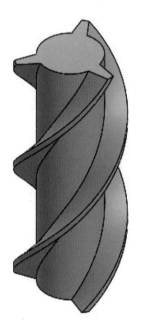

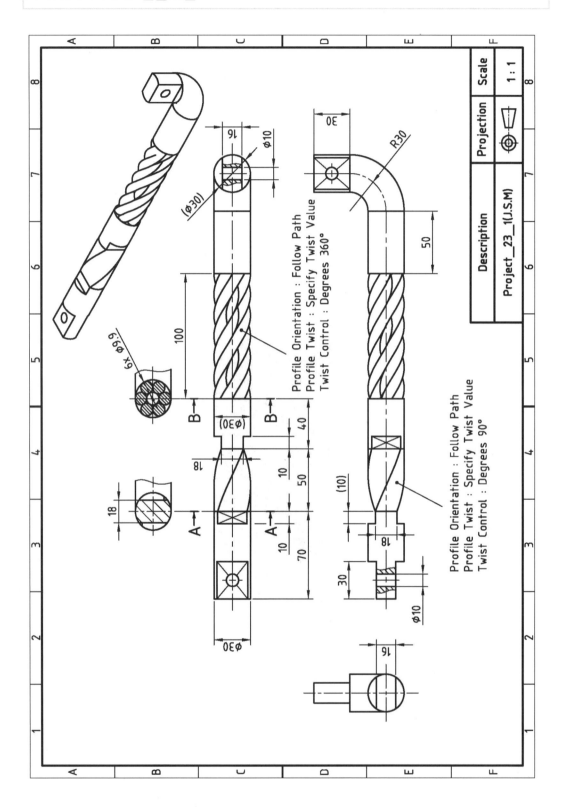

Profile Orientation : Follow Path
Profile Twist : Specify Twist Value
Twist Control : Degrees 360°

Profile Orientation : Follow Path
Profile Twist : Specify Twist Value
Twist Control : Degrees 90°

Description	Projection	Scale
Project_23_1(J.S.M)		1 : 1

● 스/케/치/도/구/모/음 **타원**

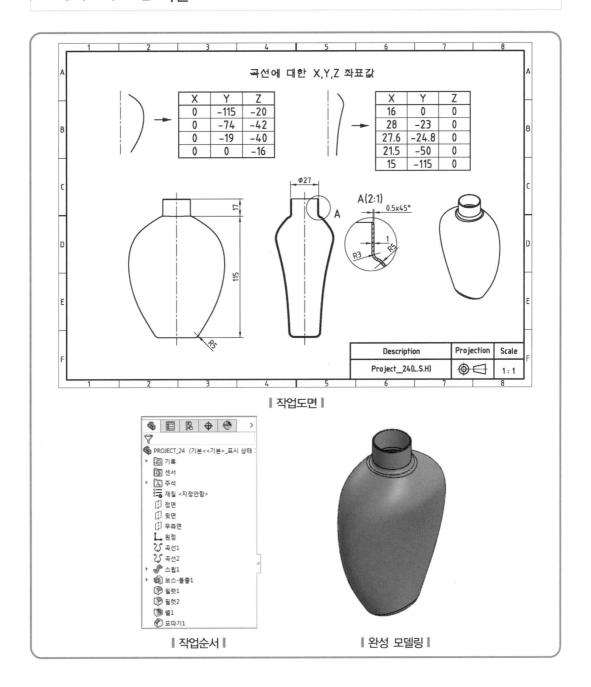

곡선에 대한 X,Y,Z 좌표값

X	Y	Z
0	-115	-20
0	-74	-42
0	-19	-40
0	0	-16

X	Y	Z
16	0	0
28	-23	0
27.6	-24.8	0
21.5	-50	0
15	-115	0

Ø27

17

115

R5

A(2:1)

0.5x45°

1

R3

R5

A

Description	Projection	Scale
Project_24(L.S.H)	⊕	1 : 1

‖ 작업도면 ‖

PROJECT_24 (기본<<기본>_표시 상태 :
- ▶ 🕮 기록
- 🔲 센서
- ▶ 🅰 주석
- 🗝 재질 <지정안함>
- 🗇 정면
- 🗇 윗면
- 🗇 우측면
- ㄴ 원점
- ⌇ 곡선1
- ⌇ 곡선2
- ▶ 🖋 스윕1
- ▶ 🖻 보스-돌출1
- 🖲 필렛1
- 🖲 필렛2
- 🖩 쉘1
- 🖉 모따기1

‖ 작업순서 ‖

‖ 완성 모델링 ‖

01 XYZ좌표 지정곡선 ℧

☐1 곡선 도구모음에서 XYZ좌표 지정곡선 ℧을 클릭하거나 삽입 → 곡선 → XYZ좌표 지정곡선을 클릭합니다.

곡선(C)

☐2 X, Y, Z열에서 쉘을 더블클릭하고 각 쉘에 점 좌표를 입력하여 새 좌표 세트를 만듭니다. (입력한 X, Y, Z 좌표값에 의하여 그래픽 영역에 곡선을 생성합니다.)

XYZ좌표 지정곡선은 스윕 피처에 대한 경로나 안내곡선, 로프트 피처에 대한 안내곡선, 구배 피처에 대한 구획선으로 사용할 수 있습니다.

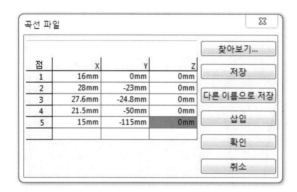

곡선 파일			
점	X	Y	Z
1	16mm	0mm	0mm
2	28mm	-23mm	0mm
3	27.6mm	-24.8mm	0mm
4	21.5mm	-50mm	0mm
5	15mm	-115mm	0mm

찾아보기...
저장
다른 이름으로 저장
삽입
확인
취소

☐3 [확인]을 클릭하여 곡선을 표시합니다.

TIP sldcrv파일 txt파일로 저장된 곡선파일 열기

[찾아보기...]를 클릭하고 곡선 파일을 찾아 지정합니다. .sldcrv 파일 또는 .sldcrv 파일과 동일한 형식을 사용하는 .txt 파일을 열 수 있습니다. Microsoft Excel에서 3D 곡선을 작성하고 .txt 파일로 저장한 뒤 SolidWorks에서 다시 여는 방법으로 곡선을 작성할 수 있습니다. 텍스트 편집기나 워크시트 프로그램을 사용하여 곡선점 좌표계를 포함하는 파일을 작성합니다. 파일 형식은 X, Y, Z 좌표계를 탭이나 스페이스로 구분한 세 개의 열로 구성된 목록이어야 합니다. X, Y, Z 또는 다른 기타 데이터와 같은 열 머리글을 쓰지 마십시오.

4 텍스트 편집기(메모장)를 열고 다음과 같이 XYZ값을 스페이스로 구분한 세 개의 열로 구성된 목록을
작성한 후 파일이름을 지정하고 .txt 파일로 저장합니다.

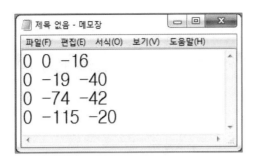

5 곡선 도구모음에서 XYZ좌표 지정곡선 ℃°을 클릭하거나 삽입 → 곡선 → XYZ좌표 지정곡선을 클릭
합니다.

6 찾아보기... 를 클릭하여 위의 텍스트 파일을 엽니다.

7 확인 을 클릭하여 곡선을 생성합니다.

02 2D 평면 선택하고 스케치하기 1

1️⃣ FeatureManager 디자인 트리에서 정면을 선택하고, 스케치 도구모음에서 스케치 ⌐ 를 클릭합니다.

2️⃣ 선 ╱ 을 클릭하고 다음과 같이 한 점이 원점에 일치하는 수직한 선분을 스케치한 후 지능형 치수 ⌖
를 클릭하여 치수를 부가합니다.

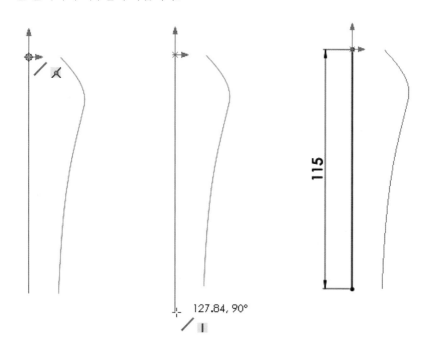

3️⃣ 스케치 확인 코너에서 스케치 종료 ⌐↵ 를 클릭합니다.

1 FeatureManager 디자인 트리에서 윗면을 선택하고, 스케치 도구모음에서 스케치└를 클릭합니다.

2 보기 방향을 등각보기 상태⬡로 맞춥니다.

3 스케치 도구모음의 타원◉을 클릭하고, 포인터 모양이 ⁺◉로 바뀌면 도면의 그래픽 영역을 클릭하여 타원 중심점을 배치한 후 마우스를 끌어 클릭하여 타원의 한 축을 정의하고, 이어 다른 축도 정의합니다.

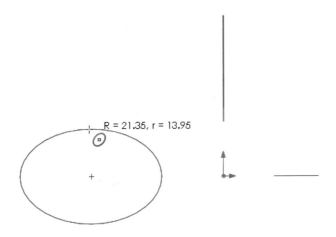

4 등각보기 상태에서 [Ctrl]을 누른 채 타원의 사분점과 곡선을 선택하고 구속조건에 관통🐛을 부가합니다.

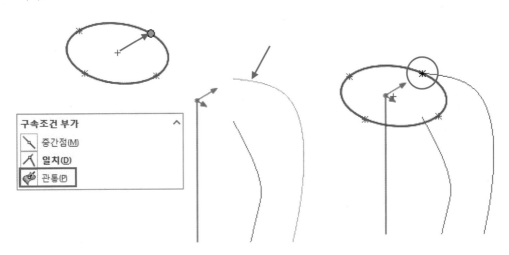

5 [Ctrl]을 누른 채 타원의 다른 사분점과 곡선을 선택하고 구속조건에 관통 🖤을 부가합니다.

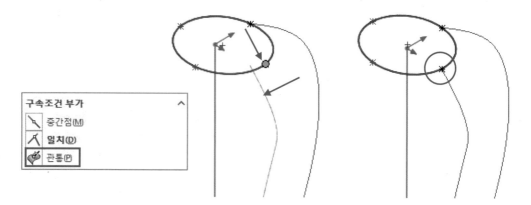

6 [Ctrl]을 누른 채 타원의 중심점과 이전에 스케치한 수직한 선분을 선택하고 구속조건에 관통 🖤을 부가합니다.

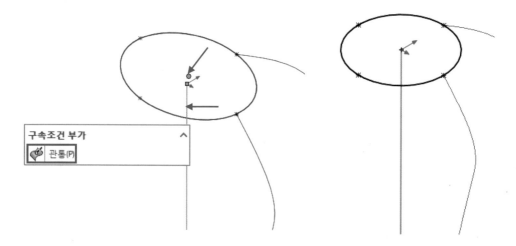

7 스케치 확인 코너에서 스케치 종료 ╰🗸를 클릭합니다.

04 스윕 🌭 1

1. 피처 도구모음에서 스윕 보스 / 베이스 🌭 를 클릭하거나 삽입 → 보스 / 베이스 → 스윕을 클릭합니다.

2. 다음과 같이 프로파일 ⊂⁰ 은 타원을 그린 스케치를 선택하고 경로 ⊂ 는 수직한 선분을 그린 스케치를 선택합니다. 안내곡선 ⊜ 은 XYZ좌표 지정곡선 🎷 으로 만든 두 곡선을 차례로 플라이아웃 Feature Manager 디자인 트리에서 선택하거나 그래픽 영역에서 곡선을 클릭하여 선택합니다.

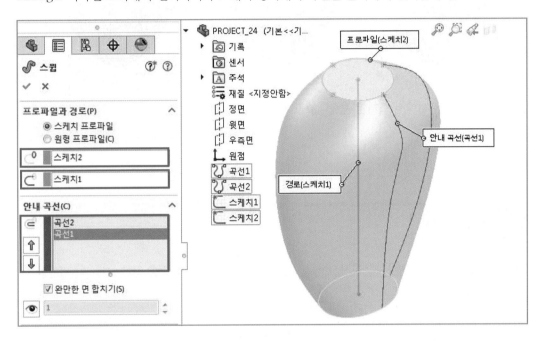

3. 확인 ✔ 을 클릭합니다.

05 2D 평면 선택하고 스케치하기 3

1. FeatureManager 디자인 트리에서 윗면을 선택하고, 스케치 도구모음에서 스케치 ⊏ 를 클릭합니다.

2. 원 ⊙ 을 클릭하여 원의 중심점을 스케치 원점에 일치시키고 지능형 치수 ❖ 를 클릭하여 다음과 같이 치수를 부가합니다.

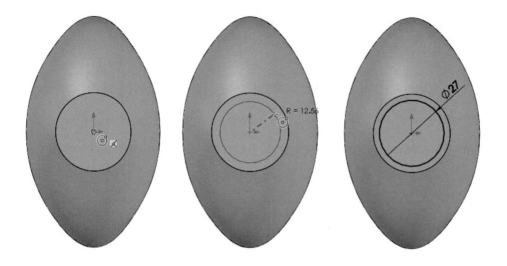

3 스케치 확인 코너에서 스케치 종료 를 클릭합니다.

피처 도구모음에서 돌출 을 클릭하고 마침조건은 블라인드 형태, 깊이 값에 17mm를 기입한 후 확인 을 클릭합니다.

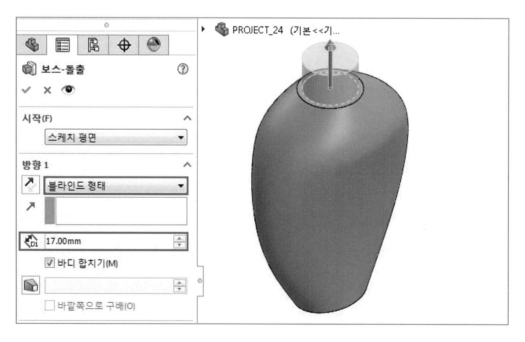

1 피처 도구모음의 필렛🗌을 클릭하고, 필렛 유형은 부동크기필렛, 반경 ⟨은 5mm를 기입한 후 다음 과 같이 형상의 모서리를 선택합니다.

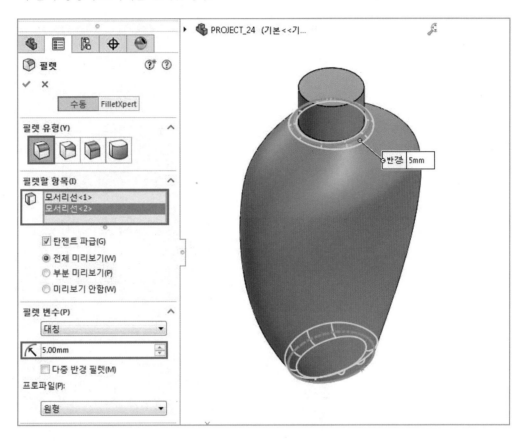

2 확인 ✔️을 클릭합니다.

1 피처 도구모음의 필렛 을 클릭하고, 필렛 유형은 부동크기필렛, 반경 은 3mm를 기입한 후 다음
과 같이 형상의 모서리를 선택합니다.

2 확인 을 클릭합니다.

1 피처 도구모음의 쉘 🗔을 클릭하고 쉘 PropertyManager에서 면의 두께를 지정하기 위해 두께 🔩 1mm를 입력합니다. 제거할 면 🗔으로 그래픽 영역에서 다음과 같이 형상의 윗면을 선택합니다.

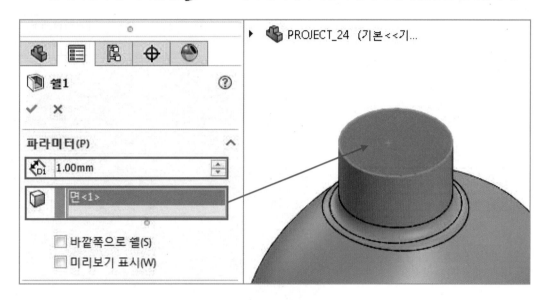

2 확인 ✔을 클릭합니다.

1 피처 도구모음에서 모따기 🗔를 클릭하거나 삽입 → 피처 → 모따기를 클릭합니다.

① 모따기 변수 아래에서 : 모서리선과 면 또는 꼭지점 🗔의 그래픽 영역에서 모따기할 요소를 선택합니다.

② 거리 🔩 0.5mm와 각도 ⬩ 45°를 지정하거나 모따기할 모서리를 선택하면 나타나는 그래픽 영역의 입력창 | 거리: 0.5mm ⬍ | 각도: 45도 ⬍ |에서 값을 지정합니다.

2 거리가 측정되는 방향을 가리키는 화살표가 나타납니다. 화살표를 선택하여 방향을 바꾸거나 반대방향을 선택하여 방향을 바꿉니다.

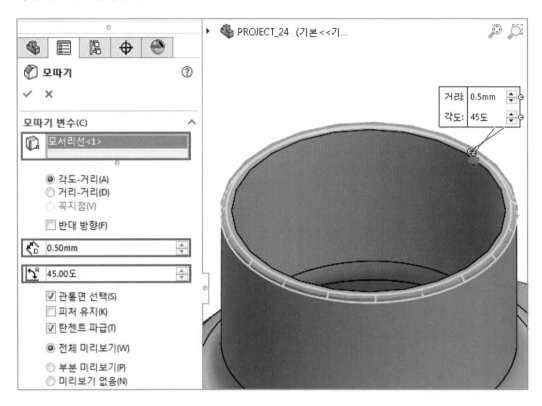

3 확인 ✔을 클릭합니다.

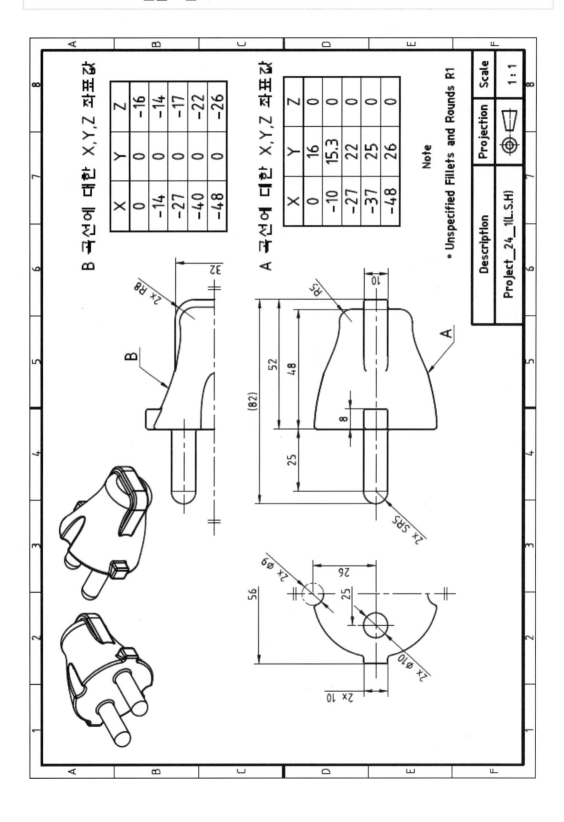

B 곡선에 대한 X,Y,Z 좌표값

X	Y	Z
0	0	-16
-14	0	-14
-27	0	-17
-40	0	-22
-48	0	-26

A 곡선에 대한 X,Y,Z 좌표값

X	Y	Z
0	16	0
-10	15.3	0
-27	22	0
-37	25	0
-48	26	0

Note

• Unspecified Fillets and Rounds R1

Description	Projection	Scale
Project_24_1(L.S.H)		1 : 1

단순로프트와 스윕컷 사용예제

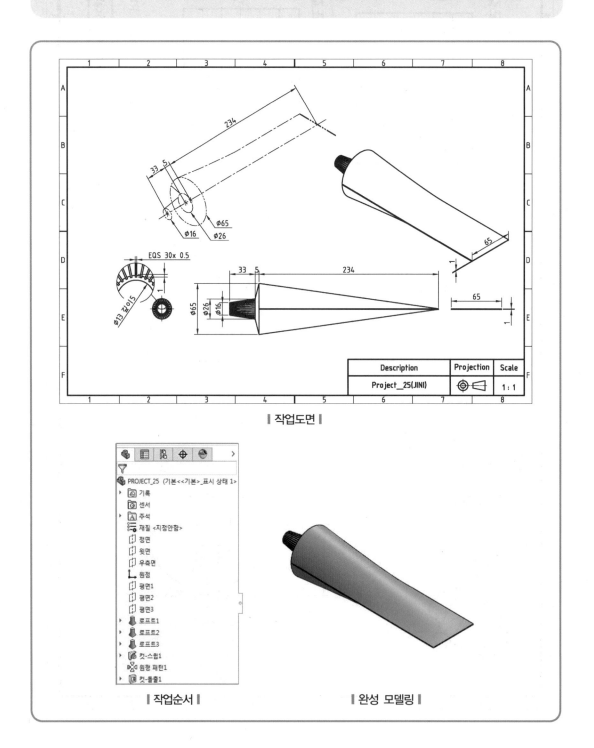

| 작업도면 |

Description	Projection	Scale
Project_25(JINI)	⊕⊏	1 : 1

| 작업순서 |

| 완성 모델링 |

01 Loft와 Sweep의 차이점

☑ 로프트는 프로파일 사이에 전이를 주어 피처를 만듭니다. 두 개 이상의 프로파일을 사용하여 로프트를 만들 수 있습니다. 즉, Loft는 여러 개의 스케치를 이용하여 Feature를 생성시킵니다.

☑ Sweep이 단일한 스케치 모형을 가지고 일정한 길을 따라서 피처를 만들어 가는 것이라면 Loft는 서로 다른 스케치들을 이용하여 변형된 단면을 가진 Feature를 생성해 가는 것입니다.

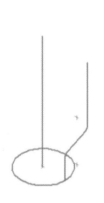

‖ Sweep인 경우 ‖

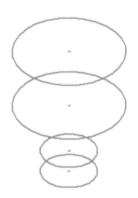

‖ Loft인 경우 ‖

02 평면 🚪 1, 2, 3

1 보기 방향을 등각보기 🧊 상태에서, FeatureManager 디자인 트리에서 우측면을 선택하고, Ctrl 을 누른 상태로 그래픽 영역에서 활성화된 우측면에 커서를 가져다 놓고 클릭합니다.

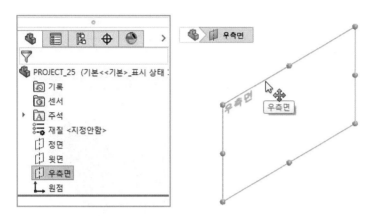

또는 Ctrl 을 누른 상태로 드래그하여 평면을 끌어 기준면 명령을 실행하거나 참조형상 도구막대에서 기준면을 클릭하고 제1참조 선택란에 플라이아웃 FeaureManager 디자인 트리에서 우측면을 선택합니다.

기준면 PropertyManager가 열리고 제1참조의 오프셋 거리 🔧가 선택되며 입력란에 오프셋거리 5mm를 입력합니다. 오프셋 뒤집기를 체크하여 아래와 같은 방향으로 평면 1을 만든 후 확인 ✔을 클릭합니다.

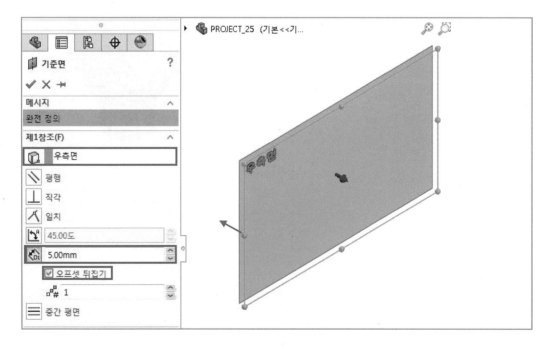

2 위와 같은 방법으로 FeatureManager 디자인 트리에서 우측면을 선택하고, [Ctrl]을 누른 상태로 드래그하여 평면을 끌어 옵니다.

기준면 PropertyManager가 열리면 원하는 위치에 평면을 놓은 후 PropertyManager에서 오프셋거리 🔩에 234mm를 입력하여 평면 2를 만들고, 확인 ✔️을 클릭합니다.

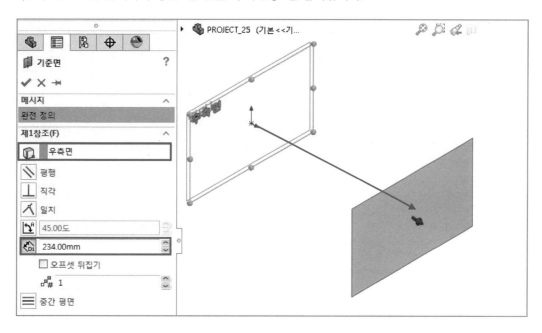

3 FeatureManager 디자인 트리에서 첫 번째로 작성한 평면 1을 선택하고 [Ctrl]을 누른 상태로 드래그하여 평면을 끌어 옵니다. 오프셋거리 🔩로 33mm를 입력하고, 오프셋 뒤집기를 체크하여 아래와 같은 방향으로 평면 3을 만든 후 확인 ✔️을 클릭합니다.

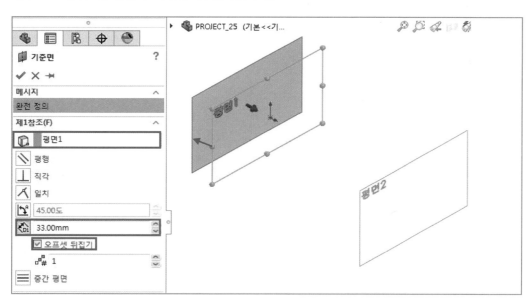

03 2D 평면 선택하고 스케치하기 1

1 FeatureManager 디자인 트리에서 평면 1을 선택하고, 스케치 도구모음에서 스케치 ⎛ 를 클릭합니다.

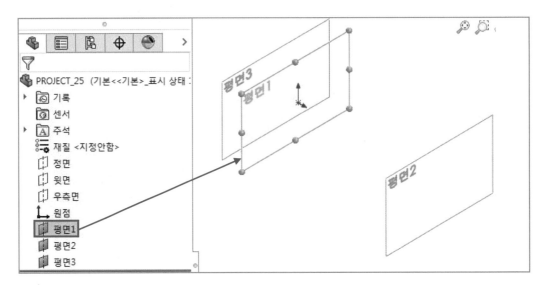

2 스케치 도구모음의 원 ⊙ 을 클릭하고 원의 중심점을 스케치 원점에 일치시킨 후 반경을 클릭하여 원을 스케치하고 지능형 치수 ◆ 를 클릭하여 치수를 부가합니다.

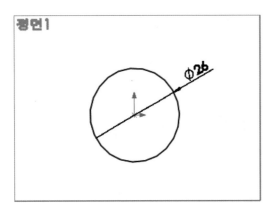

3 스케치 확인 코너에서 스케치 종료 ⎣↵ 를 클릭합니다.

04 2D 평면 선택하고 스케치하기 2

1 FeatureManager 디자인 트리에서 우측면을 선택하고, 스케치 도구모음에서 스케치 ⌐를 클릭합니다.

2 스케치 도구모음의 원 ⊙을 클릭하고 원의 중심점을 스케치 원점에 일치시킨 후 반경을 클릭하여 원을 스케치하고 지능형 치수 ✦를 클릭하여 치수를 부가합니다.

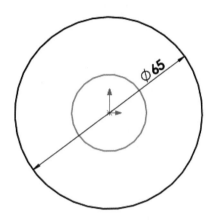

3 스케치 확인 코너에서 스케치 종료 ⌐↵를 클릭합니다.

05 2D 평면 선택하고 스케치하기 3

1 FeatureManager 디자인 트리에서 평면 2을 선택하고, 스케치 도구모음에서 스케치 ⌐를 클릭합니다.

2 스케치 도구모음의 중심사각형 ▣을 클릭합니다. 사각형의 중심점을 스케치 원점에 일치되도록 하여 사각형을 다음과 같이 스케치합니다.

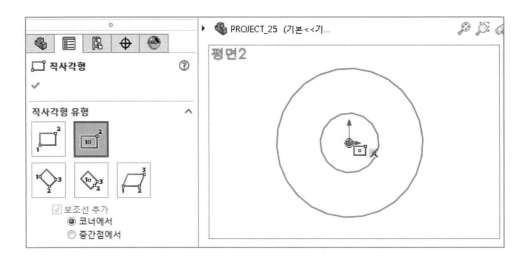

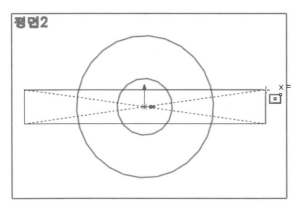

3 지능형 치수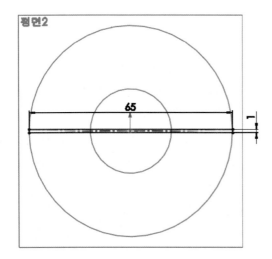를 클릭하고 다음과 같이 치수를 부여합니다.

4 스케치 확인 코너에서 스케치 종료를 클릭합니다.

2D 평면 선택하고 스케치하기 4

1 FeatureManager 디자인 트리에서 평면 3을 선택하고, 스케치 도구모음에서 스케치 를 클릭합니다.

2 스케치 도구모음의 원 을 클릭하고 원의 중심점을 스케치 원점에 일치시킨 후 반경을 클릭하여 원을 스케치하고 지능형 치수 를 클릭하여 치수를 부가합니다.

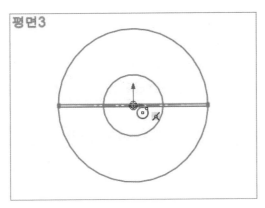
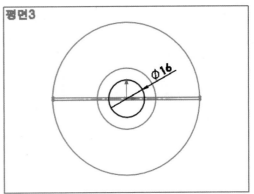

3 스케치 확인 코너에서 스케치 종료 를 클릭합니다.

---

07 로프트 1

1 피처 도구모음에서 로프트 를 클릭하거나, 삽입 → 보스 / 베이스 → 로프트를 클릭합니다.

2 로프트 PropertyManager

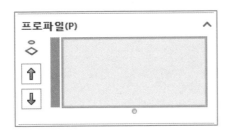

❶ **프로파일** : 로프트 작성에 사용할 프로파일을 지정합니다. 연결할 스케치 프로파일, 면, 모서리선, 점들을 선택합니다. 프로파일을 선택한 순서에 따라 로프트가 작성됩니다.

❷ 위로 이동 이나 아래로 이동 을 사용하여 선택한 프로파일의 순서를 조절할 수 있습니다.

3 프로파일 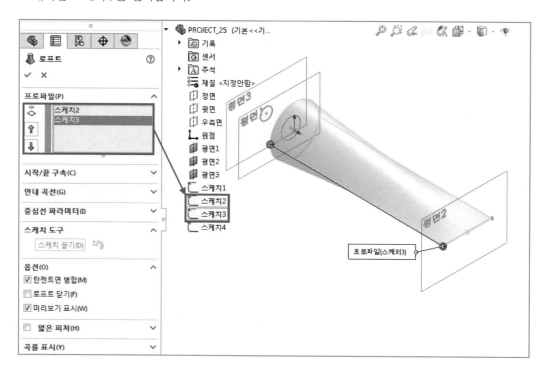에 플라이아웃 FeatureManager 디자인 트리에서 우측면에 스케치한 스케치 2와 평면 2에
스케치한 스케치 3을 선택합니다.

4 프로파일 간의 맞춤 상태를 변경하여 로프트 프로파일 맞춤을 수정합니다. 정렬을 조정하려면, 그래
픽 영역에서 커넥터의 일부로 나타나는 핸들을 조작합니다. 위치를 바꾼 커넥터 점은 프로파일을 로
프트에 추가할 때 새 위치를 유지합니다. 커넥터는 양방향의 끝점을 연결하는 다중선입니다.

5 커넥터를 조절하는 방법

❶ 마우스 커서를 프로파일의 핸들⊖에 두면 핸들의 색이 ●로 바뀝니다. 어떤 프로파일을 선택하든 동작은 동일합니다. 하지만 로프트 형상은 경우에 따라 달라집니다.

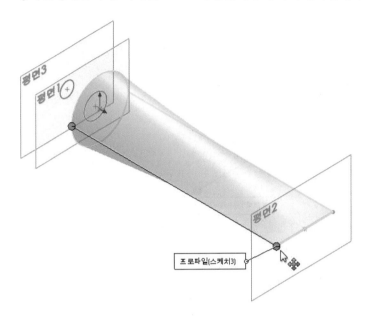

❷ 커넥터를 옮기려는 꼭지점을 향해 드래그를 시작합니다. 커넥터가 지정한 모서리를 따라 다음 꼭 지점으로 이동하면서, 로프트 미리보기가 새 맞춤 위치로 업데이트됩니다.

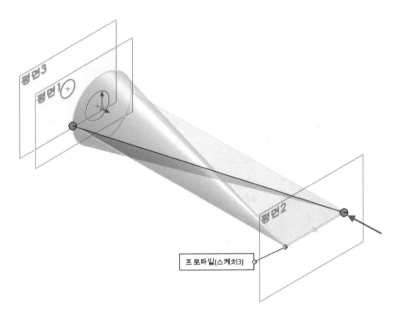

❸ 로프트 형상이 달라집니다.

❹ 커넥터를 움직여 원래 로프트 형상을 만듭니다.

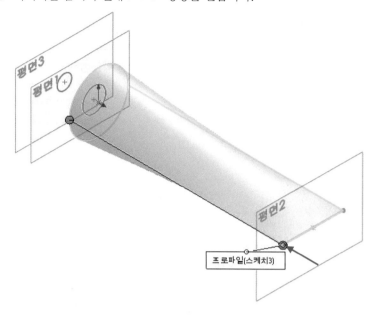

6 커넥터를 추가하는 방법

❶ 커넥터를 추가하려는 프로파일 선에 마우스를 놓고 마우스 오른쪽 버튼을 클릭한 후 커넥터에 추가를 선택합니다.

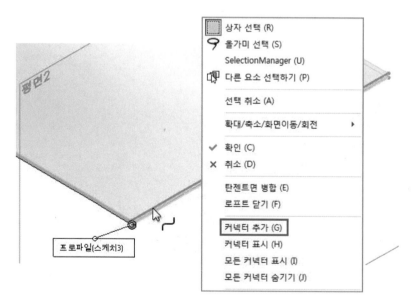

❷ 커넥터를 프로파일에 추가하고 나면 각 커넥터의 위치를 바꿀 수 있습니다. 모서리선을 따라 여러개의 커넥터를 추가할 수 있습니다.

7 커넥터 편집방법

❶ 커넥터 작업 실행 취소 : 커넥터 삭제, 추가, 끌기와 같은 명령을 최근 6개까지 실행 취소할 수 있습니다.

❷ 커넥터 삭제 : 추가한 커넥터를 삭제합니다.

❸ 커넥터 표시 : 선택한 점에 가장 가까운 커넥터를 표시합니다.

❹ 모든 커넥터 표시 : 프로파일 간의 커넥터를 모두 표시하여 줍니다.

❺ 커넥터 원래대로 : 커넥터를 이동하여 변경한 사항을 모두 원래대로 되돌립니다.

❻ 커넥터 숨기기 : 핸들을 선택하여 커넥터를 삭제하지 않고 프로파일에서 표시하지 않습니다.

❼ 모든 커넥터 숨기기 : 모든 커넥터를 삭제하지 않고 숨기기만 합니다.

8 커넥터 기능을 보셨으면 커넥터 원래대로를 선택하고 로프트 PropertyManager의 확인 ✔을 클릭합니다.

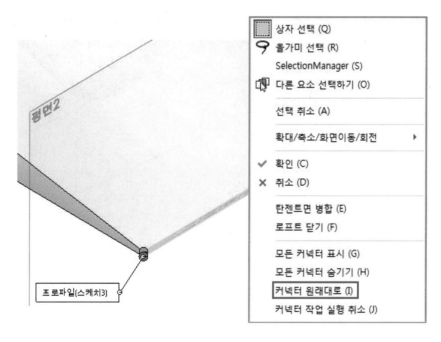

08 로프트 ♨ 2

1 피처 도구모음에서 로프트 ♨를 클릭하거나 삽입 → 보스 / 베이스 → 로프트를 클릭합니다.

2 프로파일 ⬦에 플라이아웃 FeatureManager 디자인 트리에서 전에 실행한 로프트 프로파일 중 우측면에 스케치한 스케치 2와 평면 1에 스케치한 스케치 1을 선택합니다.

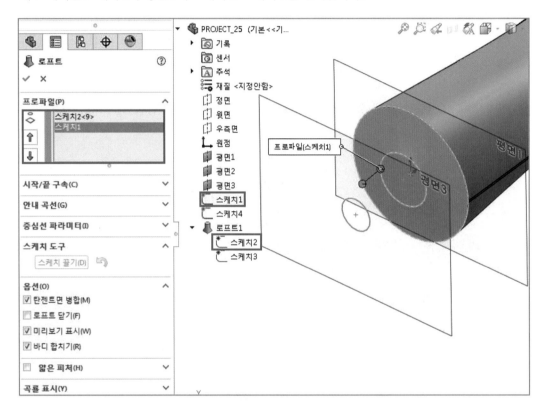

3 로프트 PropertyManager의 곡률 표시 아래에서 메시 미리보기에 체크합니다.

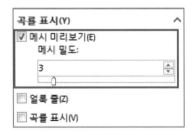

4 메시면이 만약 트위스트 되었으면, 커넥터를 움직여 메시면에 트위스트 선이 안 나타나게 하여 트위
스트 되지 않은 로프트 형상을 만듭니다.

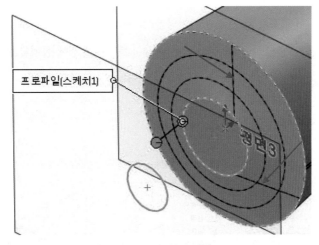

┃트위스트 된 원통 면┃

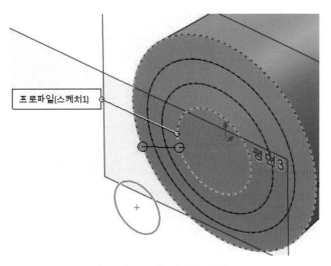

┃트위스트 안 된 원통 면┃

5 확인 ✔을 클릭합니다.

1 피처 도구모음에서 로프트 를 클릭하거나 삽입 → 보스 / 베이스 → 로프트를 클릭합니다.

2 프로파일 에 플라이아웃 FeatureManager 디자인 트리에서 전에 실행한 로프트 2의 프로파일 중 스케치 1과 평면 3에 스케치한 스케치 4를 선택합니다.

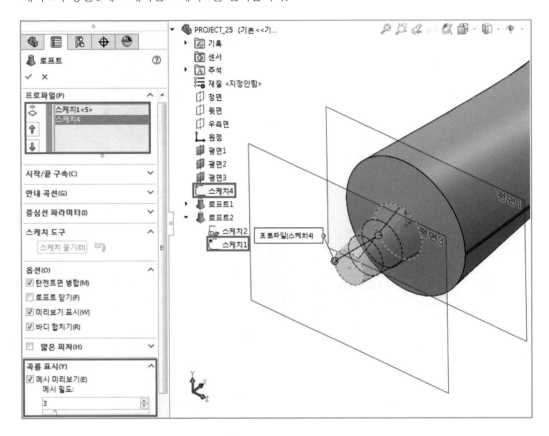

3 커넥터를 움직여 메시면에 트위스트 선이 안 나타나도록 하여 원통 형상을 만듭니다.

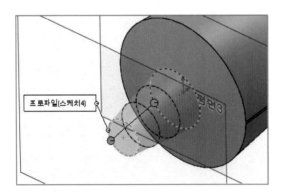

4 확인 을 클릭합니다.

10 2D 평면 선택하고 스케치하기 5

1 FeatureManager 디자인 트리에서 정면을 선택하고, 스케치 도구모음에서 스케치 ⊏를 클릭합니다.

2 요소변환 ⬜을 실행하고 형상의 모서리를 선택하여 스케치를 완성합니다.

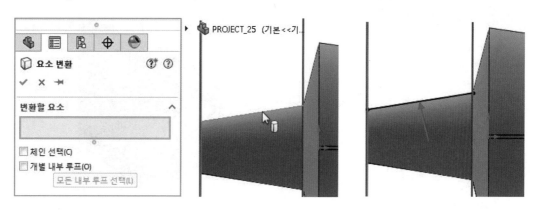

3 스케치 확인 코너에서 스케치 종료 ⤶를 클릭합니다.

11 2D 평면 선택하고 스케치하기 6

1 FeatureManager 디자인 트리에서 평면 3을 선택하고, 스케치 도구모음에서 스케치▐를 클릭합니다.

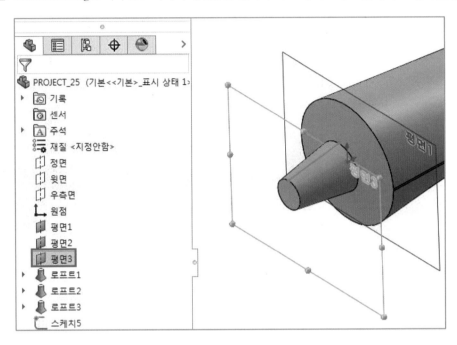

2 빠른 보기 도구모음의 면에 수직으로 보기↥를 클릭하거나 Ctrl + *8을 눌러 스케치 원점의 수평방향
이 왼쪽으로 가도록 만듭니다.

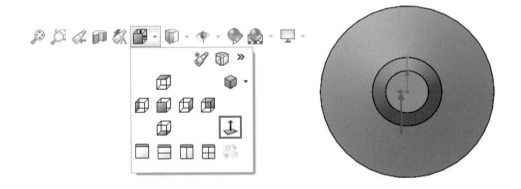

3 스케치 도구모음의 중심사각형 🔲을 클릭하고 직사각형 유형의 중심사각형을 선택하여 다음과 같이
스케치합니다.

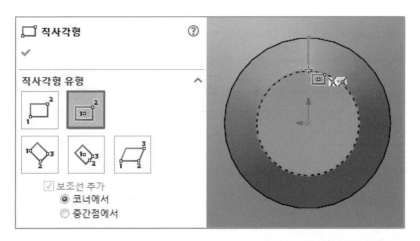

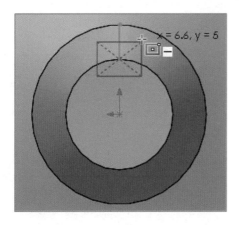

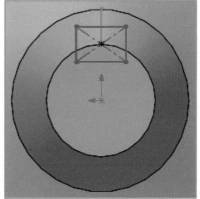

4 지능형 치수 ✏️를 클릭하여 다음과 같이 치수를 부가합니다.

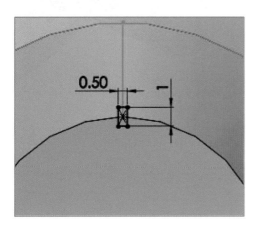

5 스케치 확인 코너에서 스케치 종료 ↪️를 클릭합니다.

12 스윕 컷 1

1 피처 도구모음에서 스윕 컷 을 클릭하거나 삽입 → 컷 → 스윕을 클릭합니다.

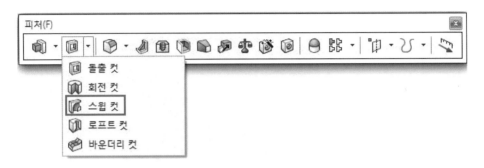

2 다음과 같이 프로파일 과 경로 를 플라이아웃 FeatureManager 디자인 트리에서 각각 사각형을 스케치한 스케치 6과 선을 스케치한 스케치 5를 선택합니다.

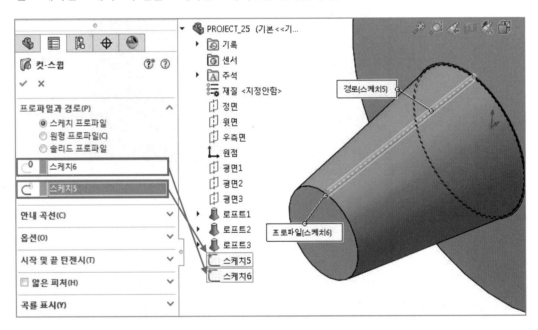

13 평면🚪 숨기기

FeatureManager 디자인 트리에서 평면 1, 2, 3을 선택한 후 마우스 오른쪽 버튼을 눌러 숨기기 🐾 를 선택하고 평면을 숨겨 둡니다.

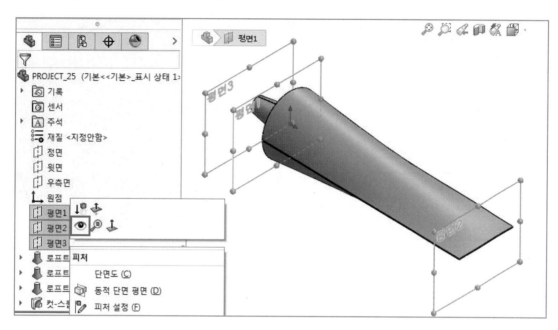

14 원형 패턴 ⬚ 1

1️⃣ 보기 → 숨기기 / 보이기 → 임시축 ⟋ 을 클릭하거나, 빠른 보기 도구모음의 항목 숨기기 / 보이기의 임시축 보기를 클릭하여 임시축을 표시합니다.

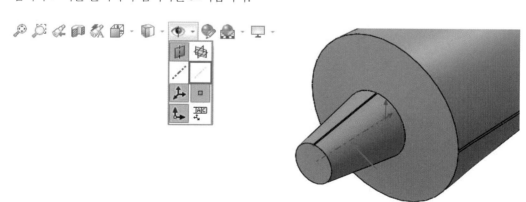

2 피처 도구모음의 원형 패턴 🎯을 클릭합니다.

3 패턴축에 임시축을 선택하고, 각도합계 🔄 란에 360을 기입합니다. 인스턴스 수 🎯는 30을 기입하고 동등 간격에 체크한 후 패턴할 피처에 플라이아웃 FeatureManager 디자인 트리에서 컷스윕 피처를 선택합니다.

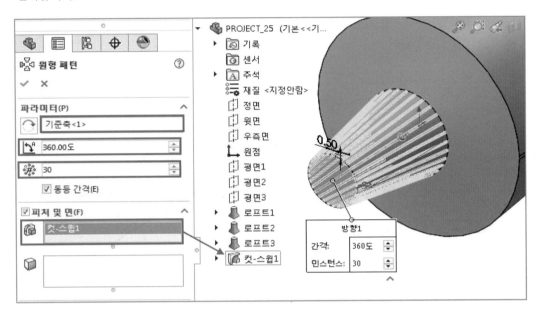

4 확인 ✔️을 클릭합니다.

5 보기 → 숨기기 / 보이기 → 임시축 ✏️ 을 다시 클릭하거나, 빠른 보기 도구모음의 항목 숨기기 / 보이기의 임시축 보기를 다시 클릭하여 임시축이 보이지 않게 만듭니다.

1 다음과 같이 형상의 면을 선택하고, 스케치 도구모음에서 스케치 ⌐를 클릭합니다.

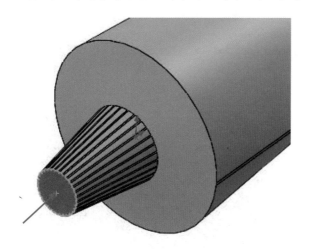

2 스케치 도구모음의 원 ⊙을 클릭한 뒤 스케치 원점에 중심점이 일치하게 하고 반경을 클릭하여 원을 스케치한 후 지능형 치수 ◆를 클릭하여 다음과 같이 치수를 부가합니다.

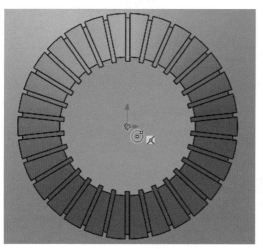
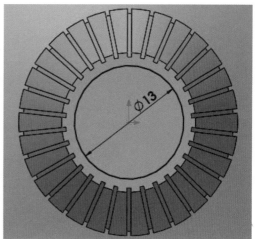

3 스케치 확인 코너에서 스케치 종료 ⌐↵를 클릭합니다.

1 피처 도구모음의 돌출컷 🔳 을 클릭합니다. 마침조건은 블라인드 형태로 선택하고 깊이 ⟨⟩ 값에 5mm 를 기입합니다.

2 확인 ✔️ 을 클릭합니다.

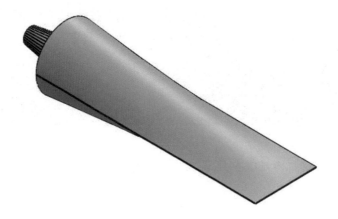

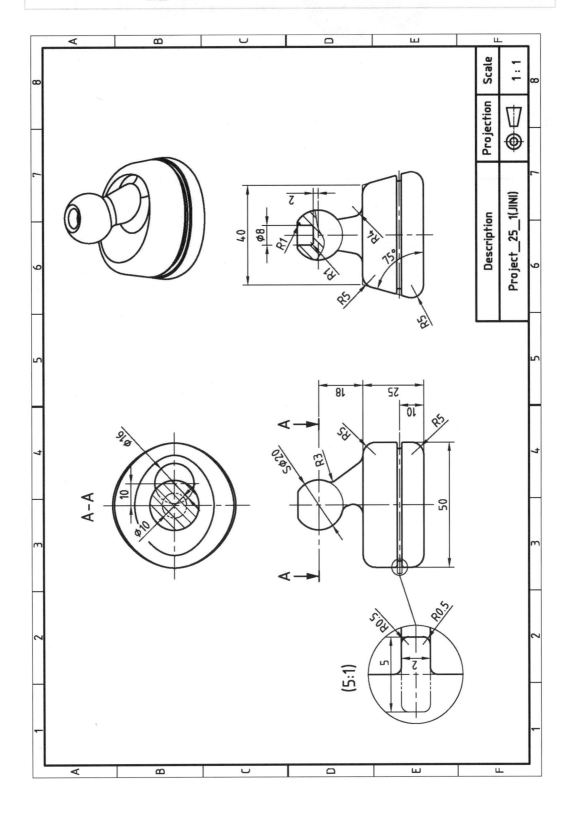

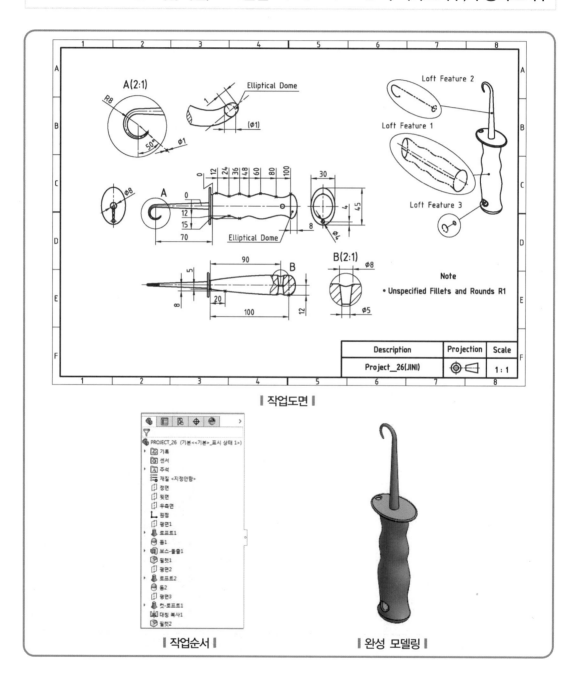

SolidWorks
따라하기

PROJECT 26

안내곡선을 이용한 로프트, 돔 사용예제

● 스/케/치/도/구/모/음 **자유곡선, 요소 분할** 구/속/도/구/모/음 **수직좌표치수, 수평좌표치수**

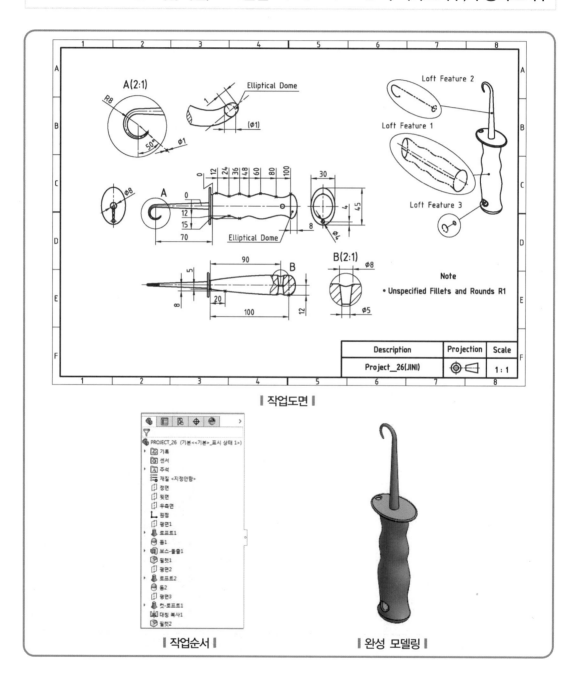

‖ 작업도면 ‖

‖ 작업순서 ‖

‖ 완성 모델링 ‖

01 자유곡선

1 자유곡선 ∿ 스케치하기

❶ 자유곡선(스케치 도구모음) ∿을 클릭하거나 도구 → 스케치 요소 → 자유곡선을 클릭합니다. 포인터 모양이 ⁺∿로 바뀝니다.

❷ 첫 점을 클릭하고 마우스를 끌어 원하는 위치에 놓은 다음 점을 클릭하여 선분을 그립니다.

❸ 다음 점을 클릭하고 끌어 두 번째 선분을 그립니다. 이 과정을 반복하여 두 개 이상의 점으로 자유곡선을 생성합니다.

❹ 모든 선에 위 과정을 반복한 다음, 자유곡선이 완성되면 클릭하거나, 더블클릭합니다.

2 자유곡선 편집

• 자유곡선점 : 자유곡선점을 선택하여 끌어 자유곡선의 형상을 변경합니다.

자유곡선점을 끌 때, X좌표 °x , Y좌표 °ʏ가 변경되며 점 PropertyManager에 표시됩니다.

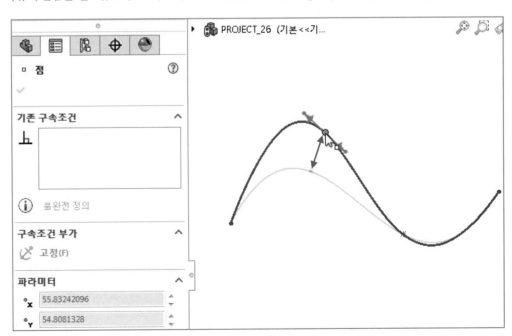

❸ 조정 다각형

개체 형태를 조정하는 데 사용되는 공간 안에 있는 일련의 통제점입니다. 자유곡선점과는 달리 통제점을 끌면, 변경 면적을 계산하여 자유곡선의 모양을 좀 더 세밀하게 통제할 수 있습니다.

➊ 자유곡선에 마우스를 가져가고 마우스 오른쪽 버튼을 누른 후 조정 다각형 표시 ⌐ 를 선택합니다.

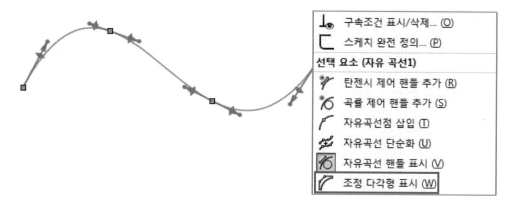

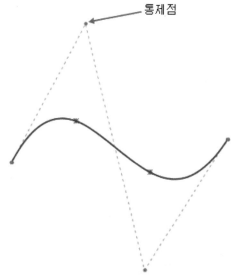

통제점

❷ 통제점을 선택하고 활성할 때 자유곡선 조정 다각형 PropertyManager가 표시됩니다. 조정 다각형 핸들 ⬤을 끌거나 PropertyManager의 값을 조정할 수 있습니다.

❸ 자유곡선 편집이 끝나면 자유곡선에 마우스를 가져간 다음 마우스 오른쪽 버튼을 눌러 조정 다각형 표시 🖐를 선택하여 취소합니다.

4 자유곡선 핸들

자유곡선 PropertyManager의 파라미터에서 탄젠트 구속을 선택합니다(또는 자유곡선 핸들을 사용하여 탄젠트 원을 수정합니다.).

아래 열거된 핸들을 사용하여 자유곡선점 수 🔩로 표시된 점을 수정합니다.

❶ 자유곡선 핸들

- 원형 핸들을 끌어 탄젠트 두께와 방향(벡터)을 비대칭으로 조절합니다.
- Alt 를 누른 채로, 원형 핸들을 끌어 탄젠시 두께와 방향(벡터)을 대칭으로 조절합니다.

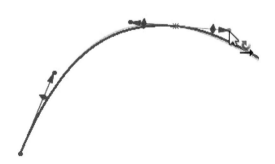

❷ 화살표 머리 핸들

- 화살표 머리 핸들을 끌어 탄젠시 두께를 비대칭으로 조절합니다.
- [Alt]를 누른 채로 화살표 머리 핸들을 끌어 탄젠시 두께를 대칭으로 조절합니다.

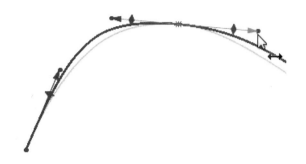

❸ 다이아몬드 핸들

- 다이아몬드 핸들을 끌어 탄젠시 방향(벡터)을 조절합니다. 이때 탄젠시는 자유곡선점에 대칭으로 적용됩니다.

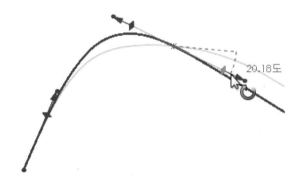

1 FeatureManager 디자인 트리에서 정면을 선택하고, 스케치 도구모음에서 스케치 를 클릭합니다.

2 스케치 도구모음의 중심선 을 클릭하고 스케치 원점을 지나는 수평한 중심선을 스케치한 후 스케치 도구모음의 자유곡선 을 클릭하여 다음과 같이 스케치합니다.

03 **좌표치수**

1 좌표치수란 도면이나 스케치의 0좌표에서 측정한 치수를 말합니다. 도면에서 좌표치수는 참조 치수로 이 치수는 변경할 수 없으며 이 값을 사용하여 모델을 만들 수 없습니다.

2 좌표치수는 처음 선택한 축에서 측정됩니다. 좌표치수의 유형(수평, 수직)은 선택한 점의 방향으로 정의됩니다.

04 수직좌표 치수 사용하기

1 치수 / 구속조건 도구모음에서 수직좌표 치수 를 클릭하거나 도구 → 치수 → 수직좌표를 클릭합니다.

2 베이스(0.0 치수)가 될 첫 번째 항목(모서리, 꼭지점 등)을 클릭한 후 다시 클릭하여 모델 바깥에 베이스 치수를 부가합니다.

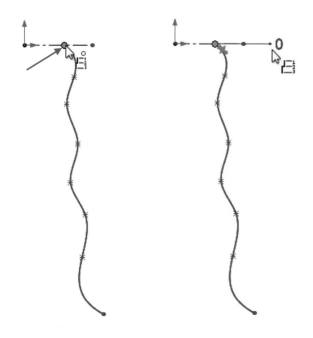

3 자유곡선점을 수직방향으로 순차적으로 클릭합니다.

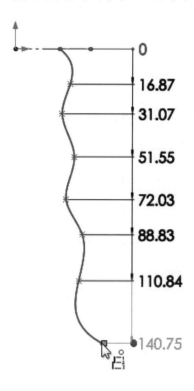

4 해당 좌표치수를 더블클릭하여 치수를 다음과 같이 수정합니다.

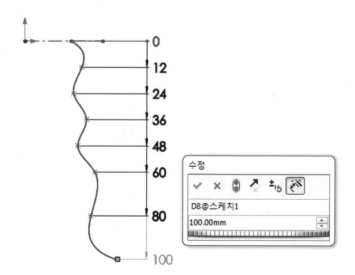

5 다음과 같이 자유곡선점을 Ctrl을 누른 채 클릭한 다음 구속조건 부가에서 수직을 선택합니다.

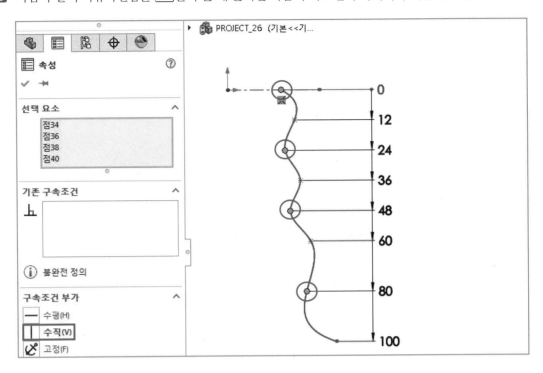

6 반대편의 자유곡선점을 Ctrl을 누른 채 클릭한 다음 구속조건 부가에서 수직조건을 선택합니다.

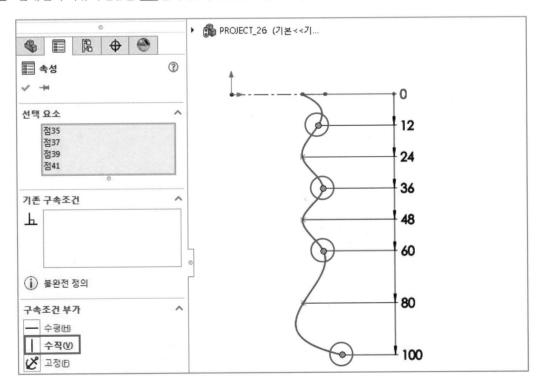

7 치수 / 구속조건 도구모음에서 수평좌표 치수 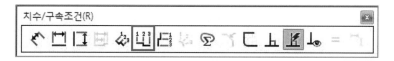를 클릭하거나 도구 → 치수 → 수평좌표를 클릭합니다.

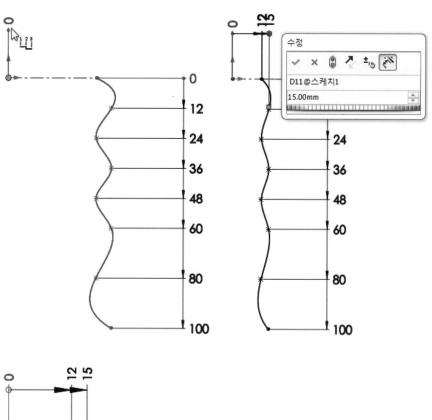

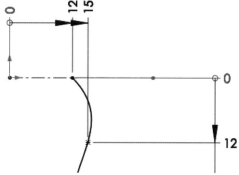

8 스케치 확인 코너에서 스케치 종료 ⟞↙를 클릭합니다.

1 FeatureManager 디자인 트리에서 정면을 선택하고, 스케치 도구모음에서 스케치 ⌐ 를 클릭합니다.

2 스케치 도구모음의 중심선 ✎ 을 클릭하고 스케치 원점에 수직한 중심선을 스케치합니다.

3 스케치 1에 스케치한 자유곡선을 선택하고 스케치 도구모음의 요소 변환 🗇 을 클릭합니다.

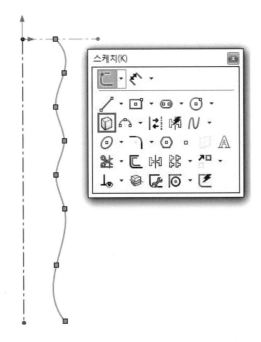

4 수직한 중심선과 요소 변환한 자유곡선을 선택한 다음 요소대칭복사 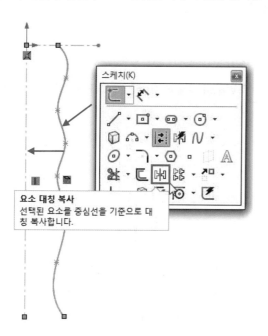를 클릭합니다.

5 요소 변환한 원본 자유곡선을 선택하고 자유곡선 PropertyManager 보조선에 체크하여 보조선으로 만듭니다.

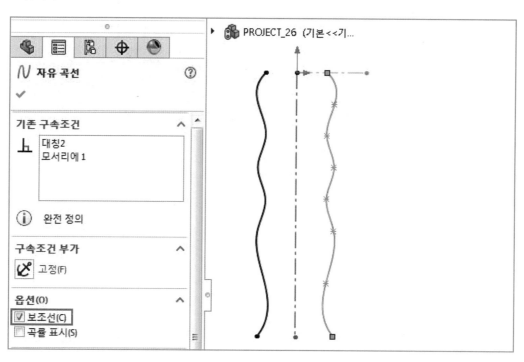

6 스케치 확인 코너에서 스케치 종료 ⌐↵를 클릭합니다.

06 2D 평면 선택하고 스케치하기 3

1 FeatureManager 디자인 트리에서 우측면을 선택하고, 스케치 도구모음에서 스케치 ⌐를 클릭합니다.

2 스케치 도구모음의 중심선 ↗과 자유곡선 ∿ 을 클릭하여 다음과 같이 스케치한 후 지능형 치수 ↖를 클릭하여 치수를 부가합니다.

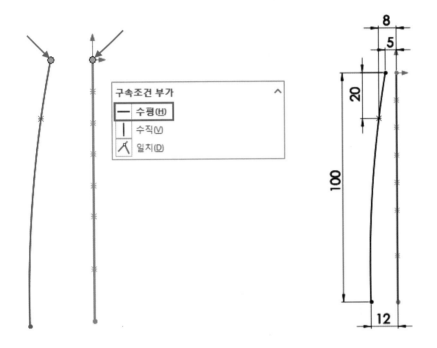

3 스케치 확인 코너에서 스케치 종료 ⌐↲를 클릭합니다.

1 FeatureManager 디자인 트리에서 윗면을 선택하고, 스케치 도구모음에서 스케치⊏를 클릭합니다.

2 스케치 도구모음의 타원⊘을 클릭하여 다음과 같이 스케치한 다음 Ctrl을 누른 채 타원의 사분점과 타원의 중심점을 선택한 후 구속조건 부가에서 수직을 선택합니다.

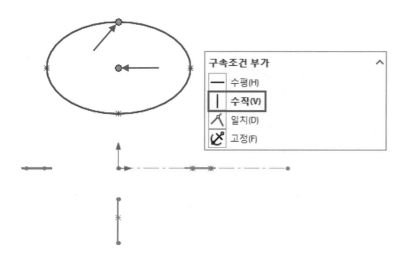

3 보기 방향을 등각보기◉상태에서, Ctrl을 누른 채 타원의 사분점과 자유곡선을 선택한 다음 구속조건 부가에서 관통🐾을 선택합니다.

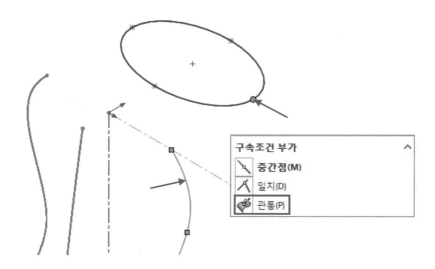

4 위와 같은 방법으로 Ctrl 을 누른 채 타원의 사분점과 자유곡선을 선택한 다음 구속조건 부가에서 관통 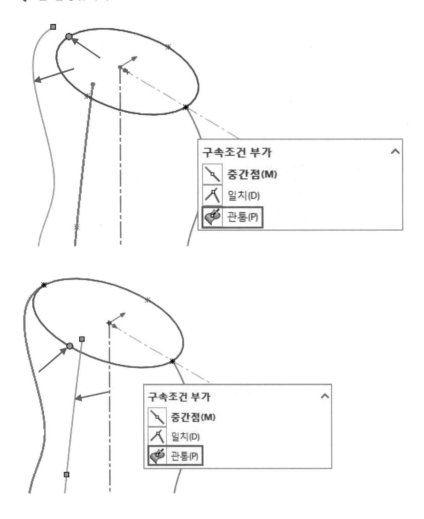을 설정합니다.

5 스케치 확인 코너에서 스케치 종료 ⌐◡를 클릭합니다.

08 평면 📄 1

1. 참조형상 도구모음에서 기준면 📄을 클릭하거나 삽입 → 참조형상 → 기준면을 클릭합니다.

2. 제1참조란에 평면을 작성할 항목을 플라이아웃 FeatureManager 디자인 트리에서 디폴트 평면인 윗면을 선택하고 제2참조란에 자유곡선의 끝점을 다음과 같이 선택합니다.

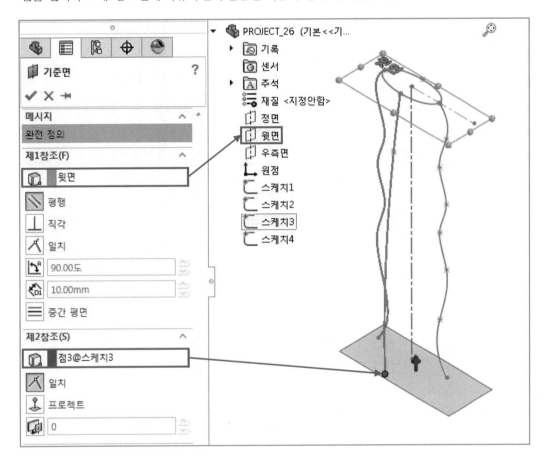

3. 확인 ✔을 클릭합니다.

1 FeatureManager 디자인 트리에서 평면 1을 선택하고, 스케치 도구모음에서 스케치 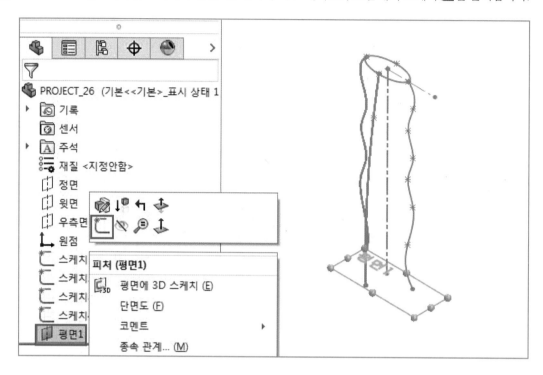 를 클릭합니다.

2 스케치 도구모음의 타원 ⊙ 을 클릭하고 다음과 같이 스케치한 다음 [Ctrl]을 누른 채 타원의 사분점과 타원의 중심점을 선택한 후 구속조건 부가에서 수직을 선택합니다.

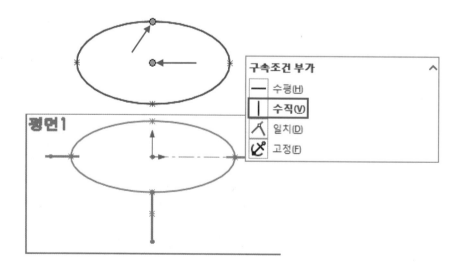

3 등각보기 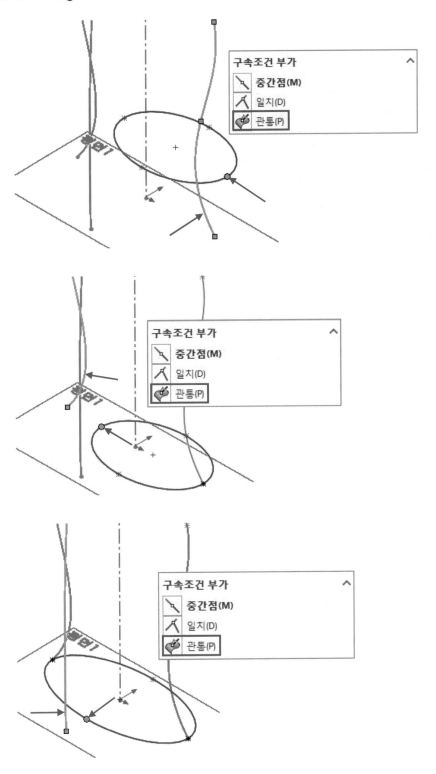 상태에서 타원의 사분점과 자유곡선 간의 구속조건 부가에 관통 을 설정합니다.

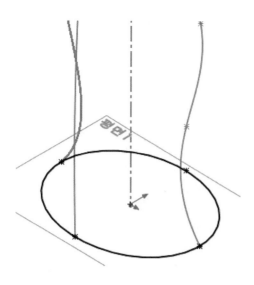

4 스케치 확인 코너에서 스케치 종료 └┙를 클릭합니다.

10 로프트 🔔 1

1 피처 도구모음에서 로프트 🔔를 클릭하거나 삽입 → 보스 / 베이스 → 로프트를 클릭합니다.

2 프로파일 ◇의 플라이아웃 FeatureManager 디자인 트리에서 스케치 4와 스케치 5를 선택합니다.

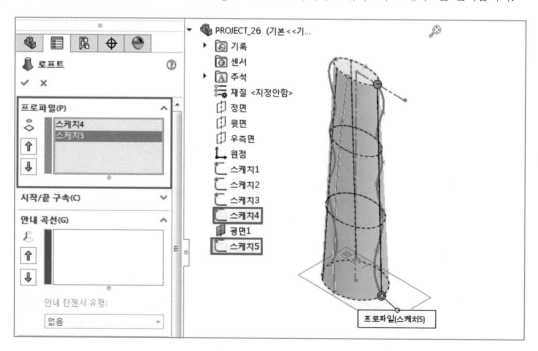

③ 로프트 안내곡선

둘 이상의 프로파일과 프로파일에 연결하기 위한 하나 이상의 안내곡선을 사용하여 안내곡선 로프트를 만들 수 있습니다. 안내곡선은 생성되는 중간 프로파일의 조절에 사용됩니다.

❶ 안내곡선 : 로프트를 조절할 안내곡선을 선택합니다.

- 안내곡선을 선택할 때 오류 메시지가 표시되면, 그래픽 영역에서 마우스 오른쪽 버튼을 클릭하여 윤곽선 선택 시작을 선택하고 안내곡선을 선택합니다.
- 위로 이동⬆이나 아래로 이동⬇을 사용합니다. 안내곡선의 순서를 조절합니다.
- 안내곡선을 선택하고 프로파일 순서를 조절합니다.

❷ 안내곡선의 영향

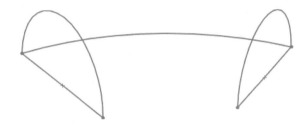

- 다음 모서리선 : 안내곡선이 다음 모서리선까지만 연장됩니다.
- 다음 코너까지 : 안내곡선이 다음 꼭지점까지 연장됩니다. 여기서 꼭지점이란 프로파일의 코너를 말합니다.(즉, 서로 닿거나 동등한 곡률로 구속되지 않은 두 개의 연속된 스케치 요소)

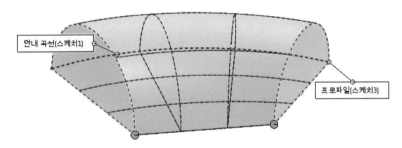

- 다음 안내곡선 : 안내곡선이 다음 안내곡선까지 연장됩니다.
- 전체 : 안내곡선이 전체 로프트까지 연장됩니다.

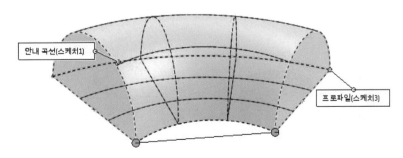

4 로프트 PropertyManager 안내곡선 ☇의 플라이아웃 FeatureManager 디자인 트리에서 스케치 1, 스케치 2, 스케치 3을 선택합니다. 안내곡선 영향 유형에 전체를 선택합니다.

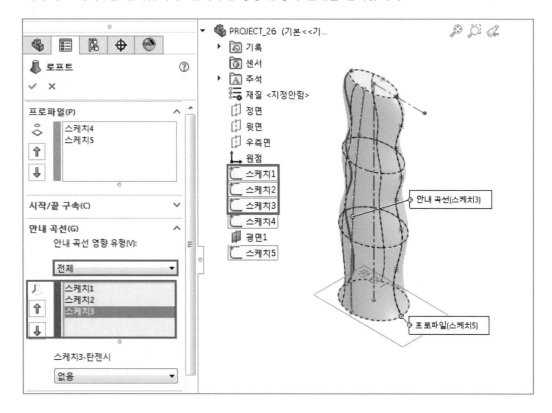

5 확인 ✔을 클릭합니다.

11 돔 🍩 PropertyManager

돔 PropertyManager에서 지정할 수 있는 변수

1 돔 면 🗔

2차원 또는 3차원 면을 선택합니다.

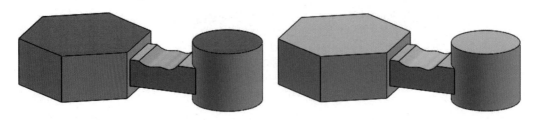

❷ 거리

돔의 거리값을 지정합니다.

반대방향 ↗ : 반대방향을 클릭하여 오목형 돔(디폴트는 볼록형)을 만듭니다.

❸ 구속 점 또는 스케치 📷

스케치의 형상을 구속할 점을 포함하는 스케치를 선택하여 돔 피처를 제어합니다. 스케치를 구속으로 사용하면, 거리를 사용할 수 없습니다.

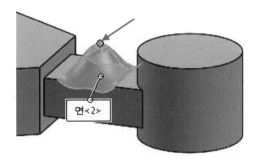

❹ 방향 ↗

방향을 클릭하고, 돔을 돌출할 방향으로 그래픽 영역에서 방향 벡터를 선택합니다. 방향 벡터로는 직선 모서리나 두 스케치 점으로 작성된 벡터를 사용할 수 있습니다.

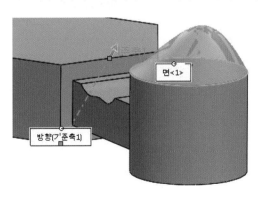

5 타원형 돔

원통형이나 원추형 모델에 타원형 돔을 지정합니다. 이를 선택하면 높이가 타원 반경 중 하나와 같은 반쪽 타원형 모양의 돔이 만들어집니다. 타원형 돔에 체크를 제거하면 구형 돔이 작성됩니다.

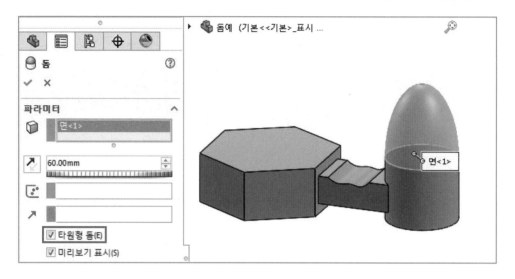

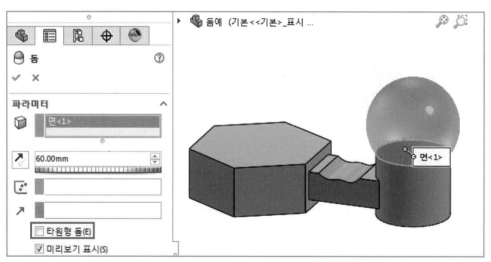

6 연속 돔

다각형 형상의 면을 선택하면 연속 돔이 생성됩니다. 연속 돔은 선택한 면에서 균일하게 위로 경사지 듯 올라갑니다. 연속 돔을 선택 취소하면, 선택한 면의 모서리에서 수직으로 올라갑니다.

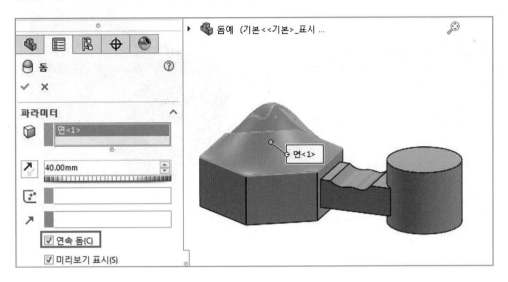

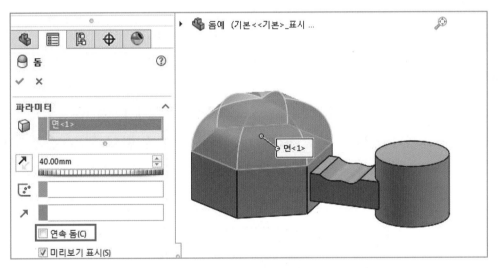

12 돔 1

1 피처 도구모음에서 돔을 클릭하거나 삽입 → 피처 → 돔을 클릭합니다.

2 돔 면을 다음과 같이 선택한 다음 돔의 거리값 8mm를 기입하고 타원형 돔을 지정합니다.

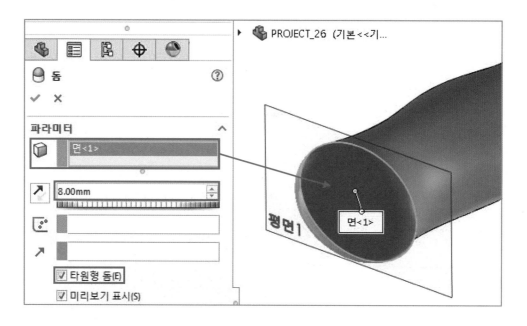

3 확인 ✔을 클릭합니다.

1 FeatureManager 디자인 트리에서 윗면을 선택하고, 스케치 도구모음에서 스케치┗를 클릭합니다.

2 스케치 도구모음의 타원⊙과 원⊙을 클릭하여 다음과 같이 스케치한 후 지능형 치수✦를 클릭하여 치수를 부가합니다.

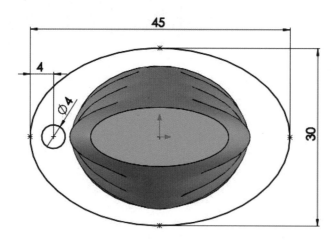

3 스케치 확인 코너에서 스케치 종료┗╋를 클릭합니다.

피처 도구모음의 돌출을 클릭하고 마침조건은 블라인드 형태를 선택하며, 깊이값을 2mm로 기입한 후
확인을 클릭합니다.

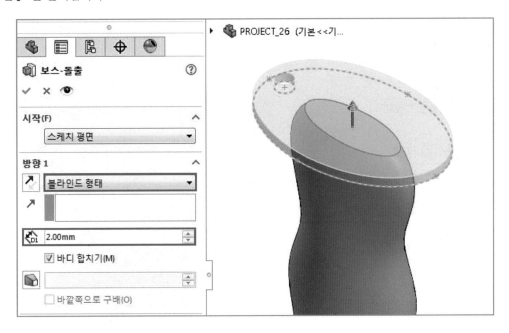

15 필렛 1

1 피처 도구모음의 필렛 을 클릭합니다. 반경 값에 1mm를 기입하고, 다중 반경 필렛에 체크한 다음 모서리선, 면, 피처, 루프 난에 다음과 같이 형상의 모서리를 선택합니다.

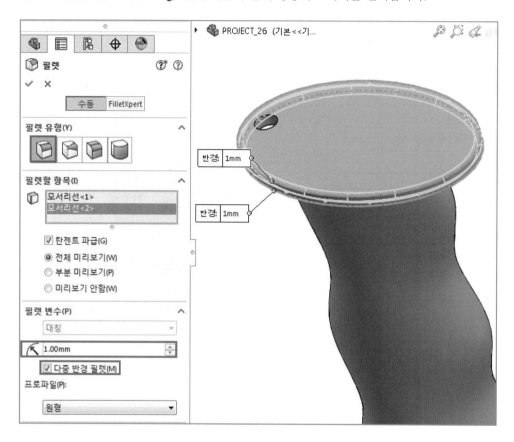

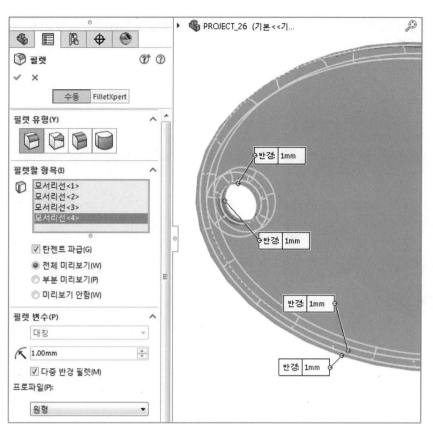

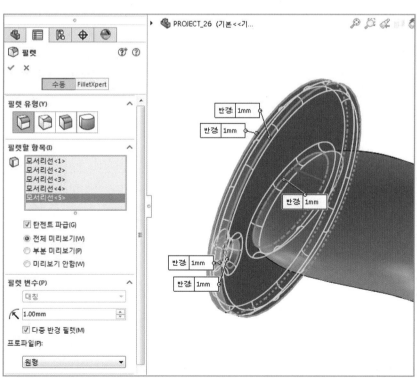

2 마지막 선택한 필렛 모서리의 반경 치수창을 더블클릭하고 반경값을 1.5mm로 변경합니다.

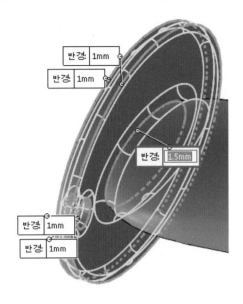

3 확인 ✔을 클릭합니다.

16 2D 평면 선택하고 스케치하기 7

1 FeatureManager 디자인 트리에서 정면을 선택하고, 스케치 도구모음에서 스케치 ⌐를 클릭합니다.

2 스케치 도구모음의 선 ⁄과 접원호 ⌐를 클릭하여 다음과 같이 스케치합니다.

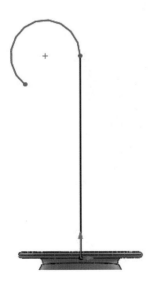

3 스케치 도구모음에서 요소분할 $\int$ 을 클릭하거나 도구 → 스케치도구 → 요소분할을 선택합니다. 포인터 모양이 ⟡로 바뀌면 분할하고자 하는 위치를 클릭하여 호를 분할합니다.

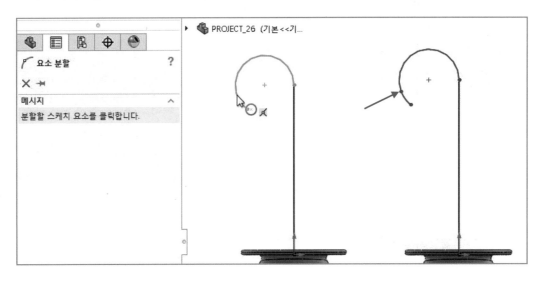

4 Ctrl 을 누른 상태에서 호의 두 끝점을 선택한 다음 구속조건 부가에서 수평을 선택합니다.

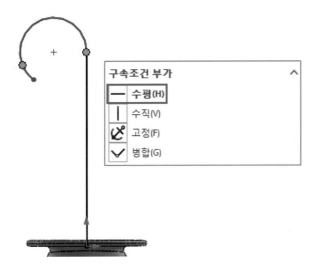

5 지능형 치수 ✏️를 클릭하여 다음과 같이 치수를 부가합니다.

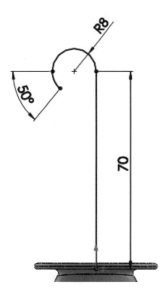

6 스케치 확인 코너에서 스케치 종료 ↪를 클릭합니다.

17 2D 평면 선택하고 스케치하기 8

1 FeatureManager 디자인 트리에서 윗면을 선택하고, 스케치 도구모음에서 스케치 ⌐를 클릭합니다.

2 스케치 도구모음의 원 ⊙을 클릭하여 스케치한 다음 지능형 치수 ✏️를 클릭하여 다음과 같이 치수를 부가합니다.

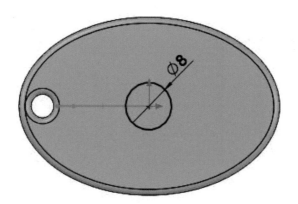

3 스케치 확인 코너에서 스케치 종료 ↪를 클릭합니다.

1 참조형상 도구모음에서 기준면 을 클릭하거나 삽입 → 참조형상 → 기준면을 클릭합니다.

2 제1참조란에 그래픽 영역에서 스케치한 호를 선택하고 제2참조란에는 호의 끝점을 다음과 같이 선택하여 호에 수직한 평면을 작성합니다.

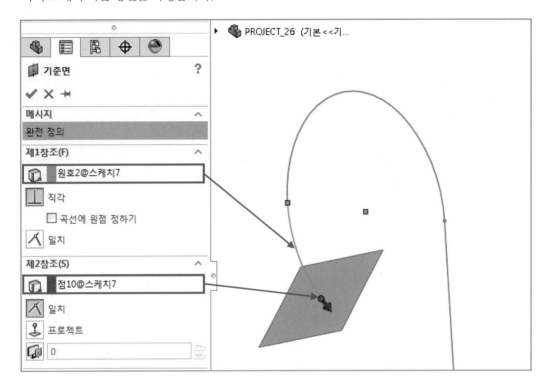

3 확인 을 클릭합니다.

1 FeatureManager 디자인 트리에서 새로 작성한 평면 2를 선택하고, 스케치 도구모음에서 스케치 ⌒ 를 클릭합니다.

2 스케치 도구모음의 원 ⊙ 을 클릭하여 스케치한 다음 지능형 치수 ⟋ 로 치수를 부가합니다.

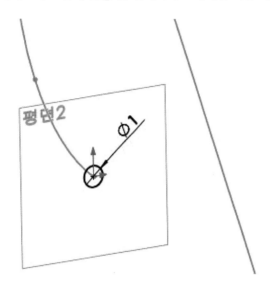

3 스케치 확인 코너에서 스케치 종료 ⌑ 를 클릭합니다.

1 피처 도구모음에서 로프트 🔔 를 클릭하거나 삽입 → 보스 / 베이스 → 로프트를 클릭합니다.

2 프로파일 ◇ 의 플라이아웃 FeatureManager 디자인 트리에서 스케치 8과 스케치 9를 선택합니다.

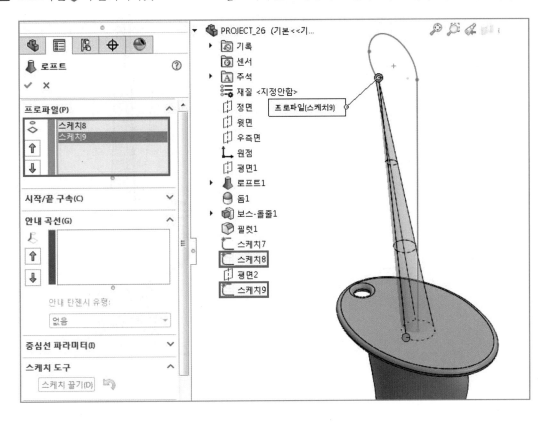

3 로프트 PropertyManager 옵션에서 중심선 파라미터의 중심선 🛈 을, 플라이아웃 FeatureManager 디자인 트리에서 스케치 7을 선택합니다.

4 중심선 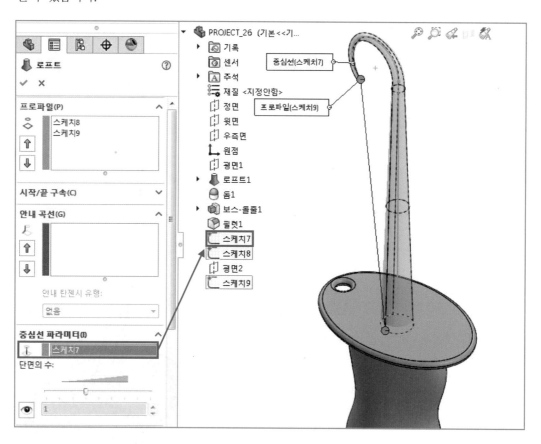 : 로프트 형상을 안내하기 위해 중심선을 사용합니다. 중심선은 위치에 따라 안내곡선과 같을 수 있습니다.

5 확인 ✔️을 클릭합니다.

1 피처 도구모음에서 돔🔴을 클릭하거나 삽입 → 피처 → 돔을 클릭합니다.

2 돔 면🔲을 다음과 같이 선택한 다음 돔의 거리값 1을 기입하고 타원형 돔을 지정합니다.

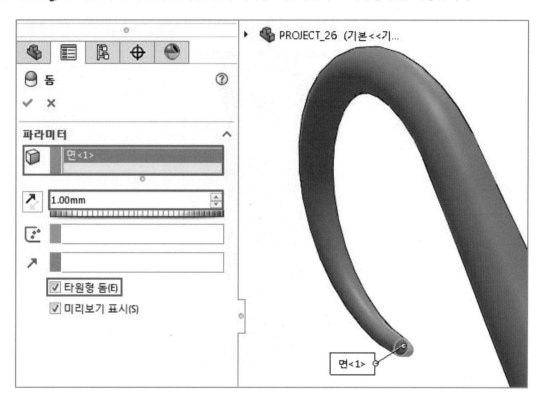

3 확인✔을 클릭합니다.

1 FeatureManager 디자인 트리에서 정면을 선택하고, 스케치 도구모음에서 스케치 를 클릭합니다.

2 스케치 도구모음의 원 을 클릭하여 스케치한 다음 지능형 치수 로 치수를 부가합니다.

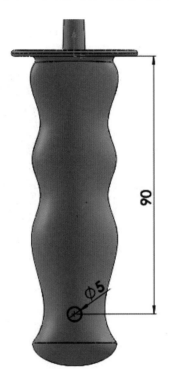

3 스케치 확인 코너에서 스케치 종료 를 클릭합니다.

23 평면 3

1 참조형상 도구모음에서 기준면을 클릭하거나 삽입 → 참조형상 → 기준면을 클릭합니다.

2 제1참조 요소란에 FeatureManager 디자인 트리에서 정면을 선택하고 오프셋거리를 13mm로 입력한 후 입력한 거리만큼 오프셋된 평면을 만듭니다.

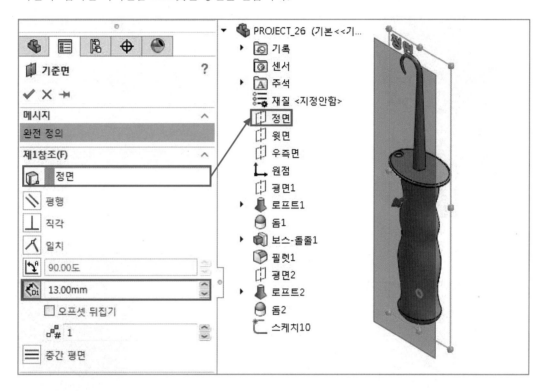

3 확인을 클릭합니다.

1 FeatureManager 디자인 트리에서 새로 만든 평면 3을 선택하고, 스케치 도구모음에서 스케치 를 클릭합니다.

2 스케치 도구모음의 원 을 클릭하여 스케치한 다음 지능형 치수 로 치수를 부가합니다.

3 Ctrl을 누른 상태에서 전에 스케치한 원과 지금 스케치한 원을 선택하고 구속조건에 동심을 부가합니다.

4 스케치 확인 코너에서 스케치 종료 를 클릭합니다.

25 로프트컷 1

1 피처 도구모음에서 로프트 컷을 클릭하거나 삽입 → 컷 → 로프트를 클릭합니다.

2 프로파일에 플라이아웃 FeatureManager 디자인 트리에서 스케치 10과 스케치 11을 선택합니다.

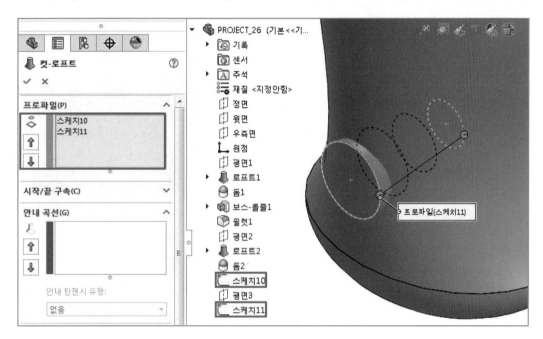

3 확인을 클릭합니다.

26 대칭복사 1

① 피처 도구모음에서 대칭복사를 클릭하거나, 삽입 → 패턴 / 대칭 복사 → 대칭 복사를 클릭합니다.

② 면 / 평면 대칭 복사 난은 플라이아웃 FeatureManager 디자인 트리에서 디폴트 평면인 정면을 선택합니다.

③ 대칭 복사할 피처는 플라이아웃 FeatureManager 디자인 트리에서 컷 로프트를 선택합니다.

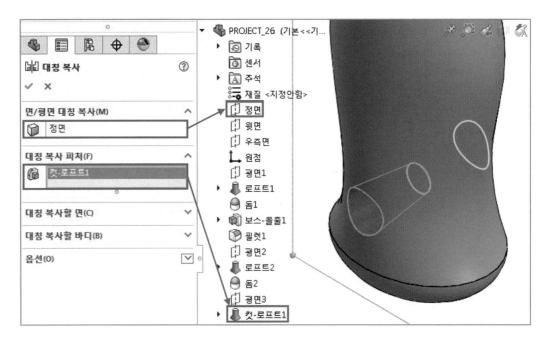

④ 확인을 클릭합니다.

27 필렛 2

① 피처 도구모음의 필렛을 클릭합니다. 반경 값에 1mm를 기입하고 모서리선, 면, 피처, 루프 난에 다음과 같이 형상의 모서리를 선택합니다.

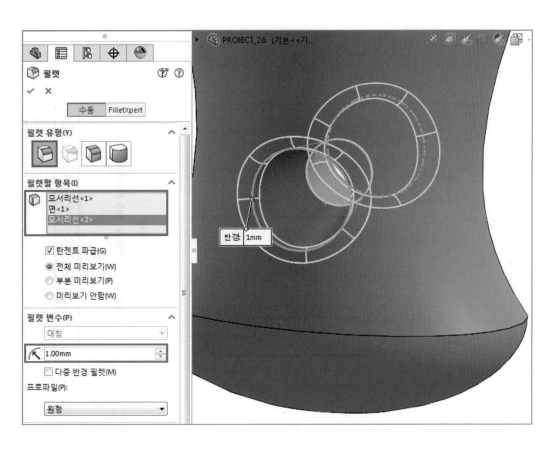

2 확인 ✔을 클릭합니다.

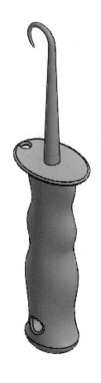

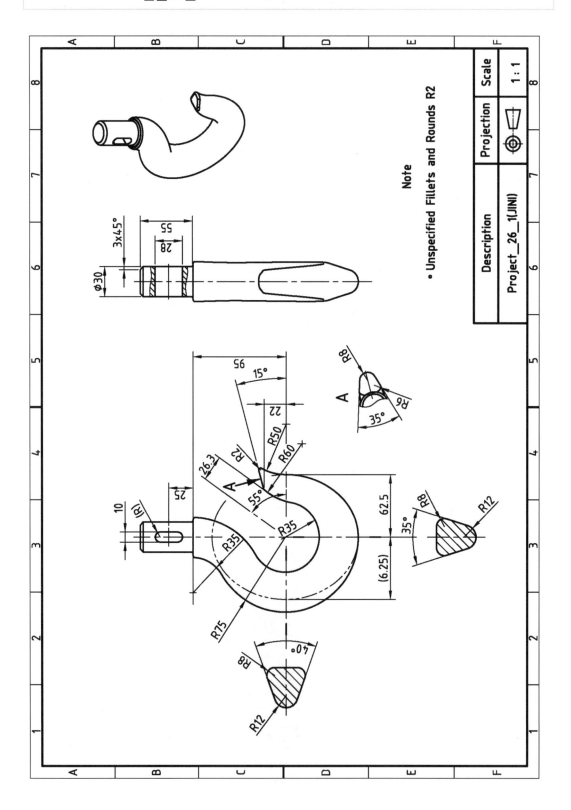

Note
• Unspecified Fillets and Rounds R2

Description	Projection	Scale
Project_26_1(JINI)		1 : 1

PROJECT 27

로프트, 곡면포장, 인덴트 사용예제

○ 스/케/치/도/구/모/음 **문자**　　　곡/선/도/구/모/음 **참조점을 지나는 곡선**

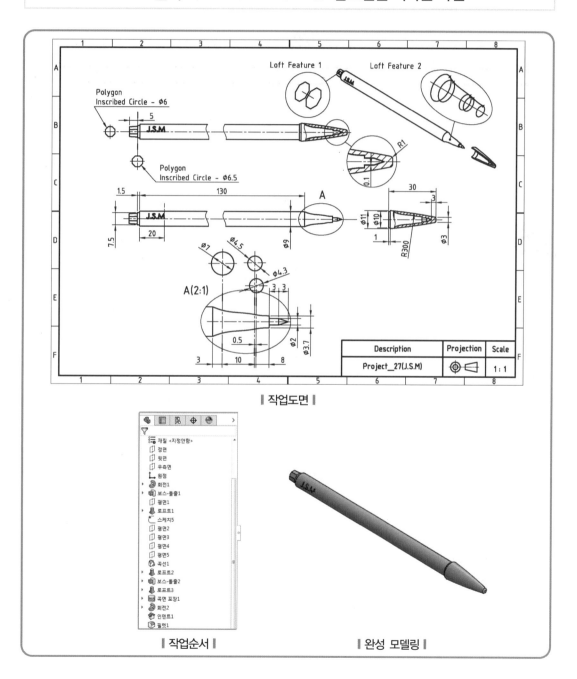

‖ 작업도면 ‖

‖ 작업순서 ‖　　　　　**‖ 완성 모델링 ‖**

01 2D 평면 선택하고 스케치하기 1

1 FeatureManager 디자인 트리에서 정면을 선택하고, 스케치 도구모음에서 스케치└를 클릭합니다.

2 스케치 도구모음의 중심선┌ 을 클릭하고 스케치 원점에 한 점이 일치하게 수평한 중심선을 스케치
한 다음 선┌을 클릭하여 스케치를 완성하고 지능형 치수┌를 클릭하여 다음과 같이 치수를 부가합
니다.

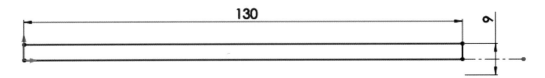

3 스케치 확인 코너에서 스케치 종료└┙를 클릭합니다.

02 회전 1

1 피처 도구모음에서 회전 보스 / 베이스를 클릭하거나 삽입 → 보스 / 베이스 → 회전을 클릭합니다.

2 다음과 같이 회전축┌ 과 회전 유형을 블라인드 형태로 선택한 다음 방향 1각도 값에는 회전각도
의 기본값인 360°를 기입합니다.

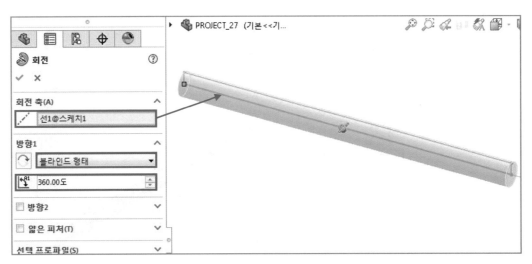

3 확인┃을 클릭합니다.

2D 평면 선택하고 스케치하기 2

1 FeatureManager 디자인 트리에서 우측면을 선택하고, 스케치 도구모음에서 스케치 ┗를 클릭합니다.

2 스케치 도구모음의 원 ⊙을 클릭하여 스케치한 후 지능형 치수 ⯑를 클릭하여 치수를 부가합니다.

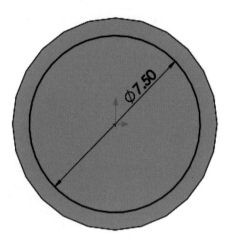

3 스케치 확인 코너에서 스케치 종료 ┗⤵를 클릭합니다.

04 돌출 1

1 피처 도구모음의 돌출을 클릭하고 마침조건은 블라인드 형태를 선택하며 깊이 1.5mm를 기입합니다. 반대방향을 클릭하여 돌출방향을 결정합니다.

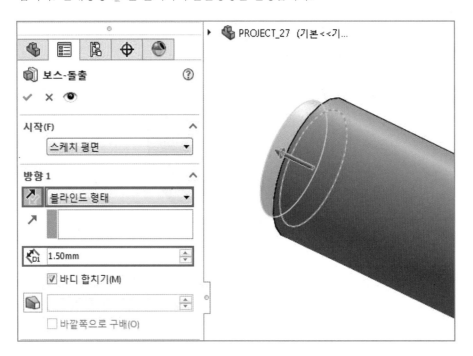

2 확인을 클릭합니다.

1 솔리드 형상의 면을 선택하고 스케치 도구모음에서 스케치 ⎡ 를 클릭합니다.

2 스케치 도구모음의 다각형 ⬡ 을 클릭하고 다각형 PropertyManager에서 면의 수 ⌗ 는 8, 내 접원에 체크하여 팔각형을 스케치한 후 지능형 치수 ⌀ 를 클릭하여 다음과 같이 치수를 부가합니다.

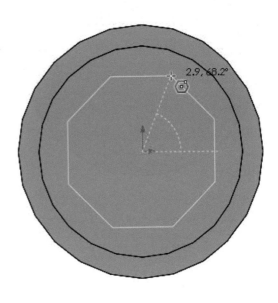

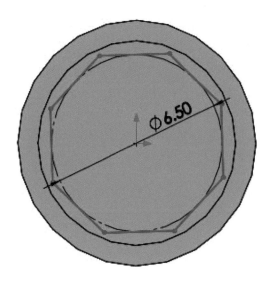

3 다음과 같이 팔각형의 선분을 선택하고 구속조건에 수평을 부여합니다.

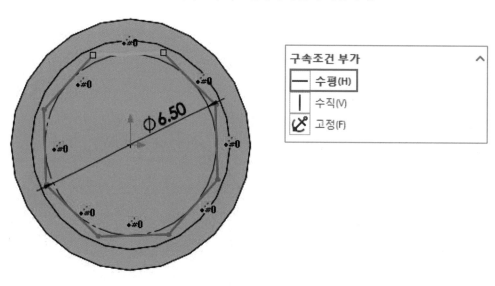

4 스케치 확인 코너에서 스케치 종료 ⌐₊를 클릭합니다.

06 평면 1

1 참조형상 도구모음에서 기준면 을 클릭하거나 삽입 → 참조형상 → 기준면을 클릭합니다.

2 제1참조 요소란에 다음과 같이 형상의 면을 선택하고 오프셋거리 5mm를 입력하여 입력한 거리만 큼 오프셋된 평면 1을 만듭니다.

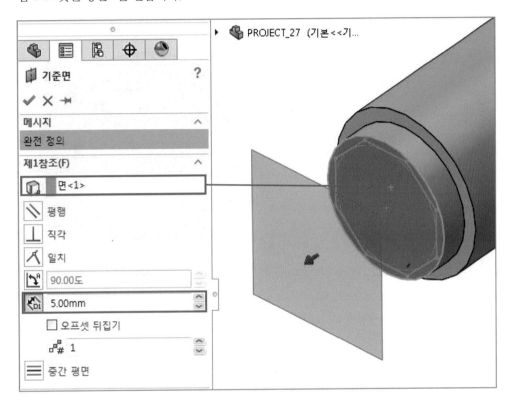

3 확인 을 클릭합니다.

1 FeatureManager 디자인 트리에서 새로 작성한 평면 1을 선택하고, 스케치 도구모음에서 스케치 를 클릭합니다.

2 위의 다각형 스케치와 같은 방법으로 스케치한 후 지능형 치수 를 클릭하여 다음과 같이 치수를 부가합니다.

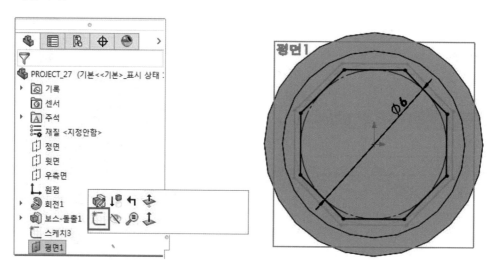

3 스케치 확인 코너에서 스케치 종료 를 클릭합니다.

08 로프트 🔔 1

1️⃣ 피처 도구모음에서 로프트 🔔를 클릭하거나 삽입 → 보스 / 베이스 → 로프트를 클릭합니다.

2️⃣ 프로파일 ◇에 플라이아웃 FeatureManager 디자인 트리에서 스케치 3과 스케치 4를 선택합니다.

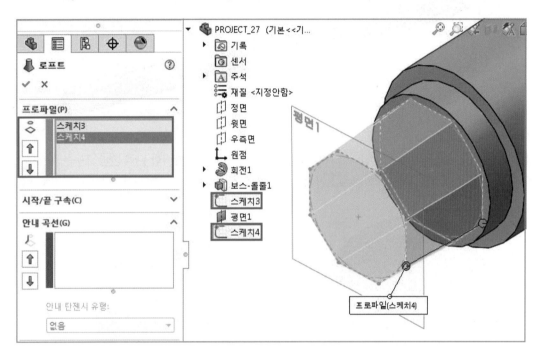

3️⃣ 확인 ✔을 클릭합니다.

1 솔리드 형상의 면을 선택하고 스케치 도구모음에서 스케치 를 클릭합니다.

2 스케치 도구모음의 점 을 선택하고 형상의 원주에 일치하도록 클릭한 다음 Ctrl 을 누른 상태에서 점
과 스케치 원점을 선택한 후 구속조건에 수평을 부가합니다.

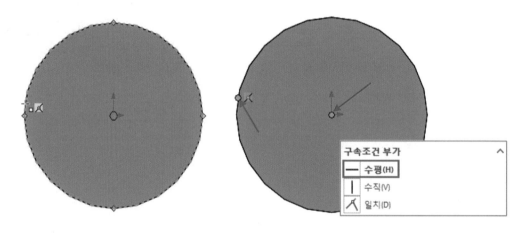

구속조건 부가	∧
— 수평(H)	
┃ 수직(V)	
人 일치(D)	

3 스케치 확인 코너에서 스케치 종료 를 클릭합니다.

1 참조형상 도구모음에서 기준면🚪을 클릭하거나 삽입 → 참조형상 → 기준면을 클릭합니다.

2 제1참조 요소란에 다음과 같이 형상의 면을 선택하고 오프셋🔧 거리로 3mm를 입력하여 입력한 거리
만큼 오프셋된 평면 2를 만듭니다.

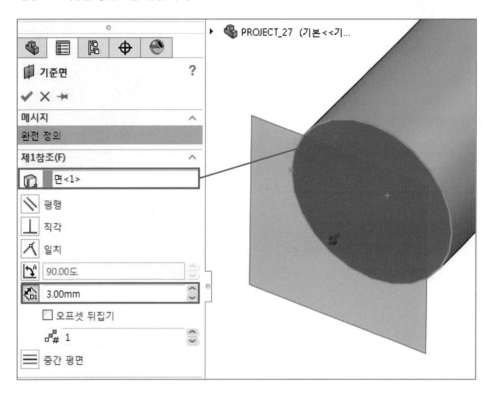

3 확인✔을 클릭합니다.

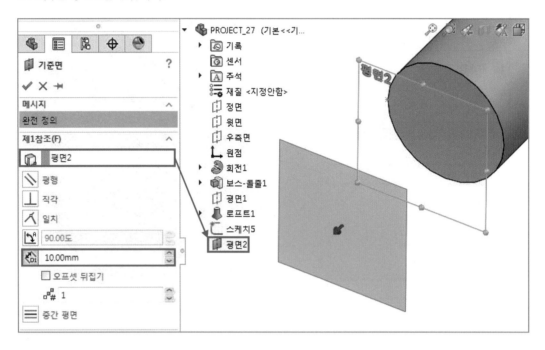

11 평면🚪3

1 참조형상 도구모음에서 기준면🚪을 클릭하고, 제1참조 요소란에 다음과 같이 플라이아웃 Feature Manager 디자인 트리에서 평면 2를 선택한 후 오프셋 🔧 거리로 10mm를 입력하여 입력한 거리만큼 오프셋된 평면 3을 만듭니다.

2 확인 ✔을 클릭합니다.

12 평면 4

1 참조형상 도구모음에서 기준면을 클릭하고, 제1참조 요소란에 다음과 같이 플라이아웃 Feature Manager 디자인 트리에서 평면 3을 선택한 후 오프셋 거리로 0.5mm를 입력하여 입력한 거리만큼 오프셋된 평면 4를 만듭니다.

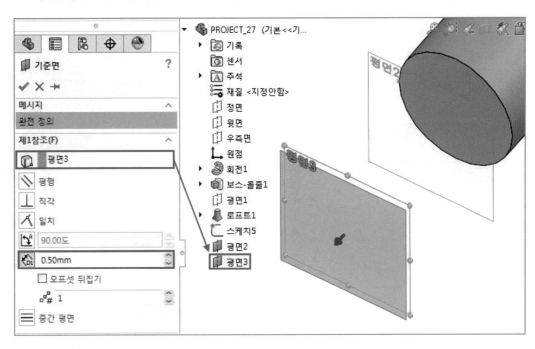

2 확인을 클릭합니다.

13 평면 5

1 참조형상 도구모음에서 기준면을 클릭하고, 제1참조 요소란에 다음과 같이 플라이아웃 Feature Manager 디자인 트리에서 평면 4를 선택한 후 오프셋 거리로 4mm를 입력하여 입력한 거리만큼 오프셋된 평면 5를 만듭니다.

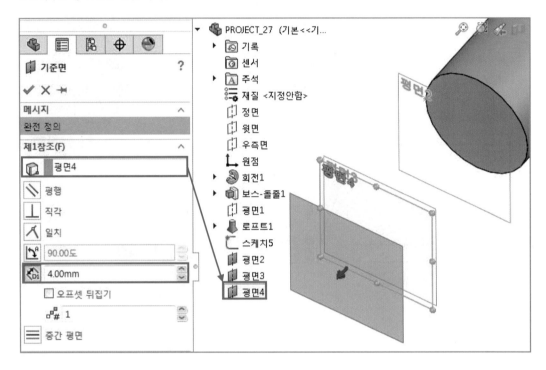

2 확인 ✔을 클릭합니다.

14 2D 평면 선택하고 스케치하기 6

1 FeatureManager 디자인 트리에서 평면 2를 선택하고, 스케치 도구모음에서 스케치 ⌐ 를 클릭합니다.

2 스케치 도구모음의 원 ⊙ 을 클릭하고 스케치한 다음 지능형 치수 ⬦ 를 클릭하여 다음과 같이 치수를 부가합니다.

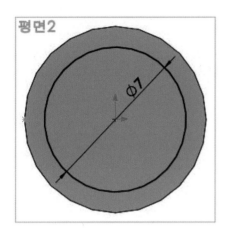

3 스케치 도구모음의 점 ▫ 을 선택하고 그려진 원의 원주에 일치하도록 클릭한 다음 [Ctrl]을 누른 상태에서 점과 스케치 원점을 선택한 후 구속조건에 수평을 부가하여 180도 사분점 위치에 점이 놓이도록 합니다.

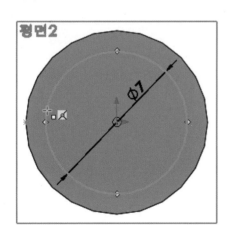

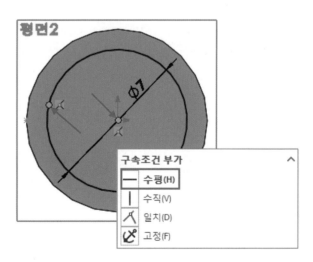

4 스케치 확인 코너에서 스케치 종료 ⤶ 를 클릭합니다.

15 2D 평면 선택하고 스케치하기 7

1 순차적으로 평면 3, 4, 5에 다음과 같이 스케치를 작성합니다.

2 FeatureManager 디자인 트리에서 평면 3을 선택하고, 스케치 도구모음에서 스케치 ⌷를 클릭합니다.

3 스케치 도구모음의 원⊙과 점 ▫을 클릭하여 스케치하고, 지능형 치수⚡를 클릭하여 치수를 부가합니다.

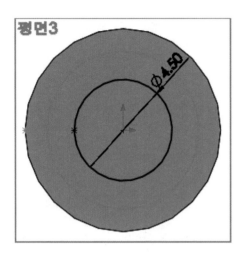

4 스케치 확인 코너에서 스케치 종료 ⌷✓를 클릭합니다.

1 FeatureManager 디자인 트리에서 평면 4를 선택하고, 스케치 도구모음에서 스케치 를 클릭합니다.

2 스케치 도구모음의 원 과 점 을 클릭하여 스케치하고, 지능형 치수 를 클릭하여 치수를 부가합니다.

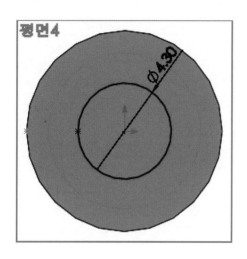

3 스케치 확인 코너에서 스케치 종료 를 클릭합니다.

17 2D 평면 선택하고 스케치하기 9

1 FeatureManager 디자인 트리에서 평면 5를 선택하고, 스케치 도구모음에서 스케치 ⊏를 클릭합니다.

2 스케치 도구모음의 원 ⊙과 점 ▫을 클릭하여 스케치하고, 지능형 치수 ◆를 클릭하여 치수를 부가합니다.

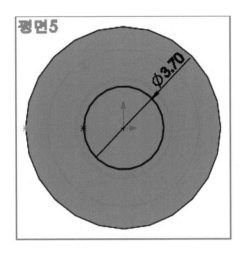

3 스케치 확인 코너에서 스케치 종료 ↳를 클릭합니다.

18 참조점을 지나는 곡선

1 곡선 도구모음에서 참조점을 지나는 곡선 을 클릭하거나 삽입 → 곡선 → 참조점을 지나는 곡선을
클릭합니다.

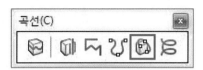

1 참조점을 지나는 곡선 : 하나 이상의 평면에 있는 점을 지나는 곡선을 만듭니다. 이 곡선은 스윕 피
처에 대한 경로나 안내곡선으로, 로프트 피처에 대한 안내곡선으로 사용할 수 있습니다.

2 참조점을 지나는 곡선 PropertyManager가 나타납니다.

• 스케치 점이나 꼭지점 또는 이 둘 모두를 곡선을 만들려는 순서대로 선택합니다.

• 경우에 따라 곡선을 닫으려면 폐곡선 확인란을 선택합니다.

• 위의 예제에서는 로프트의 안내곡선으로 사용할 것이기 때문에 폐곡선 확인란에 체크하지 않습
니다.

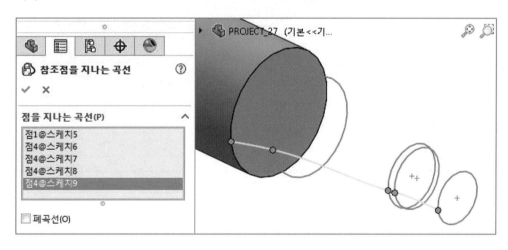

2 확인 을 클릭합니다.

1 피처 도구모음에서 로프트 를 클릭하거나 삽입 → 보스 / 베이스 → 로프트를 클릭합니다.

2 프로파일 에 그래픽 영역에서 솔리드 형상의 모서리와 스케치를 차례로 선택하고 안내곡선 난 에 참조점을 지나는 곡선 을 선택합니다.

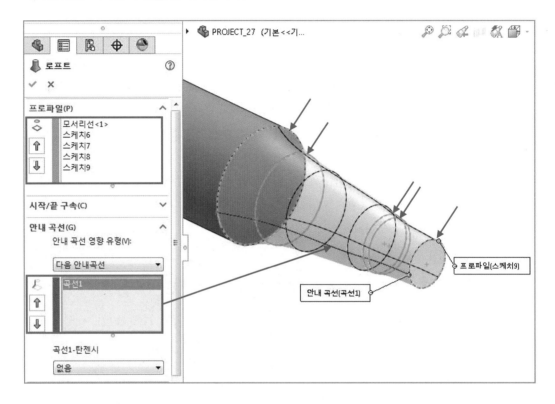

3 확인 을 클릭합니다.

1 솔리드 형상의 면을 선택하고 스케치 도구모음에서 스케치 를 클릭합니다.

2 스케치 도구모음의 원 을 클릭하여 스케치하고, 지능형 치수 를 클릭하여 치수를 부가합니다.

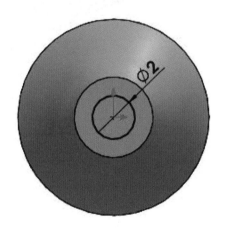

3 스케치 확인 코너에서 스케치 종료 를 클릭합니다.

21 돌출 🗄 2

1 피처 도구모음의 돌출 🗄 을 클릭한 후 마침조건은 블라인드 형태를 선택하며 깊이 🗄 3mm를 기입
합니다.

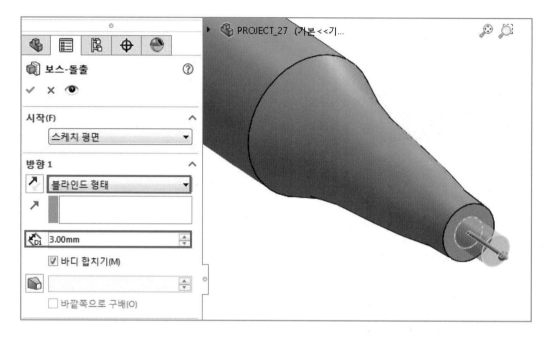

2 확인 ✔을 클릭합니다.

1 FeatureManager 디자인 트리에서 정면을 선택하고, 스케치 도구모음에서 스케치 를 클릭합니다.

2 스케치 도구모음의 점 ▫을 클릭하여 스케치하고, Ctrl을 누른 채 스케치한 점과 스케치 원점을 선택하여 구속조건에 수평을 부가한 다음 지능형 치수 를 클릭하여 치수를 기입합니다.

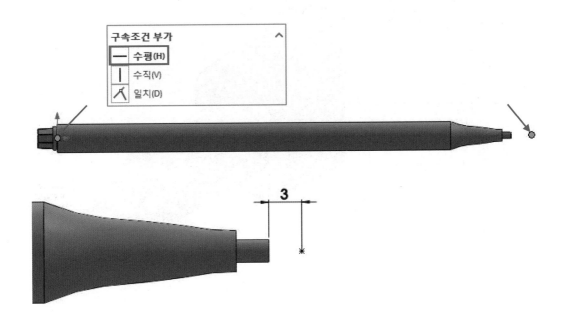

3 스케치 확인 코너에서 스케치 종료 를 클릭합니다.

1 피처 도구모음에서 로프트 를 클릭하거나 삽입 → 보스 / 베이스 → 로프트를 클릭합니다.

2 프로파일 에 그래픽 영역에서 솔리드 형상의 모서리와 점을 스케치한 스케치 프로파일을 선택합니다.

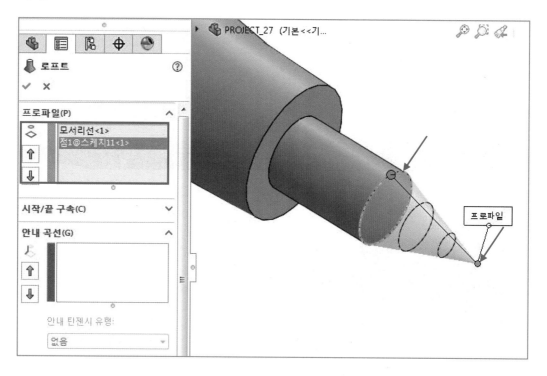

3 확인 을 클릭합니다.

24 2D 평면 선택하고 스케치하기 12

1 FeatureManager 디자인 트리에서 정면을 선택하고, 스케치 도구모음에서 스케치⌒를 클릭합니다.

2 스케치 도구모음의 중심선 ⌁을 클릭하여 스케치 원점에 수평한 중심선을 스케치하고 지능형 치수 ⬢를 클릭하여 다음과 같이 치수를 부가합니다.

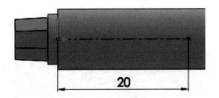

3 스케치 도구모음의 문자 𝔸를 클릭하거나 도구 → 스케치 요소 → 문자를 클릭합니다.

4 문자 스케치 PropertyManager

❶ 곡선 ⋃ : 모서리선, 곡선, 스케치, 스케치 선분을 선택하고 선택한 요소의 이름이 상자에 표시되며, 텍스트가 요소와 함께 표시할 수 있습니다.

❷ 텍스트 : 텍스트 상자에 텍스트를 입력합니다. 입력한 텍스트가 그래픽 영역에서 선택한 요소와 함께 표시됩니다. 선택한 요소가 없을 때는, 원점에서 가로로 텍스트가 표시됩니다.

❸ 유형 : 문자 또는 문자 그룹을 선택하여 글꼴을 굵게 𝐁 또는 기울임꼴 𝐼 로 변경하거나 회전 ↻할 수 있습니다.

❹ 정렬 : 왼쪽 맞춤▤, 가운데 맞춤▤, 오른쪽 맞춤▤ , 양쪽 맞춤▤ 중에서 선택합니다. 정렬은 곡선, 모서리선, 스케치 선분 둘레에 써지는 텍스트에만 사용할 수 있습니다.

❺ 뒤집기 : 문자를 원하는 대로 수직 뒤집기𝐀, 거꾸로 수직 뒤집기⩔, 수평 뒤집기𝐀𝐁, 거꾸로 수평 뒤집기𝐁𝐀 합니다. 수직 뒤집기는 곡선, 모서리선, 스케치 선분 둘레에 쓰는 텍스트에만 사용할 수 있습니다.

❻ 너비 ⚎ : 모든 문자들의 장평을 지정합니다. 너비(장평 계수)는 문서 글꼴을 선택하면 표시되지 않습니다.

❼ 간격 𝐀𝐁 : 글자와 글자 사이의 간격을 바꿉니다. 텍스트를 양쪽 맞춤으로 지정하거나 문서 글꼴 사용을 선택하면, 간격 옵션이 표시되지 않습니다.

❽ 문서 글꼴 사용 : 이 옵션을 선택하면, 원하는 다른 글꼴을 지정할 수 있습니다.

⑤ 다음과 같이 곡선 ⋃에 중심선을 선택하고, 텍스트 상자에 원하는 텍스트를 입력합니다. 정렬에 가운데 맞춤 ≣을 선택하여 문자가 중심선의 가운데 배치되도록 합니다.

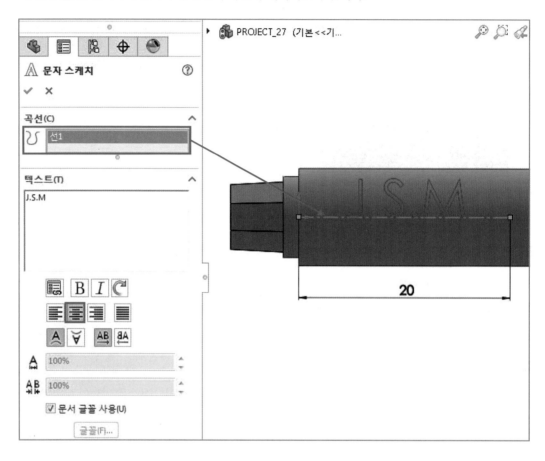

⑥ 스케치 확인 코너에서 스케치 종료 ⌐✔를 클릭합니다.

25 곡면 포장 PropertyManager

❶ **곡면 포장피처** : 스케치를 평평한 면이나 비평면에 포장하는 피처입니다. 원통형, 원추형, 돌출 모델에서 평면을 작성할 수 있습니다.

❷ 곡면 포장 스케치에는 중첩 폐곡선만 사용할 수 있습니다. 개곡선이 있는 스케치에서는 곡면 포장 피처를 작성할 수 없습니다.

3 곡면 포장 PropertyManager

1 포장변수

- 볼록 : 면 위로 볼록하게 올라오는 피처를 작성합니다.
- 오목 : 면에 움푹 파인 피처를 작성합니다.
- 스크라이브 : 스케치 윤곽선을 면에 볼록하게 찍듯이 작성합니다.

2 곡면 포장 스케치 면🗊으로 그래픽 영역에서 비평면인 면을 선택합니다.

3 두께 ✍ 값을 지정합니다. 필요한 경우 '반대방향으로' 를 클릭합니다.

4 원본 스케치 ⊏ : 곡면 포장에 사용할 스케치를 선택합니다.

5 끌 방향 ↗ : 평면, 선, 직선 모서리를 선택하여 끌 방향을 지정할 수 있습니다. 평면을 선택하면 선택한 평면에 수직 방향이 끌 방향이 됩니다. 선이나 직선 모서리선을 선택하면 선택한 요소의 방향이 끌 방향이 됩니다.

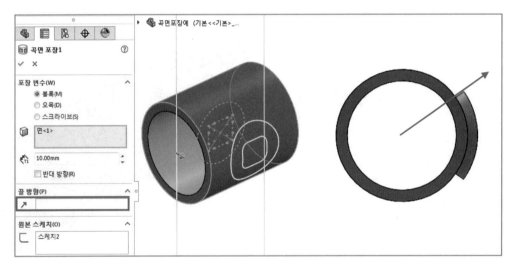

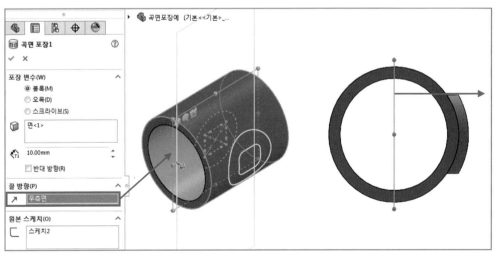

1 FeatureManager 디자인 트리에서 문자를 삽입한 스케치를 선택하고, 피처 도구모음에서 곡면 포장 을 클릭하거나 삽입 → 피처 → 곡면 포장을 클릭합니다.

2 포장변수에 오목을 선택하고 곡면 포장 스케치 면 으로 그래픽 영역에서 다음과 같이 면을 선택합니다. 두께 값을 0.5mm로 지정하고, 원본스케치 에 문자를 삽입한 스케치를 선택합니다.

3 확인 을 클릭합니다.

2D 평면 선택하고 스케치하기 13

1 FeatureManager 디자인 트리에서 정면을 선택하고, 스케치 도구모음에서 스케치 ﾚ를 클릭합니다.

2 스케치 도구모음의 중심선 ﾉ, 선 ﾉ, 3점호 ﾍ를 사용하여 다음과 같이 스케치한 후 지능형 치수 ﾍ를 클릭하여 치수를 부가합니다.

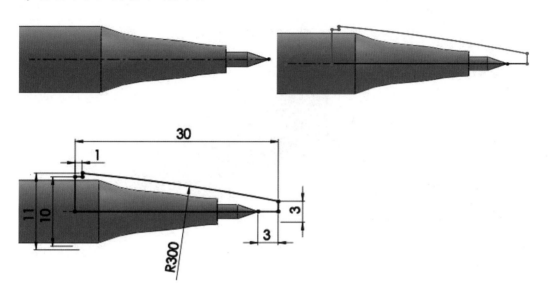

3 스케치 확인 코너에서 스케치 종료 ﾚ를 클릭합니다.

28 회전 2

1 피처 도구모음에서 회전 보스 / 베이스를 클릭하거나 삽입 → 보스 / 베이스 → 회전을 클릭합니다.

2 다음과 같이 회전축 과 회전 유형을 블라인드 형태로 선택한 다음 방향 1각도 는 360°를 기입합니다. 바디합치기 체크를 없애 두 개의 솔리드바디가 생성되도록 합니다.

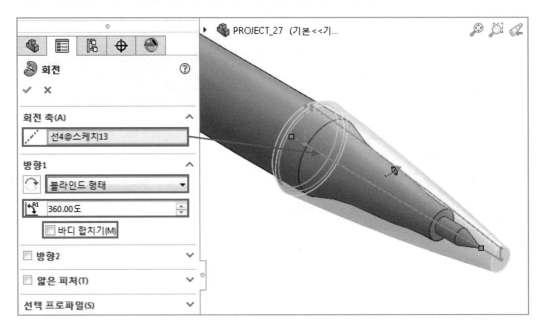

3 확인 을 클릭합니다.

29 인덴트 PropertyManager

1 인덴트 피처

- 대상 바디 안쪽에 선택한 도구 바디의 윤곽선과 거의 일치하는 포켓을 만듭니다.
- 대상 바디와 도구 바디 사이의 여유값과 인덴트 피처에 의해 변형되는 부분의 두께를 지정합니다.
- 인덴트 피처의 모양은 포켓을 만들 때 사용한 원래의 도구 바디의 모양이 바뀌면, 함께 업데이트됩니다.
- 인덴트는 특정 두께 및 여유값을 가지는 복잡한 오프셋이 필요한 여러 활용 분야에서 유용하게 사용할 수 있습니다.
- 몇 가지 예로는 포장, 스탬핑, 금형, 기계류의 프레스 끼워맞춤 등이 있습니다.

2 조건

• 대상 바디나 도구 바디 중 하나가 솔리드 바디여야 합니다.

• 재질을 변형하려면 대상 바디가 도구 바디와 접해 있어야 합니다.

• 재질을 잘라내려면 대상 바디와 도구 바디가 서로 접해 있지 않아도 됩니다.

3 인덴트 PropertyManager

❶ 대상 바디 🗿 : 그래픽 영역에서 인덴트할 솔리드나 곡면을 선택합니다.

❷ 선택 보존 또는 선택 제거를 선택하여 보존할 모델 쪽을 선택합니다. 이들 옵션은 인덴트할 대상
바디 부분을 바꿉니다.

❸ 도구 바디 영역 🗿 : 그래픽 영역에서 하나 이상의 솔리드나 곡면을 선택합니다.

❹ 두께 🗿 (솔리드에서만)를 설정하여 인덴트 피처의 두께를 결정합니다.

❺ 여유값을 설정하여 대상 바디와 도구 바디 사이의 여유값을 결정합니다. 필요한 경우 반대 방향
🡕 을 클릭합니다.

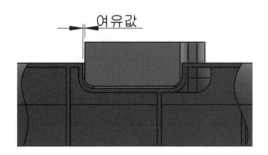

1 피처 도구모음에서 인덴트 를 클릭하거나 삽입 → 피처 → 인덴트를 클릭합니다.

2 대상 바디 에 회전 2 바디를 그래픽 영역에서 선택하고, 도구 바디 영역 에 곡면포장 1 바디를 그 래픽 영역에서 선택합니다. 컷에 체크하고 여유값은 0.1mm를 기입합니다.

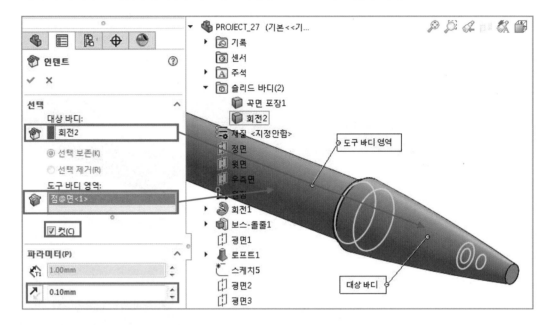

3 확인 을 클릭합니다.

1 피처 도구모음의 필렛 을 클릭합니다. 반경 값에 1mm를 기입하고 모서리선, 면, 피처, 루프 란에 다음과 같이 형상의 모서리를 선택합니다.

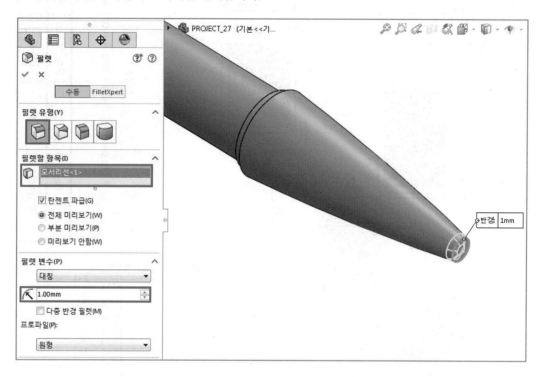

2 확인 ✔을 클릭합니다.

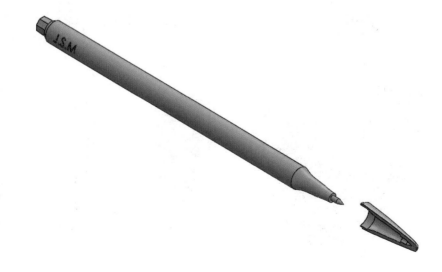

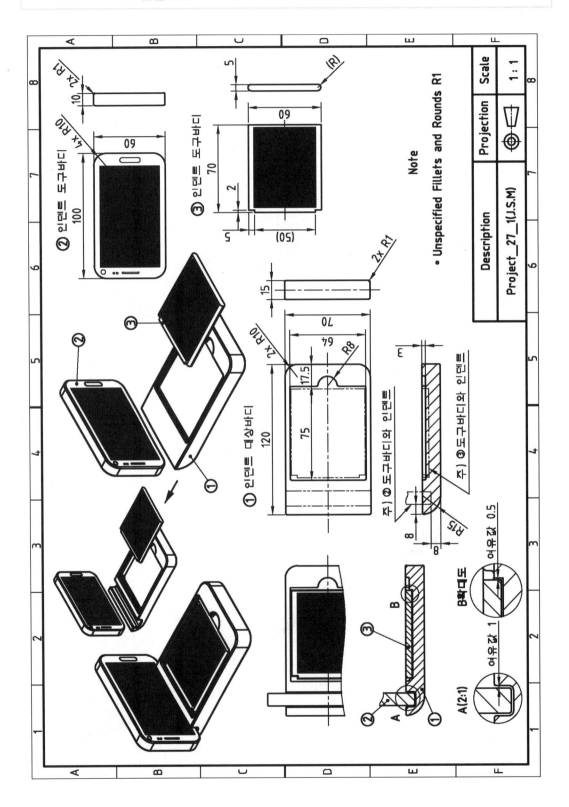

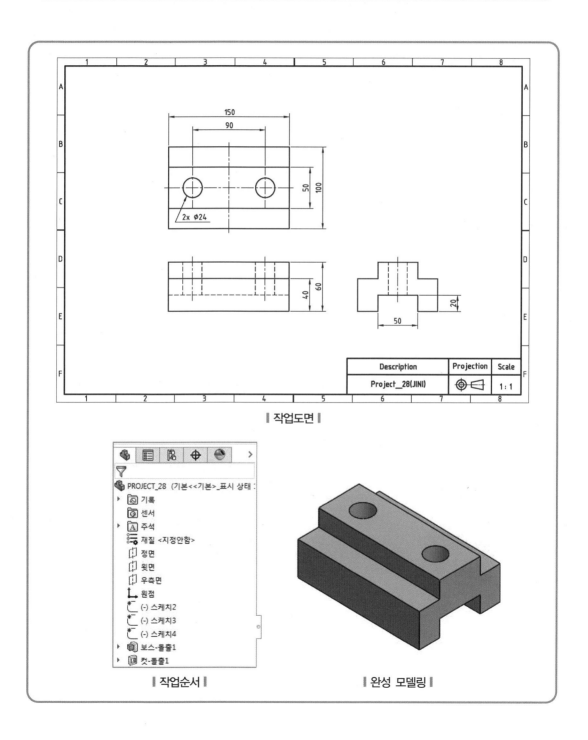

┃ 작업도면 ┃

┃ 작업순서 ┃

┃ 완성 모델링 ┃

01 AutoCAD파일을 이용하여 3D 모델링

1 AutoCAD 파일(.DWG)을 이용하여 3D 모델링을 하기 위해서 AutoCAD 파일을 준비합니다.

2 표준도구모음의 파일에 열기 를 클릭하고 파일 형식에 DWG(.dwg)를 선택하여 AutoCAD 파일을 불러옵니다.

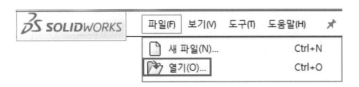

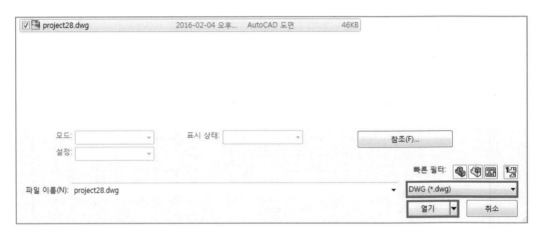

3 AutoCAD 파일의 도면을 새 파트의 스케치로 사용하기 위하여 다음으로 새 파트 불러오기와 2D 스케치를 선택한 후 다음을 클릭합니다.

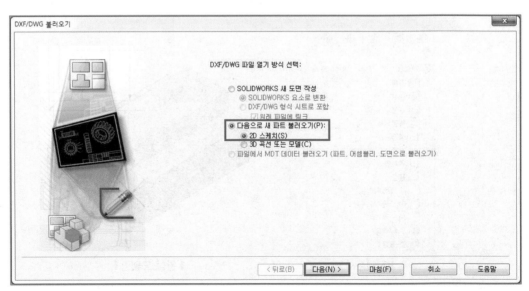

4 AutoCAD에서 사용하였던 레이어가 표시되는데 파트의 스케치로 불필요한 레이어는 체크를 없애고 파트 작업 시 필요한 레이어만 남겨둡니다. 스케치를 불러올 단위를 mm로 선택한 후 다음을 클릭합니다.

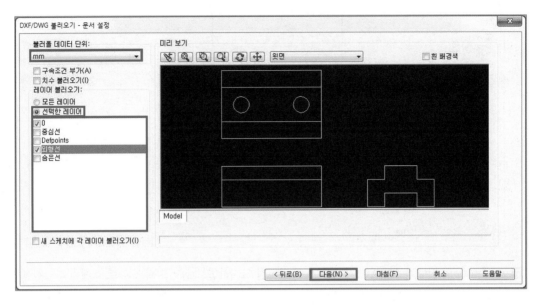

5 점병합을 체크하여 입력한 거리값 안에 떨어져 있는 AutoCAD의 스케치 요소의 점들을 자동으로 일치하도록 하고 마침을 클릭합니다.

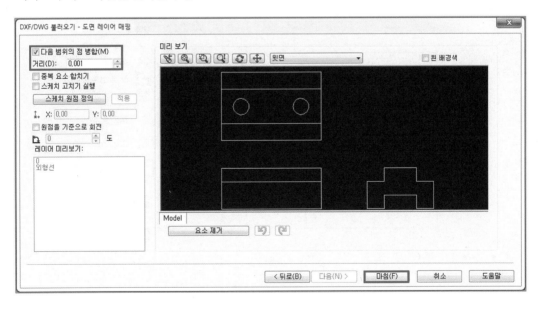

6 AutoCAD에서 작업한 스케치가 파트의 스케치 작업창으로 들어옵니다.

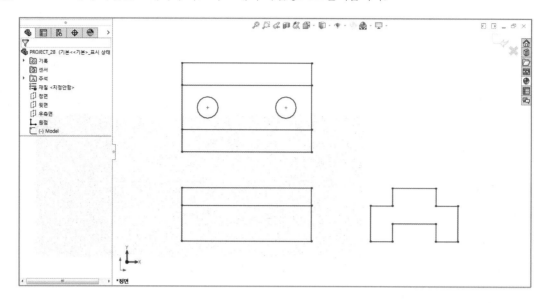

7 AutoCAD의 절대좌표에서 스케치 요소의 떨어진 거리값만큼 솔리드웍스 파트 스케치 작업창에 들어
오기 때문에 솔리드웍스의 스케치 원점에 스케치 요소를 맞추기 위해서 마우스를 드래그하여 모든 스
케치를 선택하고 마우스 오른쪽 버튼을 누른 후 요소 이동 ⭲ 을 클릭하거나, 스케치 도구모음을 요소
이동 ⭲ 또는 도구 → 스케치 도구 → 이동을 클릭합니다.

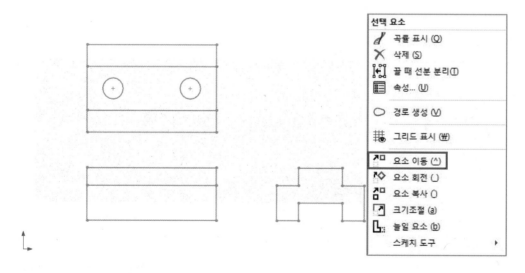

8 PropertyManager의 파라미터 아래에서 시작단–끝단을 선택하고, 시작점을 다음과 같이 클릭해서 베이스 점으로 지정하고 스케치 원점을 클릭하여 스케치 요소를 배치합니다.

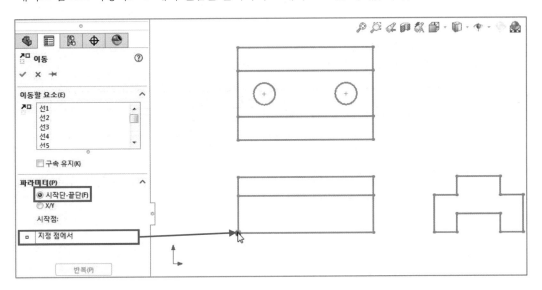

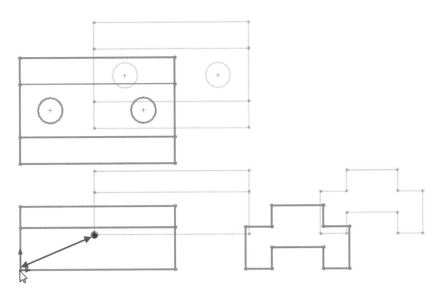

9 2D를 3D로 도구모음을 꺼낸 후 투상법상 정면도에 해당하는 스케치요소를 선택하고, 2D를 3D로 도구모음에서 정면스케치에 추가 를 클릭합니다.

다른 뷰를 지정하기 이전에 반드시 정면도를 먼저 지정해야 합니다. 상자를 이용한 선택, 체인 선택, 또는 Ctrl 을
누른 채 개별 요소를 계속해서 선택하는 방법을 사용합니다.

정면스케치에 추가📄를 선택하면 선택한 스케치 요소들이 3D파트로 변환되며 정면도를 생성하며, Feature
Manager 디자인 트리에 정면에 해당하는 새 스케치가 나타납니다.

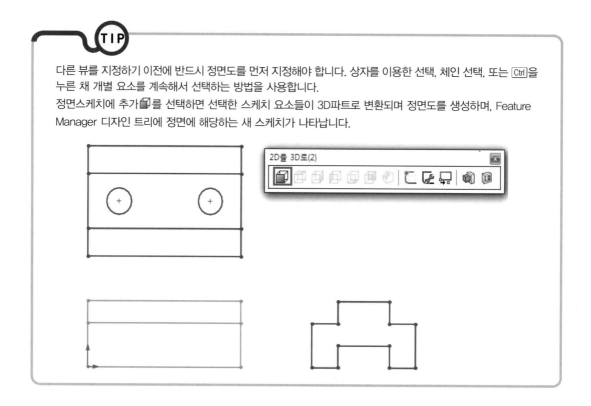

🔟 투상법상 평면도에 해당하는 스케치 요소를 선택하고, 2D를 3D로 도구모음에서 윗면스케치에 추가
📦를 클릭합니다.

FeatureManager 디자인 트리에 윗면에 해당하는 새 스케치가 나타나며, 스케치가 정면도를 기준으로
각기 선택한 방향으로 접힙니다.

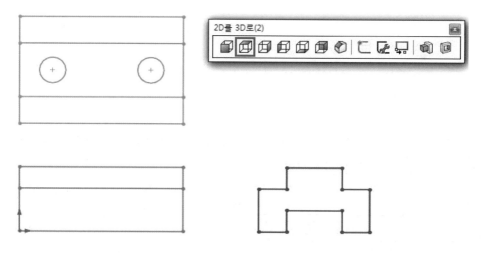

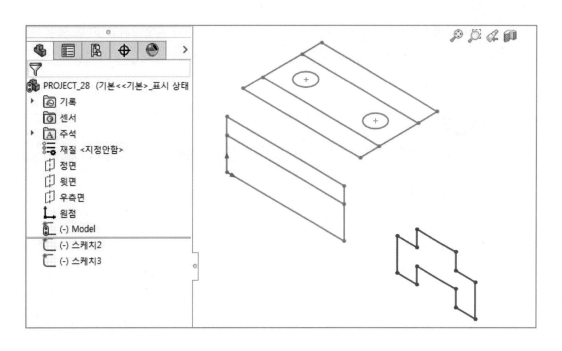

11 우측면도의 스케치를 추출하기 위해 해당하는 스케치 요소를 선택하고, 2D를 3D로 도구모음에서 우측면스케치에 추가 ⬜를 클릭합니다.

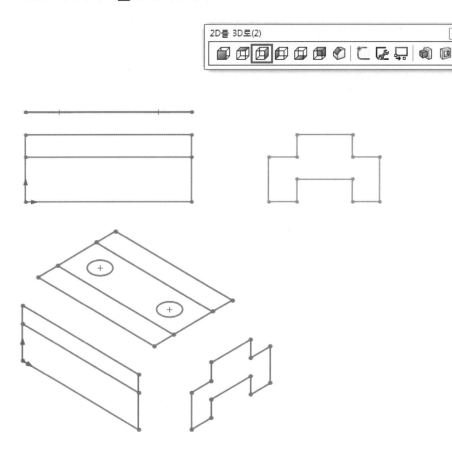

12 투상법상의 정면도의 가로길이값과 평면도의 가로길이값을 맞추기 위해 그리고 정면도의 높이값과 우측면도의 높이값을 맞추기 위해 2D를 3D로의 도구모음 중 스케치 정렬 을 클릭합니다.

> **TIP**
>
> **스케치 정렬** : 먼저 선택한 스케치가 나중에 선택한 스케치에 맞추어 정렬됩니다.
>
> ① 다른 스케치에 맞추어 정렬할 스케치에서 선 또는 점을 선택합니다.
> ② Ctrl을 누른 채 선택한 스케치를 정렬할 두 번째 스케치의 선이나 점을 선택합니다.
> ③ 2D를 3D로 도구모음에서 스케치 정렬 을 클릭하거나 도구 → 스케치 도구 → 맞춤 → 스케치를 클릭합니다.

13 다음과 같이 평면도를 정면도 기준으로 맞추기 위해 먼저 정면도에 정렬을 할 평면도의 선분을 선택한 다음 Ctrl을 누른 채 평면도가 맞어질 정면도의 선분을 선택하고, 2D를 3D로 도구모음에서 스케치 정렬 을 클릭합니다.

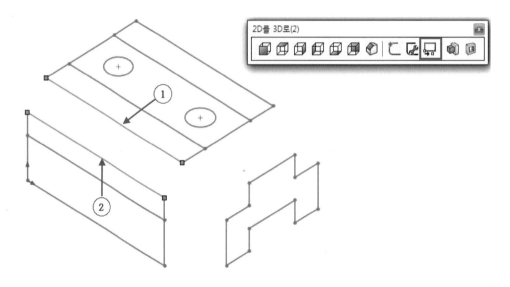

14 우측면도 정면도와의 폭값을 맞추기 위해 다음과 같이 우측면의 한 선분을 먼저 선택한 다음 [Ctrl]을 누른 채 우측면이 맞추어질 정면도의 선분을 선택하고, 2D를 3D로 도구모음에서 스케치 정렬 을 클릭합니다.

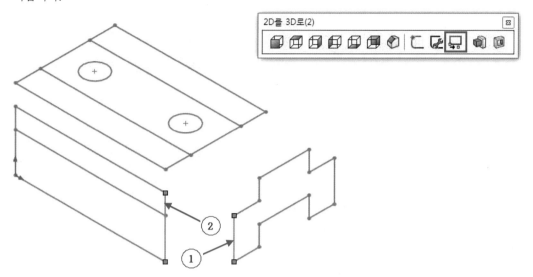

15 스케치 확인 코너에서 스케치 종료 ↵를 클릭합니다.

---

02) 2D를 3D로의 돌출로 변환 🗍 1

스케치를 이용하여 물체의 형상을 나타내기 위해 여러 가지 방법으로 스케치를 선택하여 피처를 생성할 수 있으나, 다음과 같이 필요한 스케치를 선택하여 피처를 생성한 후 물체의 형상을 완성하도록 하겠습니다.

1 우선 우측면도의 스케치 중 돌출을 위한 필요한 스케치 부분을 선택하고, 2D를 3D로 도구모음에서 돌출로 변환 🗍을 클릭합니다.

> **TIP**
>
> **2D를 3D로 도구모음에서 돌출로 변환 🗍**
>
> • 스케치 일부(완전한 스케치를 선택할 필요는 없습니다.)를 가지고 베이스 피처와 다른 피처를 돌출시킬 수 있습니다.
> • 피처 도구모음에 있는 돌출 보스 / 베이스 도구를 사용할 때는 완전한 스케치만을 사용하는 점과 다릅니다.
> • 그래픽 영역에서 스케치 일부를 선택하여 돌출로 변환 🗍을 실행하면 선택한 스케치는 복사되어 피처를 생성합니다.

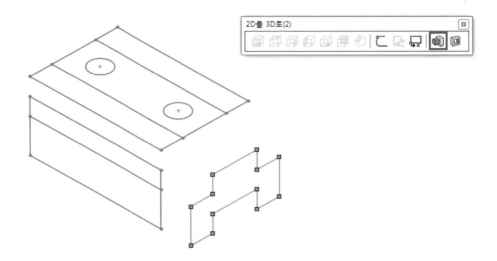

2 돌출할 스케치의 거리값을 모르기 때문에 시작에 꼭지점을 선택하고 방향 1의 마침조건도 꼭지점까지로 선택한 후 돌출이 시작되고 마칠 꼭지점으로는 평면도의 스케치 꼭지점을 선택합니다.

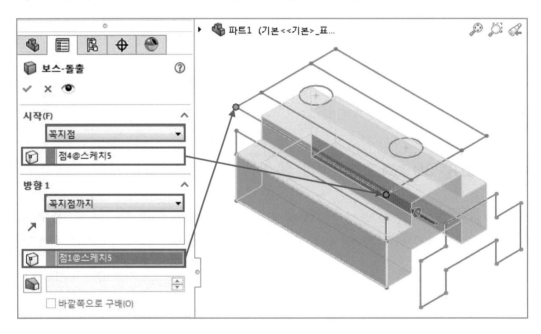

3 확인 ✔을 클릭합니다.

03 2D를 3D로의 자르기로 변환 🔲 1

1 투상에 의한 관통된 원을 표현하기 위해 Ctrl 을 누른 채 평면도의 두 원을 선택하고 돌출컷이 시작될 면을 선택한 후 2D를 3D로 도구모음에서 자르기로 변환 🔲 을 클릭합니다.

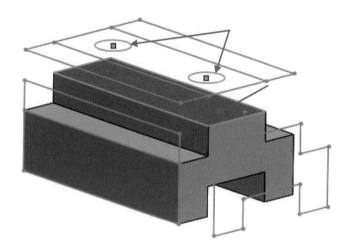

2 마침조건은 관통을 선택합니다.

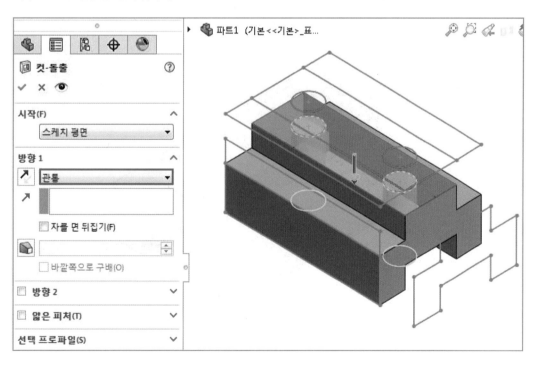

3 확인 ✔ 을 클릭합니다.

04 스케치 숨기기

FeatureManager 디자인 트리에서 보이는 모든 스케치를 선택하고 마우스 오른쪽 버튼을 누른 후 숨기기를 클릭하여 보이는 스케치를 숨겨 둡니다.

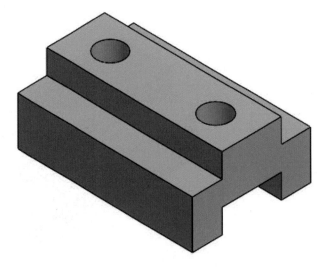

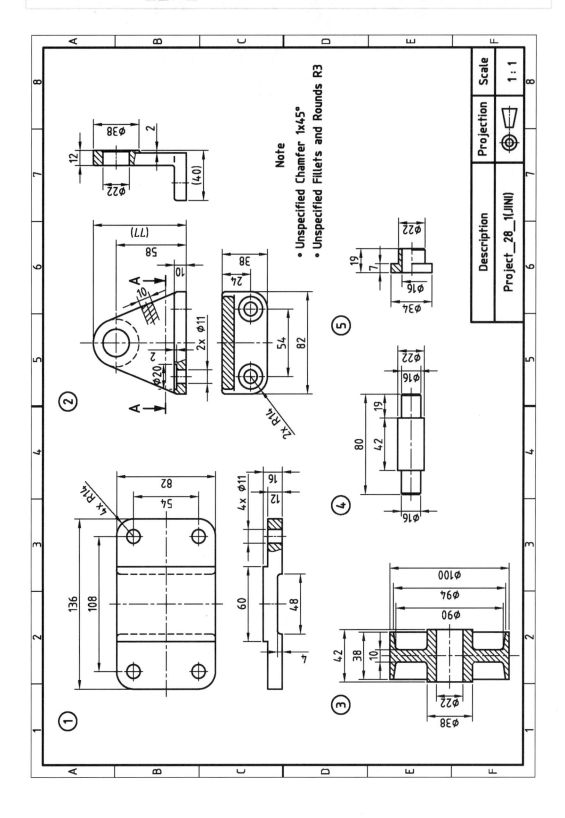

Note
• Unspecified Chamfer 1x45°
• Unspecified Fillets and Rounds R3

Description	Projection	Scale
Project_28_1(JINI)		1 : 1

PROJECT

28

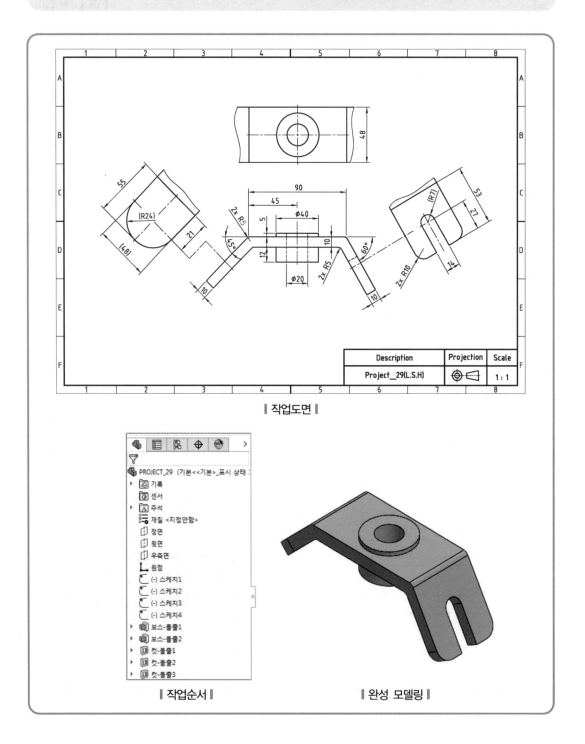

‖ 작업도면 ‖

‖ 작업순서 ‖

‖ 완성 모델링 ‖

1 AutoCAD 창에서 필요한 레이어만 켜두고 나머지 레이어는 꺼둡니다.

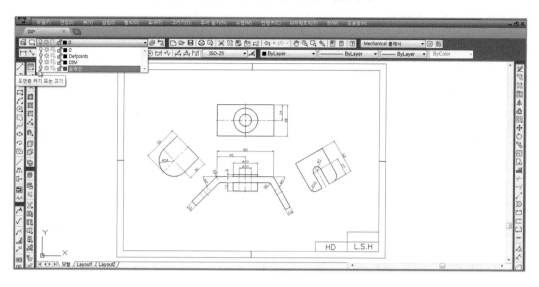

2 3D 형상을 만들기 위해 필요한 2D 스케치만 보이도록 되었으면 해당 스케치를 드래그하여 선택한 다음 Ctrl + C를 눌러 복사합니다.

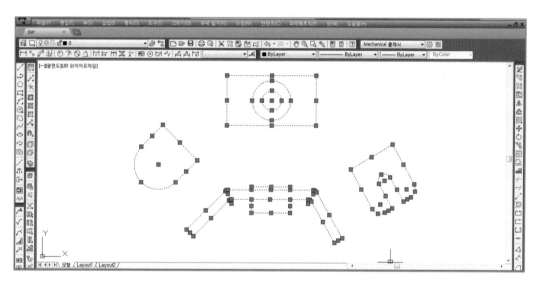

3 솔리드웍스의 파일 → 새파일 → SOLIDWORKS 새문서 → 파트를 클릭합니다. 새파트 창이 열리면 Ctrl + V를 이용하여 붙여 넣기 합니다.

4 FeatureManager 디자인 트리에서 정면에 불러온 스케치를 선택하고 마우스 오른쪽 버튼을 눌러 스케치 편집을 클릭합니다.

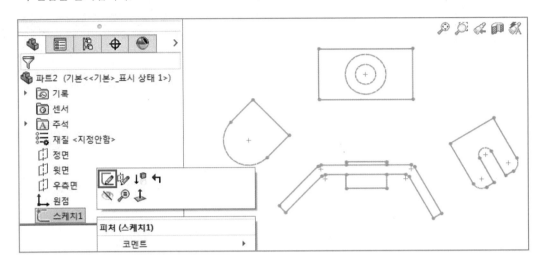

5 불러온 스케치의 정면도에 해당하는 스케치 요소의 한 점과 스케치 원점을 Ctrl을 눌러 선택한 다음 2D를 3D로 도구모음의 스케치 정렬🖵을 클릭하여 스케치 원점에 선택한 요소가 일치하도록 합니다.

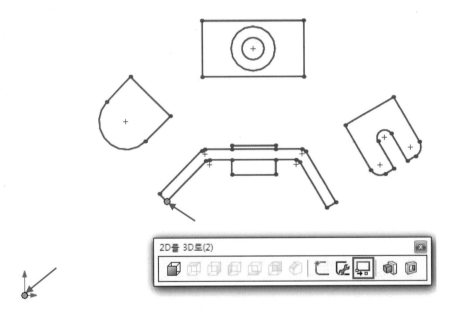

6 투상법상 정면에 해당하는 스케치 요소를 선택하고, 2D를 3D로 도구모음에서 정면스케치에 추가 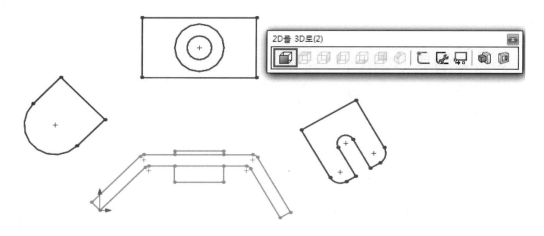 를 클릭합니다.

7 투상법상 평면도에 해당하는 스케치 요소를 선택하고, 2D를 3D로 도구모음에서 윗면 스케치에 추가 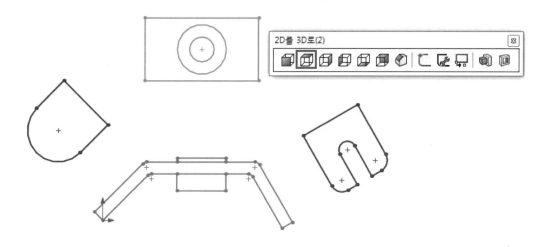 를 클릭합니다.

8 형상에서 경사면의 실형을 표현하기 위해 경사면과 맞서는 위치에 보조 투상도를 표현한 부분을 나타 내기 위한 경사진 면에 해당하는 모서리 선을 선택합니다. Ctrl 을 누른 채 그 면에 그려진 보조 투상도 를 선택한 다음 2D를 3D로 도구모음의 보조투상도스케치 🔘를 클릭합니다.

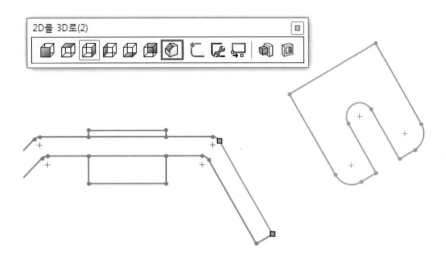

9 마찬가지로 좌측에 있는 보조투상도도 경사진 면에 해당하는 모서리 선을 선택하고 Ctrl 을 누른 채 그 면에 그려진 보조 투상도를 선택한 다음 2D를 3D로 도구모음의 보조투상도스케치 🔘를 클릭하여 투 상도의 위치를 지정합니다.

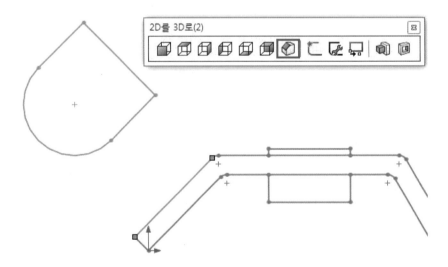

10 `Ctrl`+`8`을 눌러 보기방향을 등각보기 상태로 맞춘 다음 정면을 기준으로 윗면의 스케치를 정렬하기 위해 움직일 윗면의 스케치 요소와 기준이 될 정면의 스케치 요소를 `Ctrl`을 누른 채 순서대로 선택한 다음 2D를 3D로 도구모음의 스케치 정렬 을 클릭하여 정렬합니다.

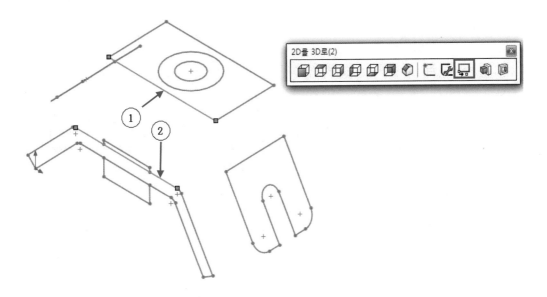

11 보조투상도도 위와 같은 방법으로 정렬합니다.

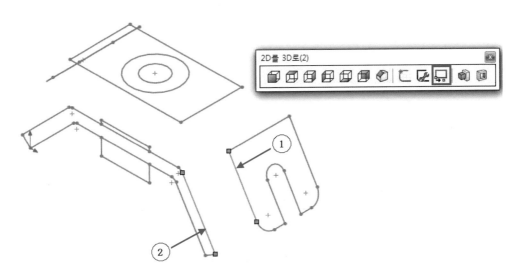

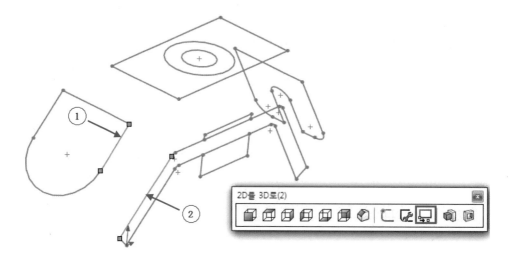

12 스케치 확인 코너에서 스케치 종료 ↳를 클릭합니다.

02 2D를 3D로의 돌출로 변환 1

1 다음과 같이 정면도에서 한 선분을 선택한 다음 마우스 오른쪽 버튼을 눌러 체인 선택을 클릭합니다.

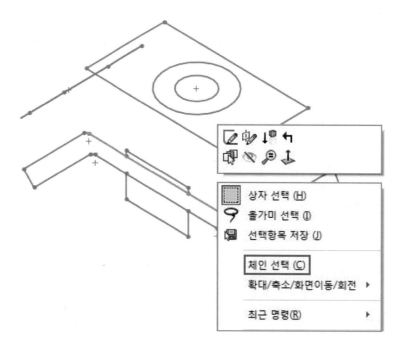

2 [Ctrl]을 누른 채 선택한 스케치가 돌출할 시작점을 선택합니다.

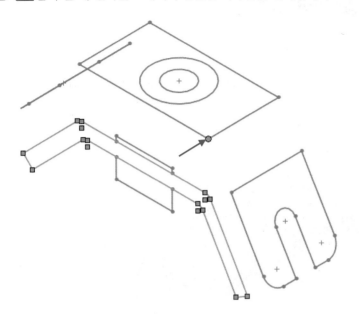

3 2D를 3D로 도구모음의 돌출로 변환 을 클릭하고 마침조건으로 꼭지점까지를 선택한 후 돌출을 마칠 꼭지점을 선택합니다.

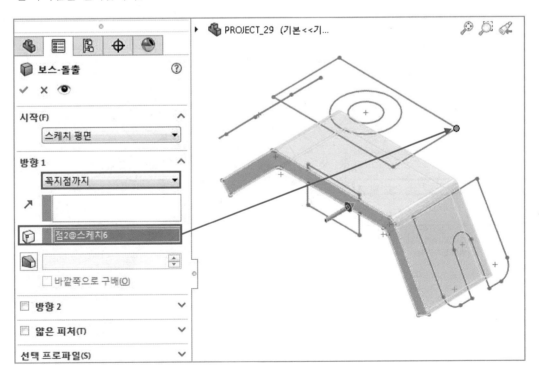

4 확인 ✔을 클릭합니다.

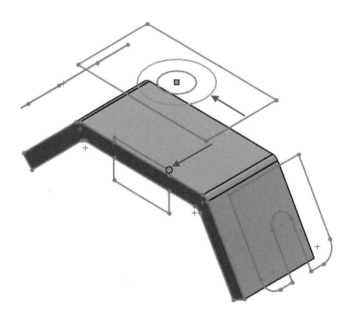

1 평면도의 원을 선택하고 원 스케치가 복사되어 돌출이 시작될 점을 선택한 다음 2D를 3D로 도구모음의
돌출로 변환 을 클릭하고 마침조건으로 꼭지점까지를 선택한 후 돌출을 마칠 꼭지점을 선택합니다.

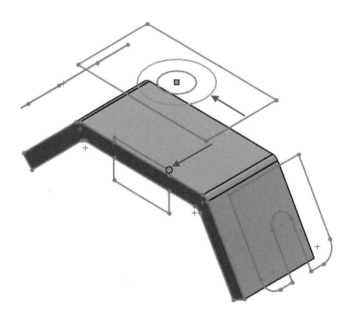

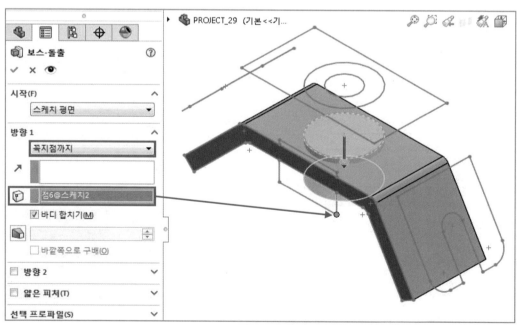

2 확인 ✔을 클릭합니다.

1 평면도의 관통될 스케치원을 선택한 후 2D를 3D로 도구모음의 자르기로 변환 을 클릭합니다.

2 마침조건으로 관통을 선택합니다.

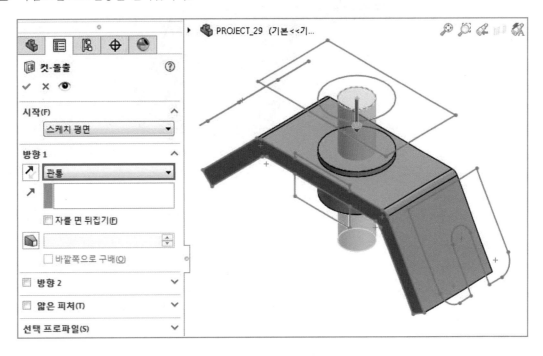

3 확인 ✔을 클릭합니다.

1 보조투상도의 스케치 중 돌출컷에 필요한 스케치 요소를 다음과 같이 선택합니다. 2D를 3D로에서 돌출로 변환이나 자르기로 변환의 스케치 프로파일은 완전한 폐곡선이 아니더라도 상관 없습니다.

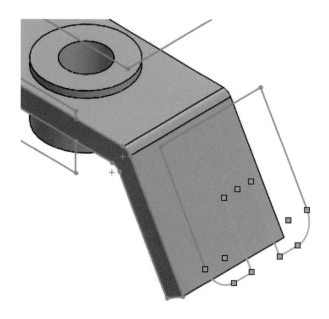

2 2D를 3D로 도구모음의 자르기로 변환 🔲을 클릭합니다. 자를 면 뒤집기를 체크하여 스케치의 바깥 쪽 형상이 잘리도록 합니다.

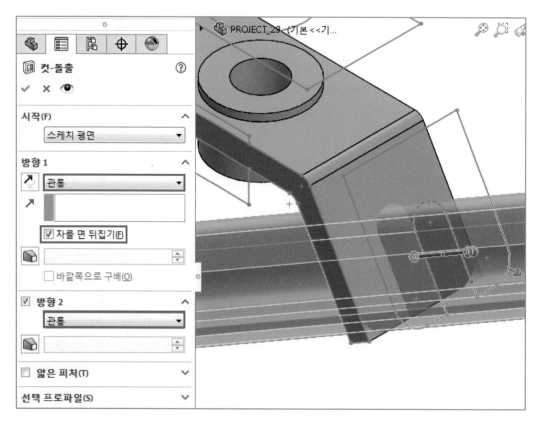

3 확인 ✔을 클릭합니다.

06 2D를 3D로의 자르기로 변환 📦 3

1 반대편 보조투상도 부분도 위와 같은 방법으로 실행하여 원하는 3D 형상을 구현합니다.

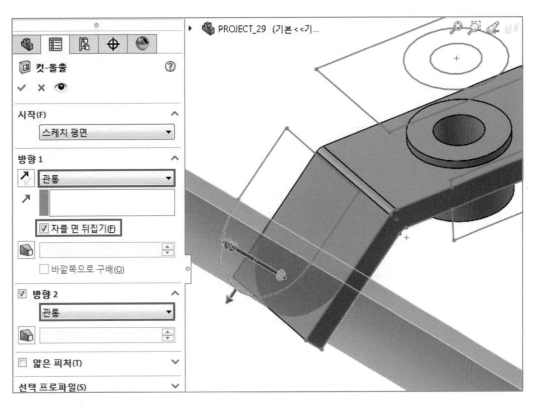

2 확인 ✔️을 클릭합니다.

07 스케치 숨기기

FeatureManager 디자인 트리에서 보이는 스케치를 숨깁니다.

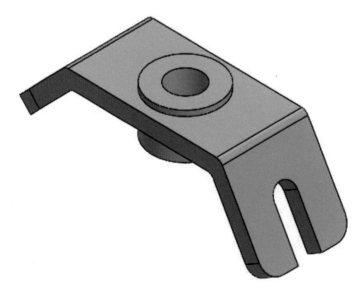

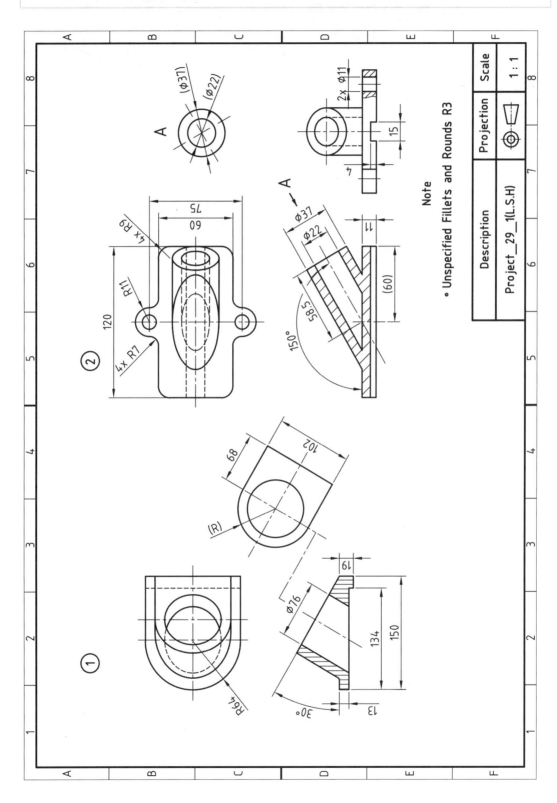

Note
- Unspecified Fillets and Rounds R3

Description	Projection	Scale
		1 : 1
Project_29_1(L.S.H)		

PROJECT

29

곡면으로 솔리드 자르기 사용예제

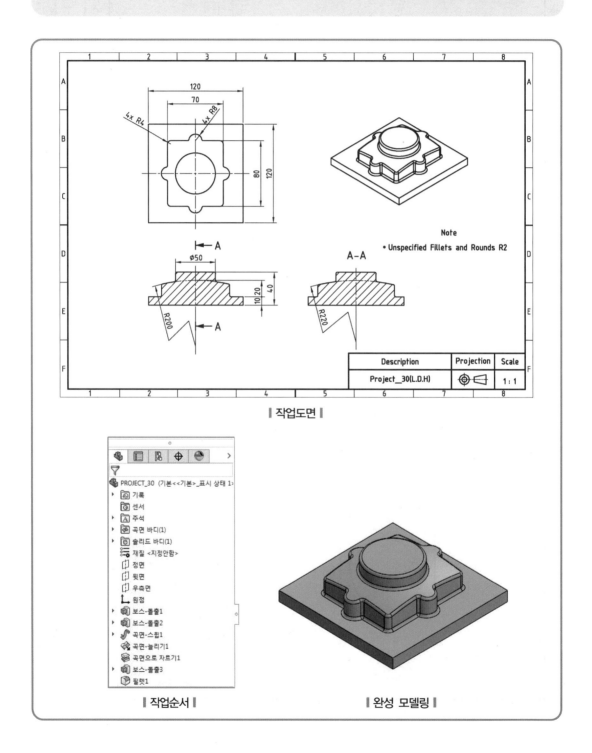

‖ 작업도면 ‖

Note
• Unspecified Fillets and Rounds R2

Description	Projection	Scale
Project_30(L.D.H)	⊕	1 : 1

‖ 작업순서 ‖

‖ 완성 모델링 ‖

01 스케치 1 완성 후 돌출 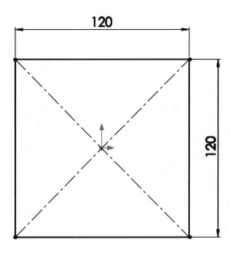 1

☐ 1 FeatureManager 디자인 트리에서 윗면을 선택하고, 스케치 도구모음에서 스케치 ⌐를 클릭하여 스케치를 완성한 다음 피처 도구모음에서 돌출 보스 / 베이스 🗗를 클릭합니다. 마침조건으로 블라인드 형태를 선택하고 돌출깊이는 10mm를 기입하여 다음과 같이 베이스 피처를 만듭니다.

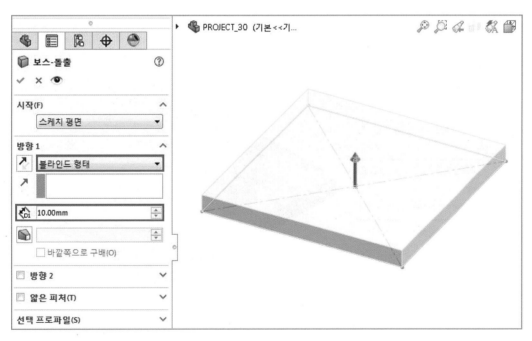

☐ 2 확인 ✔을 클릭합니다.

02 스케치 2 완성 후 돌출 📦 2

1 솔리드 형상의 윗면을 선택하고 스케치를 한 후 피처 도구모음에서 돌출 보스 / 베이스 📦를 클릭합니다. 마침조건으로 블라인드 형태를 선택하고 돌출깊이는 30mm를 기입하여 다음과 같이 돌출 피처를 만듭니다.

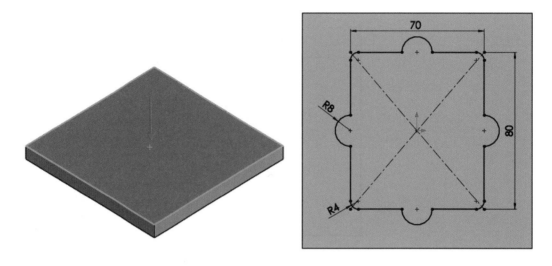

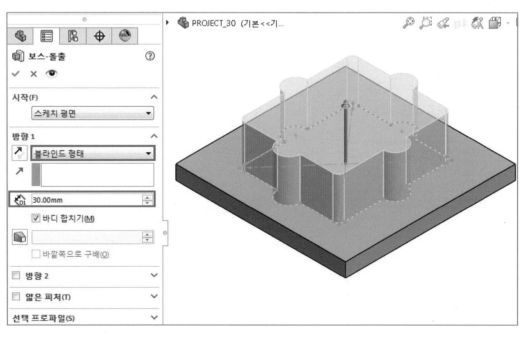

2 확인 ✔을 클릭합니다.

1 FeatureManager 디자인 트리에서 정면을 선택하고, 스케치 도구모음에서 스케치 를 클릭한 후 중
심점 호 를 사용하여 다음과 같이 스케치를 완성합니다.

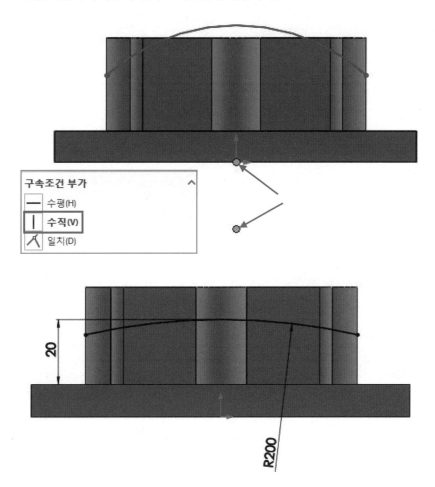

1 FeatureManager 디자인 트리에서 우측면을 선택하고, 스케치 도구모음에서 스케치 를 클릭한 후
중심점 호 를 사용하여 다음과 같이 스케치를 완성합니다.

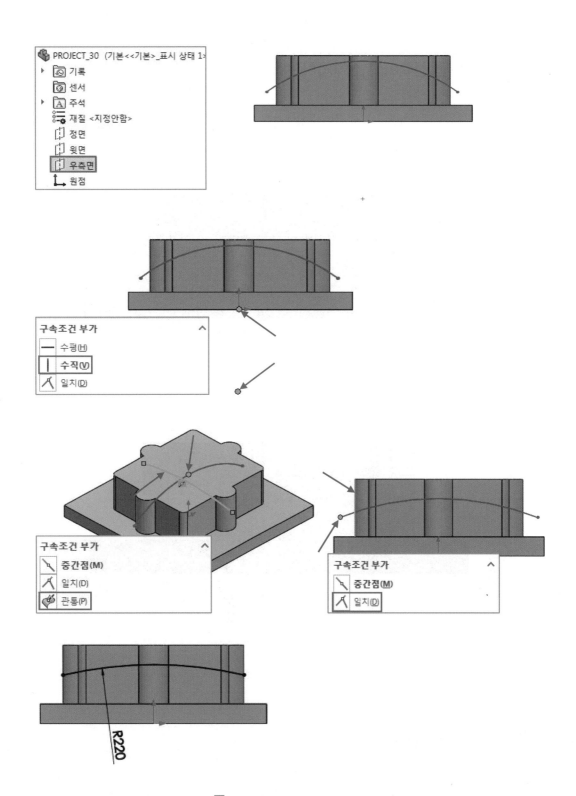

2 스케치 확인 코너에서 스케치 종료 ⌐✓를 클릭합니다.

05 스윕 곡면 🐛 1

1 곡면 도구모음에서 스윕 곡면 🐛을 클릭하거나 삽입 → 곡면 → 스윕을 클릭합니다.

2 다음과 같이 프로파일 ⌒⁰ 의 정면에 스케치한 스케치 3과 경로 ⊂⁺ 의 우측면에 스케치한 스케치 4를 선택합니다.

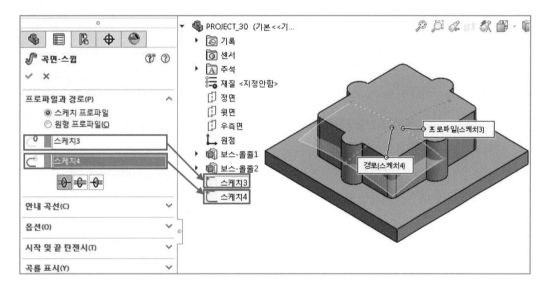

3 프로파일이 경로의 양쪽 방향으로 스윕되도록 양 방향 ╬을 선택합니다.

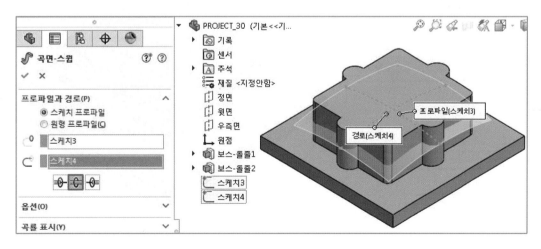

4 확인 ✔을 클릭합니다.

06 곡면 늘리기 1

1 곡면 도구모음에서 곡면 늘리기를 클릭하거나 삽입 → 곡면 → 늘리기를 클릭합니다.

TIP

차후 스윕으로 생성한 곡면을 가지고 솔리드 바디를 잘라내어 도면의 단면도와 같이 곡선부를 표현하는데, 이때 스윕 곡면이 자를 칼날이 되고 칼날은 솔리드 바디보다 커야 하므로 곡면의 크기를 바디의 크기보다 크게 늘리기 위해 곡면 늘리기를 사용합니다.

2 곡면 늘리기 : 하나의 모서리선, 여러 모서리선 또는 면을 선택하여 곡면을 연장할 수 있습니다.

3 PropertyManager에서 연장할 모서리선 / 면 아래에서, 선택 면 / 모서리선으로 그래픽 영역에서 모서리선이나 면을 선택합니다. 여기서는 곡면스윕한 면을 선택합니다.
모서리선의 경우, 곡면이 모서리선 평면을 따라 연장됩니다. 면의 경우, 곡면이 다른 면에 연결된 면을 제외한 모든 면의 모서리선을 따라 연장됩니다.

4 마침 조건 유형으로 거리(D)를 선택하고 거리에 5mm를 기입합니다.

5 연장형태(X)는 직선형이 아닌 곡면이 가지고 있는 형태로 연장되도록 같은 곡면을 선택합니다.

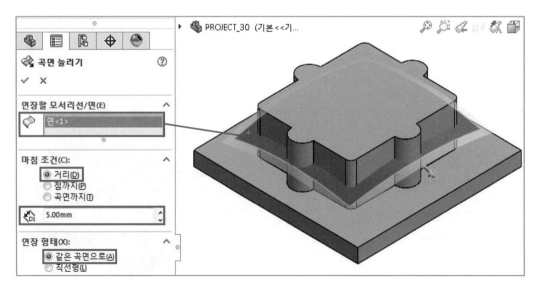

6 확인을 클릭합니다.

1 피처 도구모음에서 곡면으로 자르기를 클릭하거나 삽입 → 컷 → 곡면으로 자르기를 클릭합니다.

2 곡면으로 자르기 : 곡면이나 평면으로 재질을 제거하여 솔리드 모델을 자릅니다.

3 PropertyManager의 곡면 컷 변수 항목에서 솔리드 바디를 자를 때 사용할 곡면을 다음과 같이 선택합니다.

곡면 윗 부분의 솔리드 바디를 자르기 위하여 컷 뒤집기를 클릭하여 컷 방향을 변경합니다.

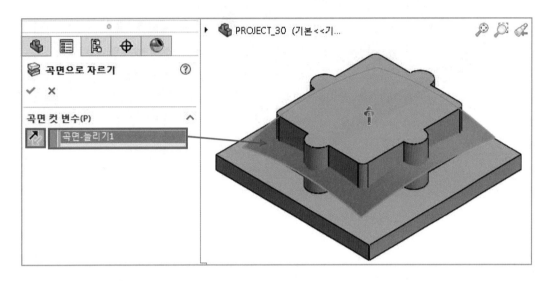

4 확인을 클릭합니다.

08 · 곡면 숨기기

FeatureManager 디자인 트리에서 곡면 늘리기를 선택한 다음 마우스 오른쪽 버튼을 누르고 숨기기를 선택하거나 그래픽 영역에서 곡면을 선택한 후 마우스 오른쪽 버튼을 눌러 곡면을 숨겨 둡니다.

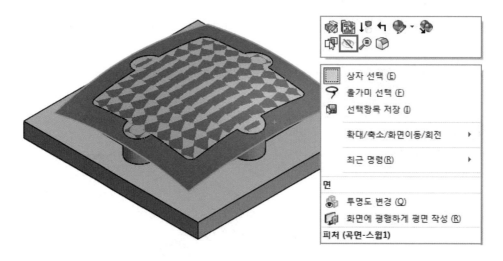

09 · 2D 평면 선택하고 스케치하기 5

FeatureManager 디자인 트리에서 윗면을 선택하고, 스케치 도구모음에서 스케치 ⊏를 클릭하여 다음과 같이 스케치를 완성합니다.

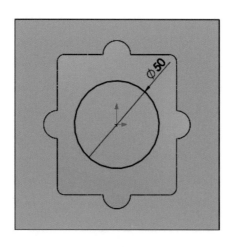

피처 도구모음의 돌출 을 클릭한 후 마침조건으로는 블라인드 형태를 선택하고 깊이에는 40mm를 기입합니다.

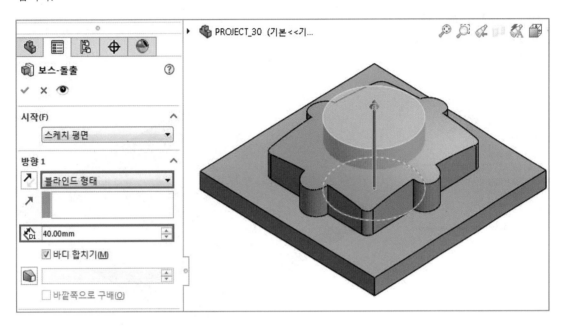

피처 도구모음에서 필렛을 클릭하고, 반경에 2mm를 기입하여 해당 모서리에 필렛을 줍니다.

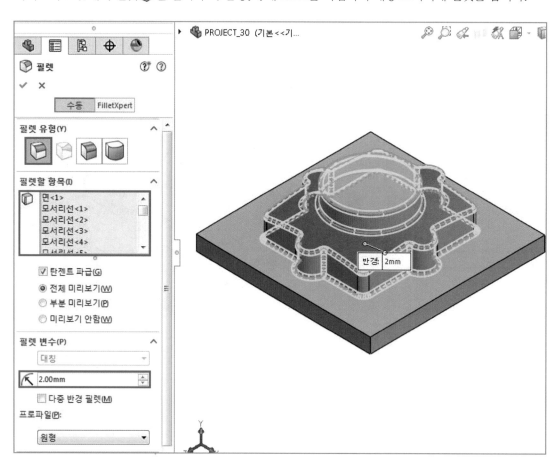

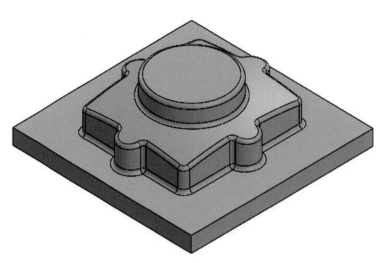

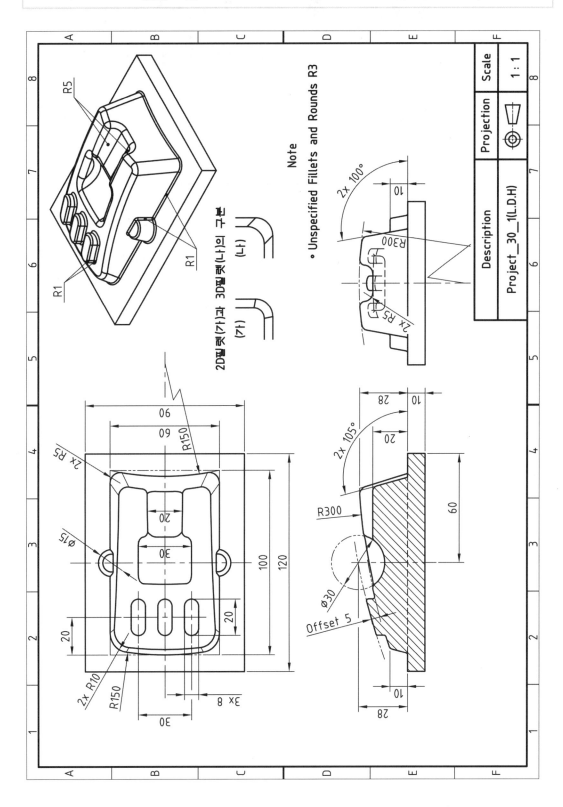

Note
• Unspecified Fillets and Rounds R3

2D필렛(가)과 3D필렛(나)의 구분

(나)

(가)

R5

R1

R1

2x 100°
R300
2x R5
10

2x 105°
28
20
10
R300
Ø30
Offset 5
60
10
28

06
60
R150
2x R5
Ø15
20
30
100
120
2x R10
R150
20
20
3x 8
30

Description	Projection	Scale
Project_30_1(L.D.H)	⟨⊕⟩	1 : 1

○ 곡/선/도/구/모/음 **투영곡선**   피/처/도/구/모/음 **두꺼운 피처**

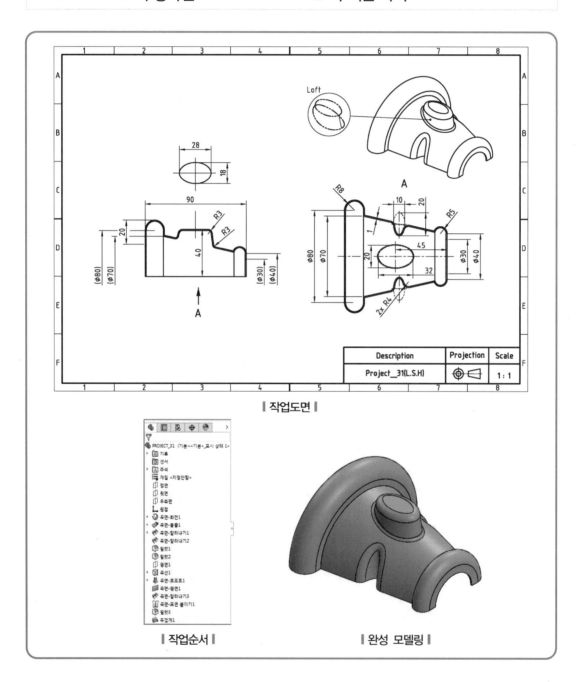

| 작업도면 |

| 작업순서 | | 완성 모델링 |

1 FeatureManager 디자인 트리에서 정면을 선택하고, 스케치 도구모음에서 스케치 ⌐를 클릭한 후 다음과 같이 스케치를 작성합니다.

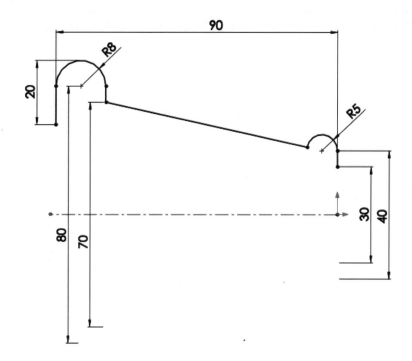

2 스케치 확인 코너에서 스케치 종료 ⌐↲를 클릭합니다.

02 회전 곡면 1

1 곡면 도구모음에서 회전 곡면을 클릭하거나 삽입 → 곡면 → 회전을 클릭합니다.

2 회전 곡면 PropertyManager에서 다음과 같이 설정합니다.

회전축 으로는 스케치의 중심선을 선택하고, 방향 1의 회전 유형은 중간평면을 선택한 다음 방향 1 각도 는 180°를 기입합니다.

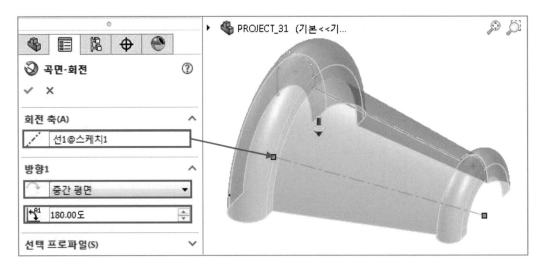

3 확인을 클릭합니다.

2D 평면 선택하고 스케치하기 2

1 FeatureManager 디자인 트리에서 윗면을 선택하고, 스케치 도구모음에서 스케치 ⊏를 클릭합니다.

2 스케치 도구모음의 중심선 ✎ 을 이용하여 수평한 중심선을 긋고 타원 ⊙을 클릭한 다음 형상의 모서리선의 중간점에 타원의 중심이 일치하도록 타원을 스케치합니다.

3 중심선과 타원을 선택하고 요소 대칭복사 问를 클릭하여 중심선을 기준으로 상하 대칭인 스케치를 완성합니다.

4 타원의 중심점과 90° 사분점을 선택한 다음 구속조건으로 수직조건을 부가합니다.

5 지능형 치수 ❖를 클릭하고 치수를 부가하여 완전정의를 내립니다.

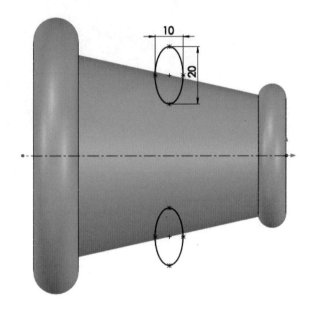

6 스케치 확인 코너에서 스케치 종료 ⊏↵를 클릭합니다.

04 돌출 곡면 1

1 곡면 도구모음에서 돌출 곡면 을 클릭하거나 삽입 → 곡면 → 돌출을 클릭합니다.

2 마침조건으로 블라인드 형태를 선택하고 깊이 는 30mm를 기입합니다.

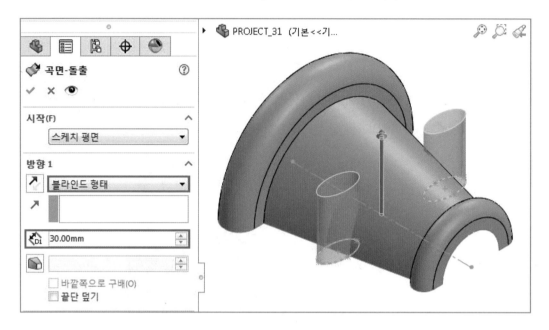

3 확인 을 클릭합니다.

05 곡면 잘라내기 PropertyManager

(1) 곡면 잘라내기

곡면, 평면, 스케치를 잘라내기 도구로 사용하여 다른 곡면을 교차하는 위치에서 잘라낼 수 있습니다.

(2) 곡면 잘라내기 PropertyManager

1 잘라내기 유형(T)의 표준

① 잘라내기 도구 : 잘라내기 유형으로 표준을 선택했을 때 사용 가능합니다. 다른 곡면을 잘라낼 도구로 그래픽 영역에서 곡면, 스케치 요소, 곡선, 평면을 선택합니다.

❷ 선택 보존 : 잘라내기 도구에 의해 잘릴 곡면에서 보존할 부분을 선택 시 보존할 부분 아래에 나열된 곡면들이 보존되고, 보존할 부분에 나열되지 않은 교차곡면은 제거됩니다.

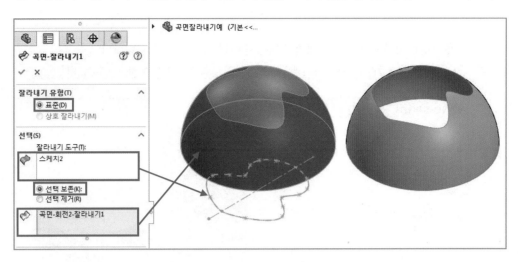

❸ 선택 제거 : 제거할 부분 아래에 나열된 곡면들이 제거됩니다. 제거할 부분에 나열되지 않은 교차곡면은 보존됩니다.

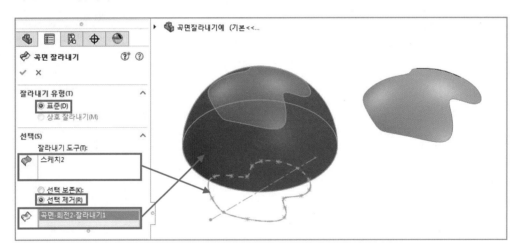

2 잘라내기 유형(T)의 상호 잘라내기

곡면 자체를 사용하여 여러 개의 곡면을 잘라냅니다.

❶ 곡면◆ : 잘라내기 유형으로 상호 잘라내기를 선택했을 때 사용 가능합니다. 곡면을 잘라낼 때 사용할 잘라내기 곡면으로 그래픽 영역에서 여러 개의 곡면을 선택합니다.

❷ 선택 보존, 선택 제거 : 1 잘라내기 유형(T)의 표준에서와 동일한 개념입니다.

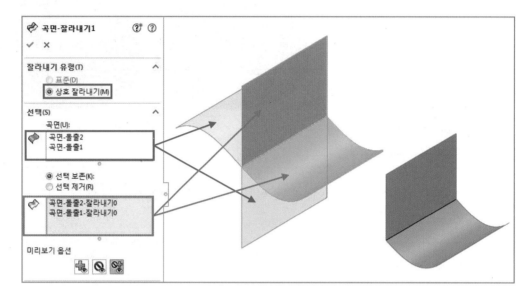

06 곡면 잘라내기 1

1 곡면 도구모음에서 곡면 잘라내기 를 클릭하거나 삽입 → 곡면 → 잘라내기를 클릭합니다.

곡면(E)

2 잘라내기 유형에 표준을 선택하고, 잘라내기 도구 는 플라이아웃 FeatureManager 디자인 트리에서 곡면돌출의 스케치를 선택합니다. 보존할 부분 난에 그래픽 영역에서 곡면 회전으로 생성한 곡면의 보존할 부분을 다음과 같이 선택합니다.

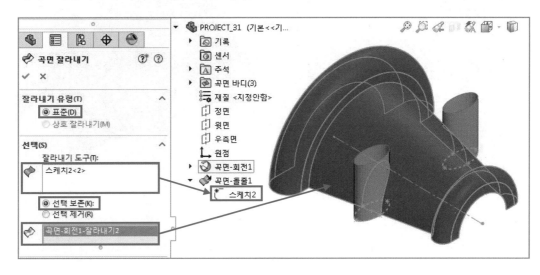

3 확인 을 클릭합니다.

1 곡면 도구모음에서 곡면 잘라내기 를 클릭하고, 잘라내기 유형에서 표준을 선택합니다. 잘라내기 도구 는 그래픽 영역에서 곡면 회전으로 생성한 곡면을 선택하고, 제거할 부분 난에 그래픽 영역에서 곡면 돌출로 생성한 곡면을 다음과 같이 선택합니다.

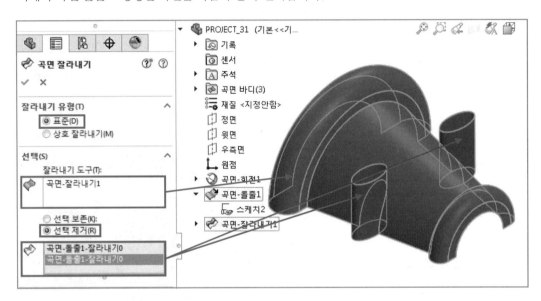

2 확인 을 클릭합니다.

08 필렛🗂️ 1

1 피처 도구모음에서 필렛🗂️을 클릭합니다.

2 필렛 유형으로 면 필렛🗂️을 선택하고, 필렛할 항목에서 반경✎값으로 4mm를 기입합니다. 면쌍 1 🗂️, 면쌍 2🗂️에 그래픽 영역에서, 돌출 곡면으로 만들어진 면과 회전 곡면으로 만들어진 면을 면쌍 1, 면쌍 2란에 차례로 선택합니다.

3 필요한 경우 수직 면으로 바꾸기⬈를 클릭하여 선택한 두 면이 완만하게 연결되도록 만듭니다. 여기 서는 면쌍 1과 면쌍 2의 수직 면으로 바꾸기⬈를 클릭합니다.

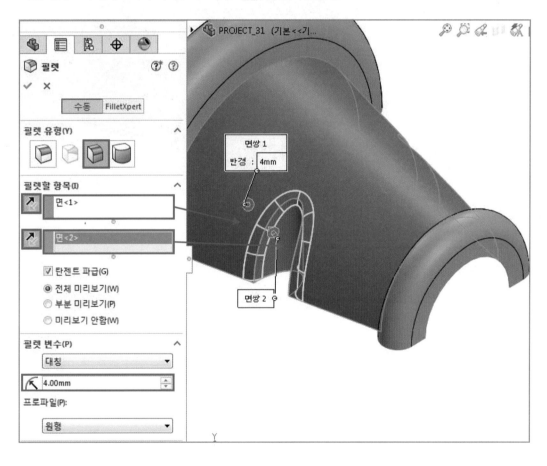

4 확인✔️을 클릭합니다.

1 피처 도구모음에서 필렛⬡을 클릭하고 위와 같은 방법으로 반대편도 필렛합니다.

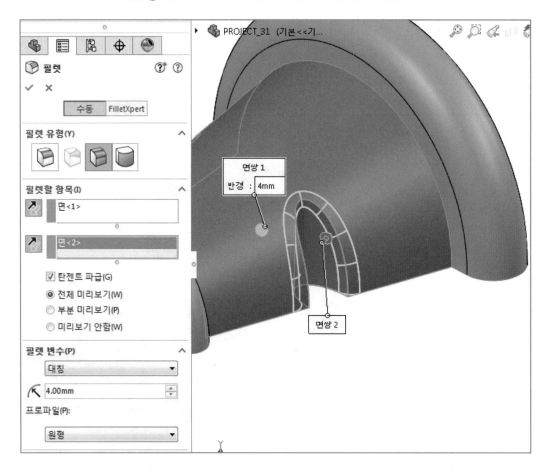

2 확인 ✔을 클릭합니다.

10 평면 ▥ 1

1 참조 형상 도구모음에서 기준면▥을 클릭하거나 삽입 → 참조형상 → 기준면을 클릭합니다.

2 제1참조요소란에 FeatureManager 디자인 트리에서 윗면을 선택하고 오프셋거리🔧에 40mm를 기
입하여 평면을 작성합니다.

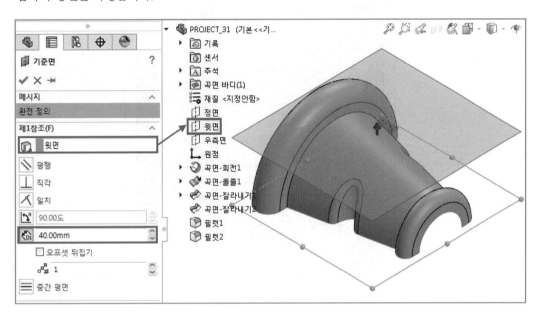

3 확인✔을 클릭합니다.

2D 평면 선택하고 스케치하기 3

1 FeatureManager 디자인 트리에서 평면 1을 선택하고, 스케치 도구모음에서 스케치 ⌐를 클릭하여 다음과 같이 스케치를 완성합니다.

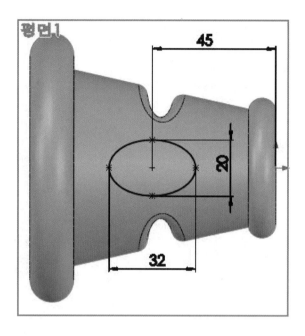

2 스케치 확인 코너에서 스케치 종료 ⌐₊를 클릭합니다.

12 투영 곡선🗊 PropertyManager

(1) 투영 곡선🗊

스케치한 곡선을 모델 면에 투영하여 3D 곡선을 만들 수 있습니다. 교차하는 두 평면에서 스케치가 교차하도록 곡선을 그리려고 할 때도 사용할 수 있습니다.

(2) 투영 곡선 PropertyManager

1 면에 스케치 투영유형

❶ 투영할 스케치🗀 : 그래픽 영역이나 FeatureManager 디자인 트리로부터 스케치를 선택합니다.

❷ 투영 면🗊 : 스케치를 투영하고자 하는 모델의 평면이나 원통면을 선택합니다.

2 스케치에 스케치 투영유형

❶ 두 평면에 각각 스케치를 완성하고 닫습니다.

❷ 각 스케치를 선택하면 그려진 두 평면 사이의 공간에 스케치가 투영되는데 스케치 선택 순서에 따라 원하는 스케치를 투영할 수 있습니다.

❸ 투영할 스케치들🗀 : 그래픽 영역이나 FeatureManager 디자인 트리로부터 두 개의 스케치를 선택합니다.

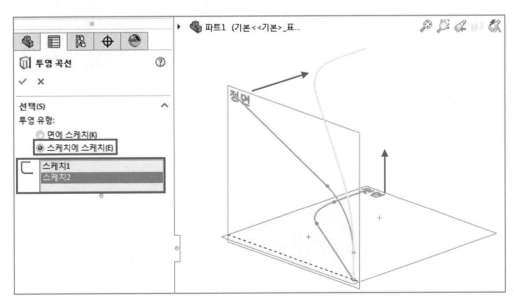

13 투영 곡선  1

1 곡선 도구모음에서 투영 곡선 🗍을 클릭하거나 삽입 → 곡선 → 투영 곡선을 클릭합니다.

2 투영 유형에서 '면에 스케치'를 선택하고, 투영할 스케치 ⌐ 에서 위에 작성한 스케치를 선택한 후 투영 면 🗍은 스케치를 투영하고자 곡면을 다음과 같이 선택합니다. 반대 투영란을 체크하거나, 그래픽 영역에서 핸들을 클릭하여 투영 방향을 조절합니다.

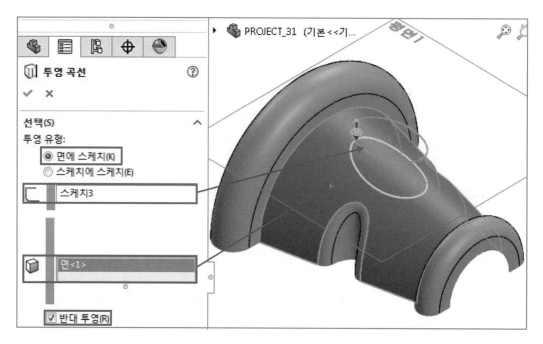

3 확인 ✔을 클릭합니다.

14. 2D 평면 선택하고 스케치하기 4

1 FeatureManager 디자인 트리에서 평면 1을 선택하고, 스케치 도구모음에서 스케치 ⎾를 클릭하여 다음과 같이 스케치를 완성합니다.

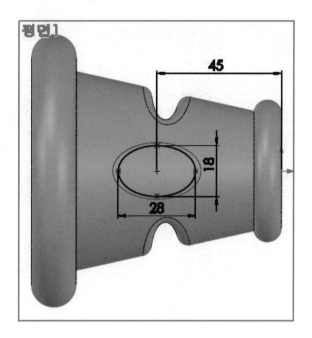

2 스케치 확인 코너에서 스케치 종료 ⎿◞를 클릭합니다.

15 **로프트 곡면 1**

1 곡면 도구모음에서 로프트 곡면을 클릭하거나 삽입 → 곡면 → 로프트를 클릭합니다.

2 프로파일에 스케치를 면에 투영한 곡선과 위의 스케치 4를 선택합니다.

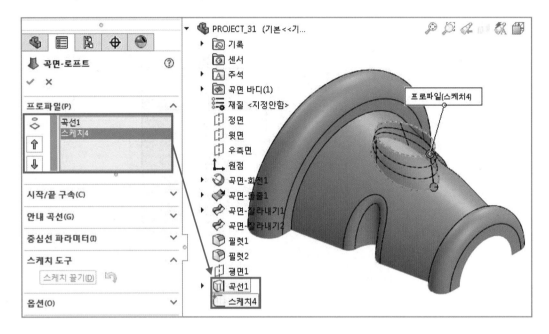

3 확인을 클릭합니다.

16 **평면 곡면 1**

1 평면 곡면을 작성할 수 있는 항목

- 교차하지 않는 폐곡선 스케치

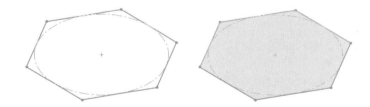

- 평면 상으로 연결될 수 있는 모서리선이나 곡선

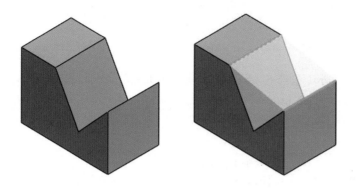

- 동일 평면 상에 있는 폐쇄 모서리선 세트

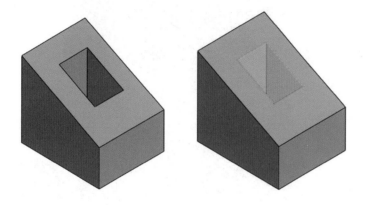

2 곡면 도구모음에서 평면 곡면■을 클릭하거나 삽입 → 곡면 → 평면 곡면을 클릭합니다.

PropertyManager에서 경계 요소◇로 파트에서 닫힌 모서리선을 선택합니다.

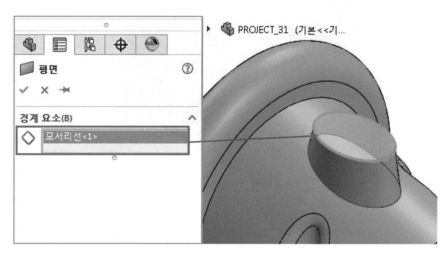

3 확인✔을 클릭합니다.

17 곡면 잘라내기 3

1 곡면 도구모음에서 곡면 잘라내기를 클릭하거나 삽입 → 곡면 → 잘라내기를 클릭합니다.

2 잘라내기 유형에서 표준을 선택하고, 잘라내기 도구 는 곡면 로프트로 작성된 곡면을 선택한 후 선택 보존에 체크합니다. 보존할 부분 난에 그래픽 영역에서 곡면 회전으로 생성한 곡면을 다음과 같이 선택합니다.

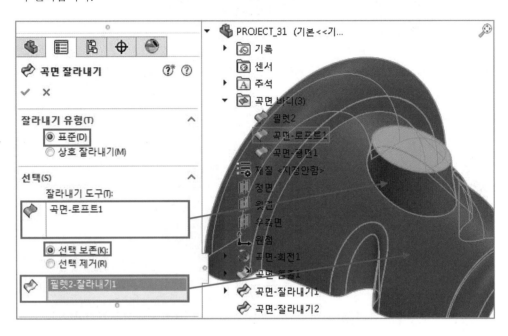

3 확인을 클릭합니다.

18 │ 곡면 붙이기 사용방법

1 곡면 붙이기

여러 개의 면이나 곡면을 한 개로 붙입니다.

2 곡면 붙이기 시 주의사항

❶ 곡면의 테두리는 겹치지 않고 접해야 합니다.

❷ 곡면이 같은 평면에 있지 않아도 됩니다.

❸ 전체 곡면 바디를 선택하거나, 여러 개의 인접 곡면 바디를 선택합니다.

❹ 붙여진 곡면은 이를 만들기 위해 사용된 곡면에 더 이상 흡수되지 않습니다.

❺ 폐쇄 볼륨을 만드는 곡면 붙이기를 할 때, 솔리드 바디를 작성하거나 곡면 바디로 남겨 둡니다.

PROJECT

31

19 │ 곡면 붙이기

1 곡면 도구모음에서 곡면 붙이기를 클릭하거나 삽입 → 곡면 → 붙이기를 클릭합니다.

2 곡면 붙이기 PropertyManager에서 붙일 곡면과 면으로 플라이아웃 FeatureManager 디자인 트리에서 나누어진 곡면 바디를 선택하거나 그래픽 영역에서 선택합니다.

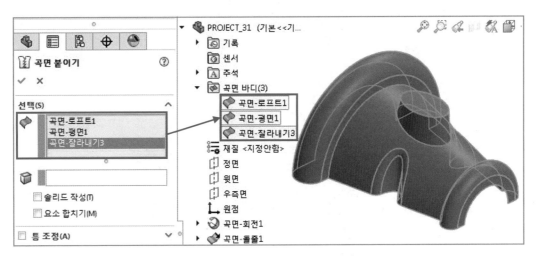

3 확인을 클릭합니다.

4 붙이기 결과가 FeatureManager 디자인 트리에서 하나의 곡면바디로, 곡면 – 표면 붙이기〈n〉로 나열됩니다.

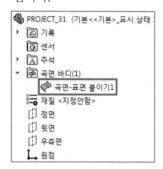

---

20 필렛 2

1 피처 도구모음에서 필렛을 클릭합니다.

2 필렛 유형으로 부동크기필렛을 선택한 후 필렛할 항목에서 반경으로 3mm를 기입하고, 다음 모서리를 선택하여 필렛을 합니다.

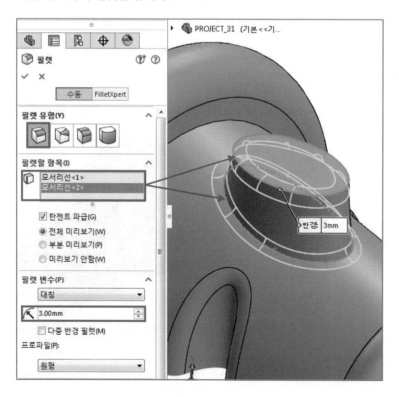

3 확인을 클릭합니다.

21 두꺼운 피처 📦

두꺼운 피처 📦는 하나 이상의 인접 곡면을 두껍게 하여 솔리드 피처를 작성합니다. 두껍게 하려는 곡면에 여러 개의 인접 곡면이 있으면, 곡면을 두껍게 만들기 이전에 이웃해 있는 곡면들을 붙여주어야 합니다.

1 피처 도구모음에서 두꺼운 피처 📦를 클릭하거나 삽입 → 보스 / 베이스 → 두껍게를 클릭합니다.

두꺼운 피처 PropertyManager에서 두껍게 할 곡면 📦 난에 그래픽 영역에서 합친 곡면을 선택합니다. 두께 유형에서 1면 두껍게 ▤를 선택하고, 두께 📦에 1mm를 기입합니다.

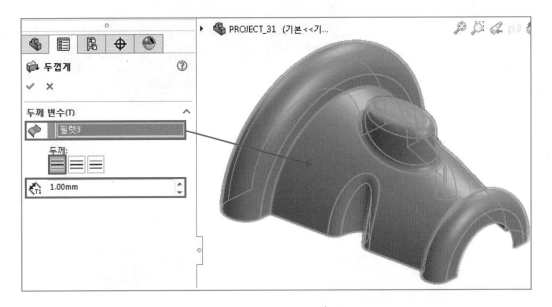

2 확인 ✔을 클릭합니다.

3 두께가 없는 곡면에 두께값이 부여되어 솔리드로 변하며, FeatureManager 디자인 트리에서도 하나의 솔리드 바디로 바뀝니다.

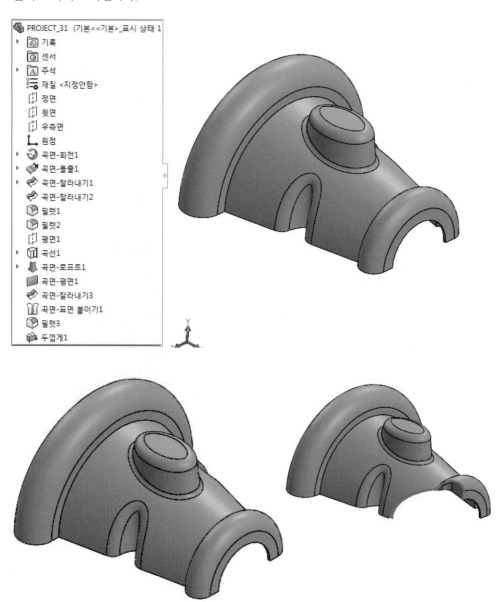

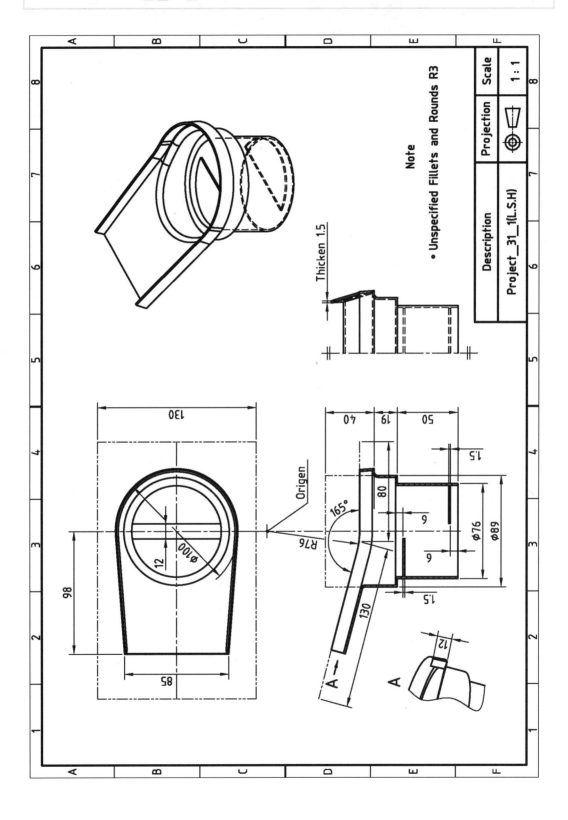

곡면 도구모음
사용예제 2

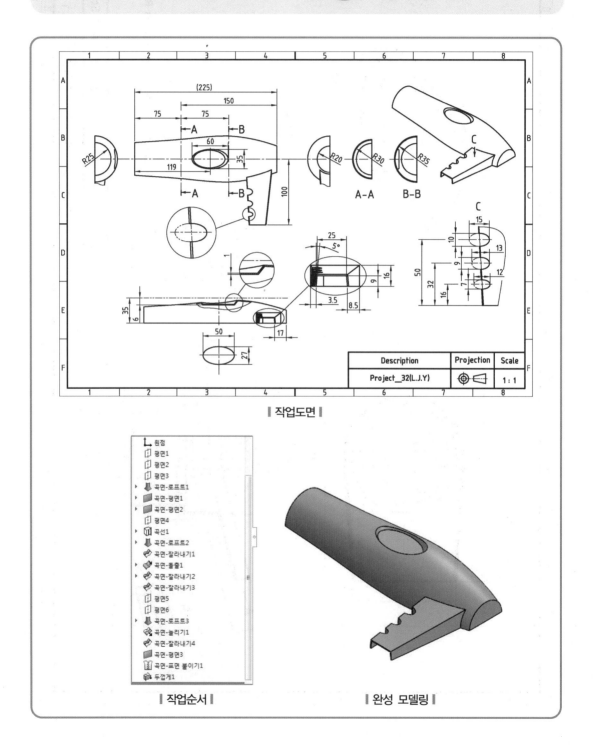

| 작업도면 |

| 작업순서 |

| 완성 모델링 |

01 2D 평면 선택하고 스케치하기 1

1 FeatureManager 디자인 트리에서 우측면을 선택하고, 스케치 도구모음에서 스케치 를 클릭합니다.

2 스케치 도구모음의 중심점 호 를 클릭하여 호의 중심은 스케치 원점에 일치하도록 호를 스케치한 다음 Ctrl을 누른 채 호의 시작점과 호의 끝점 그리고 스케치 원점을 선택한 후 구속조건으로 수평을 부가합니다.

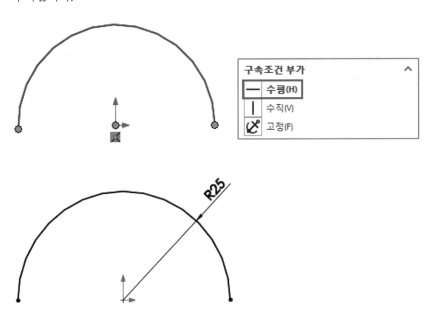

02 평면 1

1 참조 형상 도구모음에서 기준면 을 클릭하거나 삽입 → 참조형상 → 기준면을 클릭합니다.

2 제1참조요소란에 FeatureManager 디자인 트리에서 우측면을 선택하고 오프셋거리 로 75mm를 기입하여 기입한 거리만큼 오프셋된 평면을 만듭니다.

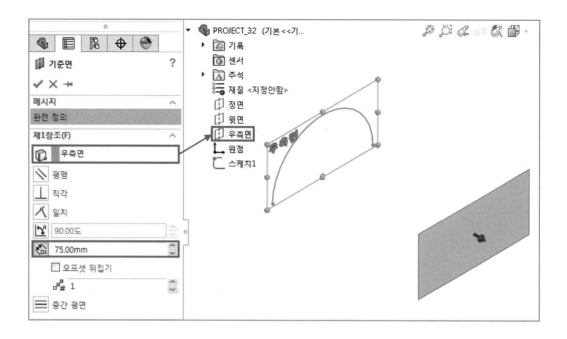

3 확인 ✔을 클릭합니다.

FeatureManager 디자인 트리에서 평면 1을 선택하고, 스케치 도구모음에서 스케치 └를 클릭하여 위와 같은 방법으로 스케치를 완성합니다.

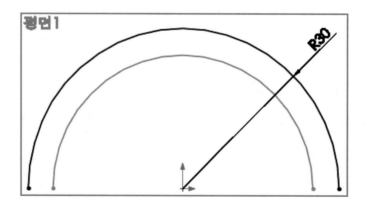

04 평면 2

1 참조 형상 도구모음에서 기준면을 클릭하거나 삽입 → 참조형상 → 기준면을 클릭합니다.

2 제1참조요소란에 FeatureManager 디자인 트리에서 평면 1을 선택하고 오프셋거리로 75mm를 기입하여 기입한 거리만큼 오프셋된 평면 2를 만듭니다.

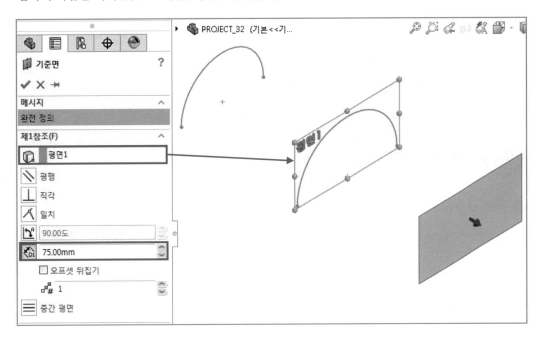

3 확인을 클릭합니다.

05 2D 평면 선택하고 스케치하기 3

FeatureManager 디자인 트리에서 평면 2을 선택하고, 스케치 도구모음에서 스케치를 클릭하여 다음과 같이 스케치를 완성합니다.

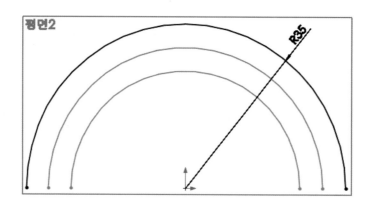

06 평면 3

1. 참조 형상 도구모음에서 기준면을 클릭하거나 삽입 → 참조형상 → 기준면을 클릭합니다.

2. 제1참조요소란에 FeatureManager 디자인 트리에서 평면 1을 선택하고 오프셋거리로 150mm를 기입하여 기입한 거리만큼 오프셋된 평면 3을 만듭니다.

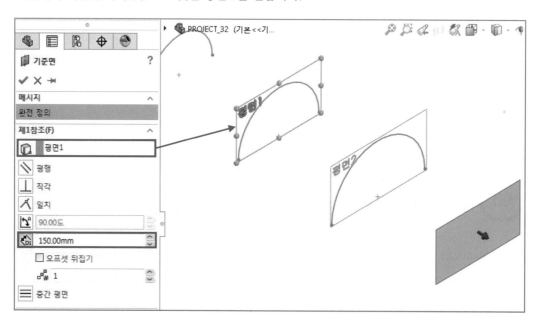

3. 확인을 클릭합니다.

07 2D 평면 선택하고 스케치하기 4

FeatureManager 디자인 트리에서 평면 3을 선택하고, 스케치 도구모음에서 스케치 █를 클릭하여 다음
과 같이 스케치를 완성합니다.

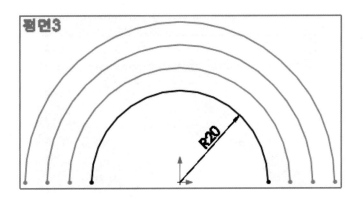

08 로프트 곡면 █ 1

1 곡면 도구모음에서 로프트 곡면 █ 을 클릭하거나 삽입 → 곡면 → 로프트를 클릭합니다.

2 프로파일 ◇에 위의 평면에 작성한 스케치 1, 스케치 2, 스케치 3, 스케치 4를 순차적으로 선택합니다.

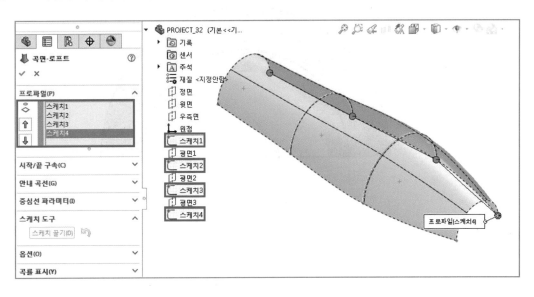

3 확인 █을 클릭합니다.

1 FeatureManager 디자인 트리에서 우측면을 선택하고, 스케치 도구모음에서 스케치⊏를 클릭하며 곡면의 원호 모서리를 선택한 후 스케치 도구모음의 요소변환 ⬡을 선택합니다.

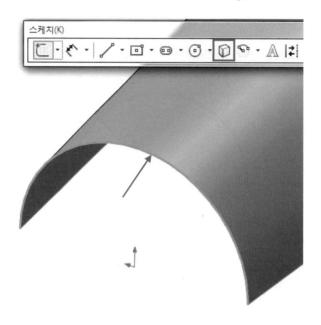

2 선 ✏을 이용하여 호의 끝점을 잇는 수평선을 스케치합니다.

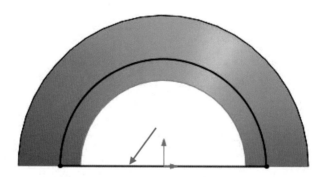

10 평면 곡면 ▇ 1

1 곡면 도구모음에서 평면 곡면▇을 클릭하거나 삽입 → 곡면 → 평면을 클릭합니다.

2 PropertyManager에서, 경계 요소 ◇로 그래픽 영역이나 FeatureManager 디자인 트리에서 스케치 5를 선택하여 평면 곡면을 만듭니다.

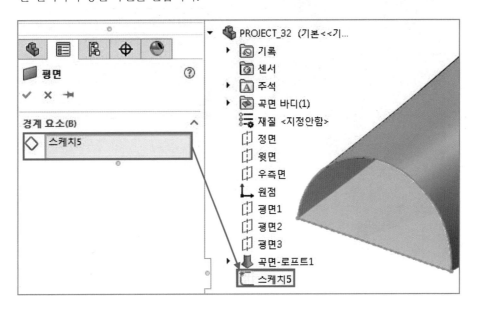

3 확인 ✔을 클릭합니다.

2D 평면 선택하고 스케치하기 6

FeatureManager 디자인 트리에서 평면 3을 선택하고, 스케치 도구모음에서 스케치└를 클릭하여 위와
같은 방법으로 스케치를 완성합니다.

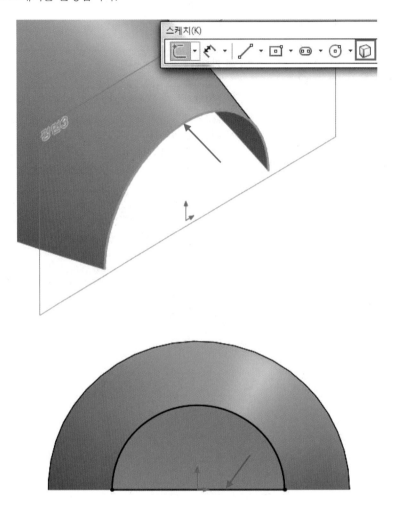

12 **평면 곡면▱ 2**

① 곡면 도구모음에서 평면 곡면▱을 클릭하거나 삽입 → 곡면 → 평면을 클릭합니다.

② PropertyManager에서, 경계 요소◇로 그래픽 영역이나 FeatureManager 디자인 트리에서 스케치 6을
선택하여 평면 곡면을 만듭니다.

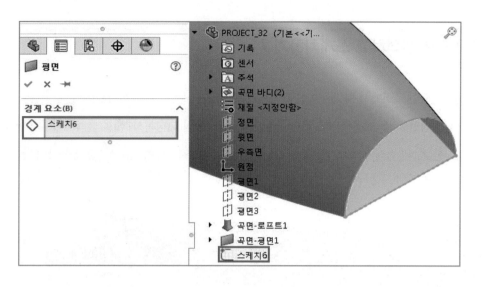

3 확인 ✔을 클릭합니다.

1 참조 형상 도구모음에서 기준면🗋을 클릭하거나 삽입 → 참조형상 → 기준면을 클릭합니다.

2 제1참조요소란에 FeatureManager 디자인 트리에서 정면을 선택하고 오프셋거리📐에 100mm를 입력하여 입력한 거리만큼 오프셋된 평면 4를 만듭니다.

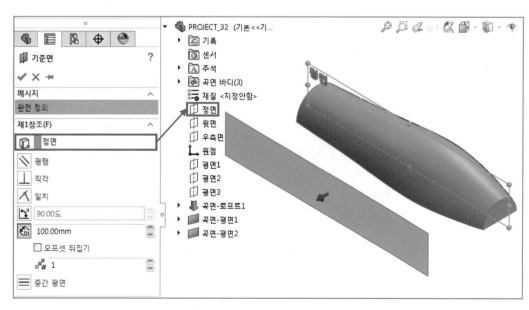

14 2D 평면 선택하고 스케치하기 7

FeatureManager 디자인 트리에서 평면 4를 선택하고, 스케치 도구모음에서 스케치 ⌐ 를 클릭합니다. 스케치 도구모음의 중심선 ⁄⁄ 을 이용하여 수직한 중심선을 긋고, 동적 대칭복사 ⊩ 를 클릭하여 수직한 중심선을 기준으로 선 ⁄ 의 스케치 요소가 동적 대칭이 되도 록 그린 후 지능형 치수 ◆ 를 이용하여 다음과 같이 치수를 부가하여 스케치를 구속합니다.

15 2D 평면 선택하고 스케치하기 8

FeatureManager 디자인 트리에서 정면을 선택하고, 스케치 도구모음에서 스케치 ⌐ 를 클릭하여 다음과 같이 스케치를 완성합니다.

만약 치수 기입 시 이전 스케치가 보이지 않을 경우 FeatureManager 디자인 트리에서 해당 스케치를 선택하고 마우스 오른쪽 버튼을 누른 후 보이기를 선택하여 이전의 스케치 요소를 이용하여 치수를 기입합니다.

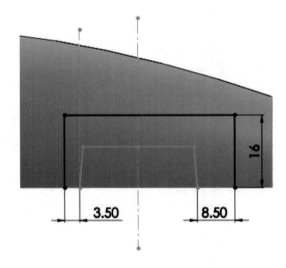

16 투영 곡선 1

1 곡선 도구모음에서 투영 곡선을 클릭하거나 삽입 → 곡선 → 투영 곡선을 클릭합니다.

2 투영 곡선 PropertyManager에서 선택 아래의 투영 유형은 면에 스케치를 선택하고, 투영할 스케치 아래에는 그래픽 영역이나 플라이아웃 FeatureManager 디자인 트리로부터 위의 스케치한 스케치 8을 선택합니다. 투영 면 아래에는 스케치를 투영하고자 하는 면을 다음과 같이 선택하여 해당 스케치가 면에 투영되게 3D 곡선을 만듭니다.

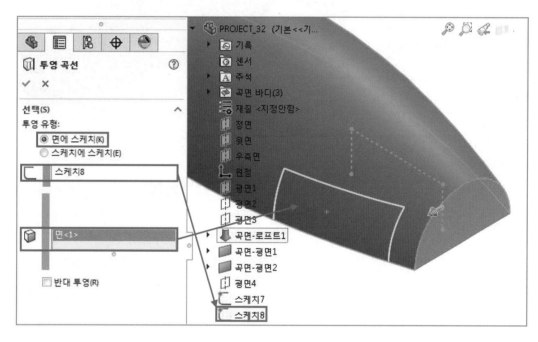

17 로프트 곡면 2

곡면 도구모음에서 로프트 곡면 을 클릭하거나 삽입 → 곡면 → 로프트를 클릭합니다.

프로파일 에 투영곡선과 평면 4에 스케치한 스케치 7을 순차적으로 선택하여 로프트합니다.

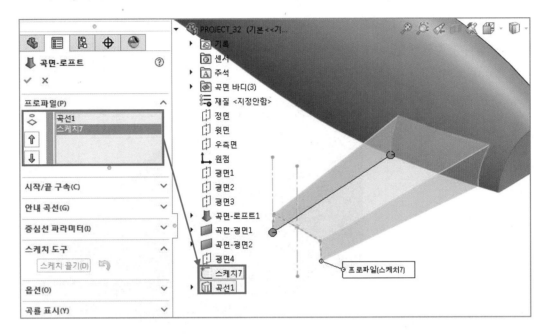

곡면 잘라내기✂ 1

곡면 도구모음에서 곡면 잘라내기✂을 클릭하고, 잘라내기 유형으로 표준을 선택합니다.

잘라내기 도구✎는 위에서 생성한 곡면 로프트 2를 선택하고, 선택 제거에 체크한 후 제거할 부분✎ 난에 그래픽 영역에서 다음과 같이 면을 선택합니다.

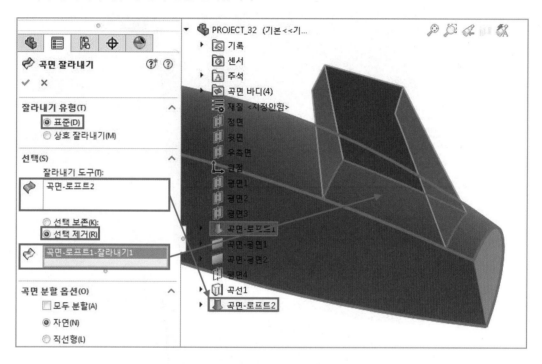

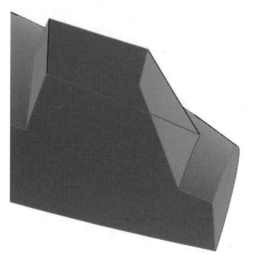

FeatureManager 디자인 트리에서 윗면을 선택하고, 스케치 도구모음에서 스케치를 클릭합니다. 스케치 도구모음의 타원을 클릭하여 타원의 중심점이 안쪽 모서리에 일치하게 타원을 스케치하고 타원 장축의 두 사분점 사이에 구속조건으로 수평을 부가한 후 지능형 치수를 클릭하여 치수를 부가합니다.

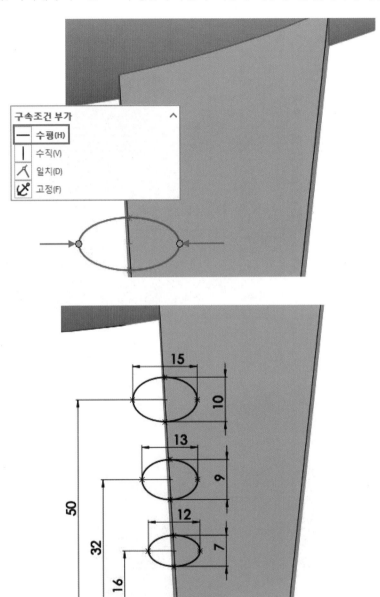

20 돌출 곡면 1

곡면 도구모음에서 돌출 곡면을 클릭하거나 삽입 → 곡면 → 돌출을 클릭합니다.

마침조건은 블라인드 형태를 선택하고 깊이에는 20mm를 기입합니다.

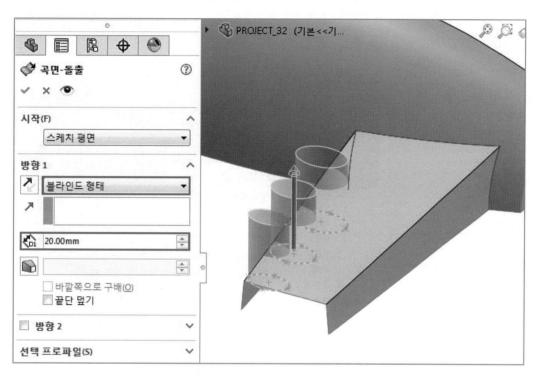

21 곡면 잘라내기 ✏ 2

곡면 도구모음에서 곡면 잘라내기 ✏를 클릭하거나 삽입 → 곡면 → 잘라내기를 클릭합니다.
잘라내기 유형에 표준을 선택하고, 잘라내기 도구 ✏는 플라이아웃 FeatureManager 디자인 트리에서 곡
면 돌출의 스케치 9를 선택합니다. 선택 보존에 체크하고, 보존할 부분 ✏ 난에 그래픽 영역에서 곡면을
다음과 같이 선택합니다.

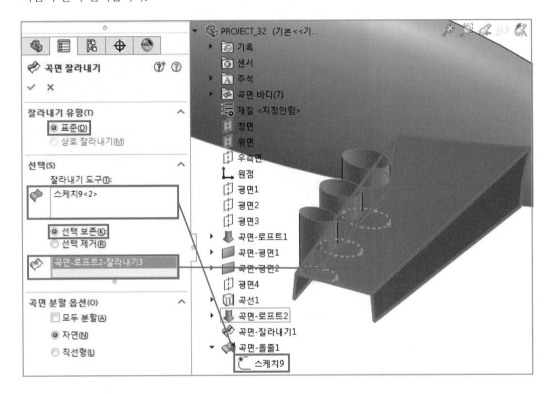

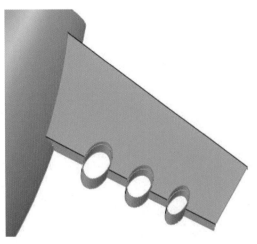

곡면 잘라내기 3

곡면 도구모음에서 곡면 잘라내기를 클릭하고, 잘라내기 유형에 표준을 선택한 후 잘라내기 도구 는 그래픽 영역에서 곡면 로프트로 작성한 면을 선택합니다. 선택 제거에 체크하고 제거할 부분 난에 그래픽 영역에서 곡면 돌출한 면을 선택합니다.

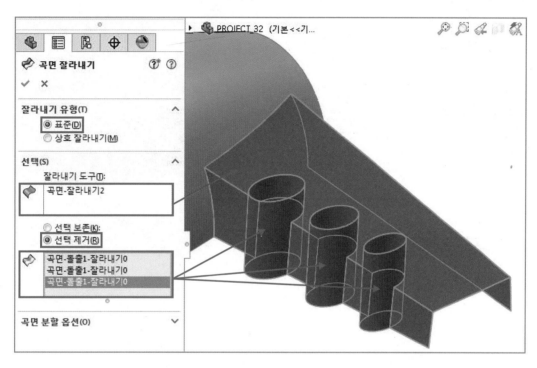

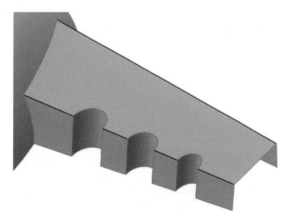

23 평면 5

1 참조 형상 도구모음에서 기준면▐을 클릭합니다.

2 제1참조요소란에 FeatureManager 디자인 트리에서 윗면을 선택하고 오프셋거리⟨Ðⅰ는 35mm를 입력하여 입력한 거리만큼 오프셋된 평면 5를 만듭니다.

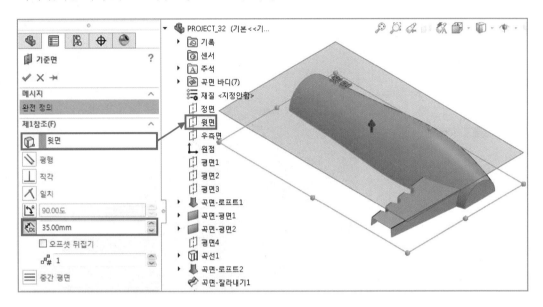

24 2D 평면 선택하고 스케치하기 10

FeatureManager 디자인 트리에서 평면 5를 선택하고, 스케치 도구모음에서 스케치▐를 클릭하여 다음과 같이 스케치를 완성합니다.

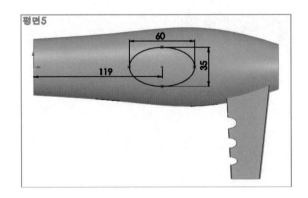

25 평면 6

참조 형상 도구모음에서 기준면을 클릭합니다.

제1참조요소란에 FeatureManager 디자인 트리에서 평면 5를 선택합니다. 오프셋 거리로는 6mm를 입력한 후 오프셋 뒤집기에 체크하여 생성되는 평면의 방향을 결정하고 입력한 거리만큼 오프셋된 평면 6을 만듭니다.

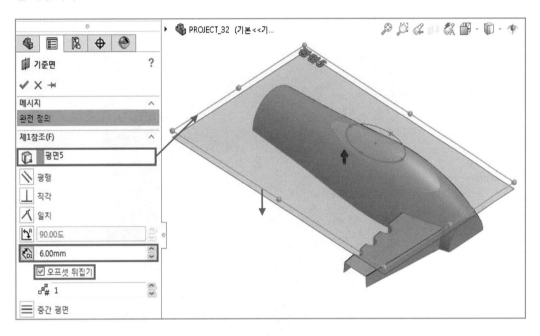

26 2D 평면 선택하고 스케치하기 11

새로 작성한 평면 6에 다음과 같이 스케치를 완성합니다.

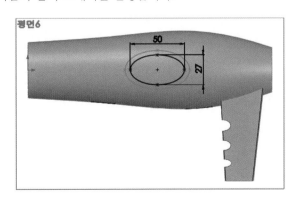

곡면 도구모음에서 로프트 곡면을 클릭합니다.

프로파일에 평면 5와 평면 6의 스케치 프로파일을 순차적으로 선택하여 로프트합니다.

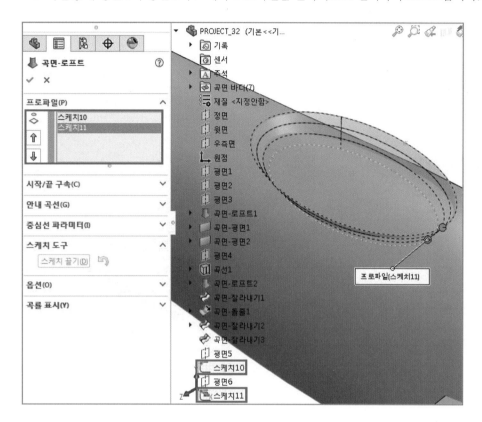

28 곡면 늘리기 1

1 곡면 도구모음에서 곡면 늘리기 를 클릭하거나, 삽입 → 곡면 → 늘리기를 클릭합니다.

2 곡면 늘리기 PropertyManager의 연장할 모서리선 / 면 아래에서, 선택 면 / 모서리선 으로 그래픽 영역에서 곡면 로프트로 생성한 위의 모서리선을 선택합니다.

3 마침 조건 유형에서 거리를 선택하고, 거리 에 5mm를 기입하여 지정한 값만큼 곡면을 늘립니다.

4 연장 형태는 '같은 곡면으로'를 선택합니다.

같은 곡면으로는 곡면의 지오메트리를 따라 곡면이 연장되고, 직선형은 곡면 탄젠트를 모서리선을 따라 원래 곡면으로 연장합니다.

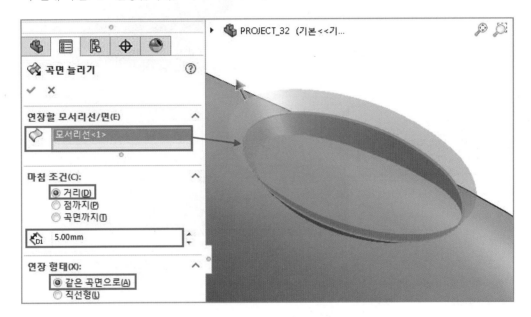

TIP

곡면 잘라내기를 사용 시 잘라내기 도구가 잘릴 형상보다 커야 하기 때문에 위와 같이 곡면 늘리기를 통해 잘라내기 도구로 사용될 곡면을 늘려줍니다.

곡면 도구모음에서 곡면 잘라내기 🐾를 클릭하고, 잘라내기 유형에 상호 잘라내기를 선택합니다.
잘라내기 도구 🐾는 그래픽 영역에서 곡면 늘리기로 작성한 면과 로프트면을 선택하고, 선택 제거에 체크
한 후 제거할 부분 🐾 난에 그래픽 영역에서 제거할 면을 아래와 같이 선택합니다.

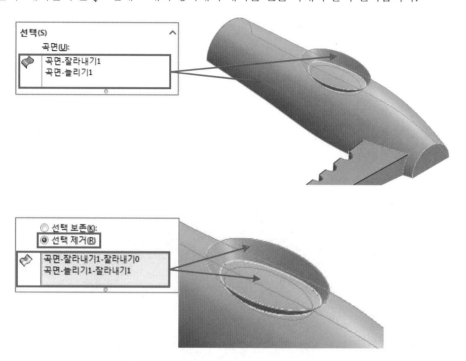

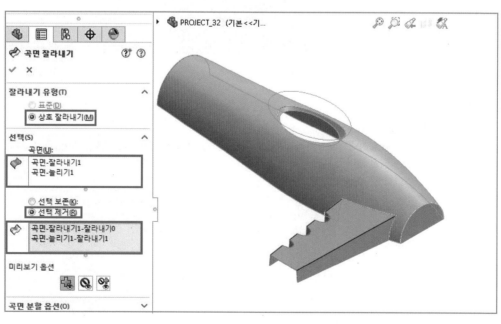

30 평면 곡면 3

곡면 도구모음에서 평면 곡면 을 클릭합니다.

경계 요소 로 그래픽 영역에서 모서리선을 선택하여 평면 곡면을 만듭니다.

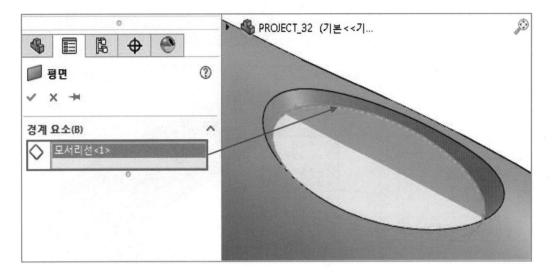

31 곡면 붙이기 1

1 두께값을 갖는 솔리드형상으로 만들기 위해 우선 모든 곡면 바디를 붙입니다.

곡면 도구모음에서 곡면 붙이기를 클릭합니다.

2 곡면 붙이기 PropertyManager에서 붙일 곡면과 면으로 플라이아웃 FeatureManager 디자인 트리에서 나누어진 모든 곡면을 선택하거나 그래픽 영역에서 선택합니다.

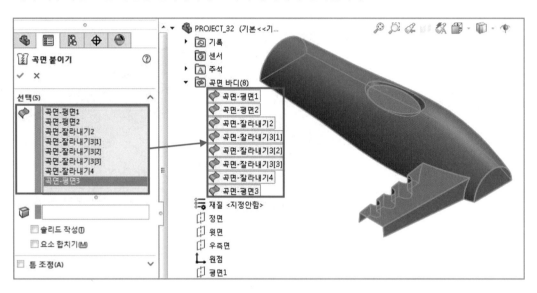

32 두꺼운 피처 1

1 두께값이 없는 하나로 합쳐진 곡면에 두께값을 부여하기 위해 피처 도구모음에서 두꺼운 피처 를 클릭한 후 다음과 같이 값을 부여하여 솔리드 형상을 완성합니다.

2 두꺼운 피처 PropertyManager에서 두껍게 할 곡면 으로 그래픽 영역에서 합친 곡면을 선택합니다. 두께 유형에서 1면 두껍게 를 선택하고, 두께 에 1mm를 기입합니다.

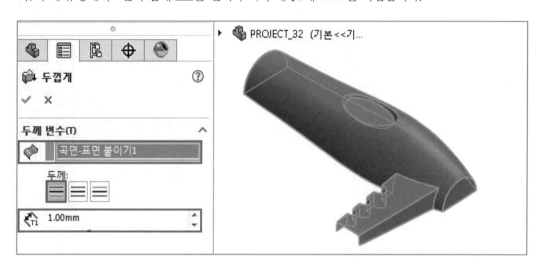

3 확인 을 클릭합니다.

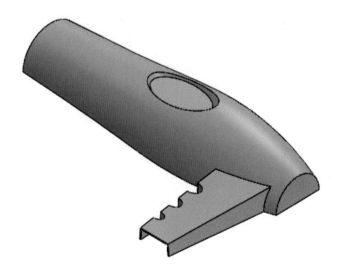

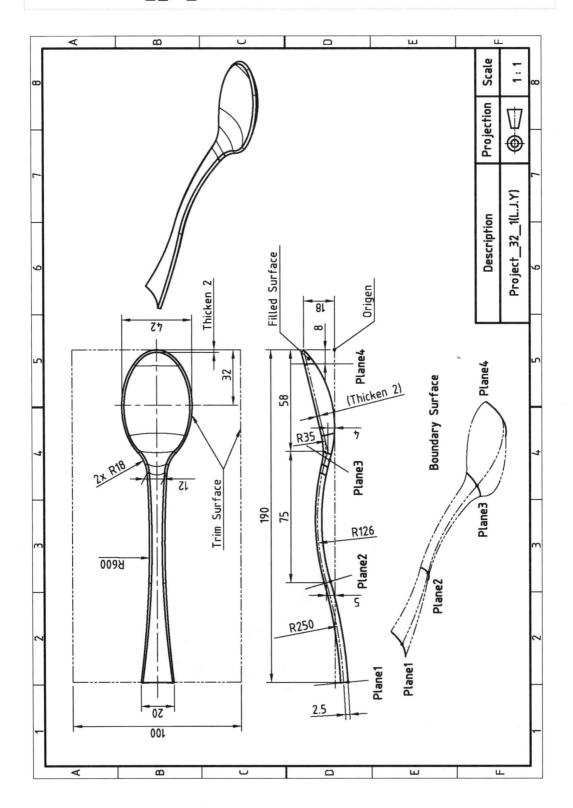

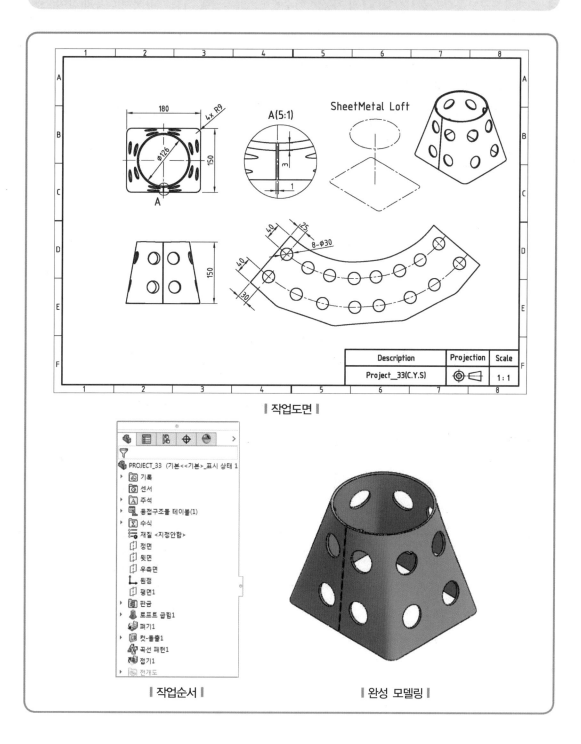

| 작업도면 |

| 작업순서 |

| 완성 모델링 |

01 2D 평면 선택하고 스케치하기 1

1 FeatureManager 디자인 트리에서 윗면을 선택하고, 스케치 도구모음에서 스케치 ⌐를 클릭합니다.

2 스케치 도구모음의 중심사각형 ▫️과 지능형 치수 ✏️, 스케치필렛 ⌐을 이용하여 다음과 같이 스케치를 완성합니다.

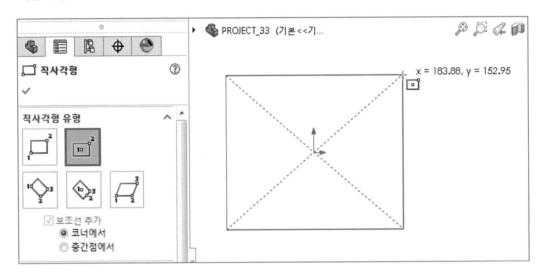

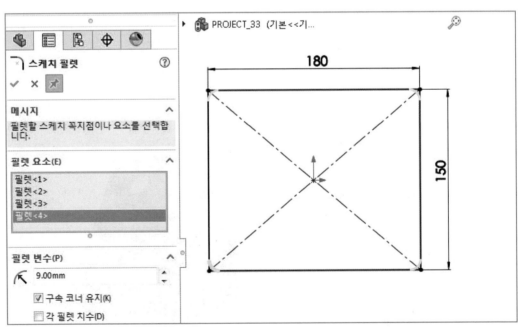

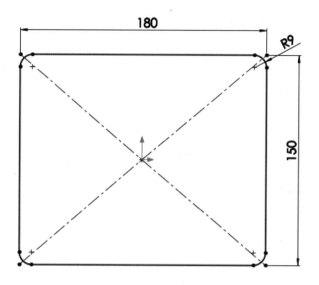

3 중심선 ✐을 선택하여 수직한 중심선을 작성하고, 선 ✐을 선택하여 다음과 같이 두 사선을 그립니다.

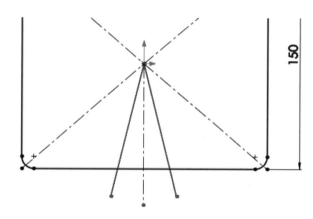

4 요소 잘라내기 ✂를 이용하여 필요 없는 스케치 요소를 잘라냅니다.

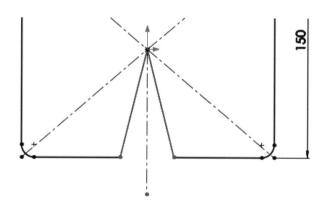

5 두 사선과 중심선을 선택하고 구속조건으로 대칭 ⬚ 을 부여합니다.

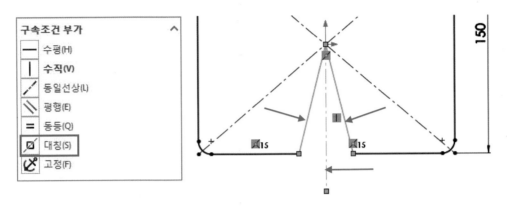

6 두 사선을 선택하고 보조선으로 변환합니다.

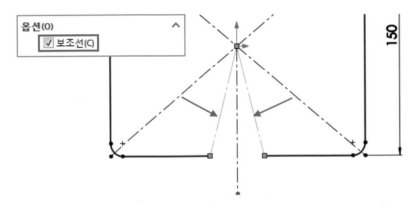

7 지능형 치수 ✎ 를 클릭하여 두 점 사이의 거리값 1을 기입합니다. 지능형 치수 명령이 끝난 상태에서 기입된 치수에 마우스를 가져다 놓고 마우스 오른쪽 버튼을 클릭하여 바로가기 메뉴에서 수치링크를 선택합니다.

❶ 공유된 치수창이 뜨면 이름란에 적당한 이름을 부여합니다. 여기서는 A1으로 이름을 부여하겠습니다.

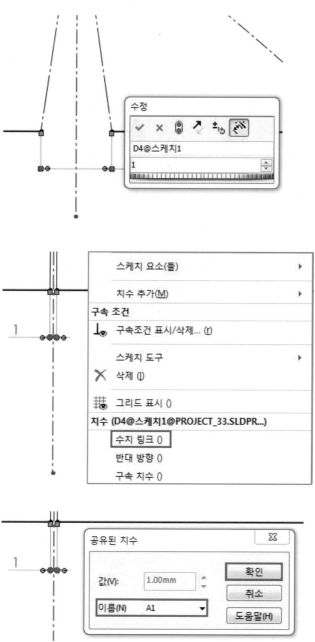

❷ 치수문자 앞에 치수링크 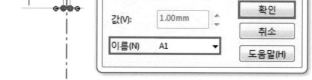가 표시됩니다.

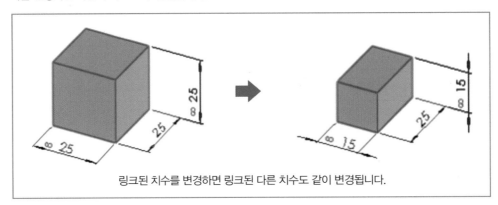

TIP 치수링크

여러 수식이나 관계를 사용하지 않고도 몇 개의 치수를 같게 설정할 수 있습니다.

치수가 이 방법으로 링크되면 치수 그룹의 어떤 요소도 유도하는 치수로 사용될 수 있습니다. 링크된 수치 중 하나를 변경하면 다른 수치도 모두 변경됩니다.

링크된 치수를 변경하면 링크된 다른 치수도 같이 변경됩니다.

치수를 링크 해제하는 방법은 링크를 해제하고자 하는 치수에 마우스를 가져다 놓고 마우스 오른쪽 버튼을 클릭하여 바로가기 메뉴에서 수치 링크 해제를 선택합니다. 여기서는 링크를 해제하지 않겠습니다.

8 스케치 확인 코너에서 스케치 종료 ↳를 클릭합니다.

02 평면📘1

참조 형상 도구모음에서 기준면📘을 클릭합니다.

제1참조요소란에 FeatureManager 디자인 트리에서 윗면을 선택하고, 오프셋 거리📐에 150mm를 입력하여 평면 1을 만듭니다.

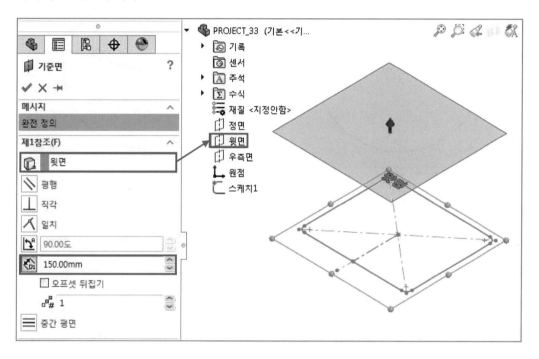

작성한 평면 1을 선택하고 스케치 도구모음에서 스케치 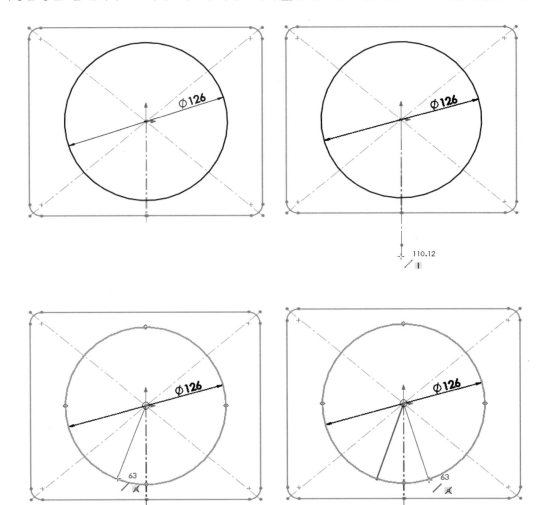를 클릭하여 다음과 같이 스케치를 완성합니다.

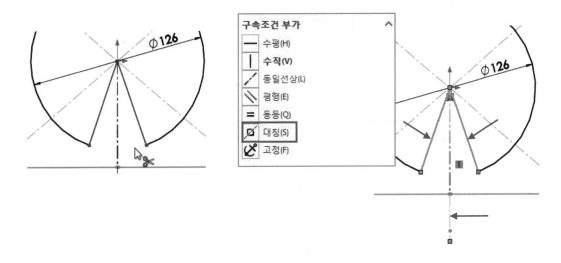

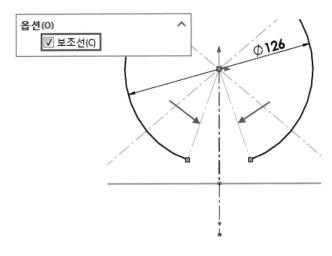

1 지능형 치수 ✎를 클릭하여 두 점 사이의 치수를 생성합니다.

지능형 치수 명령이 끝난 상태에서 치수에 마우스를 가져다 놓고 마우스 오른쪽 버튼을 클릭하여 바로 가기 메뉴에서 수치 링크를 선택합니다.

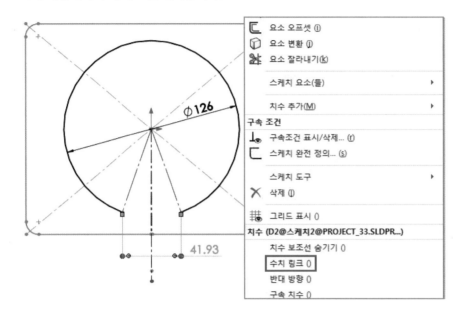

2 공유된 치수창이 뜨면 이름란에서 기존에 작성하였던 A1을 선택합니다.

3 치수가 ⚭ 1로 바뀝니다. 이전에 A1 이름으로 링크한 치수와 링크되어 치수값을 변경하면 A1 이름으로 링크되어 있는 치수도 같이 바뀌게 됩니다.

04 로프트 굽힘 1

1 판금 파트에 있는 로프트 굽힘은 로프트로 연결된 두 개의 개곡선을 사용하기 때문에 로프트의 프로파일로 사용될 위의 두 스케치는 개곡선으로 작성하였습니다. 또한 베이스-플랜지 피처는 로프트 굽힘 피처와 함께 사용되지 않습니다.

2 판금 도구모음의 로프트 굽힘 🔨을 클릭하거나 삽입 → 판금 → 로프트 굽힘을 클릭합니다.

3 PropertyManager의 프로파일 ◇ 아래에 두 개의 스케치를 선택하고 두께값은 3mm를 기입합니다.

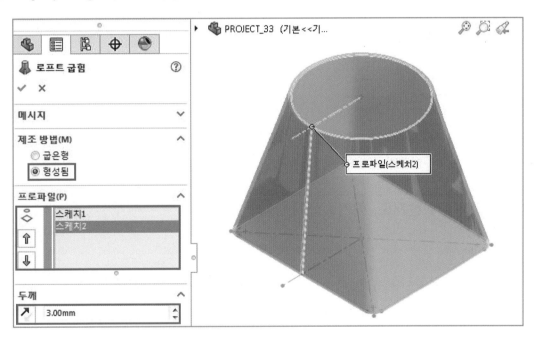

4 베이스 플랜지 피처로 두 개의 새 피처가 FeatureManager 디자인 트리에 만들어집니다.

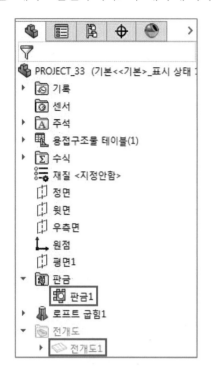

05 판금 / 전개도, 펴기 / 접기

1 판금

여기에는 기본 밴드(굽힘) 변수가 포함됩니다. 디폴트 굽힘 반경, 굽힘 허용 또는 굽힘 차감, 디폴트 릴리프 유형을 편집하려면 ⬚ 판금 1을 마우스 오른쪽 버튼으로 클릭하고 피처 편집을 선택합니다.

2 전개도

판금 파트를 전개한 것입니다. 이 피처는 기본으로 파트가 굽힘 상태일 때 기능이 억제됩니다. 피처의 기능 억제를 해제하여 판금 파트를 평평하게 만듭니다.

1 전개도 상태

- 기능 억제 상태이면, 모든 새로운 피처가 FeatureManager 디자인 트리에서 위에 삽입됩니다.
- 기능 억제 해제 상태이면 전개된 형상을 볼 수 있으며, 모든 새로운 피처가 FeatureManager 디자인 트리에서 아래에 삽입되고 접힌 파트에서는 표시되지 않습니다.

❸ 펴기 / 접기

펴기 및 접기 피처를 사용하여 판금 파트의 하나, 하나 이상 또는 모든 굽힘을 펴거나 굽힐 수 있습니다. 이 피처 조합은 굽힘이 생성되기 전에 컷을 추가할 때 유용합니다. 먼저 펴기 피처를 추가하여 굽힘을 편 다음 컷을 추가합니다. 마지막으로 접기 피처를 추가하여 굽힘을 접힌 상태로 되돌립니다.

펴기 / 접기를 사용하여 굽힘이 생성되기 전 전개도에 구멍을 생성해 보도록 하겠습니다.

06 펴기 1

❶ 판금 도구모음의 펴기 를 클릭하거나 삽입 → 판금 → 펴기를 클릭합니다.

❷ 고정면 에 펴기를 위한 굽힘을 할 때 고정면을 선택합니다. 여기서는 다음과 같이 모서리를 선택합니다.

❸ 펴기할 굽힘 으로 하나 또는 그 이상의 굽힘 부분을 선택하거나 모든 굽힘 보기를 클릭하여 파트에서 모든 굽힘을 선택합니다. 여기서는 모든 굽힘 보기를 클릭합니다.

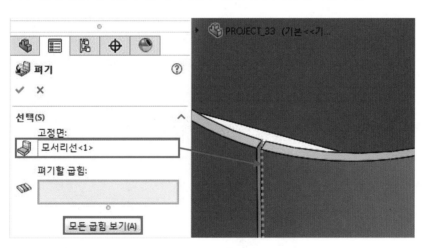

07 2D 평면 선택하고 스케치하기 3

펼쳐진 판금형상의 면을 선택하고, 스케치 도구모음에서 스케치⌐를 클릭하여 다음과 같이 스케치합니다.

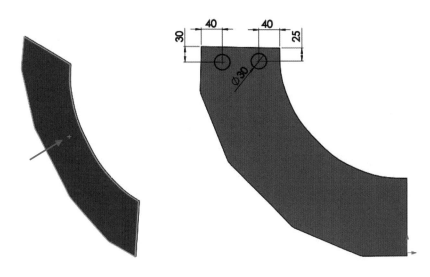

08 돌출컷 1

피처 도구모음의 돌출컷을 클릭하고 마침조건으로 관통을 선택합니다.

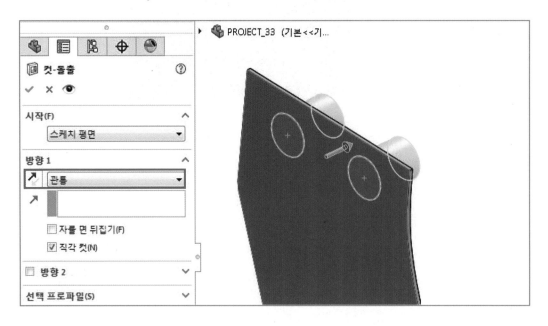

09 곡선 이용 패턴 ✵ 1

1 피처 도구모음에서 곡선 이용 패턴✵을 클릭합니다.

2 방향 1의 패턴 방향으로 모서리선을 선택합니다.

3 인스턴스 수 ✴✴ : 패턴에 삽입할 씨드 인스턴스의 수는 8을 기입합니다.

4 간격✵(동등 간격을 선택하지 않았을 때 사용 가능) : 50mm를 기입합니다.

5 곡선방법으로는 선택한 곡선의 원점에서 씨드 피처 사이의 수직 거리가 유지되도록 곡선 오프셋을 선택합니다.

6 정렬방법으로는 각 패턴 인스턴스를 패턴 방향으로 선택한 곡선에 탄젠트를 이루어 정렬되도록 곡선에 접함을 선택합니다.

7 패턴할 피처✶는 그래픽 영역에서 컷 돌출한 부분을 선택합니다.

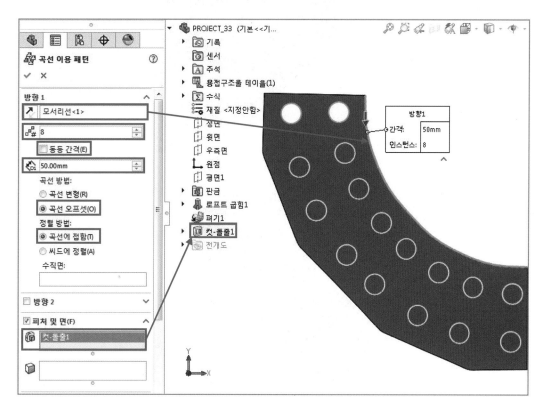

1 판금 도구모음의 접기를 클릭하거나 삽입 → 판금 → 접기를 클릭합니다.

2 고정면에 펴기 시 선택하였던 모서리선을 선택합니다.

3 접기할 굽힘으로 모든 굽힘 보기를 클릭합니다.

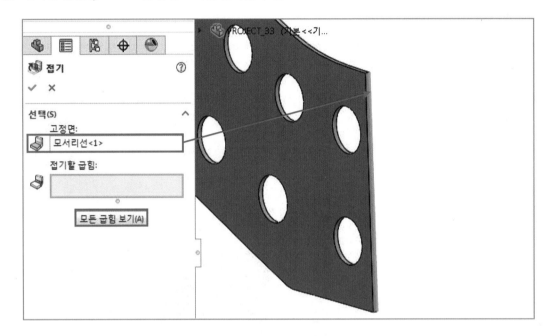

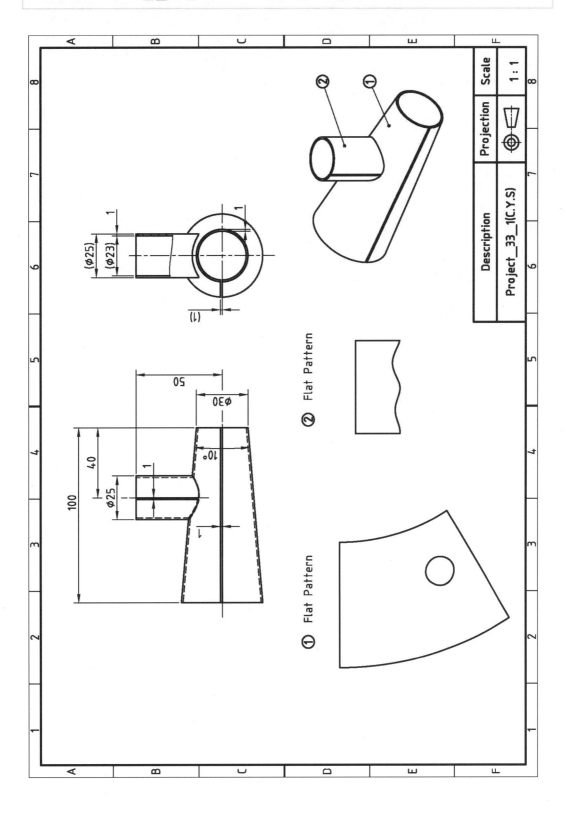

폼 도구 만들기, 판금 도구모음 사용예제 2

● 곡/선/도/구/모/음 **분할선**

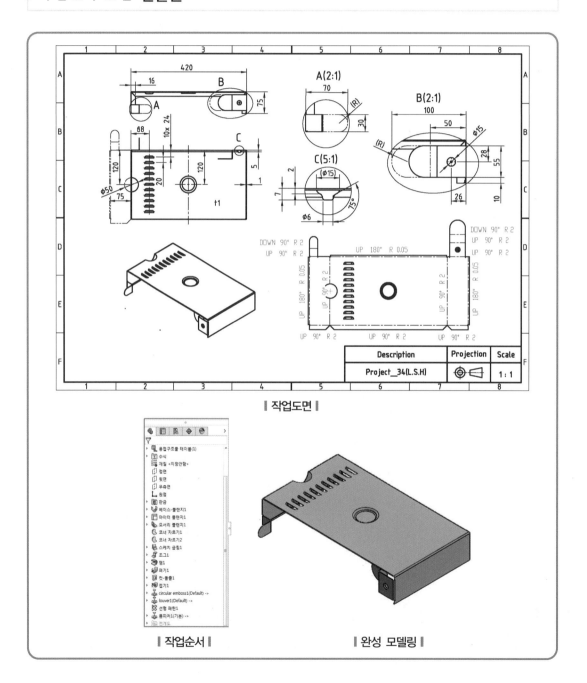

┃ 작업도면 ┃

┃ 작업순서 ┃

┃ 완성 모델링 ┃

01 베이스 플랜지

1 FeatureManager 디자인 트리에서 정면을 선택하고, 판금 도구모음에서 베이스 플랜지 / 탭을 클릭하거나 삽입 → 판금 → 베이스 플랜지를 클릭합니다.

> **TIP** 베이스 플랜지
>
> 베이스 플랜지는 새 판금 파트의 첫 번째 피처입니다. 베이스 플랜지가 SolidWorks 파트에 추가되면 파트가 판금 파트로 표시됩니다. 적절할 경우 굽힘이 추가되며 판금 관련 피처가 FeatureManager 디자인 트리에 추가됩니다.
>
> 베이스 플랜지는 SolidWorks 파트에 베이스 플랜지 피처가 하나만 허용됩니다. 또한 베이스 플랜지 피처의 두께와 굽힘 반경은 지정하지 않는 한 다른 판금 피처의 디폴트 값이 됩니다.

2 스케치 도구모음을 이용하여 다음과 같이 스케치를 작성합니다.

3 스케치가 완성된 후 스케치 확인 코너에서 스케치 종료를 클릭합니다.

베이스 플랜지 PropertyManager에서

❶ 방향 1의 마침조건을 블라인드 형태로 지정하고 깊이 에 240mm를 입력합니다.

❷ 판금변수에서 판재의 두께값을 두께 1mm로 입력하고 굽힘 반경 은 2mm를 입력합니다. 두께 가 스케치 안쪽으로 부여되도록 반대방향에 체크합니다.

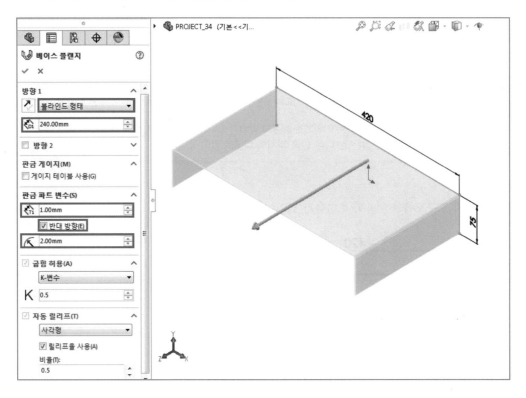

02 2D 평면 선택하고 스케치하기 2

FeatureManager 디자인 트리에서 윗면을 선택하고, 스케치 도구모음에서 스케치 를 클릭하여 스케치 를 완성합니다.

03. 마이터 플랜지 사용방법

■ 마이터 플랜지

마이터 플랜지 피처는 하나 이상의 판금 파트 모서리에 일련의 플랜지를 추가합니다.

② 마이터 플랜지의 권장사항

❶ 마이터 플랜지 스케치의 조건 : 스케치는 단지 선 또는 원호만 있어야 합니다.

❷ 마이터 플랜지 프로파일 : 한 개 이상의 연속선을 포함할 수 있습니다. 예를 들어, L자 모양의 프로파일일 수 있습니다.

❸ 스케치 평면 : 마이터 플랜지가 생성되는 첫 번째 모서리선에 수직이어야 합니다.

04. 마이터 플랜지 1

■ 판금 도구모음에서 마이터 플랜지 를 클릭하거나 삽입 → 판금 → 마이터 플랜지를 클릭합니다.

② 테두리 따라 난에 그래픽 영역에서 플랜지를 만들 모서리를 선택하거나 모서리선에 접한 모든 모서리선를 선택하려면 선택된 모서리의 중간 부분에 나타나는 파급 핸들을 클릭합니다. 여기서도 파급을 클릭하여 접한 모든 모서리가 선택되도록 합니다.

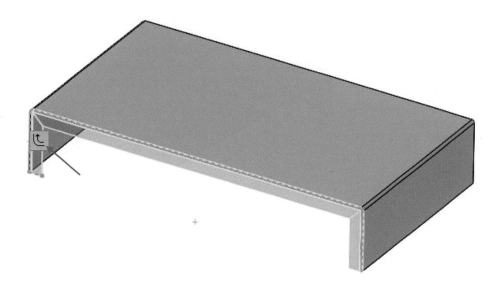

3 플랜지 위치로 재질 안쪽 을 선택합니다.

| 재질 안쪽 ⌐ | | 재질 바깥쪽 ⌐ | | 전체 바깥쪽 ⌐ |

4 디폴트 값이 아닌 다른 틈 크기를 사용하려면 틈 간격 🔩을 지정하는데, 여기서는 디폴트 값을 쓰겠습니다.

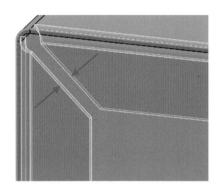

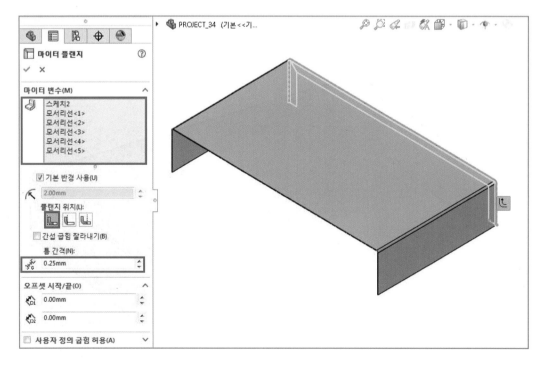

1 모서리 플랜지

한 개 또는 여러 개의 모서리선를 선택하여 선택한 모서리에 돌출하는 플랜지를 추가할 수 있습니다.

2 판금 도구모음의 모서리 플랜지를 클릭하거나 삽입 → 판금 → 모서리 플랜지를 클릭합니다.

3 모서리 플랜지 PropertyManager에서 다음과 같이 필요한 값을 입력합니다.

1 모서리 난에 그래픽 영역에서 모서리선을 선택하여 필요한 부분을 돌출합니다.

2 기본반경을 선택하여 굽힘 반경, 틈 간격을 기본값으로 유지합니다.

3 플랜지 각도 값은 90°를 입력하고 플랜지 길이의 마침조건은 블라인드 형태, 길이값은 70mm를 기입합니다.

4 가상 꼭지점은 두 요소의 가상 교차점을 나타내는데 내부 가상 꼭지점을 선택합니다.

5 플랜지의 위치는 재질 바깥쪽을 선택합니다.

6 릴리프 자동을 선택한 경우 굽힘을 삽입할 때 필요한 곳마다 릴리프 컷이 자동으로 추가됩니다. 릴리프 비율값은 0.05와 2.0 사이의 숫자이어야 합니다. 값이 높을수록 더 큰 크기의 릴리프 컷이 굽힘 삽입 도중 추가됩니다.

여기서는 릴리프를 지정하지 않겠습니다.

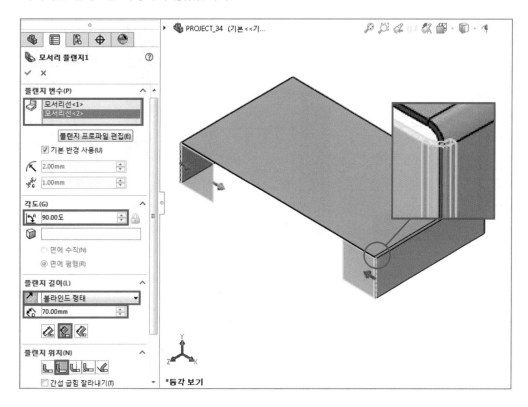

FeatureManager 디자인 트리에서 모서리 플랜지 아래에 생성된 스케치를 선택하고 스케치 편집을 눌러 다음과 같이 생성된 스케치 요소를 드래그한 후 원하는 형상을 만들고 스케치 도구모음을 이용하여 수정합니다.

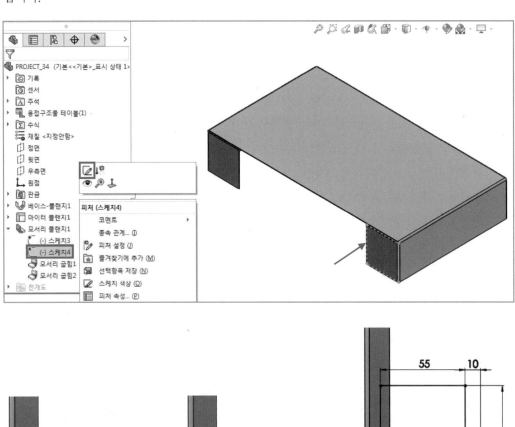

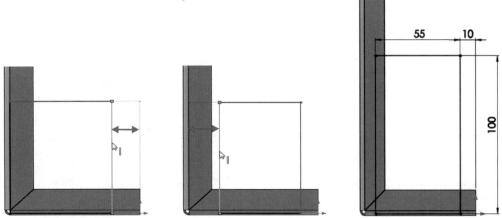

07 모서리 플랜지 스케치 수정 2

FeatureManager 디자인 트리에서 모서리 플랜지 아래에 생성된 또 다른 스케치 프로파일도 위와 같은 방법으로 수정합니다.

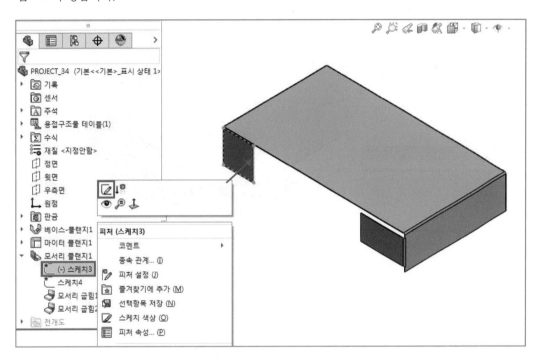

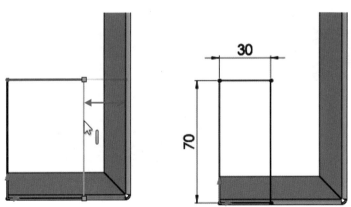

08 코너 자르기 1

1 판금 도구모음에서 코너 자르기를 클릭하거나 삽입 → 판금 → 코너 자르기를 클릭합니다.

2 코너 모서리와 플랜지 면 난에 자를 코너 모서리선 또는 플랜지 면을 선택합니다. 여기서는 그래픽 영역에서 플랜지 면을 선택하겠습니다.

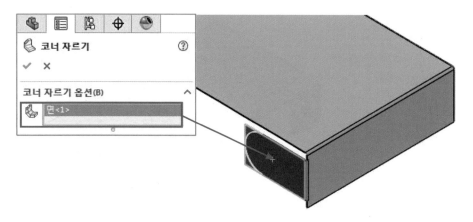

3 자르기 유형으로 필렛을 선택하고 반경 값으로 27.5mm를 기입합니다.

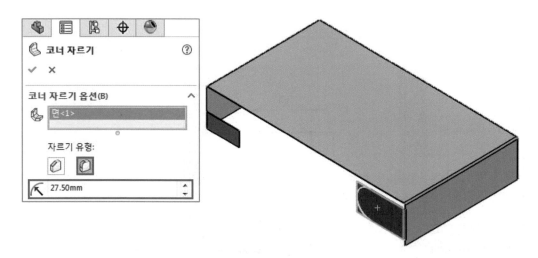

4 모서리 플랜지로 생성한 다른 쪽 플랜지도 마찬가지로 코너 자르기로 필렛을 합니다. 필렛 반경 값으로 15mm를 기입합니다.

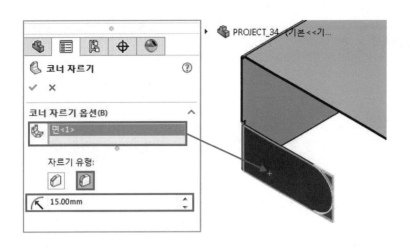

09 2D 평면 선택하고 스케치하기 3

그래픽 영역에서 형상의 면을 선택하고, 스케치 도구모음에서 스케치 ⎣ 를 클릭하여 다음과 같이 스케치를 완성합니다.

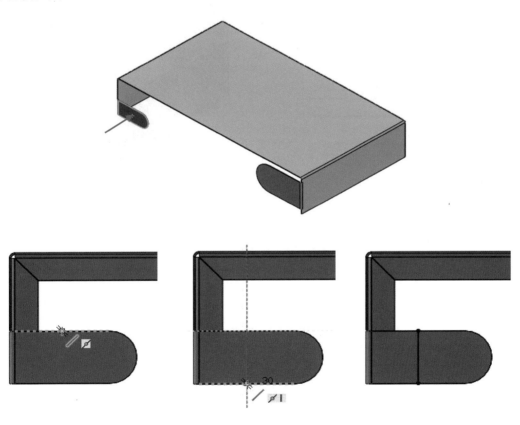

10 스케치 굽힘 1

1 스케치 굽힘

스케치된 선을 기준으로 굽힙니다.

스케치 굽힘에서 스케치에는 선만 사용할 수 있고, 굽힘선은 굽히는 면의 길이와 정확히 같지 않아도 됩니다.

2 판금 도구모음에서 스케치된 굽힘을 클릭하거나 삽입 → 판금 → 스케치된 굽힘을 클릭합니다.

❶ 고정면에 굽힘으로 인해 이동하지 않을 면을 그래픽 영역에서 선택합니다.

❷ 굽힘 위치는 굽힘선이 평평한 파트의 굽힘 부분을 균등하게 분할 배치되도록 굽힘 중심선 굽힘을 선택합니다.

❸ 굽힘 각도는 90°를 기입하고 굽힘 반경은 기본값으로 합니다.

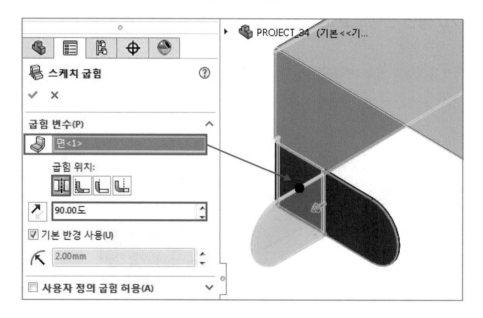

11 2D 평면 선택하고 스케치하기 4

그래픽 영역에서 스케치할 형상의 면을 선택하고, 스케치 도구모음에서 스케치 ⌐를 클릭하여 다음과 같이 스케치를 완성합니다.

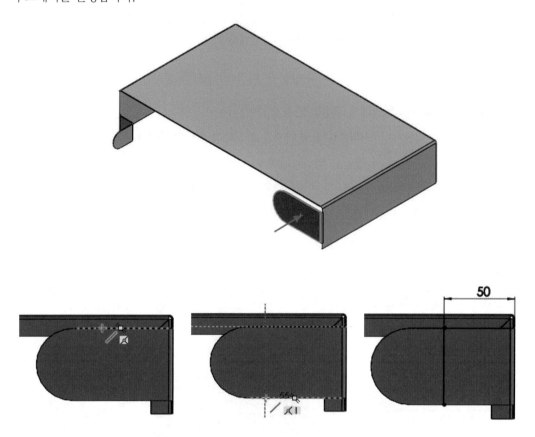

1 **조그**

스케치 선으로 두 개의 굽힘을 생성하면서 판금 파트에 재질을 추가합니다.

조그에 사용하는 스케치 요소는 하나의 선만 포함할 수 있고, 선은 수평 또는 수직이 아니어도 됩니다. 굽힘선은 굽히는 면의 길이와 정확히 같지 않아도 됩니다.

2 판금 도구모음에서 조그 🗜를 클릭하거나 삽입 → 판금 → 조그를 클릭합니다.

   1 고정면 🗜에 그래픽 영역에서 고정할 면을 선택합니다.

   2 기본 반경을 선택합니다.(만약 선택굽힘 반경을 편집하려면 선택 아래에서 기본 반경 사용 선택을 해제하고 굽힘 반경 🔨에 새 값을 입력합니다.)

   3 조그 오프셋에서 마침조건으로 블라인드 형태를 선택하고 오프셋 거리는 30mm를 기입합니다. 치수 위치는 바깥쪽 오프셋🗜을 선택합니다.

   4 조그 위치는 중심선 굽힘🗜을, 조그 각도🗜는 90°를 기입합니다.

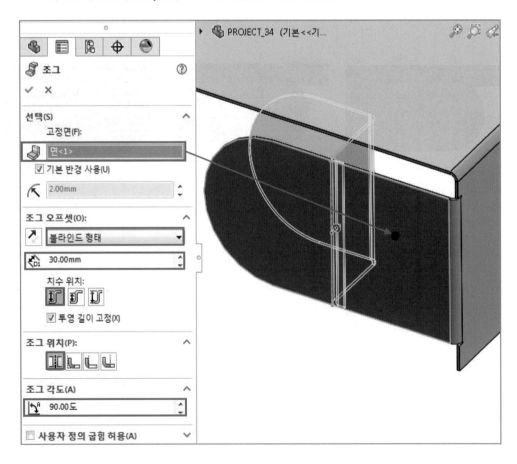

13 햄 1

1 햄

판금 파트 모서리를 햄 도구를 이용하여 말아줍니다.

햄을 추가할 때 선택하는 모서리는 직선이어야 하고, 여러 개를 선택할 경우에는 모서리가 같은 면에 있어야 합니다.

2 판금 도구모음의 햄을 클릭하거나 삽입 → 판금 → 햄을 클릭합니다.

❶ 모서리 : 햄을 추가하려는 모서리를 그래픽 영역에서 선택합니다. 반대 방향 을 클릭하여 반대 방향에 햄을 만듭니다.

재질 안쪽에 햄이 생성되도록 재질 안쪽 을 선택합니다.

❷ 유형과 크기에서 닫힘 햄 을 선택합니다.

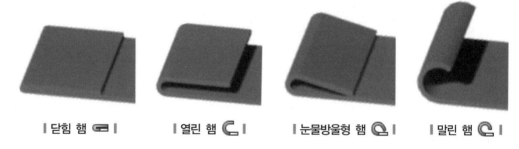

| 닫힘 햄 | | 열린 햄 | | 눈물방울형 햄 | | 말린 햄 |

❸ 길이 에 5mm를 기입합니다.(닫힌 햄과 열린 햄에만 해당)

 ※ 틈 거리 (열린 햄에만 해당), 각도 (말린 햄과 눈물방울형 햄에만 해당)

 반경 (말린 햄과 눈물방울형 햄에만 해당)

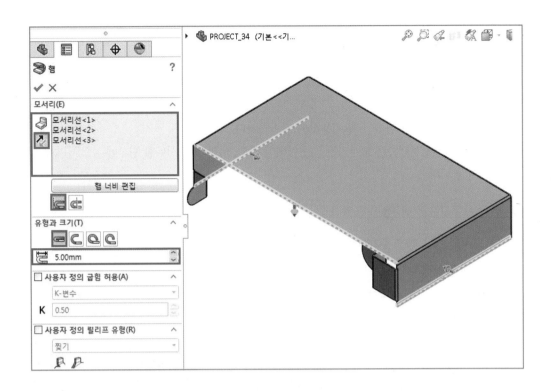

14 펴기 1

1 판금 도구모음의 펴기 를 클릭합니다.

   ① 고정 면 난에 펴기 위한 굽힘을 할 때 고정될 면을 선택합니다.

   ② 펴기할 굽힘 난에 다음과 같이 굽힘 부분을 선택합니다.

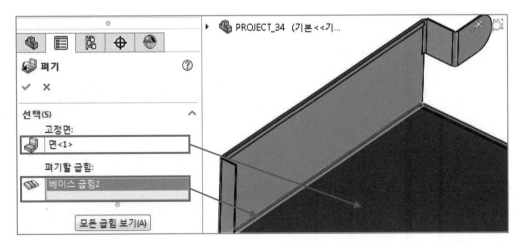

스케치할 면을 선택하고, 스케치 도구모음에서 스케치 ⌐를 클릭하여 다음과 같이 스케치를 완성합니다.

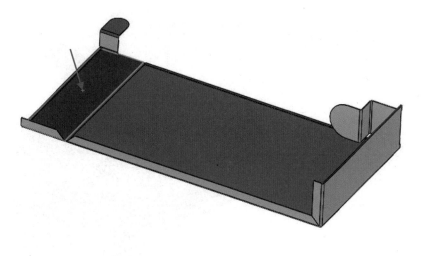

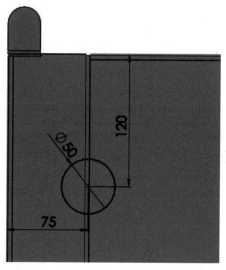

돌출컷📦 1

피처 도구모음의 돌출컷📦을 클릭하고, 마침조건으로 관통을 선택합니다.

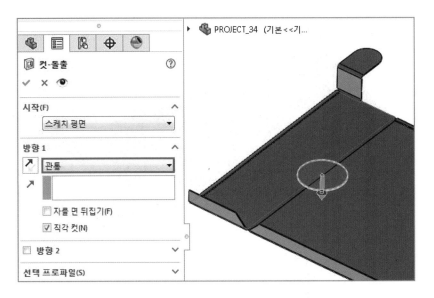

17 접기🏭 1

■ 판금 도구모음의 접기🏭를 클릭하거나 삽입 → 판금 → 접기를 클릭합니다.

❶ 고정면🏭 난에서 접기 위한 굽힘을 할 때 고정될 면을 선택합니다.

❷ 접기할 굽힘🏭 난에서 접기할 굽힘 부분을 클릭합니다.

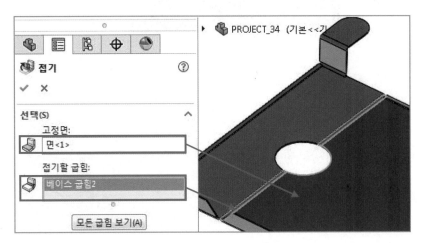

판금 파트에 폼 도구 적용하기 : 설계 라이브러리에서 폼 도구는 판금 파트에서만 함께 사용됩니다.

1 작업창에서, 설계 라이브러리 탭을 선택하고, forming tools 폴더의 embosses 폴더 안에 있는 circular emboss를 선택한 채 드래그하여(⇥ 버튼을 눌러 변형 방향을 변경하고 재질의 반대쪽을 변형할 수 있습니다.) 그래픽 영역의 판금 파트 면 위에 가지고 간 후 마우스를 놓습니다.

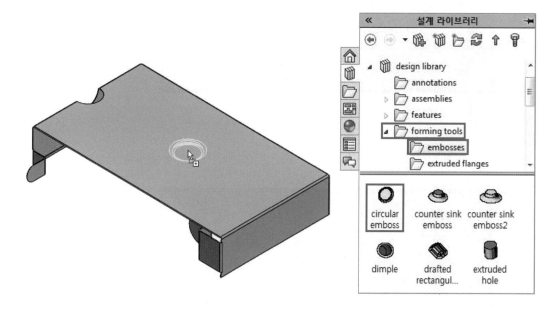

2 폼 도구 피처 PropertyManager의 폼 피처의 위치를 정하기 위해 위치탭을 선택합니다.

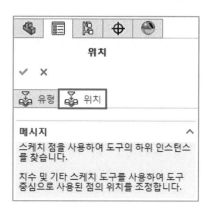

① 위치 탭을 선택하면 스케치 점 명령어가 활성화되며 폼 피처의 개수를 늘리고자 한다면 늘리고자 하는 개수만큼 점을 생성합니다. 여기서는 폼 피처를 하나만 생성하고자 점 명령어를 취소하겠습니다.

❷ 점의 위치를 지정하기 위해 모서리의 중간 점과 폼 피처의 점을 선택하고 구속조건으로 수직을 부여합니다.

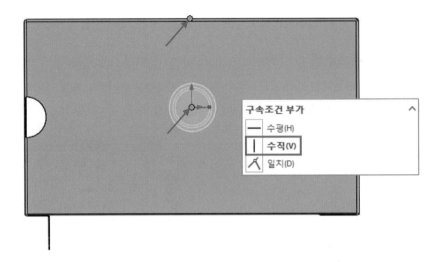

❸ 스케치 도구모음의 지능형 치수 를 사용하여 폼 피처의 위치를 설정합니다.

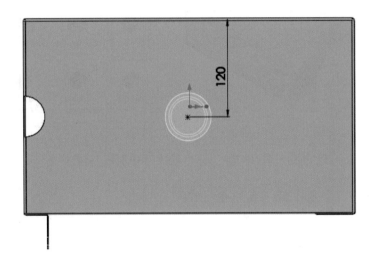

③ 확인 을 클릭합니다.

19 폼 도구 적용하기 2

위와 같은 방법으로 다음과 같이 판금 피처 위에 폼 피처를 생성합니다.

1 작업창에서, 설계 라이브러리 탭을 선택하고, forming tools 폴더의 louvers 폴더 안에 있는 louver 를 선택한 채 드래그하여 그래픽 영역의 판금 파트 면 위에 가지고 간 후 마우스를 놓습니다.

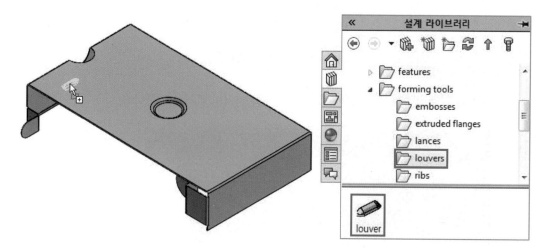

2 폼 도구 피처 PropertyManager의 유형탭에서 회전각도 값에 90°를 기입한 후 폼 피처의 스케치를 회전시켜 방향을 결정합니다.

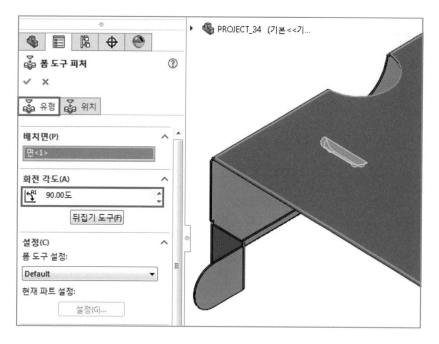

③ 폼 도구 피처 PropertyManager에서 폼 피처의 위치를 정하기 위해 위치탭을 선택합니다.

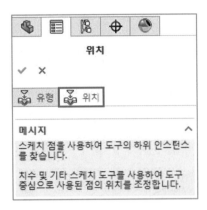

스케치 도구모음의 지능형 치수 ✎를 사용하여 폼 피처의 위치를 정합니다.

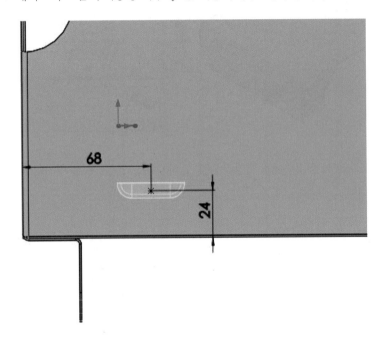

④ 확인 ✔을 클릭합니다.

20 선형 패턴 ⣿ 1

1 피처 도구모음에서 선형 패턴⣿을 클릭합니다.

2 패턴 방향 1은 형상 모서리를 선택합니다.

3 패턴 인스턴스 간격⣿에는 19mm를 기입합니다.

4 패턴 인스턴스 수⣿에는 11mm를 기입합니다.

5 패턴할 피처⣿로 폼 피처인 louver1을 선택합니다.

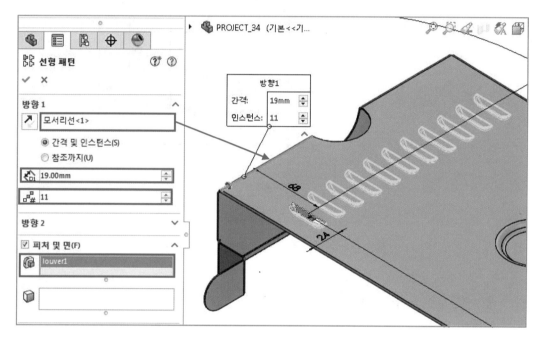

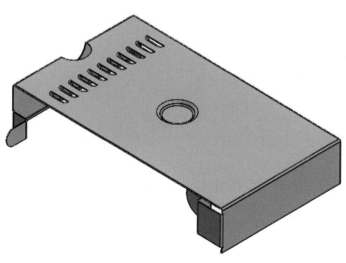

1 솔리드웍스에서 기본적으로 제공하는 폼 도구 이외에 필요에 의해서 폼도구를 만들 수 있습니다.

2 파일, 새문서, 파트를 클릭하여 새로운 파트창을 열고 폼 피처를 다음과 같이 작성해 보도록 하겠습니다.

3 FeatureManager 디자인 트리에서 정면을 선택하고, 스케치 도구모음에서 스케치 를 클릭하여 스케치를 작성합니다.

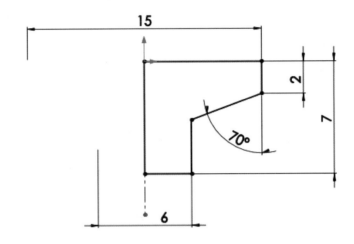

4 피처 도구모음의 회전 을 클릭하여 회전피처를 작성합니다.

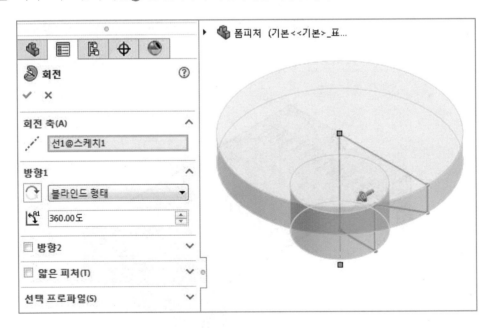

5 피처 도구모음의 필렛⬚을 이용하여 다음 모서리에 순차적으로 필렛 반경⬚ 3, 4, 1mm를 적용합니다.

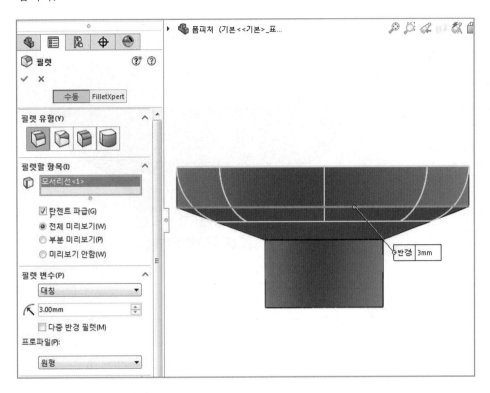

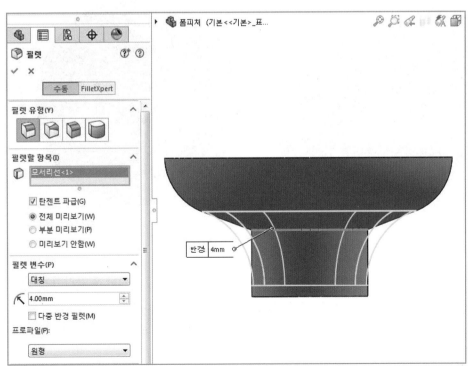

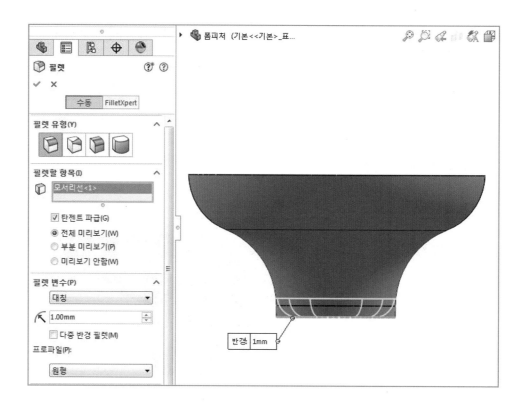

6 형상의 면을 선택하고, 스케치 도구모음에서 스케치 ⊏를 클릭하여 스케치합니다.

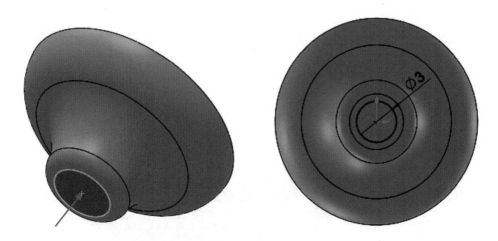

7 곡선 도구모음에서 분할선 ⬡을 클릭합니다.

❶ 분할 유형 아래 항목에서 투영식을 선택하고, 투영할 스케치 ⊏를 클릭한 후 플라이아웃 Feature Manager 디자인 트리나 그래픽 영역에서 위의 스케치를 선택합니다.

분할할 면 ⬡의 상자를 클릭하고 스케치가 투영되어 면이 분할될 형상의 면을 그래픽 영역에서 선택합니다.

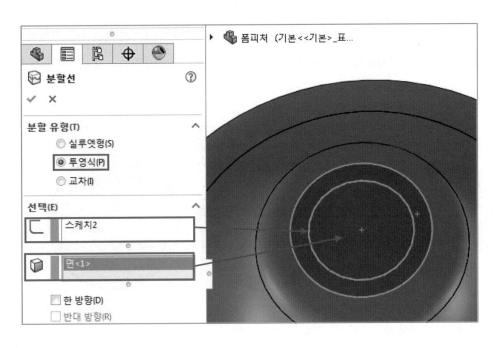

8 분할된 면의 안쪽을 선택하고, 빠른 보기도구모음의 표현편집 🔵을 클릭합니다.

🔍 🔍 ✏️ 📖 🔨 📦 · 🗂 · 🔅 · 🔵📦 · 🖥 ·

RGB 색의 빨강, 녹색, 파랑 값을 255, 0, 0으로 지정하여 색상을 빨간색으로 바꿉니다. 이 폼 도구를 이용해 판금피처에 적용 시 빨간색은 관통될 부분(제거될 면)이 됩니다.

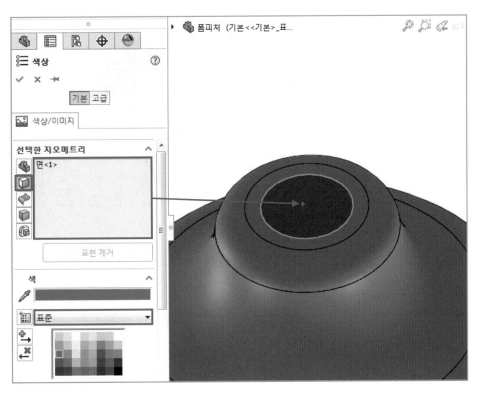

9 형상의 면을 선택하고, 스케치 도구모음에서 스케치 ⬚를 클릭한 다음 요소변환할 면을 선택하고 스케치 도구모음의 요소변환 ⬚을 클릭하여 스케치로 변환합니다. 요소변환한 스케치는 폼 도구를 이용해 판금피처에 적용할 때 폼도구가 정지될 면입니다.

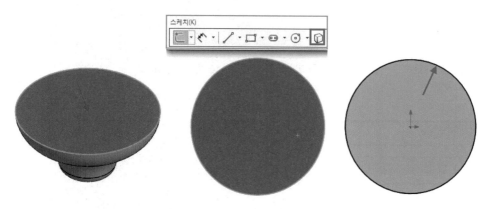

10 위의 **8**, **9** 과정에서 판금피처 도구모음의 폼 도구 🍄를 이용하여 제거할 면과 정지면을 설정할 수도 있습니다.

판금피처 도구모음의 폼 도구 🍄를 이용하는 방법은 다음 그림과 같습니다.

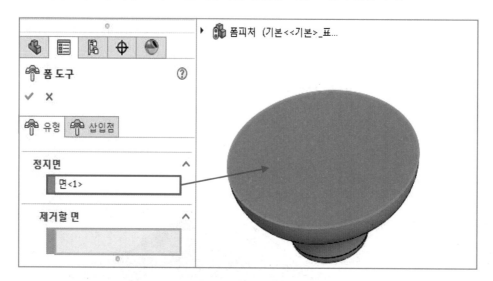

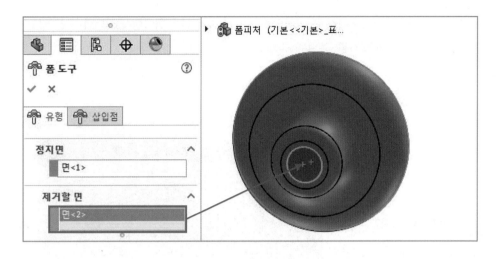

11 폼 도구피처를 저장 시 기존 작업창의 폼 도구폴더로 지정하기 위해서는 SolidWorks 설치 폴더의 design library / forming tools 안의 원하는 폴더에 저장합니다.

저장한 후 작성한 폼 도구 파트창을 닫고, 작업창에서 설계 라이브러리 탭 🔰을 선택한 후 forming tools 폴더 안에 저장한 폴더를 찾아서 드래그하여 판금 피처에서 실행해 봅니다.

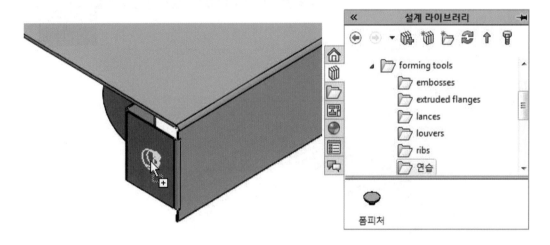

12 폼 도구 피처 PropertyManager에서 폼 피처의 위치를 정하기 위해 위치탭을 선택합니다.
스케치 도구모음의 지능형 치수✎를 사용하여 폼 피처의 위치를 정합니다.

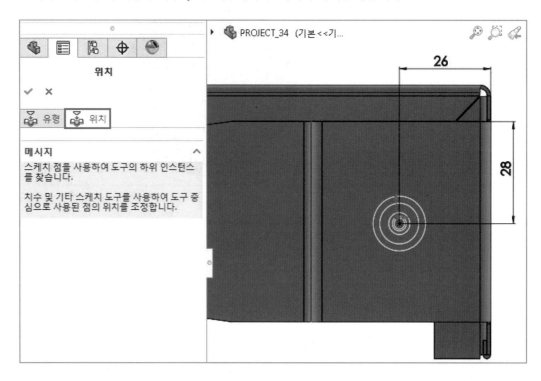

13 확인✔을 클릭합니다.

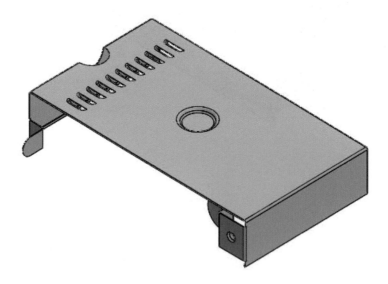

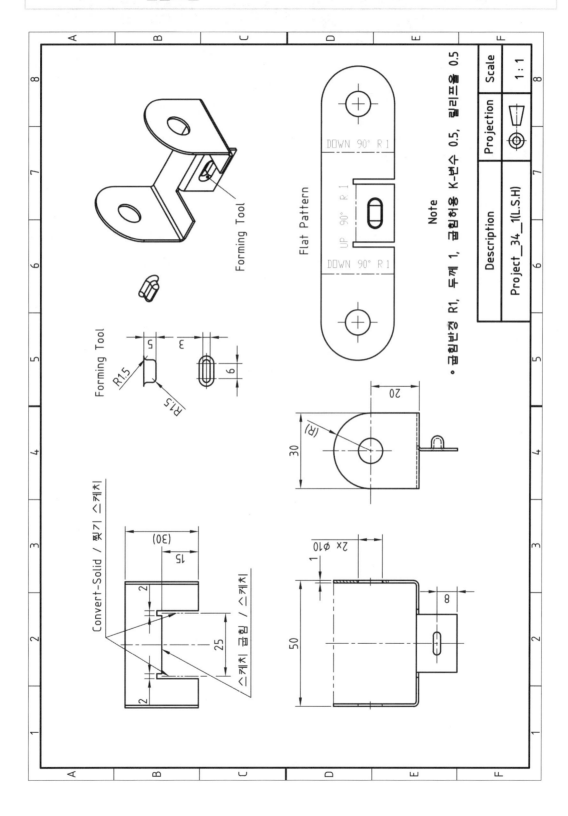

Forming Tool

Forming Tool

R15

R15

Flat Pattern

DOWN 90° R 1

UP 90° R 1

DOWN 90° R 1

Note

◦ 굽힘반경 R1, 두께 1, 굽힘허용 K-변수 0.5, 릴리프폭 0.5

Convert-Solid / 돌기 스케치

스케치 굽힘 / 스케치

스케치 / 스케치

(30)

15

25

30

(R)

20

50

2x Ø10

1

8

Description	Projection	Scale
Project_34_1(L.S.H)		1:1

SolidWorks 따라하기

PROJECT 35 파트, 어셈블리의 도면화

01 도면 도구모음 사용

(1) 파트, 어셈블리의 도면화

1 도면은 파트나 어셈블리에서 생성한 하나 이상의 뷰로 구성됩니다. 도면과 연관된 파트나 어셈블리는 도면을 작성하기 전에 저장해야 합니다. 파트 또는 어셈블리 문서에서 새 도면을 작성할 수 있습니다.

2 작성한 파트 또는 어셈블리의 열린 문서에서 도면을 작성하려면, 표준 도구모음에서 파트 / 어셈블리에서 도면 작성▣을 클릭합니다. 또는 새 도면을 열고 파트를 불러와 도면을 작성하려면 표준도구모음에서 새 문서▯를 클릭하거나 파일, 새 파일을 클릭하고 SolidWorks 새 문서 대화상자에서 도면 ▣을 선택한 후 확인을 클릭하면 도면창으로 넘어갑니다.

(2) 시트 형식 / 크기

새 도면을 열 때, 시트 형식을 선택합니다. 도면 작업을 할 시트의 크기를 지정하거나 사용자가 원하는 크기를 조절하고 필요하면 시트 형식을 표시하여 사용합니다.

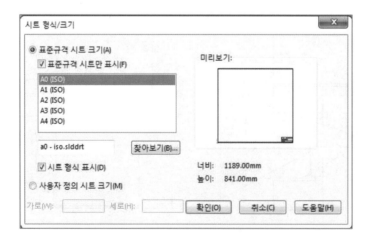

(3) 시트 형식 / 크기 수정

시트 형식 / 크기를 선택하고 확인 버튼을 누른 뒤 수정하고자 할 때에는 도면시트에 마우스를 가져다 놓고 마우스 오른쪽 버튼을 클릭하고 속성을 선택하여 시트 형식 / 크기창이 뜨면 수정을 합니다.

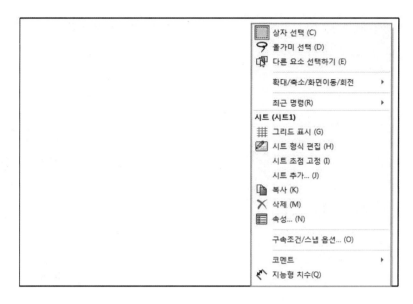

(4) 해당 뷰 가져오기

1 뷰 팔렛창에서 파트의 보기 방향 중 정면도로 사용될 뷰를 선택한 후 드래그하여 도면시트 위에 가져다 놓습니다.

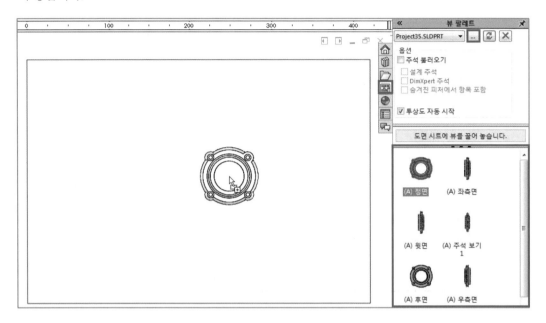

2 도면에 투상도를 삽입하면, 투상도 PropertyManager가 열립니다.

❶ 화살표 : 투상도의 방향을 표시해 주는 화살표를 표시하기 위해 선택합니다.

❷ 라벨 : 투상도에 표시될 텍스트를 입력합니다.

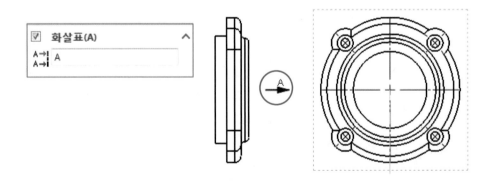

❸ 표시 유형 : 실선표시 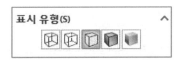, 은선표시 , 은선제거 , 모서리표시 음영 , 음영 중 필요한 표시 유형을 선택합니다.

> **표시 유형(S)**
>
> (icons)

❹ 배율

- 모체 배율 사용 : 모체(관련 투상도를 만들어낼 투상도)에서 사용된 배율과 동일한 배율을 사용합니다. 모체 뷰의 배율을 변경하면, 그 뷰를 사용하는 모든 자손 뷰의 배율이 함께 변하게 됩니다.
- 시트 배율 사용 : 도면시트에서 사용된 배율값과 동일한 배율이 적용됩니다.
- 사용자 정의 배율 사용 : 사용자가 지정한 배율을 사용하거나 표기할 수 있습니다.

❺ 치수 유형

실제 치수는 실제 모델의 치수로서 실치수가 나오지 않는 입체도, 즉 등각투상도나 디메트릭, 트리메트릭 뷰에 사용하며, 투영 치수는 투상법에 의한 투상배열을 하였을 때 사용합니다.

❻ 나사산 표시

투상도에 구멍가공마법사로 가공한 암나사 부분이 있으면 그 나사산을 나사제도법에 의하여 표시합니다.

❸ 마우스를 움직여 정면도 도면 뷰를 기준으로 필요한 관련 투상도를 작성할 수 있습니다.

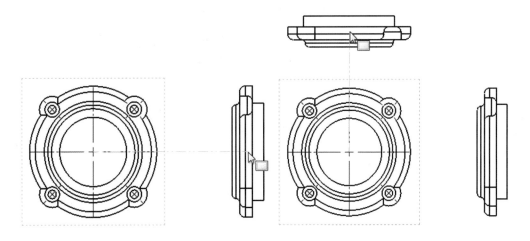

(5) 모델 뷰

1 도면시트에 파트나 어셈블리를 불러올 때 앞서 본 뷰 팔레트나 모델 뷰⬚를 이용합니다.
도면 도구모음에서 모델 뷰⬚를 클릭하거나 삽입 → 도면 뷰 → 모델을 클릭합니다.

2 모델 뷰 PropertyManager

❶ 삽입할 파트 / 어셈블리 : 문서 열기에서 열린 문서를 선택하거나 찾아보기를 클릭하고 파트나 어
셈블리 파일을 지정합니다.

❷ 옵션(새 도면 작성 시 시작명령) : 새 파일 도면을 선택하여 새 도면 작성 시 모델 뷰⬚ 명령을 선
택하지 않아도 시작되도록 하기 위해 사용합니다. 파트 / 어셈블리에서 도면 작성 ⬚ 을 클릭하는
경우를 제외하고 새 도면을 작성할 때마다 모델 뷰⬚ 명령이 나타납니다.

❸ 뷰의 수

- 다중뷰 작성 체크 해제 시 : 도면에 하나의 뷰만을 지정합니다.
- 다중뷰 작성 체크 시 : 도면에 하나 이상의 뷰를 지정합니다. 도면 뷰가 시트에 표시되지 않더라도, 필요로 하는 도면 뷰를 선택하면 선택한 뷰가 자리를 잡습니다.

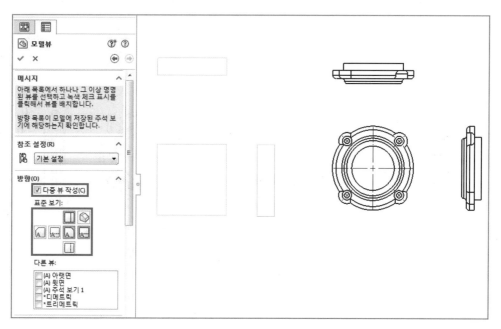

❹ **투상도 자동 작성** : 모델 뷰를 삽입한 후 삽입한 모체 뷰를 기준으로 마우스의 움직임에 따라 투상도가 배열되고 시트를 마우스로 클릭하여 원하는 투상도를 배치할 수가 있습니다.

❺ **방향**

- 표준보기 뷰 방향 : 모델(파트 또는 어셈블리에서)의 기본 뷰 방향

- 정면▤, 윗면▯, 아랫면▮, 우측면▤, 좌측면▤, 후면▤, 등각보기◈

- 미리보기는 다중뷰 작성 체크 해제 시만 사용 가능하고, 뷰 삽입 시 모델을 보여줍니다.

(6) 투상도▦

모델 뷰◉나 뷰 팔레트를 사용하여 생성한 도면 뷰를 정면도로 하여 관련 투상도를 배열할 때 투상도▦를 사용합니다.

투상도를 사용하기 위해 그래픽 영역에서 기준이(선택한 뷰가 정면도) 되는 뷰를 선택하고, 그래픽 영역을 마우스로 클릭하여 나타내고자 하는 투상도를 배치합니다.

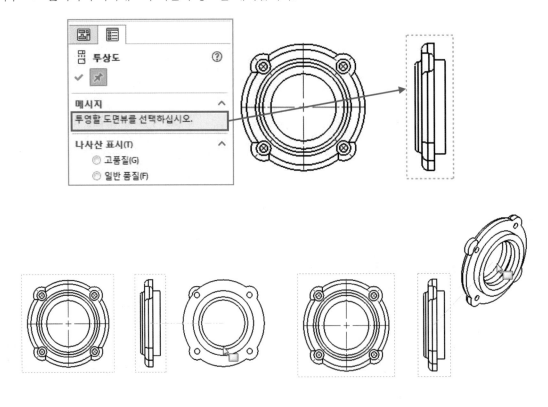

(7) 단면도 ⇅

1 도면 도구모음에서 단면도 ⇅를 클릭하거나 삽입 → 도면 뷰 → 단면도를 클릭합니다.

2 단면도 PropertyManager의 단면도

단면도 PropertyManager의 단면도에서 절단선으로 수직 ⇕, 수평 ↔, 보조도 ✗, 정렬 ⊁을 선택하여 온단면도를 작성합니다. 단면도 팝업 ⟲ ⤵ ⟳ ✓ ✗에서 오프셋을 선택하여 절단선을 추가하면 계단 단면과 같은 조합에 의한 단면도를 작성할 수 있습니다.

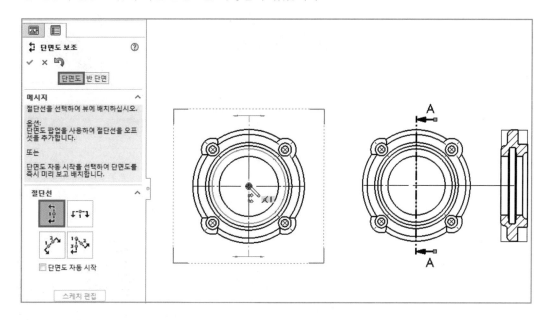

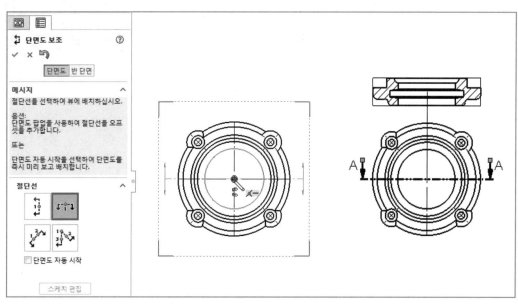

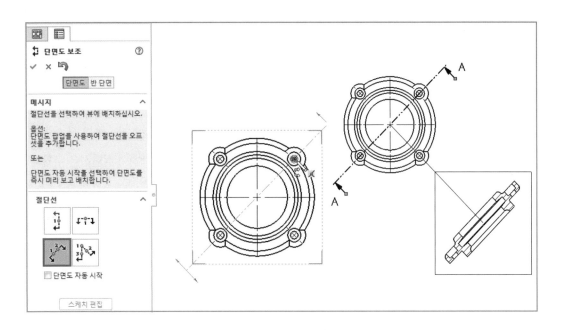

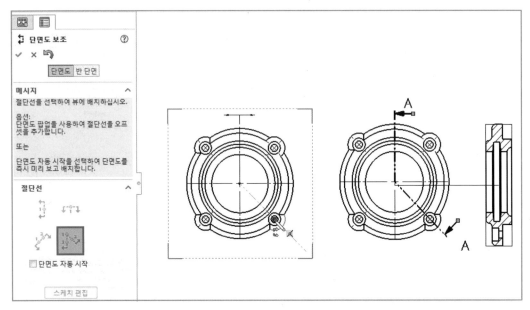

❸ 단면도 PropertyManager의 반단면

단면도 PropertyManager의 반단면에서 반단면도의 윗면을 오른쪽으로 ⬥, 윗면을 왼쪽으로 ⬥, 아랫면을 오른쪽으로 ⬥, 아랫면을 왼쪽으로 ⬥, 좌측면을 아래쪽으로 ⬥, 우측면을 아래쪽으로 ⬥, 좌측면을 위쪽으로 ⬥, 우측면을 위쪽으로 ⬥를 선택하여 한쪽 단면도를 작성합니다.

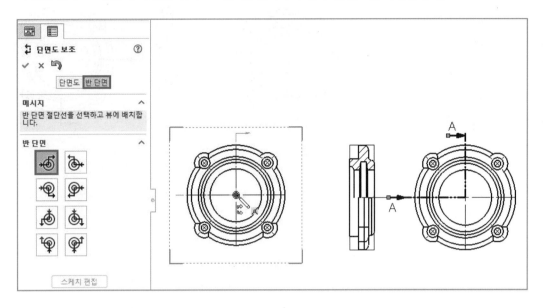

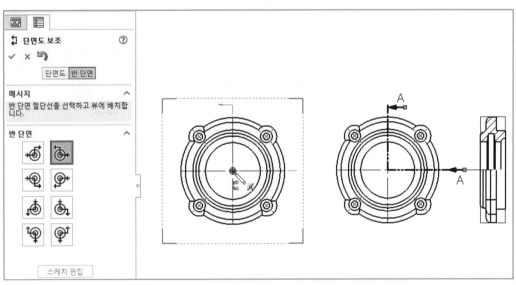

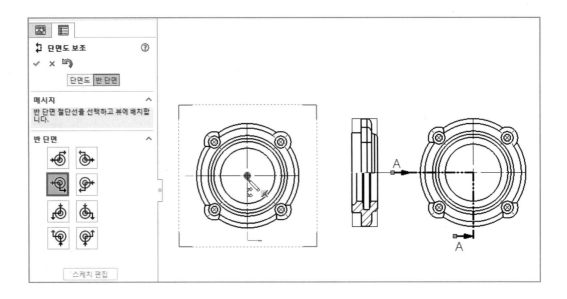

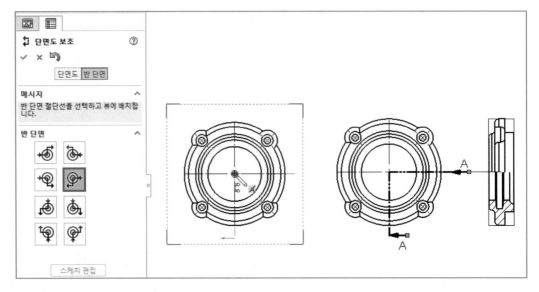

스케치 도구모음의 선 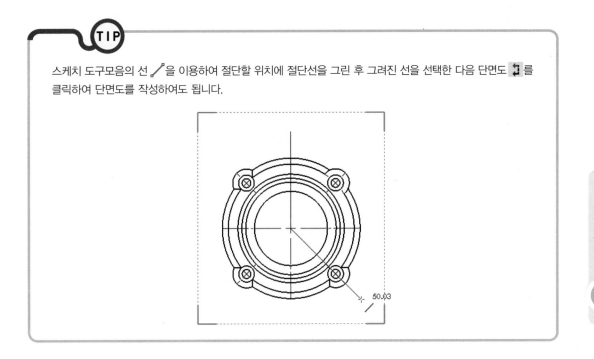을 이용하여 절단할 위치에 절단선을 그린 후 그려진 선을 선택한 다음 단면도 를 클릭하여 단면도를 작성하여도 됩니다.

4 단면도 뷰 PropertyManager의 절단선

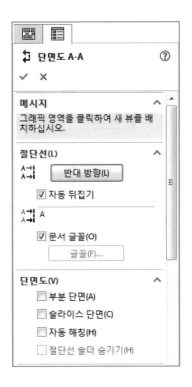

① 반대방향 : 절단면을 투상하는 데 있어서 투상의 시점이 바뀝니다.

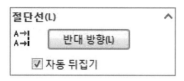

② 자동 뒤집기에 체크하면 마우스의 방향에 따라 투상의 시점이 바뀝니다.

③ 라벨A→¦ : 문자는 A부터 시작되는데 필요에 의해서 단면도와 절단선 관련 문자를 수정할 수 있습니다.

④ 문서글꼴 : 메뉴 도구모음 옵션⚙에서 문서속성에 기본값으로 지정되어 있는 문자글꼴이나 크기값을 사용하지 않을 경우 사용합니다.

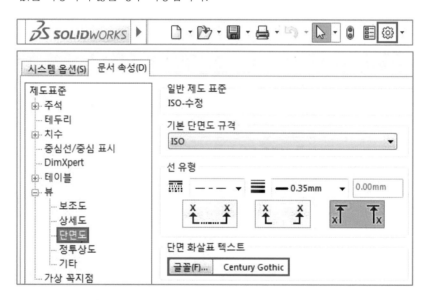

5 단면도 뷰 PropertyManager의 단면도

① 부분 단면 : 절단선이 뷰를 완전히 가로지르지 않을 경우, 절단선 길이만큼 절단하여 단면도를 표시합니다.

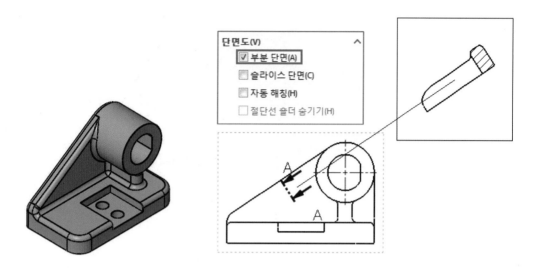

② 슬라이스 단면 : 절단선으로 절단된 단면 부분만 단면도에 표시됩니다.

아래와 같이 절단선을 숨기고 단면도뷰를 이동하여 회전단면도에 응용할 수 있습니다.

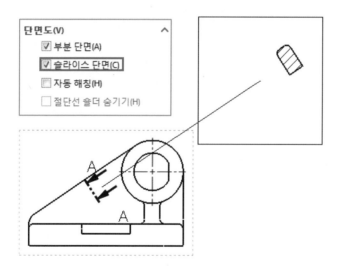

선 형식 도구모음의 모서리 숨기기 / 표시 를 클릭하고 숨기고자 하는 모서리를 선택하거나 숨기고자 하는 모서리에 마우스를 가져다 놓은 다음 마우스 오른쪽 버튼을 눌러 바로가기 메뉴에서 모서리 숨기기 / 표시 를 선택하여 모서리를 숨깁니다. 모서리선을 미리 선택하고, 모서리 숨기기 / 표시를 클릭할 수도 있습니다.

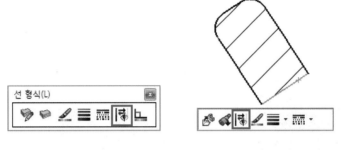

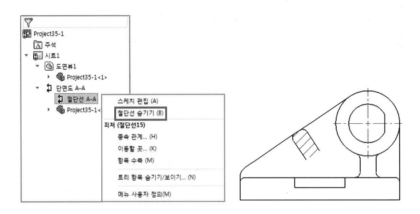

❸ **절단선 솔더 숨기기** : 평행한 2개 이상의 평면에서 절단한 단면도의 필요 부분만을 합성시켜 나타낼 수 있는데 이를 조합에 의한 단면도라 하며, 평행한 두 절단선을 연결하기 위해 사용된 절단선에 의해 나타난 단면도의 선을 숨기기 위해 사용합니다.

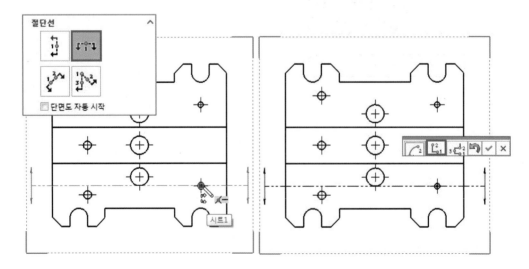

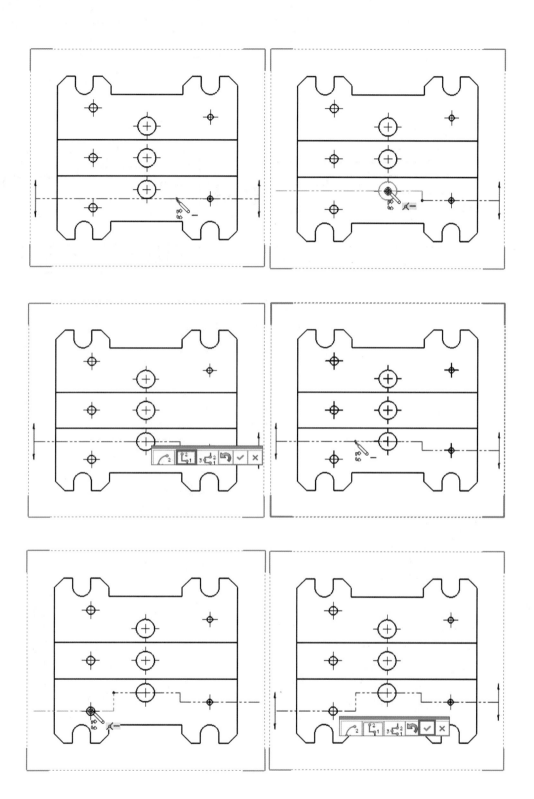

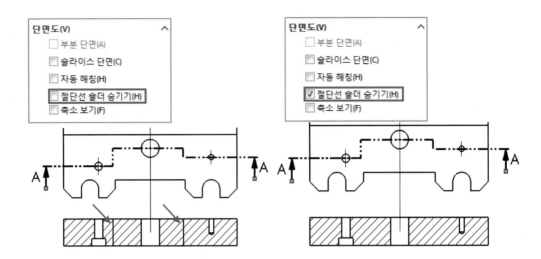

❹ 축소 보기 : 절단선의 한쪽을 투상면에 평행하게 절단하고, 다른 쪽을 투상면과 어느 각도를 이루
는 방향으로 절단할 수 있습니다. 이 경우, 후자의 단면도는 그 각도만큼 투상면 쪽으로 회전시켜
서 표시하나 투상면 쪽으로 회전하지 않고 투상면에서 보이는 그대로 단면도를 표현하고자 할 경
우 축소 보기를 선택합니다.

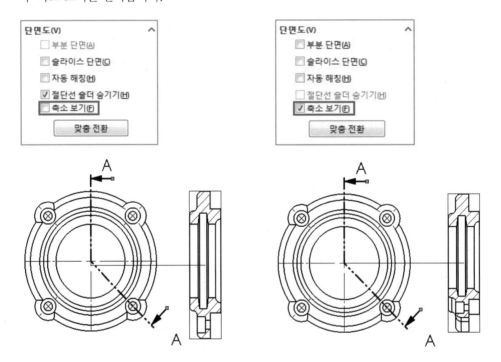

⑤ 맞춤 전환 : 투상면을 전환합니다.

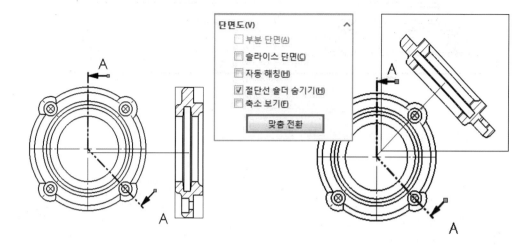

⑥ 단면도 뷰 PropertyManager의 곡면 바디

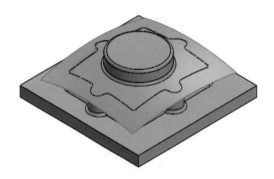

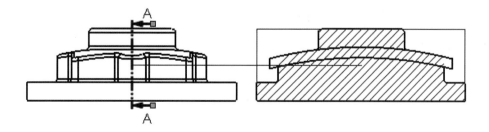

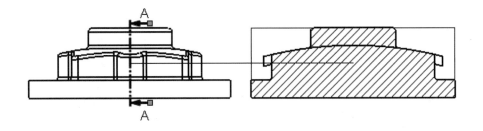

7 단면도 뷰 PropertyManager의 단면 깊이

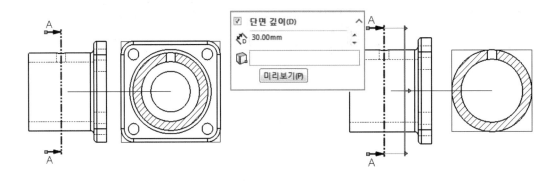

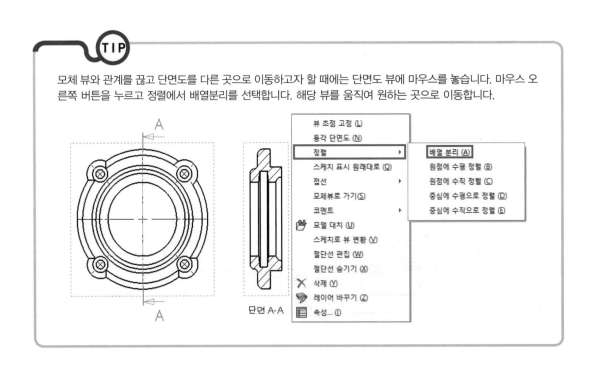

TIP

모체 뷰와 관계를 끊고 단면도를 다른 곳으로 이동하고자 할 때에는 단면도 뷰에 마우스를 놓습니다. 마우스 오른쪽 버튼을 누르고 정렬에서 배열분리를 선택합니다. 해당 뷰를 움직여 원하는 곳으로 이동합니다.

(8) 상세도 Ⓐ

1 도면 도구모음에서 상세도 Ⓐ를 클릭합니다. 원 ⬚ 도구가 활성화되면 상세하고자 하는 부분을 둘러싸도록 원을 스케치합니다.

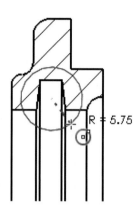

R = 5.75

2 상세도 뷰 PropertyManager의 상세도 원

① 유형

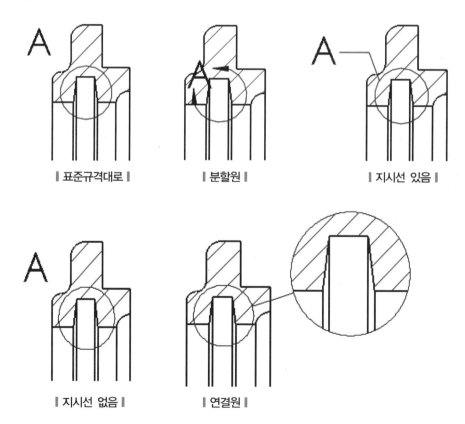

| 표준규격대로 |

| 분할원 |

| 지시선 있음 |

| 지시선 없음 |

| 연결원 |

- 표준규격대로란 메뉴 도구모음 옵션⚙️에서 문서 속성에 설정되어 있는 설계 규격으로 결정됩니다. 설계 규격이 ISO, JIS, DIN, BSI, GB로 설정되어 있으면 설정된 규격에 의해 지시선이 없이 표현되고 ANSI로 설정되어 있으면 규격에 의해 열린 원으로 표현됩니다.

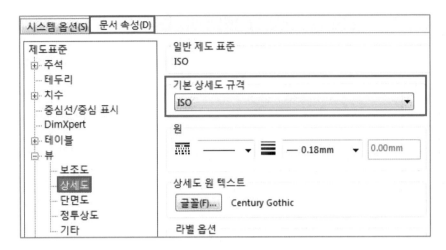

- 프로파일 : 폐곡선을 작성할 수 있는 스케치 명령어(선, 원, 타원, 자유곡선, 다각형, 사각형)를 사용하여 상세도를 표현할 부분을 폐곡선으로 그린 후 그려진 스케치를 선택한 다음 상세도 명령어를 실행하면 폐곡선 스케치 프로파일을 상세도 테두리로 표현할 수 있습니다.

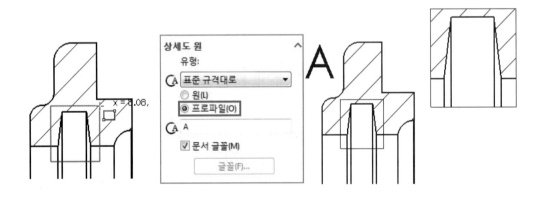

❷ 라벨 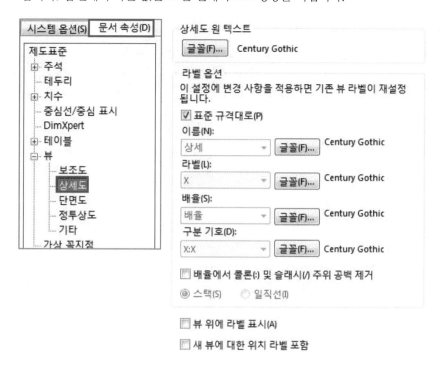 : 상세도와 상세도 원 관련 문자를 수정합니다. 기본값으로 지정되어 있는 상세도 라벨을 바꾸고자 한다면 도구 → 옵션⚙ → 문서 속성 → 뷰 → 상세도 원 텍스트와 라벨 옵션에서 지정합니다. 옵션에서 바꾼 값은 도면 전체적으로 영향을 미칩니다.

전체적이 아닌 일부분에 대한 상세도 원 라벨의 문서글꼴과 크기를 사용하려면, 문서 글꼴 선택을 취소하고 글꼴을 클릭하여 문자 글꼴이나 크기값을 변경하여 사용합니다.

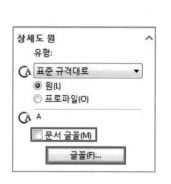

① 전체 테두리 : 상세도 원이 단면도 형상 안이 아닌 밖으로 표현될 경우 상세도 원 프로파일 테두리
를 표시하고자 할 때 선택합니다.

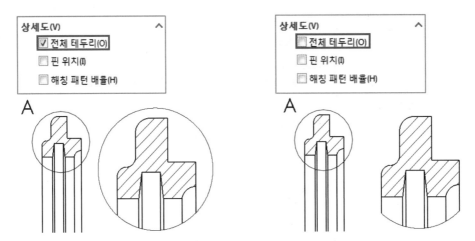

② 핀 위치 : 뷰의 배율을 변경할 때, 도면 시트에서 상세도의 위치를 동일한 위치에 두기 위해 선택합
니다.

③ 해칭 패턴 배율 : 이 옵션을 선택해서 단면도의 배율이 아닌 상세도의 배율을 기준으로 해칭 패턴
을 표시합니다. 이 옵션이 단면 뷰에서 작성된 상세도에 적용됩니다.

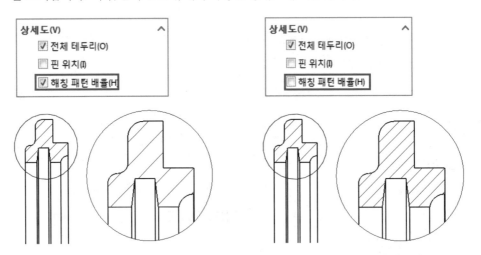

4 상세도 원 / 프로파일 수정하기

① 상세도 원 / 프로파일 위치 및 크기 조절 : 상세도 원이나 상세도 스케치 프로파일을 드래그하여
위치나 크기를 조절하면 상세도 뷰의 크기와 상세위치도 변화됩니다.

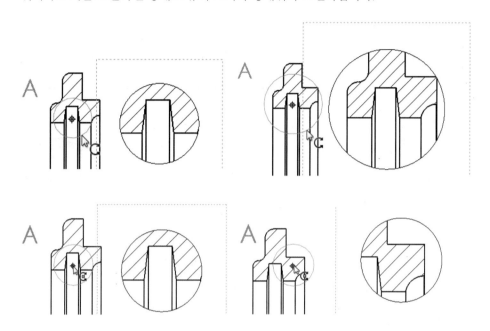

② 상세도 원 / 프로파일을 편집하고자 할 때는 상세도 원 / 프로파일에 마우스를 가져다 놓고 마우스
오른쪽 버튼을 누릅니다. 바로가기 메뉴에서 스케치 편집을 선택하여 수정합니다.

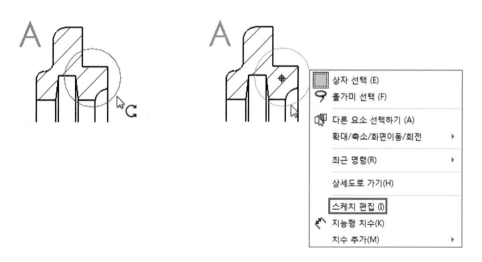

(9) 표준 3도 📇

1 표준 3도를 사용하기 전 시트 속성의 투상법 유형은 1각법과 3각법 중 하나를 선택하여 투상법에 맞는 배열이 되도록 합니다.

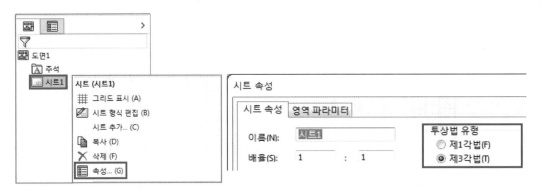

2 도면 도구모음에서 표준 3도 📇 를 클릭합니다.

표준 3도 PropertyManager 안의 문서 열기 아래에서 모델을 선택하거나 찾아보기 버튼을 눌러 모델 파일을 찾아 지정한 후 ✔️확인을 누릅니다. 시트 위에 정면도, 평면도, 우측면도가 작성됩니다. 표준 3도에서 정면도는 해당 파트의 보기방향 정면입니다.

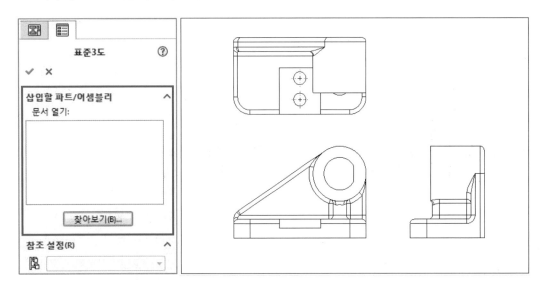

(10) 부분 단면도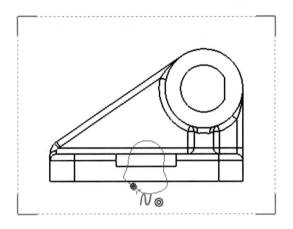

1 도면 도구모음에서 부분 단면도 📰를 클릭합니다. 포인터 모양이 자유곡선 🖋️으로 바뀌면 내부 형상을 볼 부분을 자유곡선을 이용하여 닫힌 프로파일로 만듭니다. 자유곡선, 원, 타원을 이용하여 닫힌 프로파일을 생성한 후 부분 단면도를 클릭하여도 됩니다.

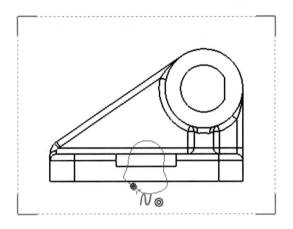

2 부분 단면도 PropertyManager

❶ 깊이 참조 📦 : 깊이값을 모를 경우 연관 뷰에서 모서리선이나 축과 같은 지오메트리를 선택합니다.

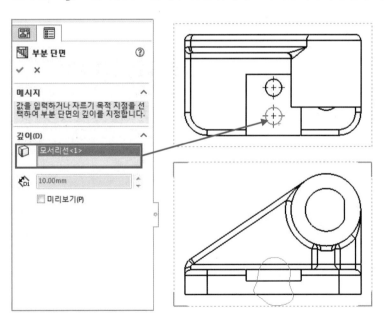

❷ 깊이 🔧 : 정확한 단면 평면 깊이를 지정하기 위해 깊이 난에 수를 입력합니다.

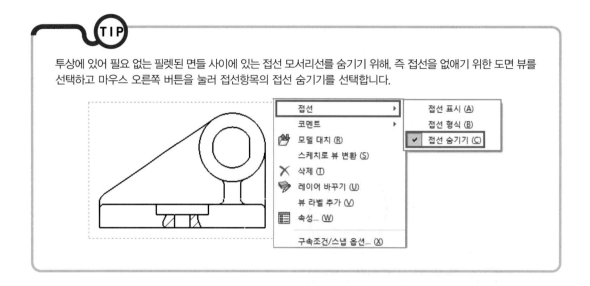

투상에 있어 필요 없는 필렛된 면들 사이에 있는 접선 모서리선을 숨기기 위해, 즉 접선을 없애기 위한 도면 뷰를 선택하고 마우스 오른쪽 버튼을 눌러 접선항목의 접선 숨기기를 선택합니다.

③ 부분 단면도 수정하기

❶ 부분 단면도 정의 편집 : 부분 단면도의 깊이를 편집하기 위해 FeatureManager 디자인 트리의 부분 단면뷰를 선택하고 마우스 오른쪽 버튼을 눌러 바로가기 메뉴에서 정의 편집을 선택합니다.

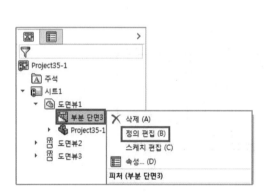

❷ 부분 단면도 스케치 편집 : 부분 단면도의 파단선 영역 스케치를 수정하기 위해 스케치 편집을 선택하고 파단영역 스케치를 편집합니다.

(11) 보조 투상도 ✎

대상물 경사면의 실형을 도시할 필요가 있을 경우에는 그 경사면과 맞서는 위치에 보조 투상도로서 표시합니다. 보조 투상도 작성 시 경사면에 해당되는 모서리를 선택합니다.

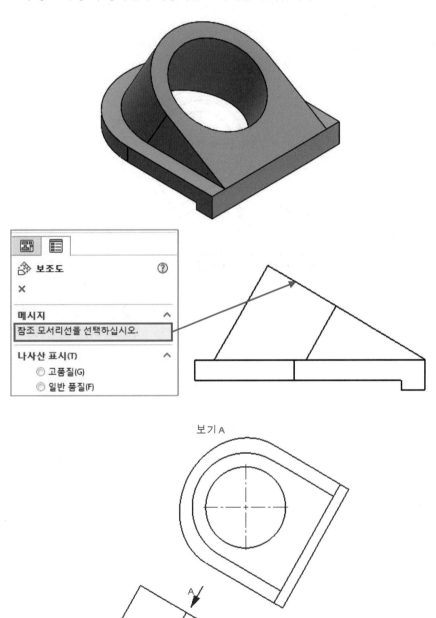

보기 A

(12) 부분도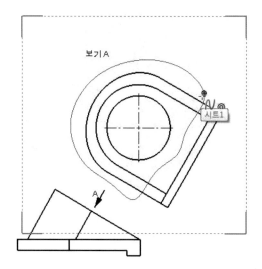

그림의 일부를 도시하는 것으로 충분한 경우에는 그 필요 부분만을 부분 투상도로서 표시합니다.

1 부분도를 작성하고자 하는 도면 뷰에, 원, 타원, 자유곡선 같은 닫힌 프로파일을 스케치합니다.

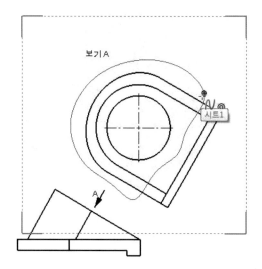

2 **1**에서 작성한 스케치를 선택한 다음 도면 도구모음에서 부분도 를 클릭합니다. 스케치한 부분 밖에 있는 뷰는 제거됩니다.

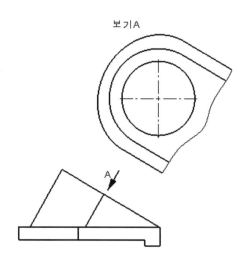

❸ 부분도 제거 / 수정

❶ 부분도 제거 : FeatureManager 디자인 트리의 부분도가 작성된 뷰를 선택하고 마우스 오른쪽 버튼을 눌러 바로가기 메뉴에서 부분도의 부분도 제거를 선택하거나 부분도뷰에서 마우스 오른쪽 버튼을 누른 후 부분도의 부분도 제거를 누릅니다.

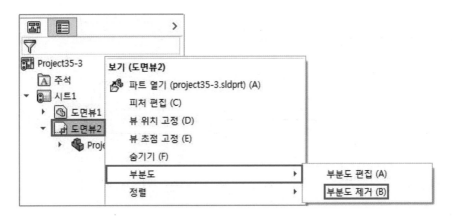

❷ 부분도 편집 : 부분도를 작성한 스케치 영역을 편집하고자 할 때 부분도 편집을 선택하여 부분도 영역을 스케치 편집합니다.

(13) 상대적인 뷰 🔳

파트 또는 어셈블리의 표준보기 방향에서 주 투상도나 관련 투상도로 나타낼 뷰가 없다면 기존 뷰를 사용하여 상대적인 뷰로 주 투상도나 관련 투상도를 생성할 수 있습니다.

아래 예에서 배면도를 생성하기 위해 우측면도 뷰의 상대적인 뷰를 사용하여 배면도를 생성해 보도록 하겠습니다.

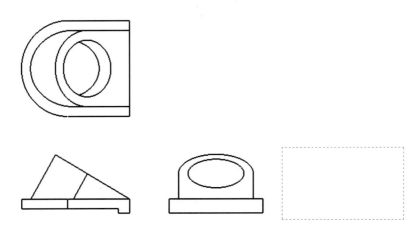

1 도면 도구모음에서 상대적인 뷰 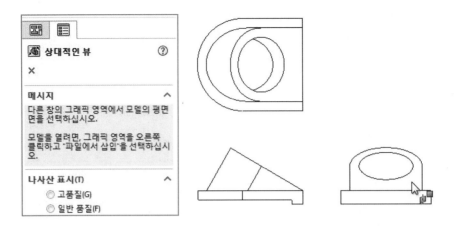를 클릭하고 기존 뷰인 우측면도를 선택합니다.

2 선택한 뷰의 해당 파트가 열리면서 상대적인 뷰 PropertyManager가 나타납니다.

상대적인 뷰 PropertyManager의 방향에서 첫 번째 방향(정면, 윗면, 좌측면 등)을 선택하고 두 번째에서 첫 번째 선택한 방향과 직교한 면을 선택하여 뷰 방향을 결정합니다.

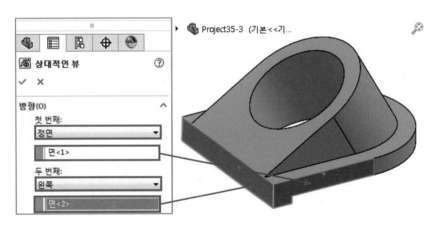

3 확인 ✔을 누르고 시트창이 열리면 시트 위에 해당 뷰를 배치합니다.

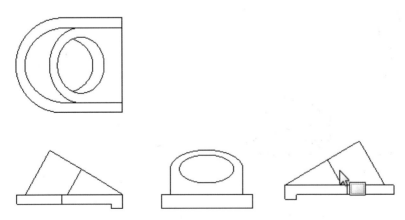

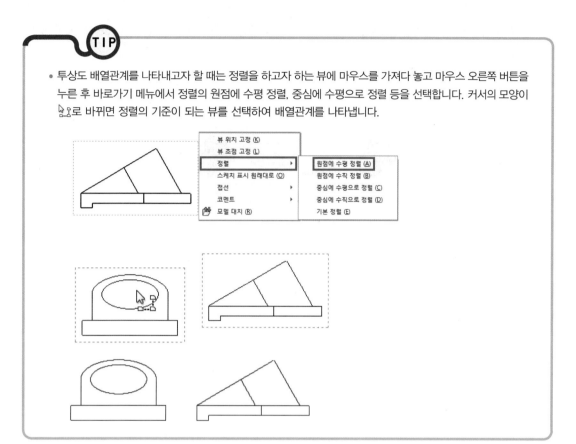

TIP

• 투상도 배열관계를 나타내고자 할 때는 정렬을 하고자 하는 뷰에 마우스를 가져다 놓고 마우스 오른쪽 버튼을 누른 후 바로가기 메뉴에서 정렬의 원점에 수평 정렬, 중심에 수평으로 정렬 등을 선택합니다. 커서의 모양이 ⬚로 바뀌면 정렬의 기준이 되는 뷰를 선택하여 배열관계를 나타냅니다.

상대적인 뷰는 시트에 없는 파트를 선택하여 뷰 방향을 결정, 도면 뷰를 생성할 수 있습니다.

❶ 상대적인 뷰를 선택한 다음 시트 위에 마우스를 가져다 놓고 마우스 오른쪽 버튼을 누른 후 바로가기 메뉴에서 파일에서 삽입을 선택합니다.

❷ 시트에 도면 뷰로 생성하고자 하는 파일을 선택한 다음 상대적인 뷰 PropertyManager에서 뷰 방향을 결정한 후 시트 위에 배치합니다.

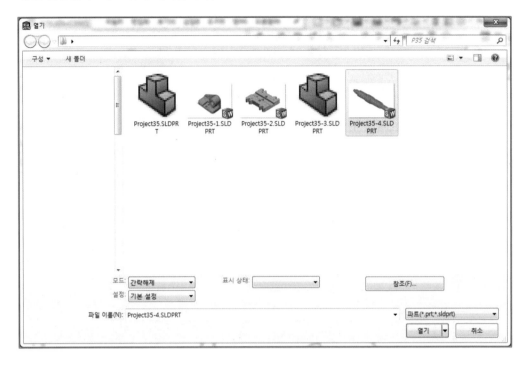

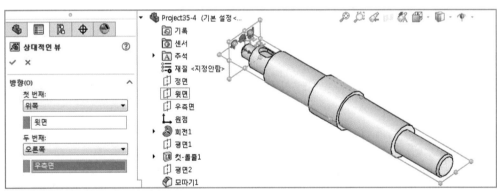

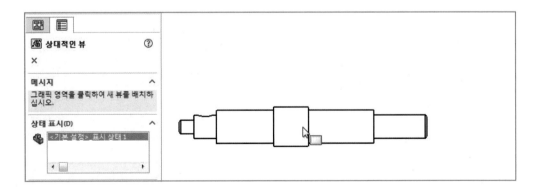

(14) 파단도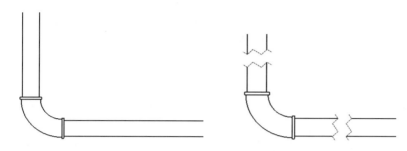

같은 단면의 부분이나 같은 모양이 규칙적으로 나타난 경우는 그림과 같이 중간 부분을 잘라내어 도시할
수 있습니다. 이를 표현하기 위해 파단도를 사용합니다.

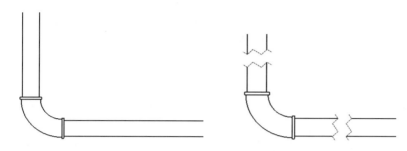

1 도면 도구모음의 파단을 클릭하고 파단도를 만들 도면 뷰를 선택합니다.

2 PropertyManager의 옵션의 파단도 설정에서 수직 파단선 추가와 수평 파단선 추가 중 하나를
선택합니다.

3 간격 크기 : 파단선 사이의 간격을 지정합니다.

4 파단선 유형

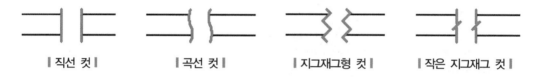

| 직선 컷 |　　| 곡선 컷 |　　| 지그재그형 컷 |　　| 작은 지그재그 컷 |

5 파단선이 포인터에 부착되면, 뷰 안을 클릭하여 첫 파단선을 배치합니다. 첫 파단선을 배치한 다음, 클
릭으로 두 번째 파단선을 배치합니다.

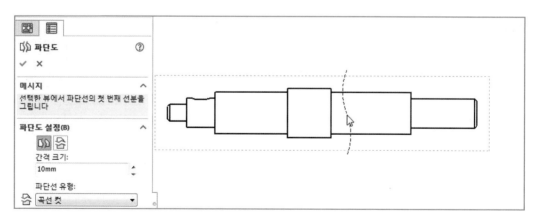

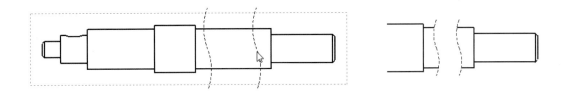

① 대상물의 일부를 파단한 경계 또는 일부를 떼어낸 경계를 표시하는 데 사용되는 파단선을 가는 실선으로 나타 내고자 할 경우 도구 → 옵션⚙ → 문서 속성 → 선 형식 → 모서리선 유형에서 파단선을 선택하고 유형을 점선에서 실선으로 바꿉니다.

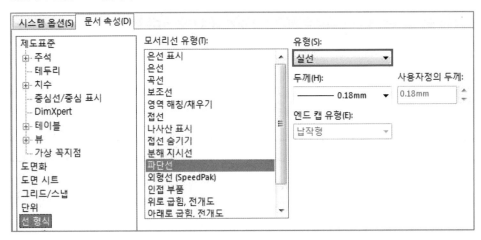

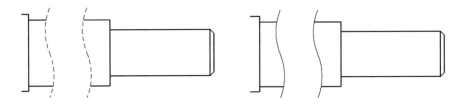

② 파단선 사이 거리와 파단선의 길이를 설정하려면 도구 → 옵션⚙ → 문서속성 → 도면화 → 파단선 보기에 서 해당 값을 변경합니다.

• 틈 : 파단선 사이 거리를 설정하며 설정된 값이 파단도의 간격크기의 기본값으로 지정됩니다.

• 연장 : 파단도의 모델형상에서 연장되는 파단선의 길이를 설정합니다. 길이값은 0.0001보다 크거나 같고 1,000,000보다 작거나 같아야 합니다.

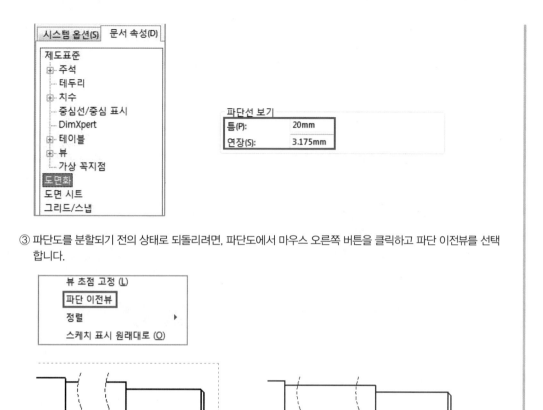

③ 파단도를 분할되기 전의 상태로 되돌리려면, 파단도에서 마우스 오른쪽 버튼을 클릭하고 파단 이전뷰를 선택합니다.

6 파단도 수정

❶ 파단선의 모양을 변경하려면, 파단선을 클릭하여 파단도 PropertyManager에서 파단도 설정값을 변경하거나 파단선을 마우스 오른쪽 버튼으로 클릭하고 바로가기 메뉴에서 유형을 변경합니다.

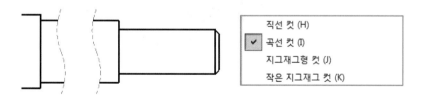

❷ 파단 위치를 변경하고자 한다면 파단선을 드래그하여 위치를 변경합니다.

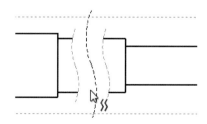

(15) 보조 위치도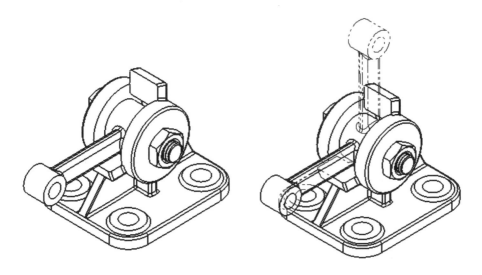

어셈블리 부품의 가동 부분을 이동 중의 특정한 위치 또는 이동한계의 위치로 표시하는 데 사용한다.

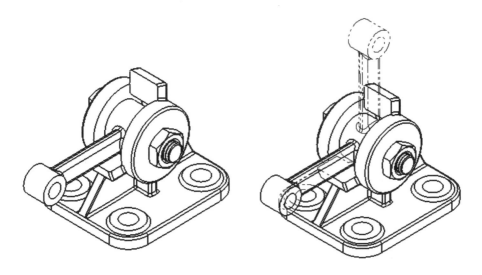

1 도면 도구모음에서 보조 위치도를 클릭하거나 삽입 → 도면 뷰 → 보조 위치도를 클릭합니다.
보조 위치도 PropertyManager가 나타나면 보조 위치도를 삽입할 도면 뷰를 선택하고 확인 ✔을 클릭
합니다.

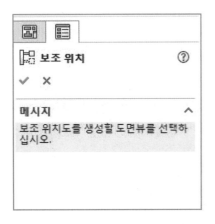

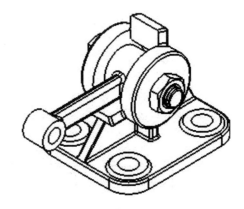

2 부품 이동 명령어가 활성화되며 부품 이동 명령어를 사용하여 어셈블리 부품을 원하는 위치로 이동합니다. 부품 이동 PropertyManager의 옵션에서 충돌 검사 및 충돌 시 정지를 사용하여 부품이 충돌하는 위치, 즉 부품의 이동한계까지 보조 위치도를 생성할 수 있습니다.

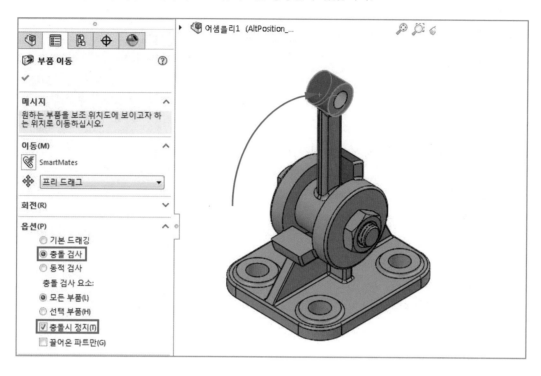

3 확인 ✔을 클릭합니다.

4 부품 이동 명령어에서 도면 상태로 자동으로 바뀌면서 이동한 부품의 보조 위치도가 가상선(가는 2점 쇄선)으로 도면 뷰에 표시됩니다. 위의 과정을 반복하여 필요한 만큼 도면 뷰에 보조 위치도를 작성할 수 있습니다.

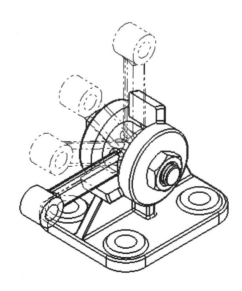

(16) 공백도 ⬚

파트나 어셈블리를 사용하여 도면으로 표현할 수 없는 내용이나 스케치를 공백도를 사용하여 추가적으로 표현할 수 있습니다.

공백도를 사용하여 공백도 영역 안에 도면에 표시할 스케치를 합니다. 공백도에는 주석, 치수, 영역 해칭을 추가할 수 있습니다.

1 도면 도구모음에서 공백도 ⬚ 를 클릭하거나 삽입 → 도면 뷰 → 공백도를 클릭한 후 시트 영역 안에 뷰를 배치합니다.

2 공백도 PropertyManager에 옵션을 설정한 후 확인 ✔ 을 클릭합니다.

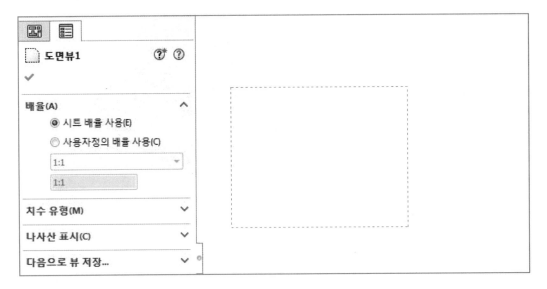

3 공백도 뷰 안에 필요한 스케치나 주석, 해칭, 치수를 기입합니다.

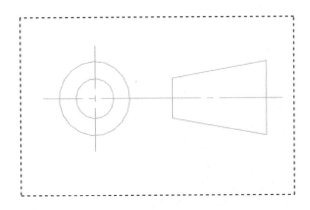

4 공백도 뷰를 클릭하여 PropertyManager에 옵션이나 공백도 뷰 안에 작성된 내용을 수정합니다. 만약 공백도 뷰의 배율을 바꾸면 공백도 안에 그려진 스케치도 배율에 의해 크기가 조절됩니다.

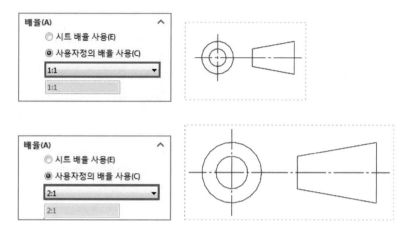

(17) 지정 명명도 🗇

지정 명명도를 사용하여 뷰에 대한 방향, 위치 및 배율을 미리 선택할 수 있습니다.

1 도면 도구모음에서 지정 명명도 🗇 를 클릭하거나 삽입 → 도면 뷰 → 지정 명명도를 클릭한 후 도면 시트 위에 뷰를 배치합니다.

2 지정 명명도 PropertyManager에서 옵션을 설정한 후 확인 ✔을 클릭합니다.

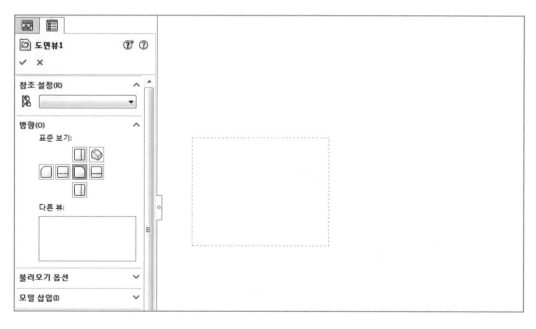

3 투상도 명령어를 사용하여 지정 명명도를 주 투상도로 하여 관련 투상도를 작성할 수 있습니다. 관련 투상도는 지정 명명도와 같은 특성을 갖습니다.

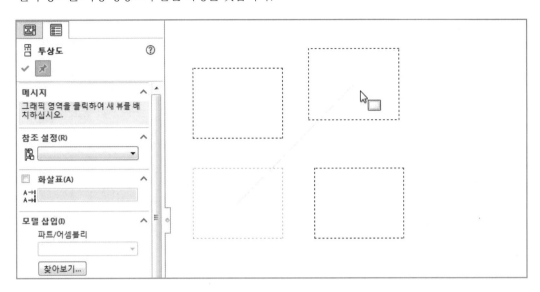

4 지정 명명도 삽입

① 열린 파트나 어셈블리를 도면 시트 위에 끌어 놓으면 모든 지정 명명도에 삽입됩니다.

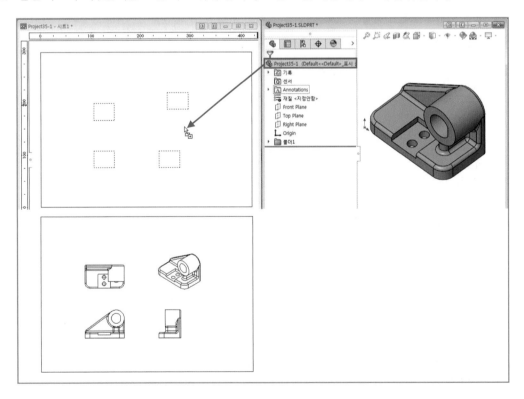

❷ 지정 명명도에서 마우스 오른쪽 버튼을 클릭하고 모델 삽입을 선택하거나 지정 명명도를 선택한 후 PropertyManager의 모델 삽입 아래 찾아보기를 클릭하여 모델 파일을 찾아 지정합니다.

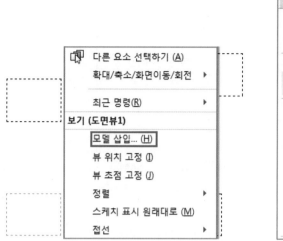
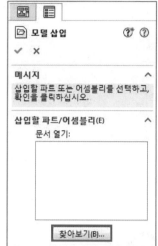

5 지정 명명도가 있는 도면 문서를 문서 템플릿으로 저장할 수 있습니다.

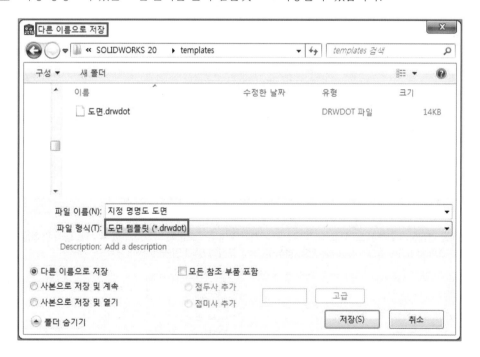

표준 도구모음에서 새 문서 □를 클릭하고 새 문서창에서 고급 버튼을 누른 후 템플릿에서 저장한 도면 템플릿을 선택하여 사용할 수 있습니다.

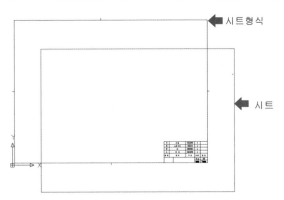

TIP 시트형식 편집과 도면 템플릿 저장

① 시트형식 : 표제란, 부품란, 윤곽선 등을 만드는 레이어입니다. 시트 형식 레이어에서는 파트나 어셈블리를 불러오거나 수정에 관련된 도면 뷰나 주석 등의 관리는 안 되고 형식만을 관리합니다.

시트형식

시트

② 시트형식을 편집하기 위해서 도면시트에 마우스를 가져가고 마우스 오른쪽 버튼을 누른 후 시트 형식 편집을 클릭하고 스케치 도구모음을 이용하여 시트 형식을 회사 규정에 맞게 만듭니다.

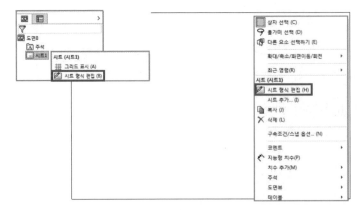

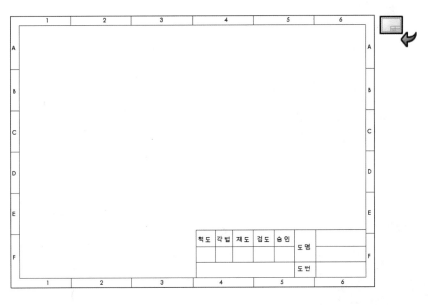

시트 형식 편집이 끝나면 시트에서 마우스 오른쪽 버튼을 클릭하고 시트 편집을 클릭하거나 우측 상단의 시트편집 버튼을 클릭하여 도면시트 레이어로 넘어가 도면 작업을 합니다.

③ 원하는 시트 형식으로 작업된 것을 계속 쓰기 위해서 파일 → 다른 이름으로 저장을 클릭하고, 파일 형식을 .drwdot(도면 템플릿)로 지정하여 저장하면 파일을 도면으로 열 때 선택할 수 있습니다.

(18) 모델 대치 🖐

모델 대치 도구를 사용하여 개별 도면 뷰의 파일 참조를 변경합니다.

1 도면 도구모음에서 모델 대치를 클릭하거나 도구 → 모델 대치🖐를 클릭합니다.

2 모델 대치 PropertyManager의 선택한 뷰에서 모델 대치할 도면 뷰를 선택합니다.

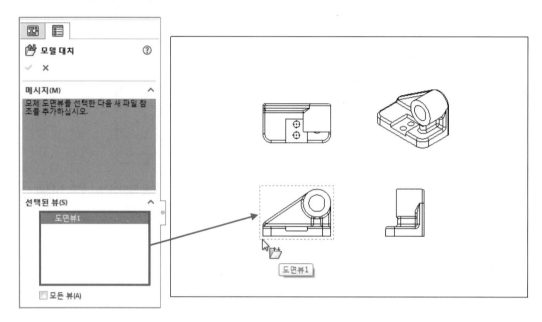

3 모델 대치 PropertyManager의 새 모델 아래에서 찾아보기 버튼을 눌러 파트 또는 어셈블리 파일을 선택하고 열기를 클릭한 후 확인 ✔을 누릅니다.

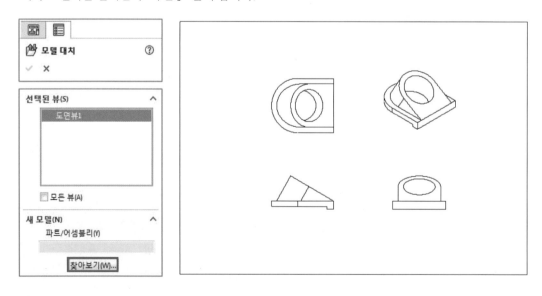

4 선택한 파일에 참조되어 도면 뷰가 변경됩니다.

(19) 3D 도면 뷰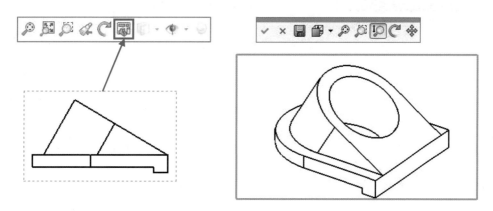 및 뷰 회전 C

1 3D 도면 뷰 : 도면 뷰에서 3D 형상을 보기 위해서 해당 뷰를 선택하고, 빠른 보기 도구모음에 3D 도면 뷰를 클릭합니다. 상세도, 파단도, 부분도, 공백도, 분리도는 3D 도면 뷰를 활성화할 수 없습니다.

2 뷰 회전 C : 파트 또는 어셈블리의 표준보기 방향에서 주 투상도나 관련 투상도로 나타낼 뷰가 없다면 기존 뷰를 시트 평면상에서 2차원적으로 회전시켜 원하는 방향으로 주 투상도나 관련 투상도를 생성할 수 있습니다.

➊ 빠른 보기 도구모음에서 뷰 회전을 클릭하고 회전시킬 뷰를 선택합니다.

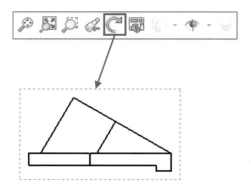

➋ 대화상자에서 선택한 뷰의 도면 뷰 각도를 지정합니다.

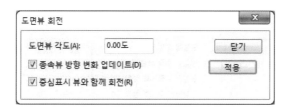

• 종속 뷰 방향 변화 업데이트 : 회전하는 뷰와 종속된 뷰로 생성된 관련 투상도 뷰가 업데이트됩니다.

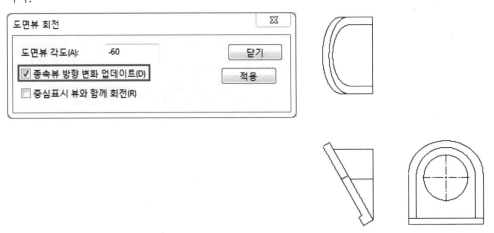

• 중심표시 뷰와 함께 회전 : 뷰회전과 함께 뷰에 표시된 중심 표시를 회전할 수 있습니다.

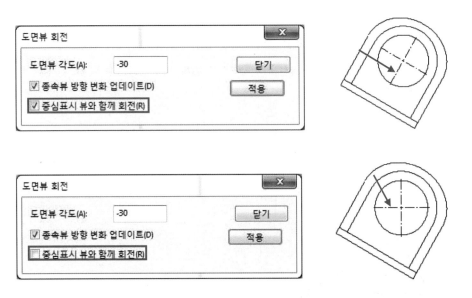

회전되기 이전으로 뷰를 되돌리려면 되돌리고자 하는 뷰에 마우스를 가져다 놓고 마우스 오른쪽 버튼을 클릭한 다음 바로가기 메뉴에서 정렬의 기본으로 회전을 선택합니다.

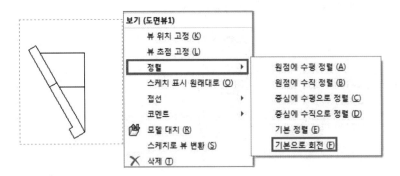

02 주석 도구모음 사용

(1) 모델 항목 🖌

파트나 어셈블리에서 작성된 스케치 치수나 피처 관련 치수, 참조형상, 주석 등을 도면에 불러온 뷰에 치수를 삽입할 수 있습니다.

모델 항목으로 도면에 불러온 치수는 각 파트에서 피처를 만들 때 작성한 치수로 여러 도면 뷰에 삽입합니다. 모델에서 치수를 변경하면 도면이 업데이트되고 도면에 삽입된 치수를 변경하면 모델이 변경됩니다. 지능형 치수를 사용한 치수는 모델과 연관되지 않습니다.

1 주석 도구모음에서 모델 항목 🖌을 클릭합니다.

2 모델 항목 PropertyManager 창에서 메시지 아래의 원본(○) 대상에서 원하는 항목을 선택하여 치수를 가져옵니다.

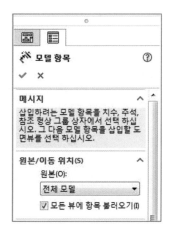

❶ 전체 모델 : 모델 전체에 모델 항목을 삽입합니다.

❷ 선택 피처 : 그래픽 영역에서 선택한 피처에만 모델 항목을 삽입합니다.

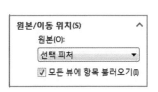

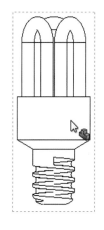

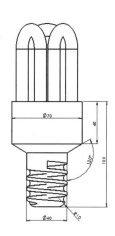

❸ 선택 부품(어셈블리 도면만) : 그래픽 영역에서 선택한 부품에만 모델 항목을 삽입합니다.

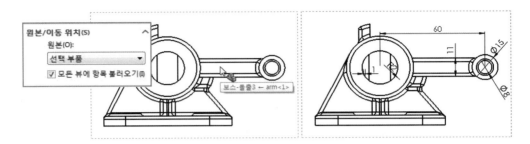

❹ 어셈블리만(어셈블리 도면에만) : 어셈블리에서 사용한 거리 및 각도 메이트와 같은 치수를 삽입할 수 있습니다.

TIP

다른 도면 뷰에서 서로 관련된 치수는 선택 후 Shift 를 눌러 드래드하면 이동되고 선택 후 Ctrl 을 눌러 드래그하면 뷰에 복사가 됩니다.

(2) 맞춤법 확인

맞춤법이 잘못된 단어가 강조표시되어 확대되며 추천단어를 통해 단어를 수정할 수 있습니다.

(3) 형식 페인트🖌

치수와 주석의 색상, 글꼴, 크기 등과 같은 속성을 다른 치수와 주석으로 속성을 일치시킵니다.

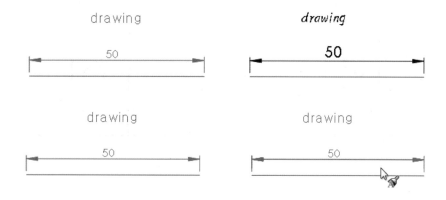

(4) 중심선⊞, 중심표시⊕

1 중심선⊞

❶ 도면 뷰에 중심선을 수동으로 작성할 수 있습니다.

❷ 도면 문서에서 주석 도구모음의 중심선⊞을 클릭합니다.

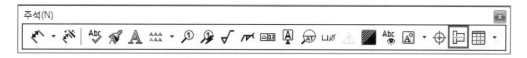

❸ 중심선 PropertyManager가 열립니다.

❹ 중심선을 만들기 위한 두 모서리선(평행 또는 비평행), 도면 뷰에 있는 두 개의 스케치 선분(자유곡선 예외), 면(원통형, 원뿔형, 원환형, 스윕)을 선택하여 중심선을 만듭니다.

중심선⊞를 먼저 선택할 수도 있고, 중심선을 삽입할 요소를 먼저 선택할 수도 있습니다.

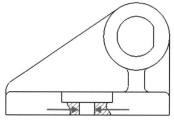
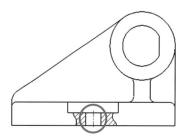

2 **중심표시**⊕

도면에서 원이나 원호에 중심표시를 넣을 수 있습니다.

주석 도구모음에서 중심표시⊕를 클릭합니다. 포인터 모양이 ⊕로 바뀌면 중심을 표시할 원이나

원호를 선택합니다.

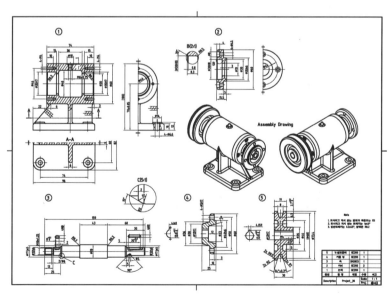

※ 어셈블리 : 어셈블리는 SolidWorks 문서에서 두 개 이상의 파트를 결합한 것입니다.

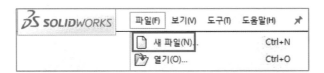

01 어셈블리 시작하기

파일 → 새 파일 → 어셈블리를 클릭하여 어셈블리에서 부품 조립을 시작하거나 파트 상태에서 파트에서 어셈블리 작성 🏭을 클릭하여 어셈블리로 이동할 수 있습니다.

02 부품 삽입하기

1 어셈블리가 열리면서 부품 삽입 PropertyManager가 함께 활성화됩니다.

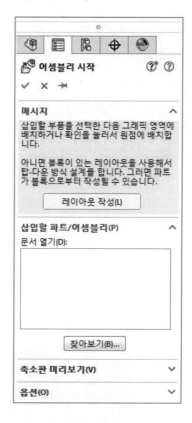

2 기준부품 고정하기

① 빠른 보기 도구모음의 원점보기🔀를 클릭하여 그래픽 영역에 원점이 표시되도록 합니다.

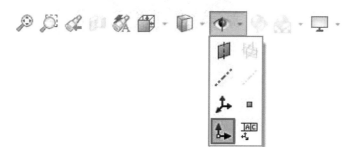

3 어셈블리 시작 PropertyManager의 문서 열기 목록에서 열려 있는 파트나 어셈블리를 선택하거나 찾아보기를 눌러 기존 문서를 엽니다.

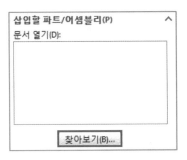

4 원하는 부품을 선택하였으면 어셈블리 그래픽 영역에 보이는 원점에 마우스를 가져가면 선택한 부품의 원점이 어셈블리 원점에 일치됩니다.

적어도 하나의 어셈블리 부품이 고정되거나 어셈블리 평면 또는 원점에 메이트되는 것이 좋습니다. 그러면 기타 모든 메이트에 대한 참조 프레임이 형성되어 메이트가 추가될 때 부품이 잘못 이동하는 것을 막을 수 있습니다. 고정된 부품은 FeatureManager 디자인 트리에서 이름 앞에 접두사 (f)가 붙습니다.

불완전 정의된 부품인 유동 부품은 FeatureManager 디자인 트리에서 이름 앞에 (–)가 붙습니다.

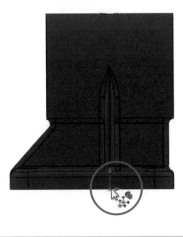

03 부품 추가하기

1 부품 삽입 사용하는 방법

❶ 부품 삽입🖱️(어셈블리 도구모음)을 클릭하여 파트나 어셈블리를 추가합니다.

다른 부품을 삽입하고자 할 때 이 방법을 반복합니다.

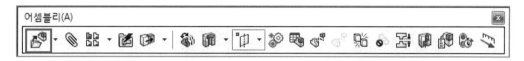

❷ 상황별 도구모음 회전 표시 : 부품 삽입 옵션에서 상황별 도구모음 회전 표시에 체크하면 상황별 도구모음을 사용하여 부품을 X, Y 또는 Z축 방향으로 회전시켜 조립하기 편한 방향으로 부품을 회전하여 배치할 수 있습니다.

① 작업창에 있는 파일 탐색기 탭 📂 은 로컬 컴퓨터의 Windows 탐색기를 중복해 놓은 것으로 다음 디렉터리가 표시됩니다. 원하는 부품을 찾아 어셈블리 창으로 드래그하여 가져다 놓습니다.

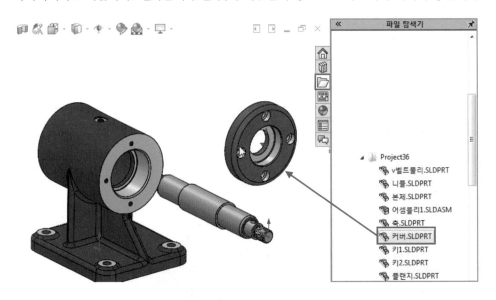

3 **Windows 탐색기에서 부품을 끌어 놓아 추가하는 방법**

Windows 탐색기를 열고, 부품이 있는 폴더를 찾은 다음, 원하는 부품을 찾아 어셈블리 창으로 드래그하여 가져다 놓습니다.

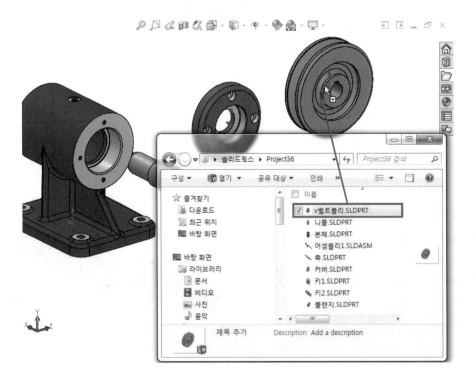

4 열린 문서창에서 부품 추가하기

주 메뉴의 창에 수평배열이나 수직배열로 놓고 어셈블리창에 가져갈 부품을 선택한 후 어셈블리 그래 픽창으로 드래그하여 가져다 놓습니다.

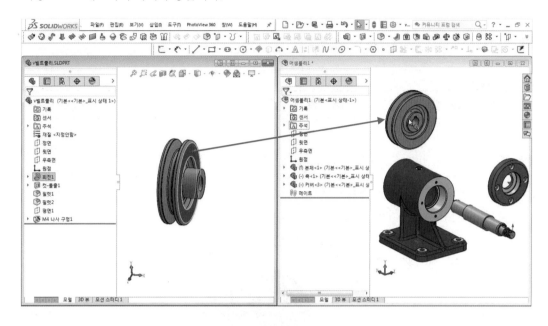

5 마우스로 끌어놓아 같은 부품 항목을 추가하는 방법

같은 부품을 추가할 때는 Ctrl 을 누른 채 FeatureManager 디자인 트리나 그래픽 영역에서 부품을 끌 거나 해당 부품을 그래픽 영역에서 선택하고 Ctrl 을 누른 채 빈 공간의 그래픽 영역에 끌어 부품을 추 가할 수 있습니다.

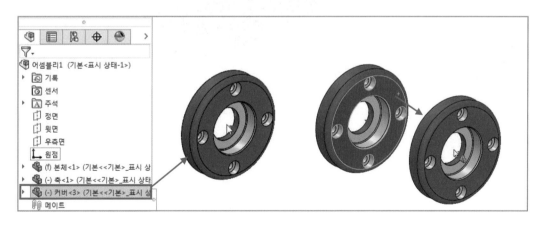

04 부품 이동 📦과 부품 회전 🔄

부품 이동과 부품 회전은 서로 연관되어 있습니다.

1 어셈블리 도구모음에서 부품 이동📦을 클릭합니다.

2 부품 이동 PropertyManager에서 SmartMates🦋를 클릭합니다.

❶ 사용방법은 메이트를 부여할 하나의 부품을 클릭한 후 타당한 메이트 상대를 클릭합니다.

❷ 메이트 팝업 도구모음이 나타나 메이트를 추가할 수 있게 됩니다.

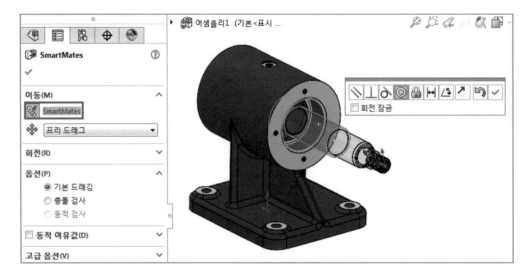

부품 이동 명령어를 사용하지 않고 부품 이동 중 SmartMates를 작성할 수 있습니다.
그래픽 영역에서 [Alt]를 누른 상태로 부품을 선택하고 드래그하여 부품을 메이트 파트너로 끌어갑니다. 타당한
메이트 대상을 만나면, 부품이 투명해지며 포인터가 변합니다. 이때, 부품을 놓아 메이트를 부가합니다.

[Tab]을 눌러 메이트 팝업창에서 다른 조건의 메이트를 선택할 수 있습니다.

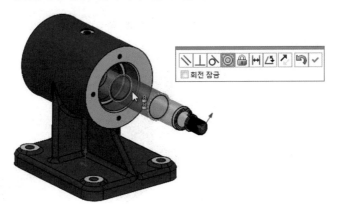

❸ SmartMates 사용 시 포인터 모양별 메이트 유형

SmartMates 포인터 모양	메이트 유형	메이트 요소
	일치	두 개의 직선 모서리
	일치	두 평면
	일치	두 꼭지점
	동심	두 원추면, 두 축 또는 하나의 원추면과 하나의 축
	동심(원추면) 및 일치(인접 평면)	두 개의 원형 모서리. 모서리가 완전 원형일 필요는 없습니다.
	동심과 일치	두 개의 원형 모서리의 동심과 일치
	일치	원점과 좌표계

3 이동✛

① 프리 드래그 : 부품을 선택하고 아무 방향으로나 끕니다.

② 어셈블리 XYZ 따라 : 부품을 선택하고 어셈블리의 X, Y 또는 Z방향으로 끕니다. 그래픽 영역에 좌
표계가 나타나 방향을 참조할 수 있습니다. 끌기 전에 끌 기준 축을 선택하는데 끌 축 근처를 클릭
한 후 선택한 좌표계 방향으로 이동합니다.

③ 요소 따라 : 요소를 선택한 다음 이를 기준으로 끌 부품을 선택합니다. 요소가 선, 모서리선 또는
축일 경우 부품을 이동할 각도가 하나로 한정됩니다. 요소가 평면 또는 평평한 면일 경우 부품을
두 각도로 이동할 수 있습니다.

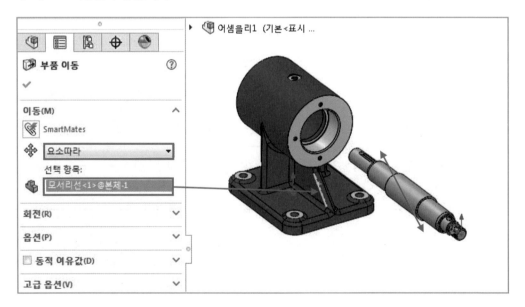

❹ 델타 XYZ에 의해 : PropertyManager에서 X, Y, Z 좌표값을 입력하고 적용을 클릭합니다. 부품이 지정한 만큼 이동합니다. 상대좌표값으로 선택한 부품이 이동합니다.

❺ XYZ 위치로 : 부품의 점을 선택하고 PropertyManager에서 X, Y, Z 좌표값을 입력하고 적용을 클릭합니다. 부품의 점이 지정한 절대좌표값으로 이동합니다. 꼭지점이나 점 이외의 요소를 선택하면 부품의 원점이 지정한 좌표에 놓입니다.

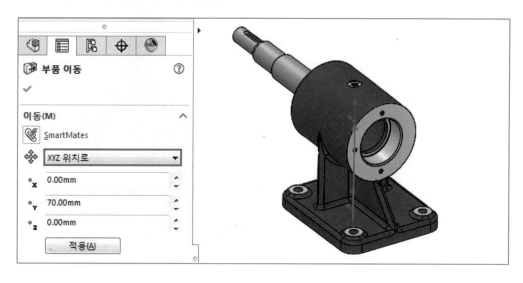

4️⃣ 부품 회전🔁 을 클릭하면 커서가 🔄 모양으로 바뀌고 PropertyManager도 부품 회전하기로 바뀝니다. 사용 방법은 부품 이동과 같고 서로 연관되어 있습니다.

5 옵션

① **충돌검사** : 부품을 이동하거나 회전할 때 다른 부품과 충돌되는지 탐지할 수 있습니다.

검사할 부품 아래 항목에서 부품을 선택하고 움직여 충돌 여부를 검사합니다.

② **모든 부품** : 이동하는 부품이 어셈블리 내 다른 어떠한 부품이라도 건드리면 충돌이 탐지됩니다.

③ **선택 부품** : 충돌 검사할 부품란에 부품을 선택하고 끌기 복구을 클릭합니다. 이동하는 부품이 목록에 있는 부품을 건드리면 충돌이 탐지됩니다. 선택되지 않은 부품 사이의 충돌은 무시됩니다.

④ **끌어온 파트만**을 선택하면, 이동으로 선택한 부품과 충돌되는 부품만 검사됩니다. 이 옵션을 선택하지 않으면, 이동하려고 선택한 부품과 선택한 부품의 메이트 결과로 이동하는 다른 모든 부품이 검색 대상이 됩니다.

⑤ **충돌 시 정지** 확인란을 클릭하면 부품이 다른 요소에 충돌을 일으키면 부품의 작동을 멈춥니다.

6 고급옵션

① **면 하이라이트** : 이동하는 부품이 닿는 면을 강조 표시합니다.

② **소리** : 충돌이 생기면 컴퓨터가 소리를 냅니다.

③ **복잡한 곡면 무시** : 다음 지정한 곡면에서만 충돌이 사용됩니다.(평면, 원통형, 원추형, 구형, 환형)

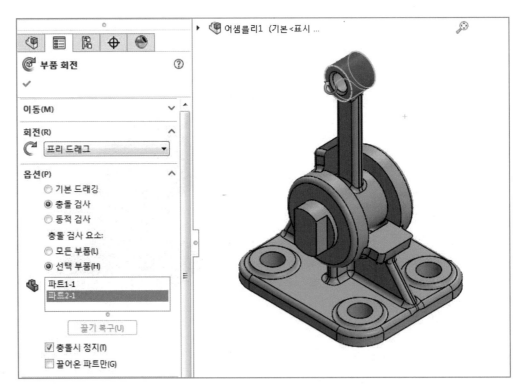

동적 여유값

   ❶ 충돌 검사할 부품🔧을 클릭하고, 검사할 부품을 선택한 후 끌기 복구를 클릭합니다.

   ❷ 지정 여유값에서 정지🔧를 클릭하고 선택한 부품이 지정한 값에서 정지되도록 할 값을 입력합니다.

05 트라이어드로 부품 이동하기

1 부품에서 마우스 오른쪽 버튼을 클릭하고 좌표계로 이동을 선택합니다.

2 트라이어드 요소 끌기

   XYZ 화살표를 끌어 선택한 축방향으로 이동하거나 링을 드래그하여 선택한 평면에서 부품을 회전시킬 수 있습니다.

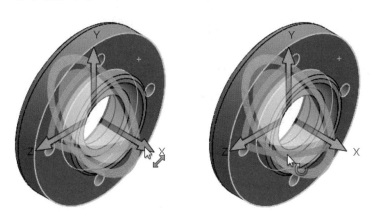

3 직접 좌표계 값이나 거리를 입력하여 부품을 이동하거나 회전하려면 원구 중심에 마우스를 가져간 후 마우스 오른쪽 버튼을 클릭하고 해당 상자를 선택합니다.

❶ XYZ 위치 상자 표시 : 부품을 어셈블리 원점으로부터 절대좌표값으로 지정한 XYZ값만큼 이동합니다.

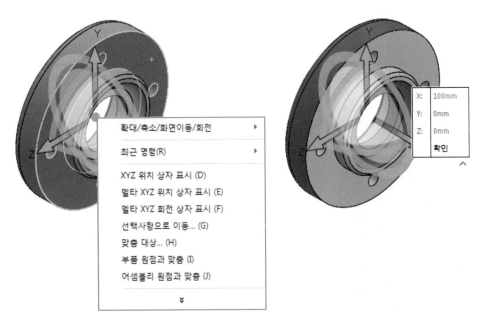

❷ 델타 XYZ 위치 / 회전 상자 표시 : 부품을 상대좌표값으로 지정한 XYZ값만큼 이동 / 회전합니다.

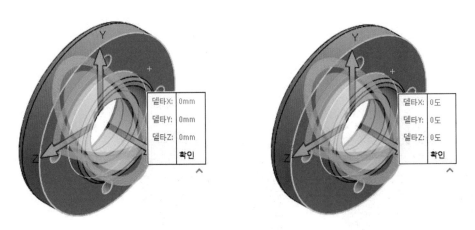

06 메이트◊

메이트는 어셈블리 내에서 부품 간에 자유도를 구속하여 조립합니다.

TIP

구속조건은 공간 내 구속되지 않은 부품의 자유도 구속으로 자유도는 6개로, 평행이동 자유도 3개와 축 기준 회전 자유도 3개입니다. 부품의 구동관계를 고려하여 X, Y, Z축 이동과 X, Y, Z축 기준 회전 자유도를 구속하여 조립합니다.

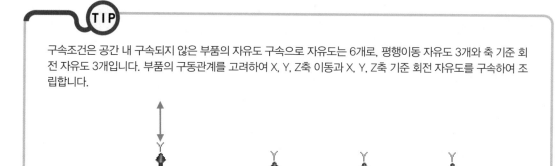

축기준 평행이동 자유도 3개+축기준 회전 자유도 3개=총 자유도 6개

1 어셈블리 도구모음에서 메이트◊를 클릭하거나 삽입 → 메이트를 클릭합니다.

2 메이트 PropertyManager

❶ 메이트 선택

메이트할 요소 : 메이트하려는 두 부품 간의 면, 모서리, 평면 등을 선택합니다.

❷ 표준 메이트

모든 메이트 유형이 PropertyManager에 항상 표시되나, 현재 선택 항목에 적용되는 메이트만 활성됩니다.

일치 ⋏	선택한 면, 모서리, 평면을(서로 조합하거나 하나의 꼭지점으로 결합하여) 위치시켜 같은 무한 면을 공유하게 합니다. 두 꼭지점을 만나게 위치시킵니다. 축 맞춤(원점과 좌표계에 메이트 사이의 일치 메이트를 부가하는 경우 사용 가능합니다.) 은 부품을 완전 구속합니다.
평행 ∖∖	선택한 파트가 서로 같은 간격으로 평행하게 떨어져 있도록 파트를 배치합니다.
직각 ⊥	선택한 항목을 서로 90° 각도가 되게 놓습니다.

탄젠트 ♂	선택한 항목을 인접한 위치에 메이트로 놓습니다.(선택 항목 중 적어도 하나는 원통형, 원추형, 구형 중 하나여야 합니다.)
동심 ◎	선택한 항목을 같은 중심점을 공유하도록 놓습니다.
묶기 🔒	선택한 두 부품의 위치와 방향을 유지시킵니다.
거리 ⊬⊣	선택한 항목 간에 특정 거리를 두어 놓습니다.
각도 ⟋ᵃ	선택한 항목이 서로 특정 각도를 이루게 놓습니다.
메이트 맞춤 Toggle	맞춤 🔧 , 반대맞춤 🔧 을 사용하여 두 가지 상태의 동작을 번갈아 표현하여 알맞은 방향 으로 선택할 수 있습니다.

❸ 고급 메이트

프로파일 중심 ⊕	중심 사각형 및 원형 프로파일을 서로의 중심에 맞춰 정렬하고 부품을 전체적으로 정의합니다.
대칭 ⊘	두 개의 유사한 요소를 평면이나 평면인 면을 기준으로 대칭으로 만듭니다.
너비 �𝍖	너비로 선택한 부품의 면 안에서 탭으로 선택한 부품의 면을 가운데에 정렬합니다.
경로 ⌁	부품의 선택 점을 인접 곡선 / 모서리 / 스케치 요소를 경로로 구속합니다.
선형 / 선형 커플러 ↙	한 부품의 평행이동과 다른 부품의 평행이동 사이의 관계를 설정합니다.
제한 ⊬⊣ ⟋	부품을 서로 일정한 각도와 거리 내에서만 메이트 할 때 사용합니다.

❹ 기계 메이트

캠 ⬭	캠 팔로어 메이트는 인접 또는 일치 메이트의 한 유형으로 원통, 평면, 점을 돌출면에 일치 또는 탄젠트가 되도록 합니다.
홈 ◌	볼트를 직선 또는 호 홈에 메이트하고 홈과 홈을 메이트할 수 있습니다. 축, 원통면 또는 홈 을 선택하여 홈 메이트를 작성할 수 있습니다.
기어 ⚙	두 부품을 선택한 축(원통면, 원추면, 축, 직선 모서리)을 기준으로 기어의 비율값에 의해 상대적으로 회전시켜 줍니다.
힌지 ▦	두 부품 간의 이동을 하나의 회전 자유도로 제한합니다. 이 메이트는 동심 메이트와 일치 메 이트를 함께 적용하는 것과 같은 효과를 가집니다. 두 부품 간 각도 이동을 제한할 수도 있 습니다.
래크와 피니언 ✸	래크와 피니언 메이트를 사용하여 래크 부품을 직선 운동으로 피니언은 회전운동을 하도록 할 수 있습니다. 메이트를 추가하는 부품들에 반드시 기어 이가 있을 필요는 없습니다.
스크류 ▽	두 부품을 동축으로 구속하고 나사의 구동처럼 하나의 부품은 회전, 다른 부품은 평행이동 하게 합니다.
유니버설 조인트 ⚓	한 부품의 축 기준 회전이 다른 부품의 축 기준 회전에 의해 유도됩니다.

07 부품 삽입과 메이트를 이용하여 부품 조립하기

1 본체 부품 삽입과 어셈블리 원점에 일치

2 ToolBox를 활성화하여 베어링 가져오기

❶ SOLIDWORKS 메뉴에서 도구 → 애드인을 클릭합니다.

애드인 대화상자의 활성화된 애드인 및 시작 아래에서 SOLIDWORKS Toolbox Library, SOLID WORKS Toolbox Utilities를 모두 체크합니다.

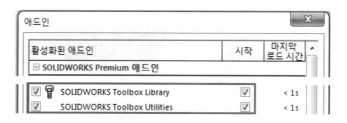

❷ 작업창에서 설계라이브러리의 ToolBox 아래 KS규격 폴더를 선택하고 카테고리 및 유형을 확장하여 깊은 홈베어링(60계열)을 드래그하여 그래픽 영역으로 가져옵니다.

③ 부품 설정 PropertyManager 창에서 속성 아래 크기를 6003으로 선택합니다.

③ 본체와 베어링 조립하기

❶ 어셈블리 도구모음의 메이트⬙를 선택하고 메이트할 요소⬙ 난에 두 부품의 면을 선택한 후 표준 메이트 동심◎을 부여합니다.

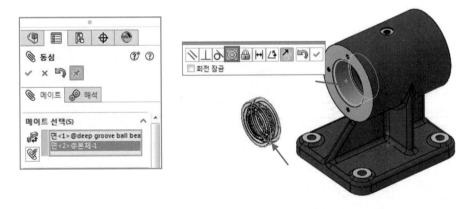

본체는 고정되어 있으므로 동심조건에 의해 베어링은 축기준 회전자유도 1개와 평행이동 자유도 1개가 남습니다.

❷ 메이트할 요소 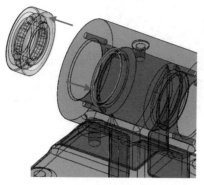 난에 두 부품의 면을 선택하고 표준 메이트 일치 人을 부여합니다.

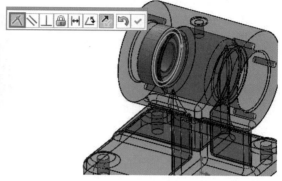

일치조건에 의해 베어링은 회전자유도 1개가 남습니다.

베어링의 6개의 자유도(X축 회전, 이동 Y축 회전, 이동 Z축 회전, 이동) 중 하나의 축에 대한 회전 자유도만 남겨 베어링이 한 축 방향으로 회전운동되도록 조립하였습니다.

위와 같이 부품의 운동을 고려하면서 자유도를 구속할 메이트를 선정하여 부품 간 조립합니다.

TIP 다른 요소 선택하기

복잡하거나 형상의 특성상 메이드 선택요소를 선택하기 힘든 경우 선택하고자 하는 면이나 모서리에서 마우스 오른쪽 버튼을 눌러 다른 요소 선택하기를 클릭합니다.

포인터가 로 바뀌고 포인터 아래에 있는 면, 모서리, 하위 어셈블리 같은 스케치 요소들이 상자에 표시됩니다. 선택하고자 하는 면, 모서리 등을 눌러 선택하거나 마우스를 이동하여 선택합니다.

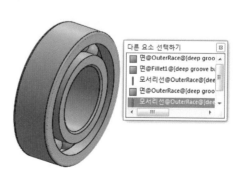

모델의 보이지 않는 면을 선택하고자 할 때는 숨기고자 하는 면에 마우스를 가져다 놓고 포인터 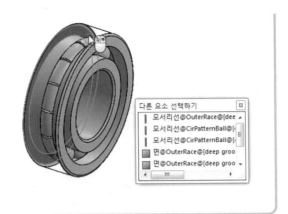의 마우스 오른쪽 버튼을 눌러 면을 숨겨 보이지 않는 면과 모서리를 표시하여 선택할 수 있습니다.

4 축 조립하기

❶ 부품 삽입 🗐 (어셈블리 도구모음)을 클릭하여 축 파트를 추가합니다.

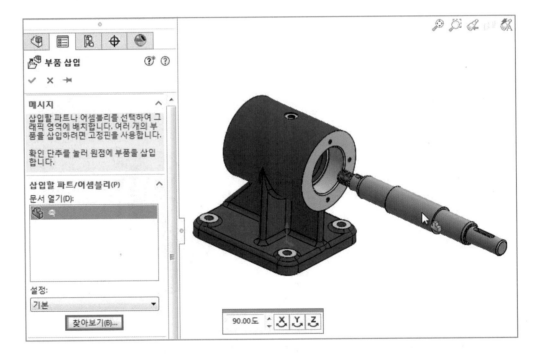

❷ 어셈블리 도구모음의 메이트◐를 선택하고 메이트할 요소◧ 난에 두 부품의 면을 선택한 후 표
준 메이트 동심◎을 부여합니다.

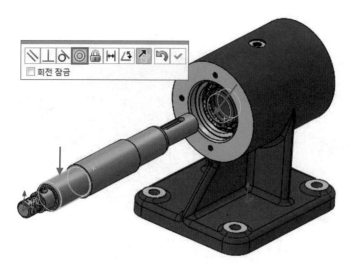

메이트 맞춤◫, 반대맞춤◫을 사용하여 축의 방향을 반전시킬 수 있습니다.

❸ 메이트할 요소◧ 난에 두 부품의 면을 선택하고 표준 메이트 일치人를 부여합니다.

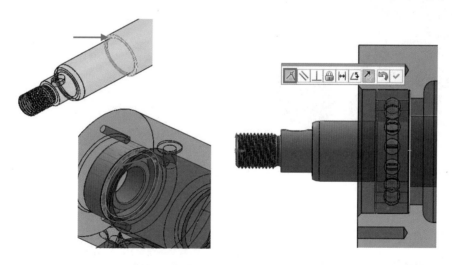

동심과 일치조건으로 축은 하나의 회전자유도만 남아 한 축 방향으로 회전운동이 가능합니다.

⑤ 베어링 조립하기

❶ Ctrl 을 누른 채 베어링 부품을 그래픽 영역에서 선택하고 빈 공간의 그래픽 영역에 끌어 베어링 부품을 추가합니다.

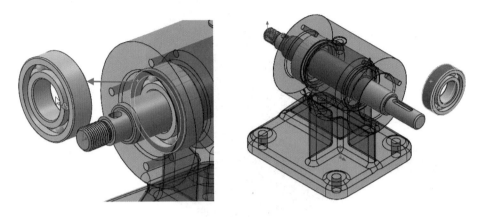

❷ 메이트할 요소 🎯 난에 두 부품의 면을 선택하고 표준 메이트 동심 ◎ 을 부여합니다.

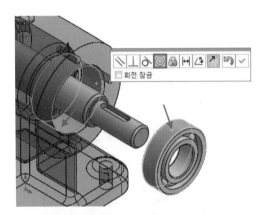

❸ 메이트할 요소 🎯 난에 두 부품의 면을 선택하고 표준 메이트 일치 人 를 부여합니다.

❶ 작업창의 파일 탐색기 탭📂을 선택하고 커버 파트를 찾아 드래그하여 그래픽 영역으로 가져다
놓습니다.

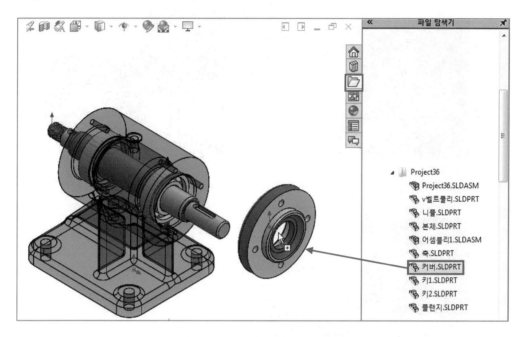

❷ 트라이어드 좌표계를 사용하여 부품을 조립하기 편한 방향으로 회전시켜 배치합니다.

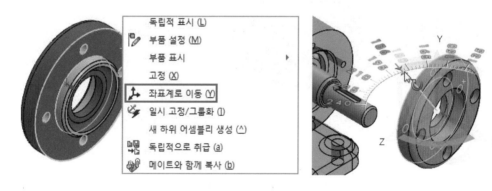

❸ 메이트할 요소 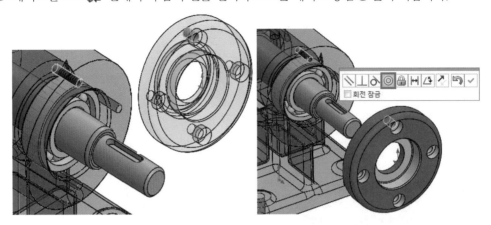 난에 두 부품의 면을 선택하고 표준 메이트 동심 ◎을 부여합니다.

❹ 메이트할 요소 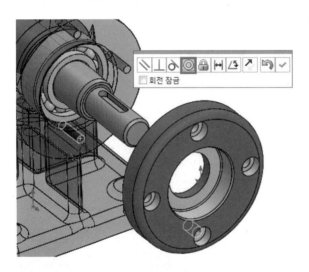 난에 두 부품의 면을 선택하고 표준 메이트 동심 ◎을 부여합니다.

❺ 메이트할 요소 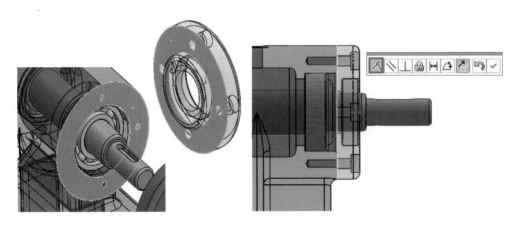 난에 두 부품의 면을 선택하고 표준 메이트 일치 人를 부여합니다.

⑥ 커버의 자유도 6개를 본체에 모두 구속하여 본체에 고정되게 만듭니다. 반대쪽 커버도 본체에 조립합니다.

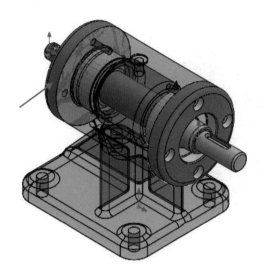

7 Smart Fastener 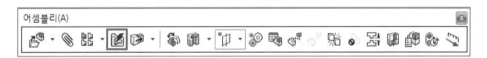 사용하여 체결 부품 조립

어셈블리 도구모음의 Smart Fastener 를 선택하거나 삽입 → Smart Fastener를 클릭합니다.

① Smart Fastener PropertyManager 아래의 선택창에서 구멍가공마법사피처로 생성한 구멍의 면을 선택하고 추가를 클릭합니다.

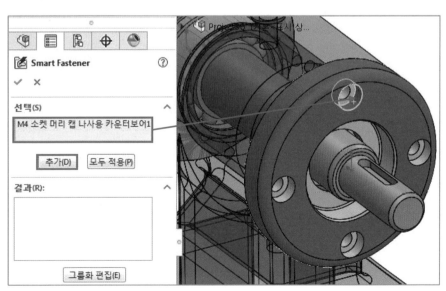

❷ 속성 아래의 규격에 의한 나사의 길이값을 조절한 후 확인 ✔을 클릭합니다.

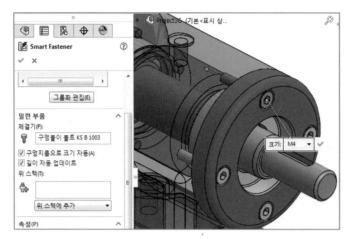

8 평행키 조립하기

❶ 작업창에서 설계라이브러리 ToolBox 아래의 KS 규격 폴더를 선택하고 카테고리 및 유형을 확장한 후 평행키를 드래그하여 그래픽 영역으로 가져옵니다.

❷ 부품 설정 PropertyManager 창에서 속성 아래에 크기 4×4, 폼 A, 길이 20을 선택합니다.

❸ 고급메이트 너비 🔌 메이트를 선택하고 너비와 탭란에 메이트할 요소를 선택합니다.

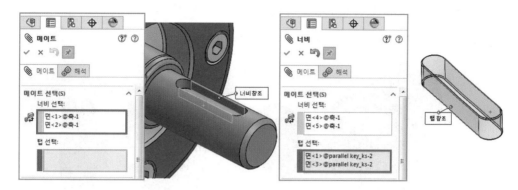

❹ 표준 메이트 동심◎을 부여합니다.

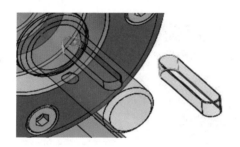
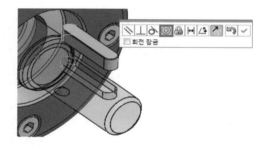

❺ 표준 메이트 일치人를 부여합니다.

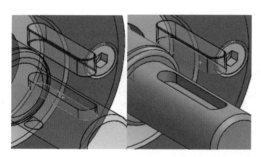
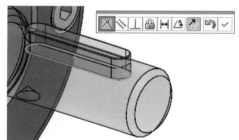

❻ 작업창에서 설계라이브러리 ToolBox에 평행키 크기 4×4, 폼 A, 길이 8을 가져온 후 축 반대쪽 키 홈에 키를 조립합니다.

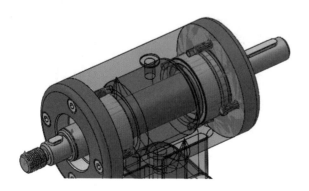

⑨ V-벨트풀리, 커플링, 와셔, 너트 체결하기

❶ V-벨트풀리 부품 삽입 후 메이트 부여하기

V-벨트풀리 부품 삽입

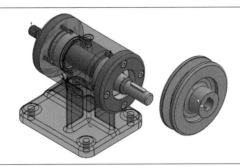 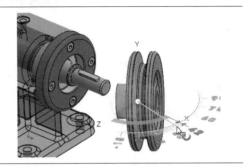

너비 메이트

 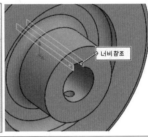 

동심 메이트

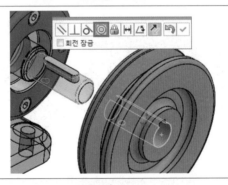

일치 메이트

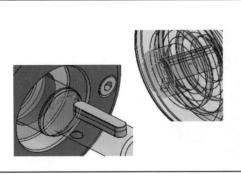 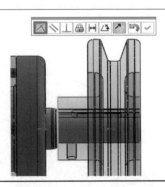

---

❷ 커플링 부품 삽입 후 메이트 부여하기

커플링 부품 삽입

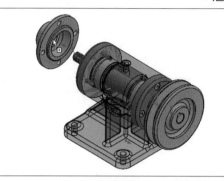 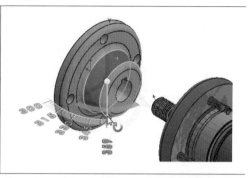

너비 메이트

메이트 선택(S)

너비 선택:
면<1>@커플링-1
면<2>@커플링-1

탭 선택:
면<3>@parallel key_ks-3
면<4>@parallel key_ks-3

동심 메이트

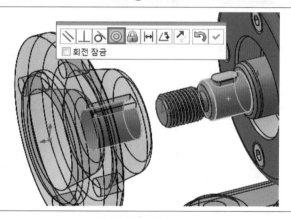

일치 메이트

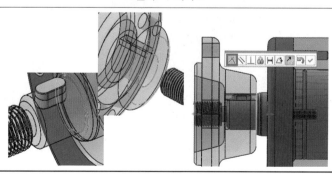

❸ 작업창에서 설계라이브러리 ToolBox에 와셔, 너트 삽입 후 체결하기

ToolBox에서 와셔 삽입	

동심 ◎ 메이트	**일치 ✕ 메이트**
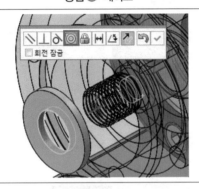	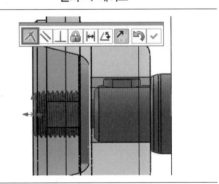

ToolBox에서 너트 삽입	
	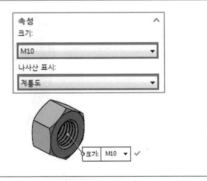
동심 ◎ 메이트	**일치 ✕ 메이트**
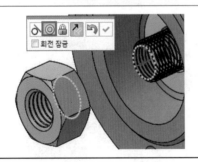	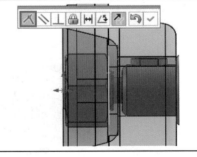

08 간섭탐지

복잡한 어셈블리에서 각 부품 간의 간섭 여부를 육안으로 확인하기 어렵기 때문에 간섭탐지를 사용하여 부품 간의 간섭부분을 쉽게 찾아 확인할 수 있습니다.

1 어셈블리 도구모음에서 간섭탐지 를 선택하거나 도구 → 계산 → 간섭탐지를 클릭합니다.

2 간섭탐지 PropertyManager

검사할 부품으로 어셈블리를 선택합니다.

옵션 아래의 체결부품 폴더 작성을 체크하여 볼트와 너트 같은 체결부품 사이의 간섭 결과를 별도의 폴더에 분리합니다.

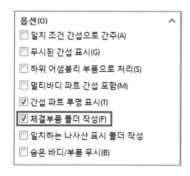

3 계산을 클릭하여 간섭검사를 실행합니다.

4 탐지된 간섭 결과를 검토하여 간섭부품 설계 변경을 결정합니다.

체결부품의 간섭을 무시하기 위해 체결부품 폴더 작성을 체크하여 계산된 결과입니다.

1 편집할 부품을 클릭하고 어셈블리 도구모음에서 부품 편집 🐾을 클릭합니다.

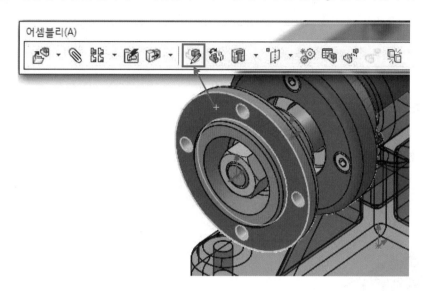

2 FeatureManager에서 해당 파트에 수정할 부분(피처, 스케치 등)을 수정하고, 다시 파트 편집 🐾을 클릭하여 어셈블리창으로 되돌아옵니다.

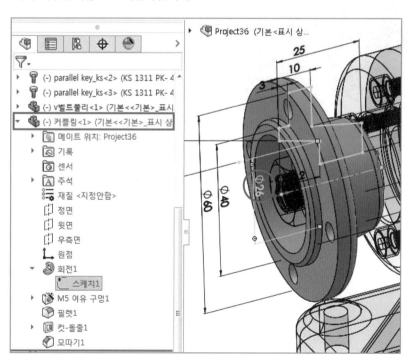

10 분해도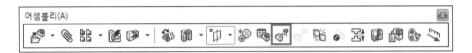

1 어셈블리 도구모음에서 분해도 를 클릭하거나 삽입 → 분해도를 클릭합니다.

어셈블리(A)													⊠

2 분해 PropertyManager가 나타납니다.

   ❶ 그래픽 영역 또는 플라이아웃 FeatureManager 디자인 트리에서 첫 번째 분해단계에 포함할 부품
     을 한 개 이상 선택합니다.

   ❷ 그래픽 영역에 트라이어드가 표시됩니다. PropertyManager에서 설정 아래, 분해단계부품 에
     선택한 부품이 나타납니다.

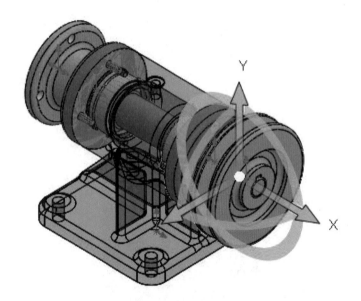

3 부품을 분해하려는 방향을 가리키는 트라이어드 화살표 위로 포인터를 이동합니다.

4 포인터가 로 바뀝니다. 트라이어드 핸들을 끌어 부품을 분해합니다. 분해한 순서대로 분해단계란
   에 나타납니다.

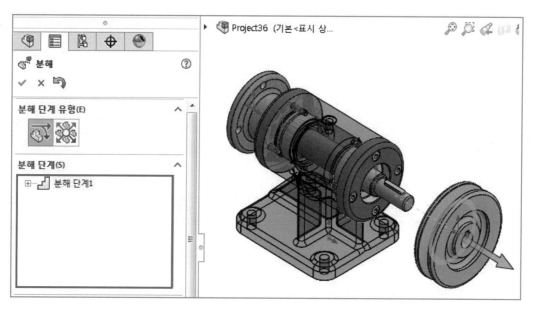

위와 같은 방법으로 분해순서에 맞게 분해단계를 하나하나씩 만들어 부품을 분해합니다.

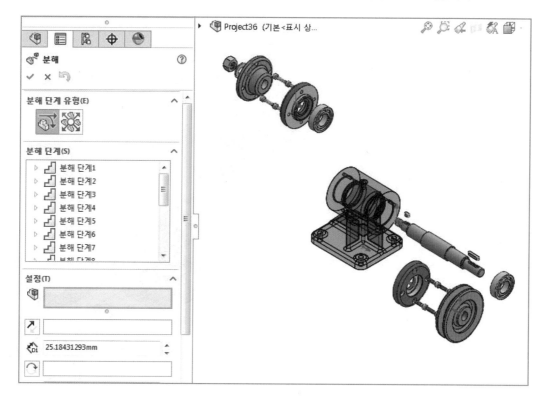

11 분해 지시선 스케치🖈

분해 지시선 스케치🖈를 사용하기 위해서는 위의 분해도를 작성하여야 합니다.

1 어셈블리 도구모음에서 분해 지시선 스케치🖈를 클릭하거나 삽입 → 분해 지시선 스케치를 클릭합니다.

2 분해 지시선 PropertyManager가 나타납니다.

① 분해 지시선🖈과 조그 선🔏(분해 스케치 도구모음)을 사용하여 분해 지시선을 원하는 대로 삽입하거나 연결할 항목을 선택하여 분해 지시선을 나타낼 수 있습니다. 분해 지시선은 2점 쇄선으로 표시됩니다.

② 3D 스케치에서 선 스케치하는 방법으로 분해 지시선을 더 추가할 수 있습니다.

③ 확인✔ 후 스케치 종료🔾를 선택하여 스케치를 닫습니다.

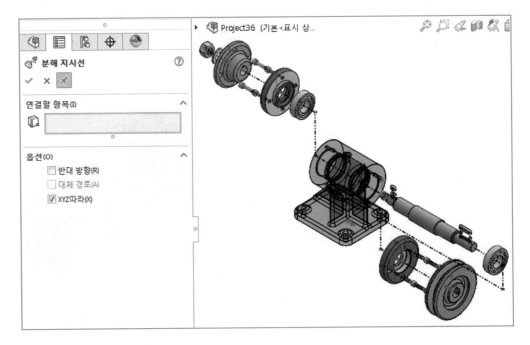

3 분해 지시선 스케치를 편집하여 분해 지시선을 추가, 삭제 또는 변경할 수 있습니다.

분해 지시선을 편집하기 위해선 ConfigurationManager에서 3D 분해에 마우스 오른쪽 버튼을 클릭하고 스케치 편집을 선택하여 분해 지시선 스케치를 편집합니다.

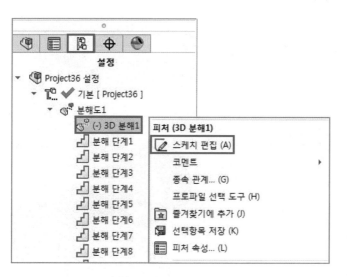

4 FeatureManager 디자인 트리에서 어셈블리 이름에서 마우스 오른쪽 버튼을 누르고 조립을 선택하면 조립된 형상으로 돌아가고 또는 애니메이션 조립을 선택하면 분해도 작성순서에 따라 조립되는 형상을 애니메이션으로 볼 수 있습니다.

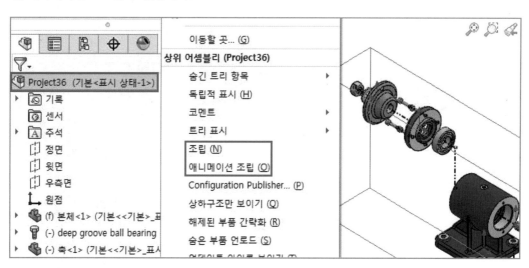

12 도면에서 분해도 만들기

다음과 같이 뷰 팔레트에서 등각보기 뷰와 등각 분해도 뷰를 도면시트에 배치합니다.

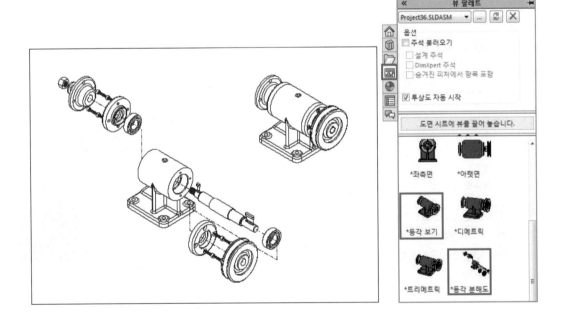

분해된 상태로 보이기 위해서는 어셈블리에서 분해도를 작성하여야 합니다.

조립된 도면 뷰를 선택한 후 마우스 오른쪽 버튼을 누르고 바로가기 메뉴에서 속성을 선택한 다음 분해된 상태로 보이기를 체크하거나 도면 뷰를 선택하고 도면 뷰 속성창에서 분해된 상태 또는 모델 분리 상태로 표시를 체크하여 분해된 뷰를 나타낼 수도 있습니다.

1 주석 도구모음에서 자동부품번호 ✏️를 클릭하거나, 삽입 → 주석 → 자동부품번호를 클릭합니다.

① 자동부품번호를 삽입할 도면 뷰를 선택하고, 자동부품번호 PropertyManager에서 속성을 지정합니다.

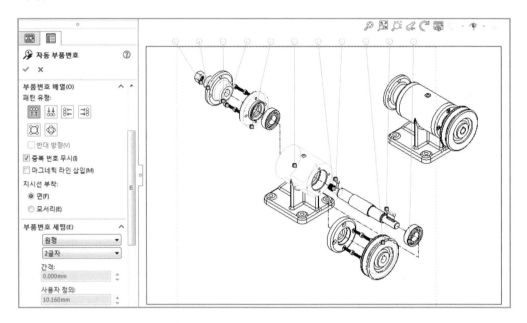

② 확인 ✔️을 클릭합니다.

2 부품번호를 선택하고 원하는 위치로 부품번호를 배열합니다.

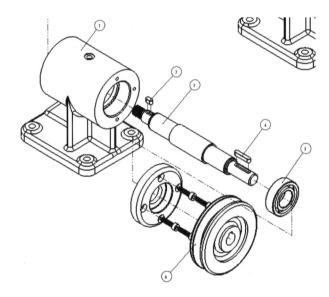

TIP

부품번호는 어셈블리에서 파트를 불러온 순서대로 기입됩니다. 만약 원하는 부품번호를 기입하고자 한다면 부품번호문자를 클릭하고 부품번호 PropertyManager에서 부품번호문자에 문자를 선택한 후 사용자 정의 문자란에 원하는 부품번호를 입력하여 수정합니다.

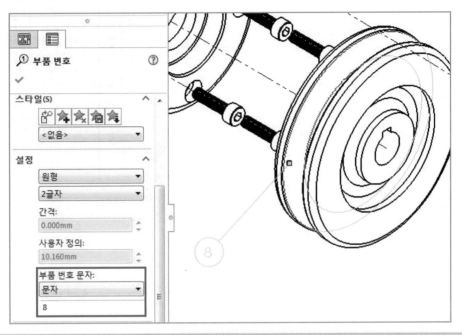

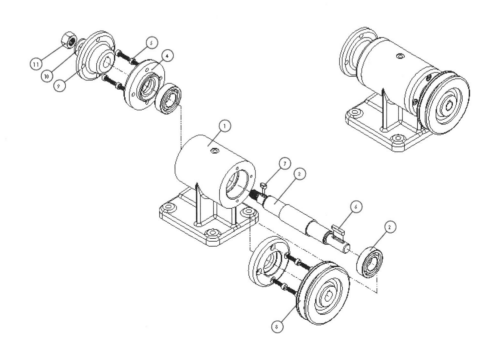

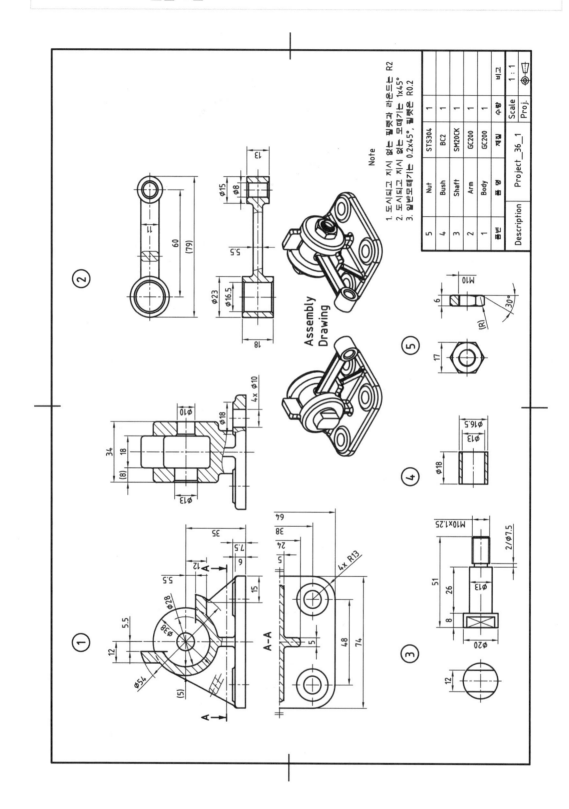

Note

1. 도시되고 지시 없는 필렛과 라운드는 R2
2. 도시되고 지시 없는 모때기는 1x45°
3. 일반모때기는 0.2x45°, 필렛은 R0.2

Assembly Drawing

품번	품 명	재질	수량	비고
5	Nut	STS304	1	
4	Bush	BC2	1	
3	Shaft	SM20CK	1	
2	Arm	GC200	1	
1	Body	GC200	1	
Description	Project_36_1		Scale	1 : 1
			Proj.	

솔리드웍스 with 2016 ver.

발행일 | 2018년 1월 20일 초판 발행
2020년 10월 30일 1차 개정

저 자 | 이정호
발행인 | 정용수
발행처 | 예문사

주 소 | 경기도 파주시 직지길 460(출판도시) 도서출판 예문사
T E L | 031) 955 – 0550
F A X | 031) 955 – 0660
등록번호 | 11 – 76호

정가 : 35,000원

ISBN 978-89-274-3710-9 13550

이 도서의 국립중앙도서관 출판예정도서목록(CIP)은 서지정보유
통지원시스템 홈페이지(http://seoji.nl.go.kr)와 국가자료종합목록
구축시스템(http://kolis-net.nl.go.kr)에서 이용하실 수 있습니다.
(CIP제어번호 : CIP2020040851)